化学工程与技术研究生教学丛书

气液传质分离过程计算机模拟

高　鑫　李　洪　李鑫钢　主编

天津大学研究生创新人才培养项目资助

科学出版社

北　京

内 容 简 介

本书主要介绍气液传质分离过程计算机模拟的概念、技术与方法，从分子层次、单元设备到流程系统多层次介绍气液传质分离过程的计算机模拟方法与概念以及部分经典的实际计算案例，加深读者对气液传质过程设计方法的了解。同时，紧跟学科发展前沿，全面介绍近些年新发展起来的分子模拟、计算流体力学以及流程模拟的方法，为读者提供多层次、多角度的创新发展方向和方法。

全书共 7 章，分别为气液传质分离过程计算机模拟基础、气液传质分离过程分子模拟、气液传质分离过程计算流体力学模拟、机器学习在气液传质分离过程中的应用、气液传质设备的模拟设计、炼油分离过程经典案例分析以及特殊精馏过程经典案例分析。

本书可作为高等学校化工、能源、材料及相关专业的高年级本科生和研究生教材和教学参考资料，也可以作为上述行业的研发设计、生产技术人员的参考书。

图书在版编目（CIP）数据

气液传质分离过程计算机模拟 / 高鑫，李洪，李鑫钢主编. 北京 : 科学出版社，2025. 3. -- （化学工程与技术研究生教学丛书）. ISBN 978-7-03-081566-8

Ⅰ. TQ028.3-39

中国国家版本馆 CIP 数据核字第 2025AR9322 号

责任编辑：陈雅娴　李丽娇　张　莉 / 责任校对：杨　赛
责任印制：张　伟 / 封面设计：无极书装

科 学 出 版 社 出版
北京东黄城根北街 16 号
邮政编码：100717
http://www.sciencep.com

北京中石油彩色印刷有限责任公司印刷
科学出版社发行　各地新华书店经销
*

2025 年 3 月第 一 版　开本：787×1092　1/16
2025 年 3 月第一次印刷　印张：19 3/4
字数：468 000

定价：98.00 元
（如有印装质量问题，我社负责调换）

序

在化学工程领域，气液传质分离过程在各种工业应用中发挥着关键作用，包括石油化工加工、能源利用、制药生产和生物工程。随着现代计算技术的快速发展，计算机模拟已成为研究、优化和创新这些分离过程的重要工具。从分子尺度的传质机制到设备级别的计算流体力学(CFD)模拟，再到过程系统优化，计算机模拟为工程师和研究人员提供了前所未有的能力，以更高的精度和效率分析和改进复杂的分离过程。

《气液传质分离过程计算机模拟》是一部与这一技术发展相契合的综合性著作。该书结构严谨，在理论深度与工程实践之间取得了良好的平衡。通过采用多尺度方法，从基础理论到前沿技术，系统性地介绍了气液传质分离过程的模拟方法。内容涵盖分子模拟、CFD 建模、过程模拟以及机器学习应用。值得注意的是，该书不仅介绍了经典的计算方法，还融入了快速发展的人工智能，为气液分离过程中的计算模拟应用开辟了新的视角。

该书最值得称赞的是融合了多个实际工程案例。通过分析典型应用，如精炼分离和特殊蒸馏过程，有效地将理论知识与实际工程挑战相结合。这种基于案例的方法不仅可以帮助读者掌握模拟方法的核心原理，还增强了他们将技术应用于实际工业问题的能力。无论是对于大学生、研究人员，还是化学工程、能源和材料科学领域的专业人士，该书都提供了宝贵的见解和实践指导。

随着化工行业向数字化和智能化过程优化迈进，该书作为一部及时且权威的著作，无疑将推动气液传质分离模拟与优化研究的发展，并在推动化学工程学科进步方面发挥重要作用。

范晓雷

2025 年 3 月于英国曼彻斯特大学

Preface

In the field of chemical engineering, gas-liquid mass transfer separation processes play a pivotal role in various industrial applications, including petrochemical processing, energy utilization, pharmaceutical manufacturing, and bioengineering. With the rapid advancement of modern computing technologies, computer simulation has emerged as an indispensable tool for investigating, optimizing, and innovating these separation processes. From molecular-scale mass transfer mechanisms to computational fluid dynamics (CFD) simulations at the equipment level, and further to process system optimization, computer simulation equips engineers and researchers with unprecedented capabilities to analyze and enhance complex separation processes with great precision and efficiency.

The book *Simulation of Gas-Liquid Mass Transfer Separation Processes* is a comprehensive work that aligns with this technological evolution. It is well-structured and strikes a balance between theoretical depth and engineering practicality. Employing a multi-scale approach, the book systematically introduces simulation methods for gas-liquid mass transfer separation processes — ranging from fundamental theories to cutting-edge technologies. Topics encompass molecular simulation, CFD modeling, process simulation, and machine learning applications. Notably, the book not only presents classical computational methods but also integrates the rapidly evolving field of artificial intelligence, offering new perspectives for applying computer simulation to gas-liquid separation processes.

One of the most commendable aspects of this book is its inclusion of numerous real-world engineering case studies. By analyzing typical applications, such as refining separations and special distillation processes, it effectively bridges theoretical knowledge with practical engineering challenges. This case-based approach enables readers to not only grasp the core principles of simulation methods but also enhances their ability to apply these techniques to real-world industrial problems. Whether for university students, researchers, or professionals in chemical engineering, energy, and material science, this book provides invaluable insights and practical guidance.

As the chemical industry progresses toward digitalization and intelligent process optimization, this book serves as a timely and authoritative reference. Its publication will undoubtedly contribute to the advancement of simulation and optimization research in gas-liquid mass transfer separation processes and will play a significant role in driving progress in the field of chemical engineering.

Prof. Xiaolei Fan

March 2025, The University of Manchester

前　言

分离工程是化学工程学科最主要的主干课程之一，其中气液传质分离过程计算机模拟是化工类专业硕士研究生的一门重要的基础课程，该课程对培养和提高研究生化工分离过程创新能力具有重要作用。国内化工类院校普遍开设了这门研究生课程，但课程内容差异较大。大多数院校的课程内容包含气液传质分离过程的基本概念、计算方法和计算机模拟方法的基础知识、基本理论和基础方法。

本书是在天津大学李鑫钢教授二十余年长期从事化工分离过程计算机模拟研究生课程教学工作经验的基础上，面向以智能化工为代表的未来化工科技和产业发展需求，并借鉴国内外优秀教材编撰而成。本书的编写，考虑到多个专业的不同需求、教学对象的不同层次、教学计划的不同课时等问题，按照由浅入深、循序渐进的原则，在强调基本概念、基本原理的同时，加强化工典型过程案例分析和计算机模拟应用。课后习题既包含简单的练习以帮助学生掌握基础知识，也包含一些比较灵活的问题以提高学生解决实际问题的能力。因此，本书可作为化工类本科毕业设计阶段及研究生阶段的教学用书，也可作为化学工程领域技术人员的自学用书等。讲授本书基础内容约需 32 学时。

本书的特点如下：

(1) 从气液传质分离过程的基础理论出发，进而延伸到过程的计算机模拟最新研究成果，结合近年来气液传质分离过程的计算机模拟领域理论研究和实际应用情况，归纳出本书的框架思路，可以使学习者在掌握该领域基础知识的同时了解最新的研究动态。

(2) 引入最新研究动态，突出多样性的特点，从气液传质分离过程计算机模拟的方法思路出发，旨在为学习者、研究者以及应用者提供宏观的理论引领和微观的方法指导，使该领域的学习者或从业者在气液传质分离领域创新和应用中有理论可循、有工具可用。

(3) 基于国内外化工行业广泛应用的经典工艺案例，对计算机模拟在这些工艺设计优化方面的应用进行详细讲解和剖析，对这些经典工艺的模型建立、模型求解、气液传质分离过程计算以及工艺流程设计与优化等问题进行深入和有益的探讨。

本教材对气液传质分离过程计算机模拟相关知识进行全面的介绍与阐述，为读者勾勒出气液传质过程模拟计算技术的先进概念与框架，帮助化工专业的学生、从事相关研究的科研工作者以及工程师更加深入地掌握气液传质过程计算机模拟方法与技巧，拓宽这些方法与技巧在工程实践中的应用范围。

本书从分子层次、单元设备到流程系统多层次介绍气液传质分离过程的计算机模拟方法与概念以及部分经典的实际计算案例。全书共 7 章，基本涵盖了目前已出现的气液传质分离过程计算机模拟的概念、技术与方法。第 1 章是气液传质分离过程计算机模拟基础，由天津科技大学孟莹老师负责编撰，重点阐述气液传质分离过程模型的建立与求解方法，概述精馏与吸收两个典型气液传质过程模拟方法以及其他新型传质分离过程计算机模拟方法。第 2 章是气液传质分离过程分子模拟，由郑州大学李东洋老师负责编撰，重点介绍气液传质分离过程中涉及的热力学汽液相平衡与传质动力学的分子模拟的原理、方法以及实例分析。第 3 章是气液传质分离过程计算流体力学模拟，由福建农林大学张慧老师负责编撰，重点介绍利用计算流体力学方法对气液传质分离过程进行计算机模拟的计算传质学相关内容，特别针对近年来兴起的二氧化碳回收过程气液传质吸收过程进行介绍及应用实例分析。第 4 章是机器学习在气液传质分离过程中的应用，由南京工业大学崔承天老师负责编撰，重点介绍机器学习的原理、发展历程及其在气液传质分离过程模拟设计中的应用，特别是针对精馏过程的人工智能设计优化与操作控制。第 5 章是气液传质设备的模拟设计，由天津大学赵振宇老师负责编撰，重点介绍气液传质分离过程中涉及的相关设备的设计与计算方法，包括填料、塔盘、塔内件等气液传质关键设备的计算机辅助计算设计过程。第 6 章和第 7 章构成了本教材的最后一部分内容——经典案例分析，由天津大学李洪教授负责构架搭建与组织，主要通过目前已成功开发并实现应用的经典炼油以及化工过程模拟计算实例来展示具体计算过程。其中第 6 章是炼油分离过程经典案例分析，由天津大学从海峰老师负责编撰，主要针对原油常减压蒸馏工艺、汽油吸收稳定工艺、乙烯急冷、原油脱硫、丙烯/丙烷深冷分离、低温甲醇洗等炼油领域经典精馏工艺进行案例分析。第 7 章是特殊精馏过程经典案例分析，由天津理工大学王瑞老师负责编撰，主要针对轻汽油醚化反应精馏工艺、FCC 汽油萃取精馏深度脱硫工艺、共沸精馏分离乙二醇-1,2-丁二醇工艺、变压精馏分离甲醇-碳酸二甲酯工艺、反应-萃取精馏耦合分离四氢呋喃-乙醇-水共沸体系、萃取-共沸精馏回收乙酸、精馏-蒸汽渗透膜耦合脱水工艺等特殊精馏工艺进行案例分析。

　　本书由天津大学高鑫教授、李洪教授、李鑫钢教授等合作编著，高鑫教授和李鑫钢教授负责统稿。此外，本书的编写也联合了十余年来天津大学精馏技术国家工程研究中心培养的优秀博士毕业生，他们学习过"化工分离过程计算机模拟"这门课程，现已在郑州大学、福建农林大学、南京工业大学、天津科技大学、天津理工大学以及天津大学等高校就职。编写中结合了他们在校期间对这门课程的理解与感受，以及在气液传质分离过程计算机模拟相关领域的基础研究工作与工程实践。

　　本书编与人员以严谨的态度、精益求精的精神，尽可能为读者贡献一部内容系统、翔实的气液传质分离过程计算机模拟教材。同时，非常感谢天津大学精馏技术国家工程研究中心的史雪琪、舒畅、那健、耿雪丽、严鹏、周昊、孙冠伦、丁秋燕、刘顺、寇宗亮、侯政坤、王娜、刘凯、申茜、袁谅、韩春瑞、杨松涛、余文清、李志鹏、焦夏欣、王婷婷、拓振光、杨苏光、吕明辉、刘思远、李晓枫等为本书的编与、校验等辅助性工作做出的努力和贡献。另外，本教材有幸入选科学出版社组织的"化学工程与技术研究生教学丛书"，历时三年完稿，在此特别感谢科学出版社陈雅娴编辑的不断鼓励与协调。本书涉及内容受到国家自然科学基金委员会优秀青年科学基金项目"化工分离过程耦合与强化"(No. 22222809)、联合基金重点项目"基于绿色精馏理念的六氟化铀精馏纯化基础科学与过程强化"(No. U2267225)、面上项目"微尺度界面涡旋流强化气液传质过程机理及其宏量构筑"(No. 22178249)、青年科学基金项目"螺旋液桥降膜过程及其对气液非均相反应与分离强化机理研究"(No. 22008168)、青年科学基金项目"混合基质膜的界面相容性和丙烯/丙烷分离机理的分子模拟研究"(No. 22208317)、青年科学基金项目"微观角度的反应精馏耦合机理及主要因素对强化效果影响机制研究"(No. 22208246)、青年科学基金项目"原油蒸馏能质强化与综合换热网络的代理优化研究"(No. 22208154)的资助；还受到中国博士后科学基金特别资助"微波纳米焊接技术中纳米热点的实验测量和理论建模"(No. 2022TQ0232)，以及中国核工业集团公司、国家能源投资集团有限责任公司等相关机构与企事业单位的大力支撑，在此一并感谢。

　　限于编者的经验和水平，加之时间仓促，书中难免存在疏漏和不足之处，希望使用本书的师生及同行给予批评指正。

编　者

2025 年 1 月

目　　录

第1章

气液传质分离过程计算机模拟基础

气液传质分离是化学工业中重要的分离方式，传统的气液传质分离过程主要包括精馏、吸收、闪蒸、汽提等单元操作。在化学工业设计中对气液传质分离过程进行模拟，需要多方面的基础知识。本章对计算机模拟的基础知识和基本单元进行详细介绍，主要包括：多级气液传质分离过程模型的建立、吸收过程的计算机模拟、精馏过程的计算机模拟及新型气液传质分离过程的计算机模拟。

1.1 多级气液传质分离过程模型的建立

以精馏为代表的多级气液传质分离过程是在由一定数目塔板构成的精馏塔中进行的。如图 1-1 所示，每块塔板上(包括塔底再沸器和塔顶冷凝器)，气相流股和液相流股均存在一系列质量、热量和动量平衡状态或传递过程，这些状态或过程可以由一系列数学方程描述，通过求解这一系列方程，可以得到全塔的温度、压力、气液相流股分布，最终求得精馏塔各股采出的温度、组成，以及精馏塔所需要的能耗。

若在填料塔中进行精馏操作，则将一定高度的填料视作一块塔板，也就是一个理论级；若多级气液分离过程为吸收或解吸，则塔器无塔顶冷凝器和塔底再沸器。

每块塔板上存在的一系列方程如下：

(1) 各组分的物料守恒方程(M 方程)；

(2) 气液相之间的能量守恒方程(H 方程)；

(3) 每一相，各组分的摩尔分数加和为 1 (S 方程)；

(4) 各组分的相平衡关系方程(E 方程)；

(5) 气液相之间的传质速率方程(R 方程)；

(6) 气液相内部混合状态方程(F 方程)。

由于多元非线性方程的求解计算量较大且不易收敛，因此需要对精馏过程进行一系列假设，选取其中的一些方程组，对精馏过程进行描述。例如，用于图解二元精馏过程的 McCabe-Thiele 法只选择了 M 方程，同样用于图解二元精馏过程的 Ponchon-Savarit 法则考虑了 M 方程与 E 方程。

1. 平衡级模型

平衡级模型选取 MESH 方程，忽略 R 与 F 方程。图 1-2 展示了平衡级模型每一块塔板上的情况。平衡级模型采取全混流模型，假设每一块塔板上气相内部、液相内部充分混合，具有均一的温度、压力和组成。气液相之间，传热、传质速率无限大，进入上一级的气相流股和流入下一级的液相流股之间达到平衡，即气相、液相具有相同的温度和压力，气相主体组成与液相主体组成构成相平衡。

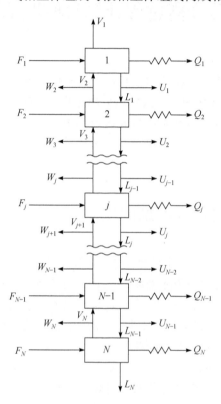

图 1-1   多级气液传质分离过程示意图
V. 气相流率；L. 液相流率；F. 进料流率；
W. 气相采出速率；U. 液相采出速率；
Q. 与外界能量交换；j. 第 j 个理论级；N. 第 N 个理论级

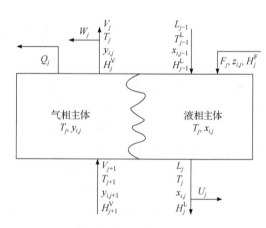

图 1-2   平衡级模型示意图
T. 温度；x. 液相组成；y. 气相组成；i. 组分；H. 焓

平衡级模型是最广泛运用的精馏过程严格模拟模型。对于一个含有 C 个组分、N 个平衡级(从上到下排序，冷凝器为第一级，再沸器为最后一级)的精馏塔，其第 j 级上的基本方程组如下。

(1) 各组分的物料守恒方程(M 方程)：$C \times N$ 个方程。

第 1 级(冷凝器)：

$$V_2 y_{i,2} + F_1 z_{i,1} - V_1 y_{i,1} - (L_1 + U_1) x_{i,1} = 0 \quad (1 \leqslant i \leqslant C) \tag{1-1a}$$

第 j 级($2 \leqslant j \leqslant N-1$)：

$$V_{j+1} y_{i,j+1} + L_{j-1} x_{i,j-1} + F_j z_{i,j} - (V_j + W_j) y_{i,j} - (L_j + U_j) x_{i,j} = 0 \quad (1 \leqslant i \leqslant C) \tag{1-1b}$$

第 N 级(再沸器)：

$$L_{N-1}x_{i,N-1} + F_N z_{i,N} - (V_N + W_N)y_{i,N} - L_N x_{i,N} = 0 \quad (1 \leqslant i \leqslant C) \tag{1-1c}$$

式中，V 和 L 分别为气相流率和液相流率；F 为进料流率；W 和 U 分别为气相和液相采出速率；y、x 和 z 分别为气相、液相和进料摩尔组成；下标 i 和 j 分别为组分号和级号。

(2) 气液相之间的能量守恒方程[1-5](H 方程)：N 个方程。

第 1 级(冷凝器)：

$$V_2 H_2^{\mathrm{V}} + F_1 H_1^{\mathrm{F}} - V_1 H_1^{\mathrm{V}} - (L_1 + U_1)H_1^{\mathrm{L}} - Q_1 = 0 \tag{1-2a}$$

第 j 级($2 \leqslant j \leqslant N-1$)：

$$V_{j+1}H_{j+1}^{\mathrm{V}} + L_{j-1}H_{j-1}^{\mathrm{L}} + F_j H_j^{\mathrm{F}} - (V_j + W_j)H_j^{\mathrm{V}} - (L_j + U_j)H_j^{\mathrm{L}} - Q_j = 0 \tag{1-2b}$$

第 N 级(再沸器)：

$$L_{N-1}H_{N-1}^{\mathrm{L}} + F_N H_N^{\mathrm{F}} - (V_N + W_N)H_N^{\mathrm{V}} - L_N H_j^{\mathrm{L}} - Q_N = 0 \tag{1-2c}$$

式中，H 为气/液相焓值；Q 为与外界热交换量；上标 V、L 和 F 分别表示气相、液相和进料。

(3) 每一相，各组分的摩尔分数加和为 1 (S 方程)：$2N$ 个方程。

$$\sum_{i=1}^{C} y_{i,j} - 1 = 0 \tag{1-3a}$$

$$\sum_{i=1}^{C} x_{i,j} - 1 = 0 \tag{1-3b}$$

(4) 各组分的相平衡关系方程[6-12](E 方程)：$C \times N$ 个方程。

$$y_{i,j} - K_{i,j}x_{i,j} = 0 \quad (1 \leqslant i \leqslant C) \tag{1-4}$$

式中，K 为相平衡常数。

方程组中相平衡常数 K、气/液相焓值 H 不是独立变量，而是由温度、压力和组成计算得到，其他物性如密度、黏度、导热系数、表面张力、二元扩散系数也可由类似方式计算得到。

$$K_{i,j} = K_{i,j}(T_j, p_j, y_{i,j}, x_{i,j}) \tag{1-5a}$$

$$H_j^{\mathrm{V}} = H_j^{\mathrm{V}}(T_j, p_j, y_{i,j}) \tag{1-5b}$$

$$H_j^{\mathrm{L}} = H_j^{\mathrm{L}}(T_j, p_j, x_{i,j}) \tag{1-5c}$$

式中，p 为压力。

以上合计 $(2C+3) \times N$ 个独立方程，而需要求解的未知数 T_j、V_j、L_j、$y_{i,j}$、$x_{i,j}$ 总数为 $(2C+3) \times N$ 个，独立方程数量与未知数数量相等，方程存在唯一解。MESH 方程是高度非线性的，无解析解，需要设定初值进行迭代，最终得到数值解。不同的体系在计算求解时具有不同的特征，因此应该选择不同的方法进行计算。目前，较为成熟的计算方法为：逐板计算法、三对角矩阵法和同时矫正法。

平衡级模型较易计算求解、对物性参数和塔内件参数的需求较少且模拟精度尚可，因此被广泛运用到精馏过程模拟中，但精度不如考虑 R 方程的非平衡级模型和考虑 R 与 F 方程的非平衡混合池模型。

2. 非平衡级模型

由于每一块塔板上气液接触面积、气液接触时间有限，无法完全达到理想的相平衡状态，需要增加 R 方程来修正这一误差。非平衡级模型又称基于速率模型，选取 MESHR 方程，忽略 F 方程，如图 1-3 所示。非平衡级仍采用全混流模型，气相主体、液相主体内部充分混合。基于双膜理论，提出虚拟的气液相界面，而气相主体与气膜、液膜与液相主体存在温度和组成的差异，气膜与液膜达到相平衡和温度平衡。采用传质速率、传热速率来计算每一块塔板上的物料守恒和能量守恒关系，模拟的精度优于平衡级模型。

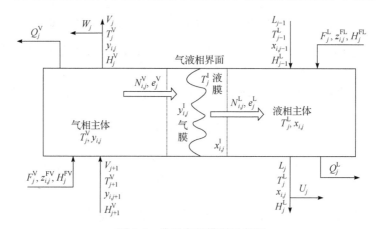

图 1-3　非平衡级模型示意图

一般情况下，平衡级模型需要计算组分的气液相焓值、饱和蒸气压、气相逸度和液相活度等物性参数以求解 MESH 方程[13-17]。非平衡级模型除增加 R 方程外，还需计算组分的密度、黏度、导热系数、表面张力、二元扩散系数等物性参数，以及基于塔内件结构的二元传质系数和传热系数[18-20]，因此方程求解的难度和对物性参数的要求相对平衡级模型增加较多。

平衡级模拟假设离开塔板的气液相流股达到温度平衡和相平衡，而实际操作中往往很难达到这样的理想状态。一般情况下在计算中引入默弗里(Murphree)板效率[21]，并采用经验公式，通过气液相物理性质和接触状态计算板效率。而对于填料塔的模拟，则一般引入等板高度的概念，即设定一定高度的填料层为一个理论级，将全塔划分为若干个理论级，等板高度通过实验测得。以上两种校正方法均存在一定的理论误差。

Krishnamurthy 和 Taylor[18]于 1985 年提出了模拟多级分离过程的非平衡级模型，又称基于速率模型，即基于传质、传热速率，并将该模型成功应用于板式塔和填料塔的模拟，可以避免进行默弗里板效率和等板高度的计算。

与平衡级模型不同的是，非平衡级模型区分气相进料和液相进料，以及气相主体与外界能量交换、液相主体与外界能量交换。除气液相主体的组成 y、x 和温度 T^{V}、T^{L} 外，假设存在一个相界面，相界面存在达到平衡的界面气液相组成 y^{I}、x^{I}。气相主体与相界面、相界面与液相主体存在传质速率 N 和传热速率 e。

非平衡级模型作出如下假设：级内存在动量传递平衡，也就是各处压力相同；气液相主体内部充分混合，不存在浓度梯度；气液相界面处于相平衡；将塔顶冷凝器和塔底再沸器视作平衡级。非平衡级模型由如下方程组成。

(1) 各组分的物料守恒方程(M 方程)：每一级 $3 \times C$ 个方程。

气相：C 个

$$V_{j+1}y_{i,j+1} + F_j^{V}z_{i,j} - (V_j+W_j)y_{i,j} - N_{i,j}^{V} = 0 \tag{1-6a}$$

气液相界面：C 个

$$N_{i,j}^{V} - N_{i,j}^{L} = 0 \tag{1-6b}$$

液相：C 个

$$L_{j-1}x_{i,j-1} + F_j^{L}z_{i,j}^{L} - (L_j+U_j)x + N_{i,j}^{L} = 0 \tag{1-6c}$$

(2) 气液相之间的能量守恒方程(H 方程)：每一级共 3 个方程。

气相：1 个

$$V_{j+1}H_{j+1}^{V} + F_j^{V}H_j^{VF} - (V_j+W_j)H_j^{V} - e_j^{V} - Q_j^{V} = 0 \tag{1-7a}$$

气液相界面：1 个

$$e_j^{V} - e_j^{L} = 0 \tag{1-7b}$$

液相：1 个

$$L_{j-1}H_{j-1}^{L} + F_j^{L}H_j^{LF} - (L_j+U_j)H_j^{L} + e_j^{L} - Q_j^{L} = 0 \tag{1-7c}$$

(3) 气液相之间的传质速率方程(R 方程)：$2 \times (C-1)$ 个。

气相：$C-1$ 个

$$N_{i,j}^{V} - N_{i,j}^{V}\left[k_{ik,j}^{V}a_j, y_{k,j}^{I}, y_{k,j}, T_j^{V}, T_j^{I}, N_{k,j}^{V}(k=1\sim C)\right] = 0 \quad (1 \leqslant i \leqslant C-1) \tag{1-8a}$$

液相：$C-1$ 个

$$N_{i,j}^{L} - N_{i,j}^{L}\left[k_{ik,j}^{L}a_j, x_{k,j}^{I}, x_{k,j}, T_j^{L}, T_j^{I}, N_{k,j}^{L}(k=1\sim C)\right] = 0 \quad (1 \leqslant i \leqslant C-1) \tag{1-8b}$$

式中，k 为多组分传质系数；a 为气液相界面积。

(4) 传热速率方程(U 方程)：2 个方程。

$$e_j^{V} - e_j^{V}\left[h_j^{V}a_j, T_j^{V}, T_j^{I}, N_{k,j}^{V}, H_{k,j}^{V}(k=1\sim C)\right] = 0 \tag{1-9a}$$

$$e_j^{L} - e_j^{L}\left[h_j^{L}a_j, T_j^{L}, T_j^{I}, N_{k,j}^{L}, H_{k,j}^{L}(k=1\sim C)\right] = 0 \tag{1-9b}$$

式中，h 为传热系数。

(5) 气液相界面相平衡关系方程(E 方程)：C 个。

$$y_{i,j}^{\mathrm{I}} - K_{i,j}x_{i,j}^{\mathrm{I}} = 0 \tag{1-10}$$

需求解的未知数向量可写为

$$\boldsymbol{X}_j = [V_j, L_j, T_j^{\mathrm{V}}, T_j^{\mathrm{I}}, T_j^{\mathrm{L}}, N_{1,j}^{\mathrm{V}} \sim N_{N,j}^{\mathrm{V}}, N_{1,j}^{\mathrm{L}} \sim N_{N,j}^{\mathrm{L}}, e_j^{\mathrm{V}}, e_j^{\mathrm{L}},$$

$$y_{1,j} \sim y_{N-1,j}, y_{1,j}^{\mathrm{I}} \sim y_{N-1,j}^{\mathrm{I}}, x_{1,j}^{\mathrm{I}} \sim x_{N-1,j}^{\mathrm{I}}, x_{1,j} \sim x_{N-1,j}] \tag{1-11}$$

以上合计 $6C+3$ 个方程，需求解的未知数个数共 $6C+3$ 个，独立变量与独立方程二者数量相等，存在唯一解。

3. 非平衡混合池模型

对于较大直径的塔，除气液相之间难以达到平衡外，气相内部、液相内部也难以达到完全混合状态，存在温度和组成上的差异。非平衡混合池模型进一步考虑 F 方程，将每一级内部分为若干个内部达到完全混合的混合池进行模拟，如图 1-4 所示。采用返混系数和涡流扩散系数以计算各混合池之间的气液相流动，精确模拟气液相内部的不均匀分布。非平衡混合池模型模拟较大塔径的板式塔有明显的精度优势，但因较为复杂的建模和求解而应用受限。

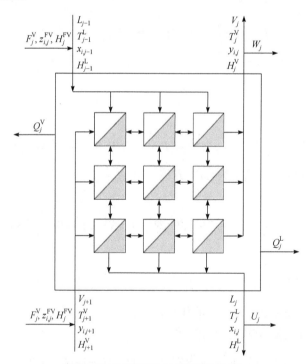

图 1-4　非平衡混合池模型示意图

计算精馏和吸收过程最重要的物性参数为气液相焓值和相平衡常数，本章将介绍二者的计算，以及较为常用的平衡级模型与非平衡级模型的建立与求解。

1.2　吸收过程的计算机模拟

吸收和解吸是化工过程中较为重要的两个单元操作，其目的是分离气体混合物。但吸收及解吸过程的设计需要使用大量物性参数，同时建立及求解相应的数学模型。目前，计算机模拟被广泛应用于设计开发化工过程，现利用 Aspen Plus 软件对吸收装置进行模拟计算，可高效地完成过程模拟和计算，节省大量时间、资金和人力，以分析各因素对吸收效果的影响，得到详细的技术参数。

1.2.1　吸收与解吸过程简介

当气体混合物与适当的液体接触，气体中的一个或几个组分溶解于液体中，而不能溶解的组分仍留在气体中，使气体混合物得到分离。这种根据气体混合物中各组分在液体中的溶解度不同而将气体混合物分离的过程称为吸收过程[22]。

吸收过程所用的液体称为吸收剂；混合气中，能够显著溶解的组分称为溶质；几乎不能溶解的组分称为惰性气体或载气；吸收过程所得到的溶液称为吸收液，其成分是溶剂与溶质；被吸收后排出吸收塔的气体称为吸收尾气，如果吸收剂的挥发度很小，则其中主要成分为惰性气体以及残留的溶质[23-24]。

使溶解在吸收剂中的溶质释放出来的操作称为解吸，其传质方向与吸收相反，溶质由液相向气相传递，是吸收的逆过程，如图 1-5 所示[25]。解吸的目的是使吸收剂再生后循环使用，还可以回收有价值的组分。一个完整的吸收流程通常由吸收和解吸联合操作。若吸收的目的是制取溶液成品，则不需要再进行解吸。

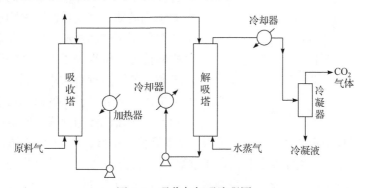

图 1-5　吸收与解吸流程图

1.2.2　吸收与解吸过程的数学模型

吸收和解吸的示意图分别如图 1-6、图 1-7 所示。气体吸收及模拟主要用 Aspen Plus 软件提供的 RadFrac 塔单元模块[26-27]。

1. 单相内的对流传质

工业生产中常见的是物质在湍流流体中的对流传质现象。与对流传热类似，对流传

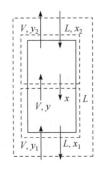

图 1-6   吸收塔示意图

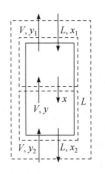

图 1-7   解吸塔示意图

质通常是指流体与某一界面(如气体吸收过程的气液两相界面)之间的传质,其中分子扩散和湍流扩散同时存在。下面以湿壁塔的吸收过程为例说明单相内的对流传质现象[23]。

设有一直立圆管,吸收剂由上方注入,呈液膜状沿管内壁流下,混合气体自下方进入,两流体做逆流流动,互相接触而传质,这种设备称为塔。塔的一小段表示如图 1-8(a) 所示,分析任意截面上气相浓度的变化。图 1-8(b)的横轴表示离开相界面的扩散距离 Z,纵轴表示此截面上的分压 p_A。

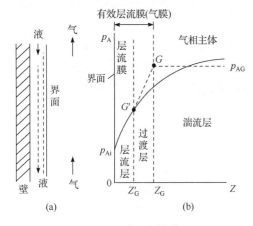

图 1-8   单方向扩散

当湍流气体与液体接触进行物质传递时,从气液相界面到流体主体的传质依次通过层流层、过渡层和湍流层,如图 1-8(b)所示[24]。在层流层中,流体质点没有与界面垂直的运动,物质的传递只依靠分子扩散;在过渡层中,与界面垂直方向的质点存在不强的湍流运动,因此过渡层中物质的传递同时依靠分子扩散和涡流扩散;在湍流层中,物质的传递也依靠分子扩散和涡流扩散,但由于质点的强烈混合作用,涡流扩散远大于分子扩散,故分子扩散的影响可忽略。由此可知,当湍流流体与界面之间进行传质时,在各层内的传质机理是不同的。在层流层内,仅依靠分子扩散,其中的分压梯度很大,分压线为一条很陡的直线,此处可由菲克定律求解;在湍流层,由于旋涡进行强烈的混合,其中的分压梯度必然很小,分压线几乎为水平线;在过渡层,既有分子扩散又有涡流扩散,分压线介于二者之间。这种分压变化曲线与对流传热中的温度变化曲线相似,参照对流传热的处理方法,将层流膜以外的涡流扩散折合为通过一定厚度的停滞气体的分子扩散。气相主体的平均分压用 p_{AG} 表示。若将层流膜内的分压梯度线段 $p_{Ai}G'$ 延长,与分压线 p_{AG} 相交于 G 点,G 与相界面的垂直距离为 Z_G,这样,可以将气相主体到界面的对流扩散通量看成等于通过厚度为 Z_G 的膜层的分子扩散通量。厚度为 Z_G 的膜层称为有效层流膜(简称气膜)或虚拟膜。流体的湍流运动越强烈,气膜越薄,相当的 Z_G 越小,传质阻力变小,传质通量增大。这种将对流扩散想象为分子扩散进行计算的处理方式称为膜模型。

1) 气相传质速率方程式

按上述膜模型，将流体的对流传质折合成气膜的分子扩散，气相对流传质速率方程式为

$$N_A = \frac{D}{RTZ_G} \frac{p}{p_{Bm}} (p_{AG} - p_{Ai}) \tag{1-12}$$

式中，N_A 为气相对流传质速率，$kmol/(m^2 \cdot s)$。

式(1-12)中的气膜厚度 Z_G 实际上不能直接计算，也难以直接测定。令 $k_G = \frac{D}{RTZ_G} \frac{p}{p_{Bm}}$，对一定物系，$D$ 为定值；操作条件一定时，p、T、p_{Bm} 也为定值；在一定的流动状态下，Z_G 也是定值，故 k_G 为常数。

式(1-12)可改写为下列气相传质速率方程式：

$$N_A = k_G (p_{AG} - p_{Ai}) \tag{1-13}$$

式中，k_G 为气膜传质系数，$kmol/(m^2 \cdot s \cdot kPa)$；$p_{AG} - p_{Ai}$ 为溶质 A 在气相主体与界面间的分压差，kPa。

2) 液相传质速率方程式

液相对流传质速率方程式为

$$N_A = \frac{D}{Z_L} \times \frac{c}{c_{Bm}} (c_{Ai} - c_{AL}) \tag{1-14}$$

式中，N_A 为液相对流传质速率，$kmol/(m^2 \cdot s)$。

若令

$$k_L = \frac{D}{Z_L} \times \frac{c}{c_{Bm}} \tag{1-15}$$

则式(1-14)可改写为下列液相传质速率方程式：

$$N_A = k_L (c_{Ai} - c_{AL}) \tag{1-16}$$

式中，k_L 为液膜传质系数，m/s；$c_{Ai} - c_{AL}$ 为溶质 A 在界面与液相主体间的浓度差，$kmol/m^3$。

如式(1-13)和式(1-16)所示，将对流传质速率方程式写成了与对流传热方程 $q = \alpha(T - t_w)$ 类似的形式。k_G 或 k_L 类似于对流传热系数 α，可由实验测定并整理成特征数关联式。

2. 双膜理论

前面讨论并分析了单相流体内部的物质传递规律，为讨论两相间流体的传质过程机理打下了基础。

用液体吸收剂吸收气体混合物中某一组分，是溶质从气相转移到液相的传质过程。

它包括三个步骤：溶质从气相主体传递到气液两相的界面；在相界面上溶解而进入液相主体；从液相一侧界面向液相主体传递，即液相内的物质传递。对于这样的相际传质过程的机理，惠特曼(W. G. Whitman)在20世纪20年代提出的双膜理论一直占有重要的地位[24,28]。

双膜理论将气液两相间流体的传质过程描述为如图1-9、图1-10所示的模式，其基本论点是：①当气液两相接触时，两相之间有一个相界面，在相界面两侧分别存在呈层流流动的稳定膜层，即前述的有效层流膜层。溶质以分子扩散的方式连续通过这两个膜层，在膜层外的气液两相主体中呈湍流状态。膜层的厚度主要随流体流速而变，流速越大厚度越小。②在相界面上气液两相达到相平衡，界面上没有传质阻力。③在膜层以外的主体内，由于充分的湍动，溶质的浓度基本是均匀的，即认为主体中没有浓度梯度存在，换句话说，浓度梯度全部集中在两个膜层内。

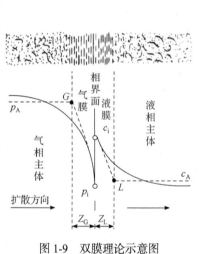

图1-9 双膜理论示意图

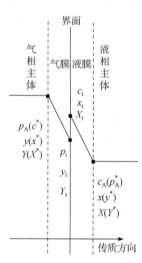

图1-10 传质推动力

双膜理论对具有固定传质界面的吸收设备而言，具有重要的指导意义，为吸收塔的设计计算提供了重要的依据。

3. 总传质速率方程

传质速率虽然可用单相内的传质速率方程式(1-13)和式(1-16)计算，但必须获得气膜、液膜传质系数k_G、k_L及界面浓度，而界面浓度是难以测定的。工程上可仿照两流体换热过程的处理方法，引入总传质系数，使传质速率的计算能够避开气液两相的传质系数[29]。

1) 传质速率表达式

由前已知，气、液传质速率方程式为

$$N_A = k_G(p_{AG} - p_{Ai})$$

$$N_A = k_L(c_{Ai} - c_{AL})$$

由双膜理论可知，界面上气液两相组成服从相平衡。对稀溶液，物系服从亨利定律：

$$p_{Ai} = \frac{c_{Ai}}{H} \tag{1-17}$$

传质速率可写成推动力与阻力的比，对稳态过程，气液两相传质速率相等。式(1-13)与式(1-16)可改写为

$$N_A = \frac{p_{AG} - p_{Ai}}{\dfrac{1}{k_G}} = \frac{c_{Ai} - c_{AL}}{\dfrac{1}{k_L}} \tag{1-18}$$

为消去界面浓度，将式(1-18)的最右端式中分子、分母同时除以 H，将推动力加和除以阻力加和得

$$N_A = \frac{p_{AG} - p_{Ai} + \dfrac{c_{Ai}}{H} - \dfrac{c_{AL}}{H}}{\dfrac{1}{k_G} + \dfrac{1}{Hk_L}} = \frac{p_{AG} - p_{Ae}}{\dfrac{1}{k_G} + \dfrac{1}{Hk_L}} \tag{1-19}$$

令

$$\frac{1}{K_G} = \frac{1}{k_G} + \frac{1}{Hk_L} \tag{1-20}$$

于是相际传质速率方程式可表示为

$$N_A = K_G(p_{AG} - p_{Ae}) \tag{1-21}$$

式中，K_G 为以气相分压差 $(p_{AG} - p_{Ae})$ 为推动力的总传质系数，$kmol/(m^2 \cdot s \cdot kPa)$。

为消除界面浓度，也可以将式(1-18)中间一项的分子、分母同乘以 H，并同样根据加和原则得

$$N_A = \frac{(p_{AG} - p_{Ai})H + c_{Ai} - c_{AL}}{\dfrac{H}{k_G} + \dfrac{1}{k_L}} = \frac{c_{Ae} - c_{AL}}{\dfrac{H}{k_G} + \dfrac{1}{k_L}} \tag{1-22}$$

令

$$\frac{1}{K_L} = \frac{H}{k_G} + \frac{1}{k_L} \tag{1-23}$$

故相际传质速率方程式也可写成

$$N_A = K_L(c_{Ae} - c_{AL}) \tag{1-24}$$

式中，K_L 为以液相浓度差 $(c_{Ae} - c_{AL})$ 为推动力的总传质系数，m/s。

比较式(1-20)与式(1-23)不难看出：$K_G = HK_L$。

2) 以摩尔分数差表示的总传质速率方程

为便于进行物料衡算，吸收(解吸)计算中的组成常以摩尔分数表示，此时气相传质速率方程式(1-13)可作如下换算：

$$N_A = k_G(p_{AG} - p_{Ai}) = k_G p \left(\frac{p_{AG}}{p} - \frac{p_{Ai}}{p} \right) \tag{1-25}$$

令

$$k_y = k_G p$$

得

$$N_A = k_y(y - y_i) \tag{1-26}$$

式中，k_y 为以摩尔分数差 $(y - y_i)$ 为推动力的气相总传质系数，kmol/(m²·s)；y、y_i 分别为气相主体及相界面处溶质的摩尔分数。

同理，液相传质速率方程式(1-16)可换算如下

$$N_A = k_L(c_{Ai} - c_{AL}) = k_L c \left(\frac{c_{Ai}}{c} - \frac{c_{AL}}{c} \right) \tag{1-27}$$

令

$$k_x = k_L c$$

得

$$N_A = k_x(x_i - x) \tag{1-28}$$

式中，k_x 为以摩尔分数 $(x_i - x)$ 为推动力的液相总传质系数，kmol/(m²·s)；x、x_i 分别为液相主体及相界面处溶质的摩尔分数。

相界面处，y_i、x_i 达到平衡，稀溶液物系服从亨利定律：

$$y_i = m x_i \tag{1-29}$$

可以用导出式(1-26)和式(1-28)同样的方法消去界面组成，得

$$N_A = K_y(y - y_e) \tag{1-30}$$

$$N_A = K_x(x_e - x) \tag{1-31}$$

$$\frac{1}{K_y} = \frac{1}{k_y} + \frac{m}{k_x} \tag{1-32}$$

$$\frac{1}{K_x} = \frac{1}{m k_y} + \frac{1}{k_x} \tag{1-33}$$

$$K_x = m K_y \tag{1-34}$$

式中，y_e 为与该液相成平衡的气相溶质的摩尔分数；x_e 为与该气相成平衡的液相溶质的摩尔分数；K_y 为以摩尔分数差 $(y - y_e)$ 为推动力的液相总传质系数，kmol/(m² · s)；K_x 为以摩尔分数差 $(x_e - x)$ 为推动力的液相总传质系数，kmol/(m² · s)。

4. 吸收及解吸塔的重要参数

1) 操作线方程

对吸收塔作物料衡算，将全塔作为衡算范围得

$$\frac{L}{V} = \frac{y_1 - y_2}{x_1 - x_2} \tag{1-35}$$

式中，L、V 分别为气相与液相的摩尔流量，kmol/s；y_2、x_2 分别为塔顶的气相与液相组成，摩尔分数；y_1、x_1 分别为塔底的气相与液相组成，摩尔分数。

解吸塔的全塔范围物料衡算方程与式(1-35)一样。只是式中 y_2、x_2 分别为塔底的气相与液相组成，摩尔分数；y_1、x_1 分别为塔顶的气相与液相组成，摩尔分数。

2) 最小液气比

对于吸收塔，最小液气比表达式为

$$\left(\frac{L}{V}\right)_{\min} = \frac{y_1 - y_2}{x_1^* - x_2} \tag{1-36}$$

若平衡线是直线，则 $x_1^* = y_1 / m$。则

$$\left(\frac{L}{V}\right)_{\min} = \frac{y_1 - y_2}{y_1 / m - x_2} \tag{1-37}$$

吸收塔内被吸收组分回收率为 $\eta = \dfrac{y_1 - y_2}{y_1}$，解吸塔内被脱吸组分蒸出率为 $\eta = \dfrac{x_1 - x_2}{x_1}$。解吸塔的最小液气比公式与吸收塔一样。而实际液气比是最小液气比的 1.1～2.0 倍。

3) 吸收因数与脱吸因数

吸收因数(无量纲)：

$$A \equiv \frac{L}{mV} \tag{1-38}$$

脱吸因数：

$$S \equiv \frac{mV}{L} = \frac{1}{A} \tag{1-39}$$

从经济角度考虑，被吸收或被脱吸的关键组分的吸收因数和脱吸因数一般推荐采用 1.4 左右的数值。

4) 理论塔板数

对吸收塔而言，达到规定值时所需要的理论塔板数计算式如下：

$$N = \frac{\lg \dfrac{A - \eta}{1 - \eta}}{\lg A} - 1 \tag{1-40}$$

类似地，对解吸塔而言，达到规定值时所需要的理论塔板数计算式如下：

$$N = \frac{\lg \dfrac{S-\eta}{1-\eta}}{\lg S} - 1 \tag{1-41}$$

5. 吸收塔及解吸塔的效率

吸收塔和解吸塔的效率一般低于 50%。目前全塔效率没有准确公式可以计算，下面是通过工业塔数据拟合所得的两个经验效率模型。

(1) Drickamer 和 Bradford 公式(基于 20 组烃类混合物工业吸收塔和解吸塔性能数据)：

$$E_0 = 19.2 - 57.8\lg \mu_L \tag{1-42}$$

式中，E_0 为全塔效率，%；μ_L 为离开吸收塔的液体或进入汽提塔的液体在平均塔温下的摩尔平均黏度，取值范围为 0.19～1.58 cP(1 cP=10^{-3} Pa · s)。

此方程拟合全塔效率的平均偏差是 5.0%，最大偏差为 13.0%。主要针对的物系为烃类混合物，并且不适合用来拟合相对挥发度或相平衡常数范围很宽的物系的吸收塔和解吸塔。

(2) O'Connell 公式(基于 33 组工业塔数据，吸收剂包括烃类物质和水)：

$$\lg E_0 = 1.597 - 0.199\lg \frac{mM_L\mu_L}{\rho_L} - 0.0896\lg \frac{mM_L\mu_L}{\rho_L} \tag{1-43}$$

式中，M_L 为液相的相对分子质量；ρ_L 为液相的密度，lb/ft³(1 lb/ft³=16 kg/m³)。

此方程拟合全塔效率的平均偏差为 16.3%，最大偏差为 157%。相对于 Drickamer 和 Bradford 公式，O'Connell 公式更为通用。

1.2.3　吸收与解吸过程模拟方法及示例

Aspen Plus 软件在模拟计算吸收过程和解吸过程时操作一致，故本小节以吸收过程为例进行说明。

【例 1-1】用 20℃、101.325 kPa 的水吸收空气中的丙酮。已知进料空气温度为 20℃，压力为 101.325 kPa，流量为 10 kmol/h，含丙酮 0.035(摩尔分数，下同)、氮气 0.680、氧气 0.285，吸收塔常压操作，理论塔板数 12。要求净化后的空气中丙酮浓度为 0.005，求所需水的用量。物性方法采用 NRTL[30]。

本例模拟步骤如下：

(1) 建立文件：启动 Aspen Plus 软件，选择模板 General with Metric Units。

(2) 输入进塔组分：进入 Components/Specifications/Selection 页面，输入进入塔的组分丙酮(ACETONE)、水(WATER)、氮气(N₂)和氧气(O₂)，如图 1-11 所示。

(3) 添加亨利组分：对于一些不凝性气体、低溶解性气体以及工况下的超临界气体，如 H₂、CO₂、CO、CH₄、N₂、SO₂ 等，利用亨利定律计算其在液相中的含量比活度系数法准确得多，所以需要将它们设置成亨利组分，如图 1-12 所示。

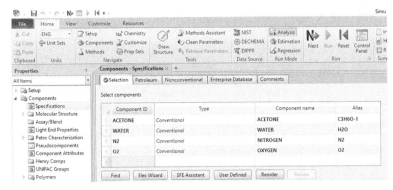

图 1-11　输入进塔组分

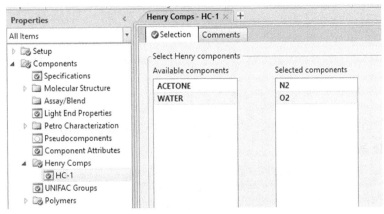

图 1-12　添加亨利组分

(4) 选择物性方法：点击 Next，进入 Methods/Specifications/Global 页面，选择 NRTL。查看方程的二元交互作用参数，点击 Next，出现二元交互作用参数页面，本例采用缺省值，不做修改。

(5) 建立流程图：点击 Next，选择 Simulation，点击 OK，进入模拟环境。建立如图 1-13 所示的流程图，其中 ABSORBER 采用模块选项板中的 Columns/RadFrac/ABSBR1。

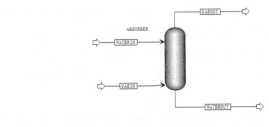

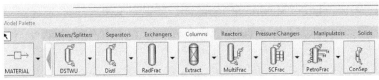

图 1-13　建立流程图

(6) 设定全局：进入 Setup/Specifications/Global 页面，在 Title 中输入 ABSORBER，如图 1-14 所示。

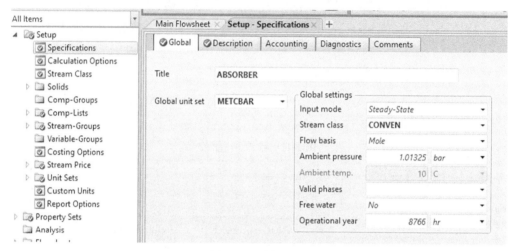

图 1-14　设定全局

(7) 输入组分条件：点击 Next，进入 Streams/GASIN/Input/Mixed 页面，输入组分条件，如图 1-15 所示。

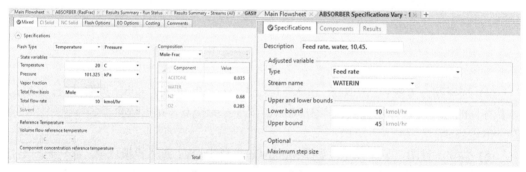

图 1-15　输入组分条件

(8) 输入模块参数：点击 Next，进入 Blocks/ABSORBER/Specifications/Setup/Configuration 页面，输入塔板数，设置冷凝器和再沸器为 None。点击 Next，进入 Blocks/ABSORBER/Specifications/Setup/Streams 页面，输入进料位置。点击 Next，进入 Blocks/ABSORBER/Specifications/Setup/Pressure 页面，输入 ABSORBER 第一块塔板压力 101.325 kPa，如图 1-16 所示。

(9) 收敛：在 Blocks/ABSORBER/Specifications/Setup/Basic Configuration 页面，选择 Algorithm 为 Standard，Maximum iterations 设置为 200，并将 Blocks/ABSORBER/Convergence/Convergence/Advanced 页面中左列第一个选项 Absorber 的"No"改为"Yes"，如图 1-17 所示。

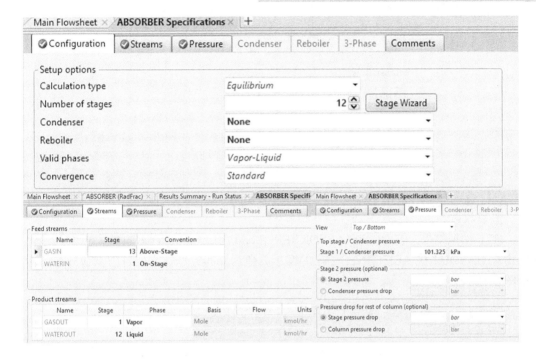

图 1-16　输入模块参数

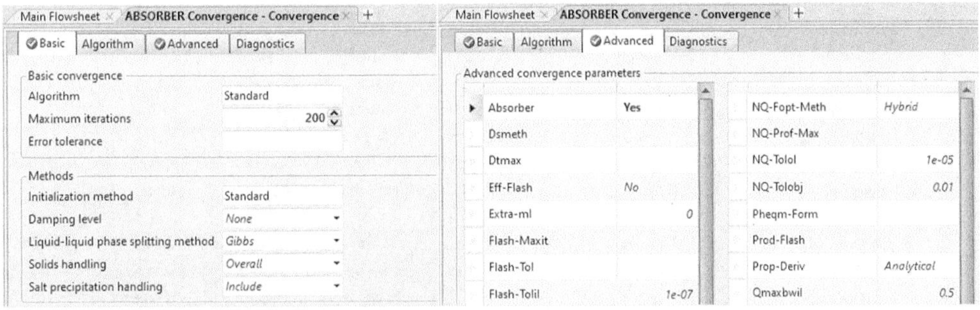

图 1-17　收敛方法

(10) 添加塔内设计规定：Blocks/ABSORBER/Specifications/Design Specifications/ Specifications、Components、Feed/Product Streams 页面，如图 1-18 所示。

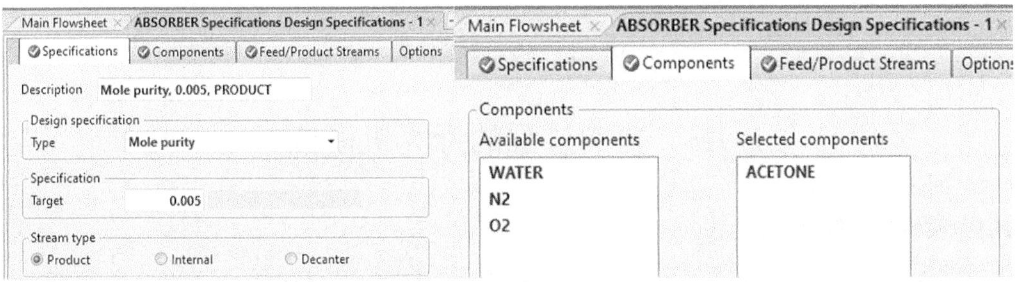

图 1-18　添加塔内设计规定

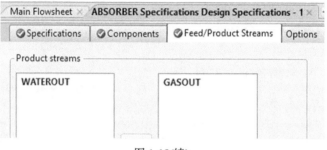

图 1-18(续)

(11) 运行模拟：点击 Next，出现 Required Input Complete 对话框，点击 OK，运行模拟，流程收敛。

(12) 模拟结果：在 Blocks/ABSORBER/Stream results/Material 页面，可看到净化后的物流 GASOUT 中 ACETONE(丙酮)的摩尔分数为 0.005，所需水的量为 12.9383 kmol/h，如图 1-19 所示。

	Units	GASIN	GASOUT	WATERIN	WATEROUT	
Mass Vapor Fraction		1	1	0	0	
Mass Liquid Fraction		0	0	1	1	
Mass Solid Fraction		0	0	0	0	
Molar Enthalpy	kcal/mol	-1.83997	-1.97484	-68.3506	-68.1482	
Mass Enthalpy	kcal/kg	-60.9229	-68.0897	-3794.04	-3594.94	
Molar Entropy	cal/mol-K	-0.465913	0.898124	-39.2629	-40.206	
Mass Entropy	cal/gm-K	-0.0154267	0.030966	-2.17942	-2.12094	
Molar Density	kmol/cum	0.0415719	0.0409907	55.44	51.7982	
Mass Density	kg/cum	1.25554	1.18887	998.767	981.922	
Enthalpy Flow	Gcal/hr	-0.0183997	-0.0197092	-0.884342	-0.883075	
Average MW		30.2016	29.0035	18.0153	18.9567	
− Mole Flows	kmol/hr	10	9.98017	12.9383	12.9581	
ACETONE	kmol/hr	0.35	0.0499009	0	0.300099	
WATER	kmol/hr	0	0.295702	12.9383	12.6426	
N2	kmol/hr	6.8	6.78992	0	0.0100791	
O2	kmol/hr	2.85	2.84465	0	0.0053504	
− Mole Fractions						
ACETONE		0.035	0.00500001	0	0.0231591	
WATER		0	0.029629	1	0.97565	
N2		0.68	0.680341	0	0.000777823	
O2		0.285	0.28503	0	0.000412898	

图 1-19   查看物流结果

1.3   精馏过程的计算机模拟

1.3.1   精馏过程简介

精馏过程是利用混合组分之间相对挥发度的差异，借助能同时进行多次部分汽化和部分冷凝的回流技术，实现混合液中组分高纯度分离的多级分离操作过程。

精馏过程原理可用图 1-20 所示的 T-x-y 图说明。如图 1-20 所示，将组成为 x_F、温度为 T_F 的某混合液升温至泡点以上，使混合物被部分汽化，产生气液两相，由杠杆规则可确定其气相和液相组成分别为 y_1 和 x_1'，此时 $y_1 > x_F > x_1'$。气液两相分离后，将组成为 y_1 的气相混合物进行部分冷凝，则可得到组成为 y_2 的气相和组成为 x_2' 的液相。与此同时，将组成为 x_1' 的液相进行部分汽化，则可得到组成为 y_2' 的气相和组成为 x_2' 的液相。如此经过多次部分汽化和部分冷凝，最终气相和液相分别经过冷凝和汽化后，即可获得高纯度的易挥发组分产品和高纯度的难挥发组分产品[31]。由此可见，液体混合物经过多次部分汽化和部分冷凝后，便可实现几乎完全的分离，这就是精馏过程的基本原理。

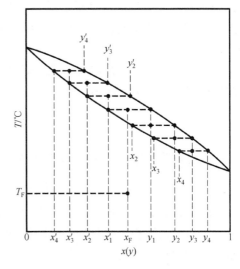

图 1-20　T-x-y 图

1.3.2　连续精馏过程的数学模型

精馏过程的计算通常涉及设计型和操作型两种类型。设计型任务是根据规定的分离要求，选择精馏的操作条件，计算所需的理论塔板数；操作型任务是在设备(精馏段塔板数及全塔理论板数)已定的条件下，由指定的操作条件预计精馏操作的结果。在连续和间歇精馏过程的数学模型章节中重点讨论板式精馏塔的操作型计算[31-32]。

对精馏过程这种应用于多组分多级分离单元的严格计算，不仅能够确定各级上的温度、压力、流量、气液相组成和传热速率等工艺设计所必需的参数，而且能考察和改进设备的操作条件、优化控制过程。对多级分离过程进行数学模拟的核心是建立描述精馏过程的动量、质量和热量传递模型和方程并进行求解。所建立的模型方程通常是非线性的大型方程组，求解这些方程必须采用适于计算机上使用的迭代计算，在已提出的诸多计算方法中常用的有方程解离法和同时校正法。本章介绍的严格计算方法适用于精馏、吸收、解吸、萃取等多种分离过程。

在 1.1 节所介绍的平衡级分离过程的数学模型中提到，目前相对于非平衡级模型，平衡级的研究已经较为充分，且该模型已广泛应用于多种连续和间歇精馏过程稳态的建立和分析，因此连续和间歇精馏过程数学模型的建立均以平衡级模型为基础。考虑到在 1.1 节已经对平衡级分离过程的数学模型及其相应的求解方法进行了比较详细的描述，本小节不再赘述。

1. 塔板效率

平衡级模型假设离开塔板进入上一级的气相和下一级的液相具有相同的温度且达到汽液平衡，而在实际操作中很难完全达到这样的理想状态。将求解 MESH 方程得到的达到所需分离效果的总塔板数或者总理论级数 N_T 用在实际精馏塔时，并不能达到预想的实际效果，因此计算得到的 N_T 并不能直接应用于实际的工业生产过程中，需要加以一定的修正。

最简洁的修正方式是对每一段(一股进料或者一股采出)设置一个总的塔板效率 E_T，将总理论级数修正为实际塔板数：

$$N_A = \frac{N_T}{E_T} \tag{1-44}$$

O'Connell[21]提出了一种计算全塔效率的经验关联式：

$$E_T = 9.06(\mu_L \alpha)^{-0.245} \tag{1-45}$$

式中，μ_L 为液相黏度，$Pa \cdot s$；α 为相对挥发度。

由于每一块塔板上的气液相流动情况与物理性质均不同，为了提高计算的精度，在追求较高的模拟精度时，应对每一块塔板的传质效率进行计算。单板效率又称默弗里板效率，第 j 块塔板上的气相单板效率和液相单板效率分别定义为

$$E_{MV} = \frac{y_j - y_{j+1}}{y_j^{Eq} - y_{j+1}} \tag{1-46}$$

$$E_{ML} = \frac{x_{j-1} - x_j}{x_{j-1} - x_j^{Eq}} \tag{1-47}$$

式中，上标 Eq 表示达到平衡的气液相组成。由于气相扩散系数远大于液相扩散系数，可以认为两块塔板之间的气相是充分混合的，而液相则不同。一般而言，气液相单板效率并不相同。通过实验发现，单板效率可能大于 1，也有可能小于 0。当板式塔塔径较大时，液相流股在进出塔板两端组成差异较大，因而可能使板效率大于 1。板效率不仅与气液相物性、板与塔的几何结构有关，也与气液接触状态有关，但总体而言，液相黏度越大、相对挥发度越大，则板效率越低。

2. 多组分连续精馏过程

化工厂中的精馏操作大多是分离多组分溶液。虽然多组分精馏与两组分精馏在基本原理上是相同的，但因多组分精馏中溶液的组分数目增多，故影响精馏操作的因素也增多，计算过程更为复杂。本节重点讨论多组分精馏的流程和汽液平衡关系。

对多组分精馏来说，只能规定两个组分的浓度就意味着组分的浓度不能再由设计者指定，即规定了其中两个组分的浓度，实际上也就决定了其他组分的浓度。通常将指定浓度的这两个组分称为关键组分，其中相对易挥发的组分称为轻关键组分(L)，难挥发的组分为重关键组分(H)。一般来说，一个精馏塔的任务就是要使轻关键组分尽量多地进入馏出液，重关键组分尽量多地进入釜液。但由于系统中除轻、重关键组分外，尚有其他组分，故塔顶和塔底产品通常仍是混合物。只有当关键组分是溶液中最易挥发的两个组分时，馏出液才有可能是近乎纯的轻关键组分；反之，若关键组分是溶液中最难挥发的两个组分，釜液可能是近乎纯的重关键组分。但若轻、重关键组分的挥发度相差很小，则也

较难得到高纯度产品。若馏出液中除重关键组分外没有其他重组分，而釜液中除轻关键组分外没有其他轻组分，这种情况称为清晰分割。两个关键组分的相对挥发度相邻且分离要求较苛刻，或非关键组分的相对挥发度与关键组分相差较大时，一般可达到清晰分割[24,31]。

多组分溶液的汽液平衡关系中，理想体系一般用平衡常数法和相对挥发度法表示；非理想体系，依据气液状态可分别采用逸度或活度系数来替代或修正压力。

1) 理想体系

(1) 平衡常数法。

平衡系统的气液两相在指定的压力和温度下达到平衡时，气相中某组分 i 的组成 y_i 与该组分在液相中的平衡组成 x_i 的比值，称为组分 i 在此温度、压力下的平衡常数，通常表示为

$$K_i = \frac{y_i}{x_i} \tag{1-48}$$

式中，K_i 为平衡常数。式(1-48)是表示汽液平衡关系的通式，既适用于理想系统，也适用于非理想系统。对于理想物系，相平衡常数可表示为

$$K_i = \frac{y_i}{x_i} = \frac{p_i^0}{p} \tag{1-49}$$

由式(1-49)可以看出，理想物系中任意组分 i 的相平衡常数 K_i，只与总压 p 及该组分的饱和气压 p_i^0 关，而 p_i^0 直接由物系的温度决定，故 K_i 随组分性质、总压及温度而定。

(2) 相对挥发度法。

在精馏塔中各层板上的温度不同，因此平衡常数也是变量。而相对挥发度随温度变化较小，全塔可取定值或平均值，故采用相对挥发度法表示平衡关系可使计算大为简化。

用相对挥发度法表示多组分溶液的平衡关系时，一般取较难挥发的组分 j 作为基准组分，根据相对挥发度定义，可写出任一组分和基准组分的相对挥发度为

$$\alpha_{ij} = \frac{y_i / x_i}{y_j / x_j} = \frac{K_i}{K_j} = \frac{p_i^0}{p_j^0} \tag{1-50}$$

汽液平衡组成与相对挥发度的关系可推导如下：

$$y_i = K_i x_i = \frac{p_i^0}{p} x_i \tag{1-51}$$

$$p = p_1^0 x_1 + p_2^0 x_2 + \cdots + p_n^0 x_n \tag{1-52}$$

$$y_i = \frac{p_i^0 x_i}{p_1^0 x_1 + p_2^0 x_2 + \cdots + p_n^0 x_n} \tag{1-53}$$

式(1-53)等号右边的分子与分母同除以 p_j^0，并将式(1-50)代入，可得

$$y_i = \frac{\alpha_{ij} x_i}{\alpha_{1j}^0 x_1 + \alpha_{2j}^0 x_2 + \cdots + \alpha_{nj}^0 x_n} = \frac{\alpha_{ij} x_i}{\sum\limits_{i=1}^{n} \alpha_{ij} x_i} \tag{1-54}$$

同理可得

$$x_i = \frac{\dfrac{y_i}{\alpha_{ij}}}{\sum\limits_{i=1}^{n} \dfrac{y_i}{\alpha_{ij}}} \tag{1-55}$$

式(1-54)和式(1-55)为用相对挥发度法表示的汽液平衡关系。显然，只要求出各组分对基准组分的相对挥发度，就可利用这两个式子计算平衡时的气相或液相组成。

上述两种汽液平衡表示法没有本质的差别。一般，若精馏塔中相对挥发度变化不大，则用相对挥发度法计算平衡关系较为简便；若相对挥发度变化较大，则用平衡常数法计算较为准确。

2) 非理想体系

非理想体系的汽液平衡可分为三种情况。

(1) 气相为非理想气体，液相为理想溶液。若系统的压力较高，气相不能视为理想气体，但液相仍是理想溶液，此时需用逸度代替压力，修正的拉乌尔定律和道尔顿定律可分别表示为

$$f_{iL} = f_{iL}^0 x_i \tag{1-56}$$

$$f_{iV} = f_{iV}^0 y_i \tag{1-57}$$

式中，f_{iL} 和 f_{iV} 分别为液相和气相混合物中组分 i 的逸度，Pa；f_{iL}^0 和 f_{iV}^0 分别为液相和气相纯组分 i 在压力 p 及温度 T 下的逸度，Pa。

两相达到平衡时，$f_{iL} = f_{iV}$ ，则

$$K_i = \frac{y_i}{x_i} = \frac{f_{iL}^0}{f_{iV}^0} \tag{1-58}$$

比较式(1-58)和式(1-49)可以看出，在压力较高时，只要用逸度代替压力，就可以计算得到平衡常数。逸度的求法可参阅有关资料。

(2) 气相为理想气体，液相为非理想溶液，非理想溶液遵循修正的拉乌尔定律，即

$$p_i = \gamma_i p_i^0 x_i \tag{1-59}$$

式中，γ_i 为组分 i 的活度系数。

对理想溶液，活度系数等于 1；对非理想溶液，活度系数可大于 1 也可小于 1，分别称为正偏差或负偏差的非理想溶液。

理想气体遵循道尔顿分压定律，则得

$$K_i = \frac{\gamma_i p_i^0}{p} \tag{1-60}$$

活度系数随压力、温度及组成而变，其中压力影响较小，一般可忽略，而组成的影响较大。活度系数的求法可参阅有关资料。

(3) 两相均为非理想状态。两相均为非理想状态时，式(1-60)相应变为

$$K_i = \frac{\gamma_i f_{iL}^0}{f_{iV}} \tag{1-61}$$

1.3.3　连续精馏过程的模拟方法及示例

Aspen Plus 软件提供了 DSTWU、Distl、RadFrac、Extract 等塔单元模块，这些模块可以模拟精馏、吸收、萃取等过程；可以进行操作型计算，也可以进行设计型计算；可以模拟普通精馏，也可以模拟复杂精馏，如萃取精馏、共沸精馏、反应精馏等[33-35]。各塔单元模块介绍见表 1-1。

表 1-1　塔单元模块介绍

模块	说明	功能	适用对象
DSTWU	使用 Winn-Underwood-Gilliland 方法的多组分精馏的简捷设计模块	确定最小回流比、最小理论板数以及实际回流比、实际理论板数等	仅有一股进料和两股产品简单精馏塔
Distl	使用 Edmister 方法的多组分精馏的简捷校核模块	计算产品组成	仅有一股进料和两股产品简单精馏塔
RadFrac	单个塔的两相或三相严格计算模块	精馏塔的严格核算和设计计算	范围广(普通和复杂精馏均可)
Extract	液-液萃取严格计算模块	液-液萃取严格计算	萃取塔

下面对于严格计算模块 RadFrac，对非共沸体系和共沸体系的分离过程进行详细介绍，分别以精馏分离甲醇-水非共沸体系和乙醇-水共沸体系为例。

混合物的进料温度为 25℃，进料流量为 100 kmol/h，对醇和水摩尔组成为 0.5 和 0.5 的醇-水两组分分离的稳态过程进行严格模拟计算。选用 NRTL 的物性方法，20 块理论板，回流比为 2，塔底采出率为 41 kmol/h，进料板位置为第 10 块，常压操作，塔板压降为 0.0068 atm($1atm=1.01325\times10^5$ Pa)，模拟观察分离效果。

(1) 数据输入。

启动 Aspen Plus 软件，新建空白模拟文件，输入组分醇和水，选择 NRTL 物性方法，获得醇-水二元交互作用参数。运行后，可对醇-水两组分进行体系分析，如图 1-21(a)和(b)所示，分析发现甲醇-水两组分不存在共沸，而乙醇-水两组分存在共沸且其共沸点组成和温度与实验研究一致，这些说明建立热力学模型是准确的。并且从图 1-21(b)乙醇-水两组分的 T-x-y 图中可以分析发现，摩尔组成为 0.5 和 0.5 的乙醇-水两组分经过适宜操作条件精馏塔的分离，塔底应该会得到高纯度的水，塔顶应该会得到乙醇-水共沸混合物。

(2) 建立流程信息。

选择 Aspen Plus 软件中的 RadFrac 模块，按照要求填写规格，建立了如图 1-22 所示的连续精馏过程。

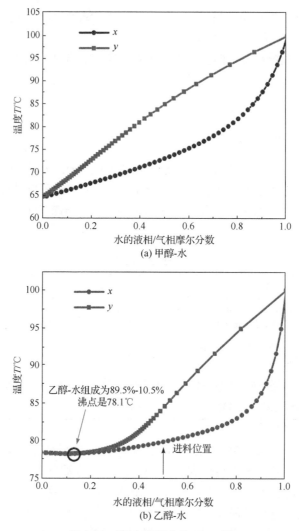

(a) 甲醇-水

(b) 乙醇-水

图 1-21   醇-水两组分的 *T-x-y* 图

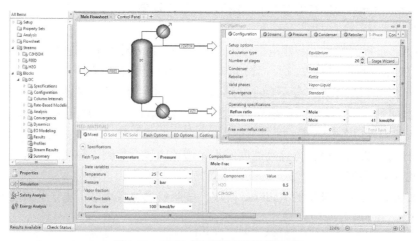

图 1-22   乙醇-水两组分连续精馏过程

(3) 模拟运算与结果。

运行没有错误和警告后，查看物流结果(图 1-23)。从图 1-23(a)可以看出，非共沸的甲醇-水两组分连续精馏过程，塔底水的摩尔分数为 1，塔顶甲醇的摩尔分数为 0.847；从图 1-23(b)可以看出，对于存在共沸的乙醇-水两组分连续精馏过程，塔底水的摩尔分数为 0.953，塔顶乙醇的摩尔分数为 0.815，位于共沸点附近。

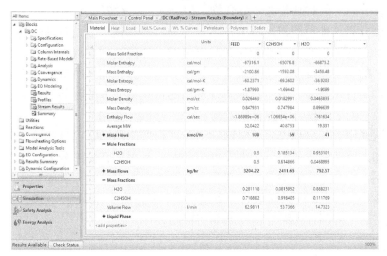

(a) 甲醇-水

(b) 乙醇-水

图 1-23　模拟运行物流结果信息

1.3.4　间歇精馏过程的数学模型

间歇精馏又称分批精馏。间歇精馏操作开始时，被处理物料加入精馏釜中，再逐渐加热汽化，自塔顶引出的蒸汽经冷凝后，一部分作为馏出液，另一部分作为回流液送回塔内，待釜液组成降到规定值后，将其一次排出，然后进行下批的精馏操作。因此，间歇精馏与连续精馏相比，具有以下特点。

(1) 间歇精馏为非稳态过程。由于釜中液相的组成随精馏过程的进行而不断降低，因此塔内操作参数(如温度、组成)不仅随位置变化，也随时间变化。

(2) 间歇精馏塔只有精馏段，设备的生产强度较低。

(3) 塔内存液量对精馏过程、产品的产量和质量都有显著影响。采用填料塔可减少塔内存液量。

间歇精馏有两种基本操作方式：一种是不断加大回流比，保持馏出液组成恒定；另一种是回流比保持恒定，馏出液组成逐渐减小。实际生产中往往采用联合操作方式，即某一阶段(如操作初期)采用恒馏出液组成的操作，另一阶段(如操作后期)采用恒回流比下的操作。联合的方式可视具体情况而定。

应予指出，化工生产中虽然以连续精馏为主，但是在某些场合却宜采用间歇精馏操作。例如，精馏的原料液是由分批生产得到的，这时分离过程也要分批进行；在实验室或科研室的精馏操作一般处理量较少，且原料的品种、组成及分离程度经常变化，采用间歇精馏更为灵活方便；多组分混合液的初步分离，要求获得不同馏分(组成范围)的产品，这时也可采用间歇精馏。两组分连续精馏过程数学模型(MESH 方程)以及求解方法可推广应用于间歇精馏。

1.3.5　特殊精馏

一般的精馏操作是以液体混合物中各组分的挥发度差异为依据的。各组分挥发度差别越大越容易分离。但对某些液体混合物，组分间的相对挥发度接近于 1 或成共沸物，应用普通精馏分离这种系统在经济上是不合算的，或在技术上是不可能的，需要采用特殊精馏方法。在化工生产中常常会遇到此类情况，如向这种溶液中加入一个新的组分，改变它们之间的相对挥发度，使系统变得易于分离，这类加入质量分离剂或能量分离剂的精馏过程称为特殊精馏。截至目前所开发出的特殊精馏方法有共沸精馏、萃取精馏、变压精馏以及它们之间耦合的混合精馏等。

本小节所介绍的共沸精馏、萃取精馏以及它们之间的耦合都是在被分离溶液中加入第三组分以加大原溶液中各组分间挥发度的差别，从而使其易于分离，同时降低设备投资和操作费用。而变压精馏则是引入能量分离剂改变各组分间挥发度，从而使其易于分离。它们均属于多组分非理想物系的分离过程。本节将简要介绍共沸精馏、萃取精馏、变压精馏以及它们之间耦合的混合精馏流程和特点。

1. 共沸精馏

若在原共沸混合物中加入第三组分(称为夹带剂)，该组分能与原料液中的一个或两个组分形成新的共沸物(该共沸物可以是两组分的，也可以是三组分的，可以是最低恒沸点的塔顶产品，也可以是难挥发的塔底产品)，从而使原料液能用普通精馏方法予以分离，这种精馏操作称为共沸精馏。共沸精馏可分离具有最低共沸点的溶液、具有最高共沸点的溶液以及挥发度相近的物系。共沸精馏的流程取决于夹带剂与原有组分所形成的共沸物的性质[36]。

以乙醇-水两组分共沸物分离为例,该乙醇-水两组分共沸物的 *T*-*x*-*y* 图和加入共沸剂苯后形成乙醇-水-苯三组分混合物的三元相图,如图 1-24 所示。从图 1-24(a)可以看出,乙醇-水混合物是均相溶液,且存在一个最低共沸点。从图 1-24(b)可以看出,加入共沸剂苯后,原来的乙醇-水均相混合物形成了乙醇-水-苯三元非均相共沸混合物(相应的共沸点为 64.85℃,共沸摩尔组成为乙醇 0.228、水 0.233、苯 0.539),对应的共沸精馏流程示意图如图 1-25 所示。由于常压下此三组分恒沸液的恒沸点为 64.85℃,故其由塔顶蒸出,塔底产品为近于纯态的乙醇。塔顶蒸汽进入冷凝器中冷凝后,部分液相回流到第一个精馏塔,其余的进入倾析器,在倾析器内分为轻重两层液体。轻相返回第一个精馏塔作为补充回流液。重相送入苯回收塔(即第二个精馏塔),以回收其中的苯。苯回收塔的蒸汽由塔顶引入冷凝器中,第二个精馏塔底部的产品为稀乙醇,被送到乙醇回收塔(即第三个精馏塔)中。第三个精馏塔中塔顶产品为醇-水共沸物,送回第一个精馏塔作为原料,塔底产品几乎为纯水。在操作中苯是循环使用的,但因有损耗,故需隔一段时间后补充一定量的苯。

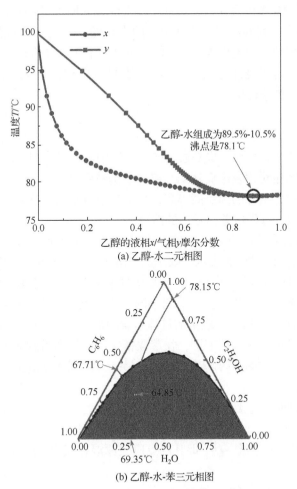

图 1-24　乙醇-水共沸体系热力学性质图

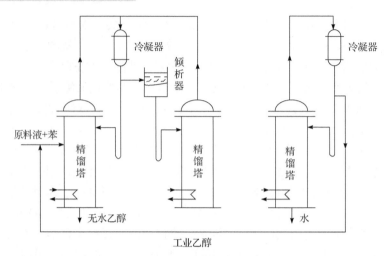

图 1-25　乙醇-水共沸精馏流程示意图

在共沸精馏中，需选择适宜的夹带剂。对夹带剂的要求是：①夹带剂应能与被分离组分形成新的共沸物，其共沸点要比纯组分的沸点低，一般两者沸点差不小于 10℃；②新共沸物所含夹带剂的量越少越好，以便减少夹带剂用量及汽化、回收时所需的能量；③新共沸物最好为非均相混合物，便于冷凝后用分层法分离；④无毒性、腐蚀性，热稳定性好；⑤来源容易，价格低廉。

2. 萃取精馏

萃取精馏和共沸精馏相似，也是通过向原料液中加入第三组分(称为萃取剂或溶剂)，以改变原有组分间的相对挥发度而达到分离要求的特殊精馏方法。但不同的是要求萃取剂的沸点较原料液中各组分的沸点高得多，且不与组分形成共沸物，容易回收[37]。萃取精馏常用于分离各组分挥发度差别很小的溶液。

仍以乙醇-水两组分共沸物分离为例，图 1-26 为未引入和引入萃取剂乙二醇时乙醇-水混合物的汽液平衡图，其中 S 表示萃取剂乙二醇的用量，F 表示乙醇-水混合物的用量。从图 1-26 中可以很明显地看出，在未引入萃取剂即 $S/F=0$ 时，乙醇-水存在共沸，而引入萃取剂乙二醇即 $S/F=3$ 时，打破了乙醇-水共沸，这样就很容易实现两者的分离。在萃取剂为乙二醇时，乙醇-水两组分萃取精馏流程示意图如图 1-27 所示，原料乙醇-水混合物和萃取剂乙二醇同时进入萃取精馏塔，在萃取精馏塔的塔顶得到无水乙醇，塔底混合物进入萃取剂回收塔，一方面获得高纯度的水，另一方面回收萃取剂乙二醇，再循环回到萃取精馏塔继续利用。

选择适宜萃取剂时，主要应考虑：

(1) 萃取剂应使原组分间相对挥发度发生显著的变化；

(2) 萃取剂的挥发度应低一些，即其沸点应较原混合液中纯组分的高，且不与原组分形成恒沸液；

(3) 无毒性、腐蚀性，热稳定性好；

(4) 来源方便，价格低廉。

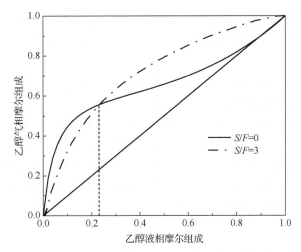

图 1-26　未引入和引入萃取剂时乙醇-水混合物的汽液平衡图

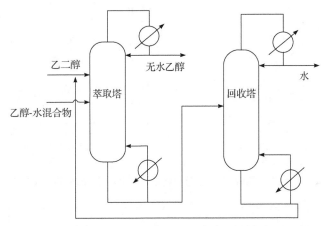

图 1-27　乙二醇萃取精馏分离乙醇-水混合物工艺流程示意图

　　萃取精馏中萃取剂的加入量一般较多，以保证各层塔板上足够的添加剂浓度，而且萃取精馏塔往往采用饱和蒸汽加料，以使精馏段和提馏段的添加剂浓度基本相同。

　　萃取精馏与共沸精馏的特点比较如下：

　　(1) 萃取剂比夹带剂易于选择；

　　(2) 萃取剂在精馏过程中基本上不汽化，故萃取精馏的耗能量较共沸精馏的少；

　　(3) 萃取精馏中，萃取剂加入量的变动范围较大，而在共沸精馏中，适宜的夹带剂量多为一定值，故萃取精馏的操作较灵活，易控制；

　　(4) 萃取精馏不宜采用间歇操作，而共沸精馏可采用间歇操作；

　　(5) 共沸精馏操作温度较萃取精馏低，故共沸精馏较适用于分离热敏性溶液。

3. 变压精馏

　　变压精馏是基于共沸物系的压敏性实现分离的，因此分离物系应有较好的压敏性(通常压力变化在 10 atm 内，共沸组成至少变化 5%)，但对于非压敏性物质，变压精馏无法实现其分离。共沸精馏因存在多稳态和共沸剂要求高等问题而发展受到限制[38]。尽管萃取精馏需要引入新的组分，但萃取精馏对分离物系的压敏性没有要求，因此萃取精馏的应用范围更广。

仍以乙醇-水两组分共沸物分离为例，图 1-28 为乙醇-水两组分共沸物在不同压力下的 T-x-y 图。从图 1-28 可以看出，乙醇-水混合物中共沸组成从 1 atm 下的 87.2%(摩尔分数，下同)乙醇变为 10 atm 下的 79.4%乙醇，即使偏移不是很大，但使用变压精馏方案进行该共沸物分离足够了。当然，高压操作需要使用压缩设备，增加了加工成本。图 1-29 为变压精馏分离乙醇-水混合物工艺流程示意图，混合物进入低压精馏塔，在低压精馏塔的塔底得到高纯度的水，塔顶混合物进入高压精馏塔，在高压精馏塔的塔底得到高纯度的乙醇，塔顶混合物再循环回到低压精馏塔继续进行分离。

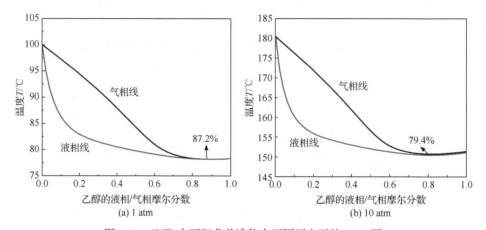

图 1-28　乙醇-水两组分共沸物在不同压力下的 T-x-y 图

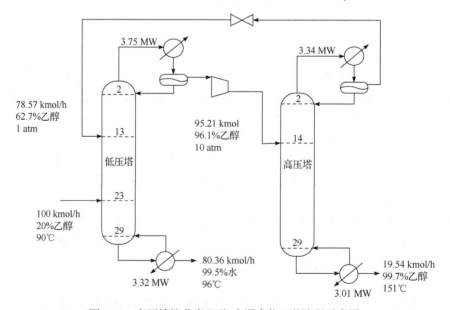

图 1-29　变压精馏分离乙醇-水混合物工艺流程示意图

4. 混合精馏

近几年，随着过程节能强化方面的研究发展，混合精馏工艺过程被提出。混合精馏是指特殊精馏之间的过程耦合，即一个精馏塔或者一整套精馏分离过程中，采用两种及两种以上特殊分离方式。例如，一个精馏塔内，既利用体系的压敏性又利用萃取剂的萃取作用，实现多共沸物系的分离提纯等。在第 7 章将介绍具体案例。这些混合精馏过程工艺的研究在降低成本、资源回收和环境保护方面具有积极的推动作用，符合国家节能减排以实现"碳中和"的发展目标。

1.4　新型气液传质分离过程的计算机模拟

1.4.1　与反应的耦合过程模拟

1. 反应分离耦合技术的发展现况

反应分离耦合技术是化学反应工程技术与化学分离技术的有机结合，将反应设备和分离设备统一在一台设备中，既节约了能源，又简化了加工工艺，有利于提高目标产品的选择性，获得更高质量的产品[39]。

反应精馏过程是反应分离耦合技术的重要组成部分。反应精馏塔既是反应器又是分离装置，产物的及时分离增加了反应的驱动力，使原有的化学平衡被打破，有利于提高反应物的转化率。反应精馏技术不是反应设备和蒸馏塔设备的简单组合，与普通组合相比，它具有以下主要优点[40]：

首先，反应精馏技术可以不断提高反应物的转化率，抑制副反应的发生。在普通反应器中发生的反应，在反应过程中，产物和反应物不能及时分离，使反应物浓度在浓度高时趋于平衡，从而造成转化率低，容易发生副反应；反应精馏过程是通过精馏及时分离出所生成产物中较轻的组分，这不仅可以提高转化率，而且可以避免副反应的发生。

其次，利用反应精馏技术可以简化工艺流程，反应精馏塔的效果优于反应釜和普通精馏塔的组合，从这个意义上说，反应精馏技术可以实现设备的一体化；同时，就放热反应而言，反应释放的热量可以作为产品蒸馏分离的热源，这种热耦合无疑是一种节约能耗的方法。

再次，当反应物与目标产物形成共沸物时，反应精馏的优势会更明显。当反应物与产物形成恒定的沸腾体系时，反应后使用普通精馏的传统工艺就受到限制，而通过反应精馏技术解决这个问题的方法是促进反应与分离，直到反应与共沸组合物达到平衡点或反应物被完全消耗为止，即使反应物完全转化。这样，就避免了共沸物引起的难以分离的问题，从而降低了成本，提高了产品质量。

最后，由于反应精馏技术既关系到化学反应，又关系到精馏分离，反应精馏技术成功实施的关键在于如何准确匹配反应过程和分离过程。此时，反应过程和分离过程是紧密相连、相互制约的，它们共同决定了最终的效果。通常，反应过程和分离过程高度匹配的系统具有以下特征：

(1) 涉及的主要化学反应是在液相中完成的，只有这样才能更符合精馏过程的特点；

(2) 对于反应，最好是放热反应，反应放热可用于精馏，弱吸热反应也可以，但强吸热反应会严重影响精馏塔内的热平衡和传质，恶化精馏操作条件，降低分离效率；

(3) 对于催化反应精馏，在精馏塔中填充的催化剂的使用时间应尽可能长，以减少生产操作的消耗；

(4) 快速反应更容易发挥精馏的优点，达到分离和促进反应的效果。

2. 反应分离耦合技术的研究进展

反应分离耦合技术起源于20世纪20年代，反应精馏的思想就诞生于这一时期。这个想法一提出就引起了学术界的讨论，反应精馏开始成为一个新的研究方向。该思路提出40年后，反应精馏在工业生产中首次实现，并成功应用于氨回收工艺，显示出极大的优越性。但是，反应精馏技术的基础研究开展不多，人们对反应精馏技术的应用只是基于经验和传统的认识，因此反应精馏技术的应用受到了限制。起初，反应精馏在反应中的应用类型仅限于醚化反应和酯化反应，但随着研究的深入和工业实践经验的积累，其领域已扩展到水解反应、烷基化反应和聚合反应等领域[41]。从技术发展的角度来看，反应精馏技术的发展可以简要地分为几个阶段[42]：

(1) 从20世纪20年代到60年代，反应精馏技术处于较慢的发展探索期，只应用于一些相对简单和特殊的体系中，反应和精馏的耦合程度也比较原始，非均相反应和精馏过程的耦合研究很少报道；

(2) 从20世纪60年代到70年代，学者们对反应精馏技术的研究重点开始从均相反应和特殊反应体系转向探索反应精馏技术的基本规律和基础研究，反应精馏的发展开始进入快车道；

(3) 从20世纪70年代到80年代，反应精馏技术的工业化开始活跃起来，因此也带动了反应精馏技术数学计算研究的发展，从此，反应精馏技术的研究开始重视数学模型的作用；

(4) 20世纪80年代以后，反应精馏技术的研究进入了一个新的阶段，围绕反应精馏建立的理论研究逐渐富集，反应精馏技术开始成熟，有平衡级模型、微分模型、统计模型和非平衡级模型来描述反应精馏过程。随着计算机技术的飞速发展，对反应精馏的数学模拟计算和优化控制研究越来越多，数学理论和计算机技术进一步深化了反应精馏技术的研究。

1.4.2　与微波的耦合过程模拟

近年来，微波增强蒸馏/蒸发过程的研究也越来越受到研究人员的关注。目前，一些研究表明，微波场可以加强某些系统的分离，达到提高分离效率的目的，但也有研究表明，微波场对某些系统的分离效果影响不大。这表明并非所有的分离系统都能被微波场激活，也不是所有的分离形式在与微波耦合后都有明显的强化效果。然而，在蒸馏/蒸发领域，对微波辐射的研究并不多，实验装置和分离形式仍然不足，微波增强蒸馏/蒸发的机理有待进一步探索。

基于微波辐射对正丙醇和丙酸蒸馏效果的影响,研究了微波对二元体系相平衡的影响,发现只有当气液相界面在微波场中接收辐射时,才能有效提高待分离混合物的分离效率,当在微波中接收辐射时,混合物的液相部分的分离效率几乎保持不变[43]。进一步研究微波辐射对乙醇-苯和邻苯二甲酸二辛酯-异辛醇二元系统汽液平衡(vapor-liquid equilibrium,VLE)的影响,实验结果表明,乙醇-苯体系在微波作用下的相平衡曲线有明显的变化,在混合物共沸点的左侧,随着微波功率的增加,露点曲线和气泡点曲线之间的距离越来越远,说明二元系统更容易分离,而在混合物共沸点右侧,随着微波功率的增加,露点曲线与气泡点曲线之间的距离越来越近,说明二元系统分离的难度越来越大。微波辐射对邻苯二甲酸二辛酯-异辛醇的相平衡曲线影响不大。也就是说,微波对不同二元系统的影响是不同的,影响程度与二元混合物中组分的介电性质密切相关。探讨微波辐射对二元混合物相对挥发度的影响及其影响机制,结果表明,微波作用能显著改变环己烷-异丙醇二元体系在非平衡稳态下的相对挥发度,微波场对混合体系相对挥发度的影响程度与微波场强度、体系中各组分之间的介电性能差异和沸点差异以及分子间力的差异密切相关。

随着连续微波辅助反应精馏(microwave-assisted reactive distillation,MARD)装置的发展,基于该装置研究了邻苯二甲酸二辛酯酯化反应[44]。实验结果表明,微波对体系相对挥发度的影响,能使产物水迅速从液相中汽化,迅速脱离液相反应体系,从而提高其酯化性能。由于微波对精馏平衡过程的强化作用不是很明显,因此有必要寻找一种更适用于微波技术的分离操作单元,从而提高微波场对分离过程的强化作用,对实际应用具有重要的指导意义。因此,开发了一种新型的工艺耦合增强分离技术——微波诱导蒸发技术,并设计了一套微波诱导刮膜蒸发分离装置,实验结果表明,微波可以加速极性/非极性混合物中极性组分的优先蒸发,诱导二元环己烷-异丙醇混合物的蒸发分离,但对于极性弱的异丙醇-乙酸乙酯系统分离效率很低。一方面,可能是由于蒸发分离装置中存在局部死区和刮刀高速旋转造成的液膜故障、不稳定和液体积聚等现象,严重影响了液体的表面更新和分子之间的传热;另一方面,可能受到蒸发分离装置结构的限制,蒸发分离的气体不能及时并快速地离开。为了进一步提高微波诱导蒸发分离的效率,更深入地了解微波诱导分离的机理,有必要优化蒸发分离装置的结构或开发更适合的蒸发分离装置,这对于更好地利用微波诱导分离过程具有重要意义。

1.4.3　与蒸汽渗透膜的耦合过程模拟

常规蒸馏技术具有较大的通量,但不能分离共沸物质;膜分离技术分离效率高、节能,但存在通量小、成本高等问题。蒸馏-膜耦合技术通过结合蒸馏技术和膜分离技术各自的优点,克服了各自缺点,作为一种节能的分离工艺近年来发展迅速。

蒸汽渗透过程源于渗透汽化技术,其原理是依靠膜两侧之间的压差作为驱动力,通过利用混合物组分在膜上的不同扩散速率实现组分的分离。不同之处在于,渗透汽化是液体混合物进料,液体在渗透过程中经历相变,渗透侧物料在气相中排出。因此,渗透汽化过程需要消耗截留侧液体的显热,以提供相变所需的热量。与渗透汽化相比,蒸汽渗透过程没有相变,因此无需考虑相变引起的能耗。此外,由于蒸汽渗透进料处于气相,截留侧气体的浓度极化和温度极化远小于需要液相进料的渗透汽化过程，气相与膜接触引起的膜溶胀问题远小于液相。虽然气相可能由于蒸汽渗透过程中的绝缘性差而凝结在膜上，从而影响气相的渗透，但业界已经通过在两个或三个膜组件之间添加一个热补充器适当地加热气体解决了这个问题[45]。

蒸馏和蒸汽渗透膜的耦合主要是将两个单元各自的运行优势结合起来，降低能耗，降低设备投资。蒸馏-蒸汽渗透膜工艺的耦合形式根据分离要求主要分为以下三种类型，如图 1-30 所示。

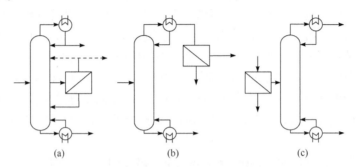

图 1-30   蒸馏-蒸汽渗透膜耦合结构

图 1-30(a)：蒸汽渗透膜组件用于蒸馏塔侧线的分离，截留侧和渗透侧的气体返回蒸馏塔，其主要目的是减少蒸馏塔所需的塔板数或回流比，从而降低年度成本。可以只有截留侧和渗透侧的部分气体返回塔内，主要目的是利用膜组件打破系统中存在的共沸现象，使分离过程不仅能满足规定的浓度要求，而且能降低成本。

图 1-30(b)：蒸汽渗透膜组件置于精馏塔后，用于将蒸馏气体从塔顶分离出来，形成蒸馏-蒸汽渗透(D-VP)结构，其主要功能有两个：一是分离精馏塔无法处理的共沸系统；二是精加工工艺，可用作蒸馏除气。这种结构充分发挥了膜分离技术的优势，精馏塔的存在弥补了膜处理大通量分离任务的不足。适用于有机溶剂的脱水过程，如乙醇-水系统、异丙醇-水系统等。与传统工艺相比，整个过程能耗低，操作简单。研究表明，这种耦合形式的蒸馏-蒸汽渗透耦合过程比蒸馏-渗透蒸发耦合过程更经济。

图 1-30(c)：蒸汽渗透膜组件安装在精馏塔前，形成蒸汽渗透-蒸馏(VP-D)结构，而 VP-D 常放置在初始蒸馏塔之后，形成蒸馏-蒸气渗透-蒸馏(D-VP-D)结构，设置前后两个精馏塔的主要目的是完成膜组件前的浓缩原料液及完成膜组件后物料的后续分离工作，使膜组件仅用于改变原有共沸组成，降低膜组件的组数，进而降低膜组件的成本。膜的抗污染性比较差，一般蒸馏后的结构可以起到净化原料的作用，所以 VP-D 结构更适用于洁净物料的分离。

1989 年 9 月，世界上第一台工业规模的蒸汽渗透装置在德国布吕格曼公司投入运行，其生产目的是将乙醇从 94%纯化到 99.9%，通过经济计算发现，蒸汽渗透技术不仅是技术创新，而且具有可观的经济效益。因此，蒸汽渗透技术自 20 世纪 20 年代末以来得到了大力发展。据全面统计，1994 年至 1999 年间，全球膜技术研究中心的蒸汽渗透装置数量从 38 台增加到 160 台。在蒸汽渗透研究的早期阶段，该技术主要应用于有价值原料的回收，但到 20 世纪 20 年代末，研究方向发展为三大类：有机溶剂脱水、去除挥发性有机污染物和干燥烃类气体。对于低浓度有机溶剂的脱水过程，简单利用蒸汽渗透技术会使膜面积过大，通过耦合蒸馏和蒸汽渗透技术可以提高过程的经济性，集成思路主要来自渗透蒸发产业化经验和知识的积累。渗透蒸发与蒸馏的耦合形式最早由 Binning 和 James 于 1958 年提出，但直到 20 世纪 80 年代才被重视。1988 年，Sander 和 Soukup 报道了第一台工业规模的蒸馏-渗透蒸发膜耦合装置的操作，以分离乙醇和水，与传统共沸蒸馏相比，虽然蒸馏-渗透蒸发的投资成本高于传统工艺，但运营成本相对较低。因此，当薄膜制造成本降低时，蒸馏-渗透蒸发耦合技术将具有更大的经济优势。Texaco 公司对原有的蒸馏/恒沸蒸馏装置进行改性，对精馏塔顶部的产物进行渗透蒸发处理，提高了目标产物的浓度，改变了共沸精馏的夹带剂，降低了能耗。随着分子筛膜制备技术的发展，蒸汽渗透膜具有蒸汽渗透性大和稳定性好的优点，与渗透蒸发相比，蒸汽渗透和蒸馏耦合更受关注，但大多仍处于中试阶段。

习　题

1-1　乙烯(1)和乙烷(2)的临界参数分别为：T_{c1}=282.34 K，T_{c2}=305.32 K，p_{c1}=5.041 MPa，p_{c2}=4.872 MPa。使用 Redlich-Kwong 方程计算二者在 260 K 下的逸度系数。(答案：ϕ_1=1.73838，ϕ_2=1.08732)

1-2　水(1)和乙醇(2)的不同方程二元交互作用参数见表 1-2，使用 Wilson、NRTL(E12=E21=0.3)和 UNIQUAC 方程分别计算二者在 x_1=0.15 、 x_2=0.85 ，T=78.2℃下的活度系数。

表 1-2　水(1)和乙醇(2)的不同方程二元交互作用参数

模型	A_{12}	A_{21}	B_{12}	B_{21}	γ_1	γ_2
Wilson	−0.0503	−2.5035	−69.6372	346.1512	2.25155	1.01806
NRTL	3.4578	−0.8009	−586.0809	246.18	2.19593	1.01353
UNIQUAC	−2.4936	2.0046	756.9477	−728.9705	2.18324	1.01363

1-3　F=2000 kg/h、p=2.9 MPa、T=20℃的混合气体，其摩尔组成为 CO_2(10%)、N_2(25%)和 H_2(65%)，用甲醇(F=62 t/h、p=2.9 MPa、T=−40℃)吸收脱除 CO_2。吸收塔有 34 块理论板，在 2.8 bar(1 bar=10^5 Pa)下操作。求出塔气体中的 CO_2 浓度。

1-4　特殊精馏中的反应精馏是一个精馏塔内既有反应又有分离发生，思考对于这样一个塔的 MSHE 数学模型是怎样的。

1-5　思考还有哪些过程集成手段或方式能降低能耗和成本。

1-6　多级闪蒸与多效蒸发工作原理的主要区别是什么？前者的结垢现象为什么比后者要轻得多？

1-7　简述平衡蒸馏和简单蒸馏的区别，以及平衡蒸馏的主要原理。

1-8　目前新型的气液传质分离过程包括哪几种？

参 考 文 献

[1] Joback K G, Reid R C. Estimation of pure-component properties from group contributions. Chemical Engineering Communications, 1987, 57(1-6): 233-243.

[2] Constantinou L, Gani R. New group contribution method for estimating properties of pure compounds.

AIChE Journal, 1994, 40(10): 1697-1710.

[3] Benson S, Cruickshank F, Golden D, et al. Additivity rules for the estimation of thermochemical properties. Chemical Reviews, 1969, 69(3): 279-324.

[4] Aly F, Lee L L. Self-consistent equations for calculating the ideal gas heat capacity, enthalpy, and entropy. Fluid Phase Equilibria, 1981, 6(3-4): 169-179.

[5] Yen L C, Alexander R E. Estimation of vapor and liquid enthalpies. AIChE Journal, 1965, 11(2): 334-339.

[6] Redlich O, Kwong J N S. On the thermodynamics of solutions. V. an equation of state. fugacities of gaseous solutions. Chemical Reviews, 1949, 44(1): 233-244.

[7] Soave G. Equilibrium constants from a modified Redlich-Kwong equation of state. Chemical Engineering Science, 1972, 27(6): 1197-1203.

[8] Peng D, Y Robinson D B. A new two-constant equation of state. Industrial & Engineering Chemistry Fundamentals, 1976, 15(1): 59-64.

[9] Patel N C, Teja A S. A new cubic equation of state for fluids and fluid mixtures. Chemical Engineering Science, 1982, 37(3): 463-473.

[10] Stryjek R, Vera J. PRSV: An improved Peng-Robinson equation of state for pure compounds and mixtures. The Canadian Journal of Chemical Engineering, 1986, 64(2): 323-333.

[11] Carnahan N, Starling K E. Equation of state for nonattracting rigid spheres. The Journal of Chemical Physics, 1969, 51(2): 635-636.

[12] Mathias P M. A versatile phase equilibrium equation of state. Industrial & Engineering Chemistry Process Design and Development, 1983, 22(3): 385-391.

[13] Hildebrand J. Solubility. xii. Regular solutions[1]. Journal of the American Chemical Society, 1929, 51(1): 66-80.

[14] Scatchard G, Hamer W. The application of equations for the chemical potentials to partially miscible solutions. Journal of the American Chemical Society, 1935, 57(10): 1805-1809.

[15] Chao K, Seader J. A general correlation of vapor-liquid equilibria in hydrocarbon mixtures. AIChE Journal, 1961, 7(4): 598-605.

[16] Lee B I, Erbar J, Edmister W C. Prediction of thermodynamic properties for low temperature hydrocarbon process calculations. AIChE Journal, 1973, 19(2): 349-356.

[17] Lee B I, Kesler M G. A generalized thermodynamic correlation based on three-parameter corresponding states. AIChE Journal, 1975, 21(3): 510-527.

[18] Krishnamurthy R, Taylor R. Simulation of packed distillation and absorption columns. Industrial & Engineering Chemistry Process Design and Development, 1985, 24(3): 513-524.

[19] Krishnamurthy R, Taylor R. A nonequilibrium stage model of multicomponent separation processes. Part I : Model description and method of solution. AIChE Journal, 1985, 31(3): 449-456.

[20] Krishna R. Effect of nature and composition of inert gas on binary vapour condensation. Letters in Heat and Mass Transfer, 1979, 6(2): 137-147.

[21] O'Connell H. Plate efficiency of fractionating columns and absorbers. Transactions of the American Institute of Electrical Engineers, 1946, 42: 741-755.

[22] 何志成. 化工原理. 2 版. 北京: 中国医药科技出版社, 2009.

[23] 刘士星. 化工原理. 合肥: 中国科学技术大学出版社, 1994.

[24] 贾绍义, 柴诚敬. 化工传质与分离过程. 2 版. 北京: 化学工业出版社, 2007.

[25] 梁朝林. 化工原理. 广州: 广东高等教育出版社, 2000.

[26] 赖奇, 杨海燕. 化工模拟: Aspen 教程. 北京: 北京理工大学出版社, 2017.

[27] 孙兰义. 化工过程模拟实训: Aspen Plus 教程. 北京: 化学工业出版社, 2017.

[28] 宋如, 李永霞. 化工原理. 成都: 电子科技大学出版社, 2017.

[29] 赵文, 王晓红, 唐继国, 等. 化工原理. 东营: 石油大学出版社, 2001.

[30] 王宏宾. Aspen Plus 模拟计算软件在氯化氢吸收与解吸化工设计中的应用. 化工管理, 2017, (19): 43-44.

[31] 刘家祺. 传质分离过程. 2 版. 北京: 高等教育出版社, 2014.

[32] 夏清, 贾绍义. 化工原理. 天津: 天津大学出版社, 2012.

[33] 包宗宏, 武文良. 化工计算与软件应用. 北京: 化学工业出版社, 2018.

[34] 王君. 化工流程模拟. 北京: 化学工业出版社, 2016.

[35] 熊杰明, 李江宝, 彭晓希, 等. 化工流程模拟 Aspen Plus 实例教程. 2 版. 北京: 化学工业出版社, 2015.

[36] Tavan Y, Hosseini S H. A novel integrated process to break the ethanol/water azeotrope using reactive distillation—Part Ⅰ: Parametric study. Separation and Purification Technology, 2013, 118: 455-462.

[37] Li G Z, Bai P. New operation strategy for separation of ethanol-water by extractive distillation. Industrial & Engineering Chemistry Research, 2012, 51(6): 2723-2729.

[38] Mulia-Soto J, Flores-Tlacuahuac A. Modeling, simulation and control of an internally heat integrated pressure-swing distillation process for bioethanol separation. Computers & Chemical Engineering, 2011, 35(8): 1532-1546.

[39] 刘劲松, 白鹏, 朱思强, 等. 反应精馏过程的研究进展. 化学工业与工程, 2002, 19(1): 101-106.

[40] 马敬环, 刘家祺, 李俊台, 等. 反应精馏技术的进展. 化学反应工程与工艺, 2003, 19(1): 1-8.

[41] 李晓元. 反应分离耦合技术合成 N,N-二甲基乙酰胺新工艺研究. 石家庄: 河北科技大学, 2016.

[42] 肖剑, 张志炳. 反应精馏研究进展及应用前景. 江苏化工, 2002, 30(2): 23-25.

[43] 舒丹丹. 新型微波诱导降膜蒸发分离装置及过程研究. 天津: 天津大学, 2019.

[44] 高鑫. 微波强化催化反应精馏过程研究. 天津: 天津大学, 2011.

[45] 郭淳恺. 精馏-蒸汽渗透膜分离耦合脱水过程设计与控制. 天津: 天津大学, 2019.

第2章

气液传质分离过程分子模拟

2.1 分子模拟基础

2.1.1 分子间相互作用和势函数

1. 分子间相互作用

由现代物理学可知，宇宙中存在四种相互作用：万有引力、电磁相互作用、弱相互作用和强相互作用。其中，万有引力极弱，对物质的性质没有可观察的影响，可以忽略不计。弱相互作用和强相互作用的作用距离很小，只存在于原子核尺度内，研究分子间相互作用时也可以忽略不计。因此，分子间的相互作用必须是某种形式的电磁相互作用。在本小节中，将介绍各种静电相互作用，以及由直接的静电相互作用引起的诱导作用和色散作用等。

分子间相互作用可分为排斥作用和吸引作用两种[1]，一般情况下两个分子间既存在排斥作用也存在吸引作用，总的作用是两者之和。从作用范围来分，又可以分为长程作用和短程作用。静电作用、诱导作用和色散作用是长程作用，其相互作用势能与分子间距离的某次方成反比。当分子间距离比较小时，其电子云将发生重叠，而发生排斥作用，这种排斥作用通常随距离增大呈指数形式衰减，所以称为短程作用。理论上可以根据量子力学的第一性原理或从头算法计算分子间作用能。

1) 静电作用

流体混合物是由分子或离子组成的，其中离子带有正电荷或负电荷。惰性气体等球形分子，其电荷分布是球对称的，正电荷中心与负电荷中心完全重合，通常称为非极性分子。当分子的正电荷中心与负电荷中心不重合时，形成偶极矩，称为极性分子。通常用库仑(Coulomb)定律描述电荷 q、偶极矩 μ 和四极矩 Q 等在不同分子间的相互作用。

2) 诱导作用

在极性分子和非极性分子之间以及极性分子和极性分子之间都存在诱导力。在极性分子和非极性分子之间，由极性分子偶极所产生的电场对非极性分子发生影响，使非极性分子电子云变形(即电子云被吸向极性分子偶极的正电的一极)，结果使非极性分子的电子云与原子核发生相对位移，本来非极性分子中的正、负电荷重心是重合的，发生相对位移后就不再重合，使非极性分子产生了偶极。这种电荷重心的相对位移称为变形，因变形而产生的偶极称为诱导偶极，以区别于极性分子中原有的固有偶极。诱导偶极和固有偶极相互吸引，这种因诱导偶极而产生的作用力称为诱导力。同样，在极性分子和极性分子之间，除了取向力外，由于极性分子的相互影响，每个分子也会发生变形，产生诱导偶极，其结果是分子的偶极矩增大，既具有取向力又具有诱导力。在阳离子和阴离子之间也会出现诱导力，诱导力的大小与非极性分子极化率和极性分子偶极矩的乘积成正比。

3) 色散作用

非极性分子之间也有相互作用。粗略来看，非极性分子不具有偶极，它们之间似乎不会产生引力，然而事实上并非如此。例如，某些由非极性分子组成的物质，如苯在室温下是液体，碘、萘是固体，又如在低温下 N_2、O_2、H_2 和稀有气体等都能凝结为液体甚至固体。这些都说明非极性分子之间也存在分子间引力。当非极性分子相互接近时，由于每个分子的电子不断运动、原子核不断振动，经常发生电子云和原子核之间的瞬时相对位移，也就是正、负电荷重心发生了瞬时的不重合，从而产生瞬时偶极。而这种瞬时偶极又会诱导邻近分子也产生与它相吸引的瞬时偶极。虽然瞬时偶极存在时间极短，但上述情况不断重复，使得分子间始终存在引力，这种力可根据量子力学理论计算出来，其计算公式与光色散公式相似，因此将这种力称为色散力。

4) 分子间的弱相互作用

分子间的相互作用除了上述的物理作用外，一些分子间还存在具有饱和性和方向性的弱化学作用。这些弱的化学相互作用主要包括氢键、范德华力、卤键、钠键等[2]。在分子间弱相互作用体系的研究中，氢键是最为广泛的存在，也是最重要的且最具代表性的一种相互作用。氢键的形成是 H 原子与电负性很大的原子 X(如 F、O、N 等原子)以共价键结合后，其电子云向电负性大的原子一侧偏移，使得 H 原子近乎以原子核的形式存在。这个半径很小且带正电的 H 原子与另一个分子中含有孤对电子且带有负电和电负性很大的原子或具有较大电子密度的一个区域(如芳香 π 体系等)因静电吸引力而充分靠近，形成 X—H···Y 结构，被称为氢键。它是强度介于共价键(200~400 kJ/mol)和范德华力(10~40 kJ/mol)之间的一种特殊相互作用，其键能一般在 30~200 kJ/mol 之间。

2. 势函数

为了定义一个力场，不仅需要确定的函数形式，还要确定大量的力场参数。需要指出的是，两个力场的函数形式可能相同，但参数不一定相同。需要将力场看作一个整体进行综合评价，而不能单独讨论力场中各种能量形式，否则就会得到错误的结论。特别是，如果将一个力场中的参数简单地套用到另一个力场中，将无法得到严格、精确的结果[3]。

对于力场，需要强调的是：①力场的形式及参数的可移植性。参数的可移植性是力场的一个非常重要的性质，这种可移植性意味着一系列参数可以描述系列相关分子，而不必对每种分子重新设定参数。②分子力场的经验性。通过对分子力场的深入分析，可知力场是经验性的，没有任何一个力场是完全"准确"的。但随着计算机技术的发展和更加复杂力场的出现，准确性与计算效率之间的矛盾将得到缓解。下面将详细讨论各种势函数的形式。

1) 键伸缩势

键伸缩势可以用 Morse 势表示:

$$u_{b}(l) = D_{e}\{1 - \exp[-\alpha(l - l_{0})]\} \tag{2-1}$$

式中,D_e、α 分别为与势阱深度和宽度有关的常数;l_0 为标准键长。尽管 Morse 势能够很好地反映原子彼此分离过程中的能量变化,但是指数形式函数在墨迹计算中非常耗时,而且在公式中要选择 3 个势参数(D_e、α、l_0),这都限制了 Morse 势在分子力场中的应用。根据 Hooke 定律,力 F 正比于位移 X 或者加速度 $\ddot{X}$:

$$F(x) = -kx = m\frac{\mathrm{d}^2 x}{\mathrm{d}t^2}, k = m\omega^2 > 0 \tag{2-2}$$

式中,振动角频率 ω 是振动频率 υ 的 2π 倍,$\upsilon = c/\lambda$,与谐振力常数存在关系:

$$\omega = 2\pi\upsilon = \sqrt{k/m}$$

相应的振动能量为 $u(x) = 1/2kx^2$。考虑在平衡位置附近的谐振动时,谐振动势可以写为

$$u_{b}(l) = \frac{1}{2}K_{b}(l - l_{0})^2 \tag{2-3}$$

式中,K_b 为键伸缩力常数(即 k,为了与后面讨论势函数相一致,这里选用 K_b)。根据质量和键振动频率,可以按照 $k = u\omega^2$ 的大小进行推测。如果是不同种类的原子之间的谐振动,需要采用折合质量,$k = u\omega^2$,$u = m_1 m_2/(m_1 + m_2)$。式(2-3)也是 Morse 势泰勒级数展开的第一个近似形式,现在许多力场均采用此种形式。谐振动势仅适用于在平衡位置做微小振动,键长变化幅度应在 0.1 Å 或者更小范围内。对于偏离平衡位置较大的情况,谐振动势不再适用。因为在距离较大的情况下,原子之间易发生解离,不再产生相互作用,而能量也会随着距离的增大而急剧减小。但是对于小幅振动,扭转能量变化是非常大的。

如果键能要求的精度较高,则需要对式(2-3)进行适当的近似,或者采用完整的 Morse 势。如果不存在键的断裂,意味着键的伸缩是在标准键长附近振动,这样可以将 Morse 势按级数形式展开:

$$u_{b}(l) = \frac{1}{2}K_{b}(l - l_{0})^2\left[1 - \alpha(l - l_{0}) + \frac{7}{12}\alpha^2(l - l_{0})^2 + \cdots\right] \tag{2-4}$$

式中,$K_b = 2D_e\alpha^2$。

在实际力场中,为追求更高精度的势能函数,有时候采用 Morse 势的泰勒级数展开形式中的三次项或者四次项函数形式。

2) 键角弯曲势

$$u_{\theta}(\theta) = \frac{1}{2}K_{\theta}(\theta - \theta_{0})^2\left[1 - \alpha(\theta - \theta_{0}) + \frac{7}{12}\alpha^2(\theta - \theta_{0})^2 + \cdots\right] \tag{2-5}$$

或

$$u_{\theta}(\theta) = \frac{1}{2}K_{\theta}(\theta - \theta_{0})^2 \tag{2-6}$$

式中,K_θ 为键角弯曲力常数;θ_0 为标准键角。式(2-6)代表简单的谐弯曲形式,而式(2-5)

是较准确的泰勒级数展开形式。

也可采用三角函数的形式：

$$u_\theta(\theta) = \frac{1}{2} K'_\theta (\cos\theta - \cos\theta_0)^2 \tag{2-7}$$

还可采用更复杂的函数形式。例如，1992 年 Rappé 曾经提出了适合非线性空间结构分子的键角弯曲势函数：

$$u_\theta(\theta) = K_\theta \left[\frac{(2\cos^2\theta_0 + 1) - 4\cos\theta_0\cos\theta + \cos2\theta}{4\sin^2\theta_0} \right] \tag{2-8}$$

3）二面角扭转势

对分子而言，需要施加较大的能量才能改变分子的键长或键角，因此前面讨论过的键长和键角引起的势函数通常看作"硬自由度"。而二面角和非键相互作用更容易引起分子结构的改变，二面角扭转势代表沿着某个键旋转引起的能量变化。例如，绕着分子中 C—C 键进行旋转，得到的势能剖面包括三个极小值和三个极大值，这些都表示了分子中二面角所引起的分子结构变化。需要指出的是，并不是所有的分子力场都使用二面角扭转势，也可以通过二面角中头尾两个原子之间的非键相互作用得到势能剖面。

对有机分子而言，所采用的力场大多包含了二面角扭转势的贡献。这种势函数一般采用三角函数的级数展开式：

$$u_\omega(\omega) = \frac{1}{2} \sum_n V_n \left[1 + (-1)^{n+1} \cos n\omega \right] \tag{2-9}$$

式中，V_n 为二面角扭转势常数，表示能垒高度；n 为整数，表示绕键旋转 360°时出现的能量最小值的次数。不同力场中 n 的数值可能不同，常见的 n 取作 1、2、3，有时 CHARMM 力场中选取 n 较大，为 5 或 6。有时也会将平衡二面角 ω_0 引入公式中：

$$u_\omega(\omega) = \frac{1}{2} \sum_n V_n \left[1 + \cos(n\omega - \omega_0) \right] \tag{2-10}$$

通常 ω_0 取 0°或者 180°，因为 $1+\cos(n\omega-\pi)=1-\cos n\omega$，这样上述两个式子就等价了。AMBER 力场中多数二面角势函数仅仅包括三角函数级数展开的第一项。为了体现某些键的特性，一些势函数也包括两个以上的三角函数展开形式。如 O-C-C-O 二面角，为体现扭曲(gauche)构象，势函数由两项组成：

$$u(\omega_{\text{O-C-C-O}}) = 0.25(1 + \cos2\omega) + 0.25(1 + \cos3\omega) \tag{2-11}$$

事实上，二面角扭转势中，双重和三重势函数形式也常见。为了更好地体现不同的构型，许多力场通常要考虑双重势和三重势的结合，以弥补不同构型引起的差异。MM2 力场中就包括了三种形式：

$$u(\omega) = \frac{V_1}{2}(1 + \cos\omega) + \frac{V_2}{2}(1 - \cos2\omega) + \frac{V_3}{2}(1 + \cos3\omega) \tag{2-12}$$

在 MM2 力场中，通过 *ab initio* 计算为这三种形式赋予了相应的物理意义。第一项表示因成键原子电负性不同而引起的键偶极之间的相互作用；第二项表示将成键都赋予"双键"特性，体现烷烃中的超共轭或者烯烃中的共轭效应；第三项表示第 1、4 原子之间的空间效应。当然，对于一些特别的二面角，还需要多重项形式。这些函数形式比简单的单重项要精确，但是主要问题是确定力场参数。

4) 离平面的弯曲势

分子中有些原子有共处一个平面的倾向，离平面的弯曲振动是指某个原子在其他三个原子所处平面附近上下振动。例如，环丁酮，实验发现平衡结构中氧原子应该在环丁烷形成的平面上。但是仅采用键伸缩和键弯曲两个势函数，氧原子会偏离平面，形成大约 120°的角度。这样的势能函数显然是不合理的，因此有必要加入另外的函数形式表示这种关系，称为离平面的弯曲势。

一般有三种形式描述离平面的弯曲势能函数。第一种形式是将要处理的四个原子看成一个"非正常"二面角，即不是由 1-2-3-4 系列原子组成的，而是由 1-5-3-2 原子组成的二面角。这种二面角扭转势维持非正常二面角为 0°或 180°：

$$u = k(1 - \cos 2\omega) \tag{2-13}$$

另外的两种形式是用离平面的原子与平面之间形成的角度或者高度定义离开平面的坐标，用谐振动形式表示。其表达形式为

$$u_\chi(\chi) = \frac{1}{2} K \cdot \chi (\chi - \chi_0)^2 \tag{2-14}$$

式中，$K \cdot \chi$ 为离开平面的振动势常数；χ 定义为离开平面的振动的角度或高度。

这种非正常二面角势函数在目前力场中有广泛的应用，如在联合原子力场中对空间结构的约束，而后两种平面势可以更好地描述脱离平面引起的能量变化，特别是在约束具有共轭结构的平面时，后者更有优势。需要说明的是，在计算振动频率时，考虑平面振动形式的结果更可靠。

5) 交叉项

交叉项很容易理解，分子中各项运动形式是相互影响或耦合的，如键伸缩的同时也会引起键角、二面角的变化，反之也一样。耦合函数形式在预测振动光谱时非常重要，一般比较精细的力场中都包括此类型。多数耦合函数形式体现在两个或者几个内坐标之间的耦合关系，耦合函数会有不同的形式，如图 2-1 所示。

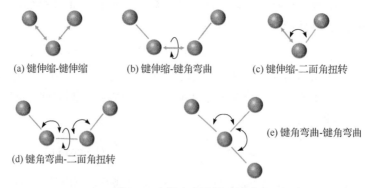

(a) 键伸缩-键伸缩   (b) 键伸缩-键角弯曲   (c) 键伸缩-二面角扭转

(d) 键角弯曲-二面角扭转   (e) 键角弯曲-键角弯曲

图 2-1   力场中交叉运动形式

(a) 键伸缩-键伸缩:

$$u(l_1, l_2) = \frac{1}{2} K_{l_1, l_2} (l_1 - l_{1,0})(l_2 - l_{2,0}) \tag{2-15}$$

(b) 键伸缩-键角弯曲:

$$u(l_1, l_2, \theta) = \frac{1}{2} K_{l_1, l_2, \theta} \left[(l_1 - l_{1,0}) + (l_2 - l_{2,0}) \right] (\theta - \theta_0) \tag{2-16}$$

这里的键角 θ 是两个键之间的夹角。

(c) 键伸缩-二面角扭转:

$$u(l, \omega) = \frac{1}{2} K_{l, \omega} (l - l_0)(1 + \cos 3\omega) \tag{2-17}$$

(d) 键角弯曲-二面角扭转:

$$u(\theta, \omega) = \frac{1}{2} K_{\theta, \omega} (\theta - \theta_0)(1 + \cos 3\omega) \tag{2-18}$$

(e) 键角弯曲-键角弯曲:

$$u(\theta_1, \theta_2) = \frac{1}{2} K_{\theta_1, \theta_2} (\theta_1 - \theta_{1,0})(\theta_2 - \theta_{2,0}) \tag{2-19}$$

6) 范德华势

在分子间的势能中,色散力和排斥力非常重要。前者属于长程吸引力,后者属于短程排斥力。伦敦(London)在 1930 年首次用量子力学解释了色散力,因此这种相互作用也称为伦敦力。色散相互作用通过 Drude 模型计算,其能量变化随 $1/r^6$ 变化:

$$u_{\text{dis}} = -\frac{3\alpha^4 \hbar \omega}{4(4\pi\varepsilon_0)^2 r^6} \tag{2-20}$$

式中, $\omega = \sqrt{k/m}$ 为角频率; $\alpha = q^2/k$, k 为力常数, q 为粒子电荷。事实上 Drude 模型仅考虑了分子间的偶极-偶极相互作用,如果考虑偶极-四极等相互作用,还要加上更多的级数展开项。于是,更精确的 Drdde 模型可写为

$$u_{\text{dis}} = \frac{C_6}{r^6} + \frac{C_8}{r^8} + \frac{C_{10}}{r^{10}} + \cdots \tag{2-21}$$

所有的系数均为负值,表示相互吸引。

根据 Pauli 原理,同一量子态上的电子排斥会引起能量的极矩增加,这种排斥力也称为交换力或重叠力。这种排斥力随着原子核间距离的增加呈 $\exp(-2r/a_0)$ 指数衰减, a_0 为玻尔半径。

色散力和排斥力可以用量子力学方法(考虑电子相关和采用大基组)进行精确计算,但是在分子力场方法中是通过经验方程进行拟合的,最著名的就是 Lennard-Jones 势函数。

$$u_{ij}(r) = 4\varepsilon \left[\left(\frac{\sigma}{r_{ij}} \right)^{12} - \left(\frac{\sigma}{r_{ij}} \right)^6 \right] \tag{2-22}$$

Lennard-Jones 势需要确定两个参数：碰撞距离 σ 和势阱深度 ε。也可以根据能量最小时的距离 r_m 计算，此时能量的一级倒数为 0，计算得到 $r_m = 2^{1/6}\sigma$。因此，Lennard-Jones 势函数可写为

$$u_{ij}(r) = \varepsilon\left[\left(\frac{r_m}{r_{ij}}\right)^{12} - 2\left(\frac{r_m}{r_{ij}}\right)^6\right] \tag{2-23}$$

或根据 $u_{ij}(r) = \dfrac{A}{r^{12}} - \dfrac{C}{r^6}$ 可以得到 $A = 4\varepsilon\sigma^{12}$，$C = 4\varepsilon\sigma^6$。

既然是经验方程，也可以采用其他的函数形式表示范德华势能函数，如指数形式 Hill 势能函数：

$$u_{ij}(r) = 8.28\times10^5\,\varepsilon\exp\left(-\frac{r}{0.0736r_m}\right) - 2.25\varepsilon\left(\frac{r_m}{r}\right)^6 \tag{2-24}$$

除上述的势能函数外，还有静电相互作用以及一些弱的相互作用(如氢键等)已经在前面论述，在此不再重复叙述。

2.1.2 分子力场

分子力场(简称力场)是用于描述体系中原子之间相互作用的一套参数化的经验势函数。基于 Born-Oppenheimer 近似，在分子力场方法中将原子中电子与原子核的运动分开来处理，将电子的运动以统计平均的方式包含到以原子核为单元的坐标体系中。因此力场方法不能被用于计算与电子运动相关的性质。分子力场可以分为几类，目前应用最普遍的力场在本教材中称为经典力场。经典力场中根据原子所处化学环境(如杂化态、氧化态)不同将相同原子区分为不同的原子类型，一般来说不同原子类型的力场参数是不同的。同时，在经典力场中原子间的相互作用分为分子内相互作用与分子间相互作用。分子内相互作用包括键、键角、二面角及它们之间的交叉相互作用等。分子间相互作用被人为区分为库仑相互作用与范德华相互作用。由于不同力场的应用目的不同，所采用的经验势函数的形式与复杂程度也不同。一般常用的分子力场如下[3-4]。

1. AMBER 力场

此类力场主要有 AMBER、CHARMM、OPLS、GROMOS 等，其力场一般采用比较简单的分子内作用函数。例如，AMBER 的力场函数形式为

$$\begin{aligned}
E = &\sum_{\text{bond}} K_b(b-b_0)^2 + \sum_{\text{angle}} K_\theta(\theta-\theta_0)^2 + \sum_{\text{torsion}} \frac{K_\phi}{2}\{[1+\cos(n\phi-\phi_0)]\} \\
&+ \sum_{\text{imprope}} \frac{K_\chi}{2}\{[1+\cos(n\chi-\chi_0)]\} + \sum_{\text{nonbond}}\left\{\varepsilon_{ij}\left[\left(\frac{R_{ij}^0}{r_{ij}}\right)^{12} - 2\left(\frac{R_{ij}^0}{r_{ij}}\right)^6\right] + \frac{q_iq_j}{r_{ij}}\right\}
\end{aligned} \tag{2-25}$$

此类力场一般面向生命科学领域，因而更多地关注分子在溶液中的性质如水合自由能以及凝聚相性质，故采用了比较简单的分子内作用函数形式。

2. COMPASS 力场

此类力场主要有 COMPASS、CFF、MMFF、MMx 等，这些力场的主要特点是在开发中特别注意了对气相分子性质的考虑。为了准确预测气相分子的结构、构象能、振动频率等性质，力场中不但采用了比较复杂的分子内作用项，同时添加了一些交叉作用项以提高计算精度。需要指出的是，与 CFF、MMFF、MMx 不同，COMPASS 力场在考虑了气相性质的同时，着重注意了对分子凝聚相性质的计算，因而其非键参数的质量大大高于其他三种，是第一个能同时预测气态和凝聚态性质的力场。COMPASS 力场的函数形式为

$$
\begin{aligned}
E = & \sum_{\text{bond}} \left[K_{b2}(b-b_0)^2 + K_{b3}(b-b_0)^3 + K_{b4}(b-b_0)^4 \right] \\
& + \sum_{\text{angle}} \left[K_{a2}(\theta-\theta_0)^2 + K_{a3}(\theta-\theta_0)^3 + K_{a4}(\theta-\theta_0)^4 \right] \\
& + \sum_{\text{torsion}} \left[K_{t1}(1-\cos\phi) + K_{t2}(1-\cos 2\phi) + K_{t3}(1-\cos 3\phi) \right] \\
& + \sum_{\text{ooPA}} K_{\chi}(\chi-\chi_0)^2 \\
& + \sum_{\text{bond /bond}} K_{bb}(b-b_0)(b'-b_0') \\
& + \sum_{\text{bond /angle}} K_{ba}(b-b_0)(\theta-\theta_0) \\
& + \sum_{\text{angle /angle}} K_{aa}(\theta-\theta_0)(\theta'-\theta_0') \\
& + \sum_{\text{bond /torsion}} (b-b_0)(K_{bt1}\cos\phi + K_{bt2}\cos 2\phi + K_{bt3}\cos 3\phi) \\
& + \sum_{\text{angle /torsion}} (\theta-\theta_0)(K_{at1}\cos\phi + K_{at2}\cos 2\phi + K_{at3}\cos 3\phi) \\
& + \sum_{\text{angle /torsion /angle}} k(\theta-\theta_0)(\theta'-\theta_0')(\phi-\phi_0) \\
& + \sum_{\text{nonbond}} \left\{ \varepsilon_{ij}\left[2\left(\frac{r_{ij}^0}{r_{ij}}\right)^9 - 3\left(\frac{r_{ij}^0}{r_{ij}}\right)^6 \right] + \frac{q_i q_j}{r_{ij}} \right\}
\end{aligned}
\tag{2-26}
$$

上式是键伸缩势、键角变化、二面角变化引起的能量改变的加和。

对于非键形式，包括描述静电相互作用的库仑项和描述范德华相互作用的 Lennard-Jones 势。与其他力场相比，COMPASS 力场采用了更复杂的一套函数形式对相互作用势进行了更加准确的描述。

3. 通用力场

通用力场在开发中与上述力场不同，是以原子为出发点，其原子的参数来自实验或理论计算，具有实际物理意义，能广泛地适用于整个周期表所包括的元素。此类力场有 UFF、DREIDING、ESFF 等。由于力场更多地考虑了通用性和涵盖范围，因此力场的计

算精度略差，一般适用于力场参数比较缺乏的体系。UFF 力场可适用于元素周期表涵盖的所有元素，即用于任何分子与分子体系。由 UFF 力场所计算的分子结构优于 DREIDING 力场，但计算与分子间作用有关的性质时，则会产生较大的误差。ESFF 力场考虑了各种不同的环状化合物，并将环状化合物中心原子的各种杂化模式等纳入键角弯曲项。

4. 特殊力场

以上叙述的是分子模拟中常见的力场，这些力场都至少适用于某一大类体系，在某种程度上都可称为通用力场。此外还有一类力场是专为解决某些特定问题而开发的，一般是针对某些特定体系或有一定的应用范围，如专为研究氧化物材料而开发的 Catlow/Faux 力场、专门针对水的各种力场等。在特殊力场中，有一类力场是基于简化的分子模型——联合原子(united atom)模型。联合原子模型的一般做法是将氢原子集成到相连的碳原子上组成联合原子，显然，联合原子模型的突出优势就是能够大大降低计算量，节省计算耗费。同时，由于联合原子模型不对应真实的分子结构，因此联合原子力场的分子内相互作用函数一般较全原子力场简单。现今常用的联合原子力场主要有 Tra PPE、NERD、AUA4。这三种力场的共同特点是采用了分子的汽液相平衡数据对力场参数进行优化，因此在计算汽液、液液相平衡等热力学性质方面比较准确。

2.1.3　统计热力学模拟基本原理

物质的宏观性质本质上是微观粒子不停地运动的客观反映。虽然每个粒子都遵循力学定律，但是无法用力学中的微分方程描述整个体系的运动状态，所以必须用统计学的方法。根据统计单位的力学性质(如速度、动量、位置、振动、转动等)，经过统计平均推求体系的热力学性质，将体系的微观性质与宏观性质联系起来，这就是统计热力学的研究方法。根据对物质结构的某些基本假定，以及实验所得的光谱数据，求得物质结构的一些基本常数，如核间距、键角、振动频率等，从而计算分子配分函数。再根据配分函数求出物质的热力学性质，这就是统计热力学的基本任务。

配分函数的表达形式较多，当分子平动能级差很小时，平动配分函数的表达式为

$$q_t = \left(\frac{2\pi m k_B T}{h^2} \right)^{3/2} V \tag{2-27}$$

因 $pV=nRT=N_A k_B T$，所以 $V=N_A k_B T/p$，且

$$q_t = \left(\frac{2\pi m k_B T}{h^2} \right)^{3/2} \frac{N_A k_B T}{p} \tag{2-28}$$

式中，k_B 为玻尔兹曼(Boltzmann)常量；h 为普朗克(Planck)常量。

同样，当转动能级差很小时，分子的转动配分函数有解析式。但根据分子为直线型和非直线型，表达式不同。直线型分子为

$$q_r = \frac{8\pi^2 I k_B T}{\sigma h^2} \tag{2-29}$$

非直线型分子为

$$q_{r} = \frac{8\pi^{2}(2\pi k_{B}T)^{3/2}}{\sigma h^{3}}(I_{x}I_{y}I_{z})^{1/2} \tag{2-30}$$

式中，I 为转动惯量；σ 为对称数。

因分子的振动能级差较大，振动激发遵循统计规律。分子的振动配分函数也分直线型和非直线型。取分子的振动基态(零点振动能级)为能量零点，则直线型分子的配分函数为

$$q_{v} = \prod_{i=1}^{3n-5} \frac{1}{1-e^{-h/k_{B}T}} \tag{2-31}$$

非直线型分子为

$$q_{v} = \prod_{i=1}^{3n-6} \frac{1}{1-e^{-v_{i}/kT}} \tag{2-32}$$

式中，n 为分子所含原子数；$3n-5$ 或 $3n-6$ 为振动自由度或独立振动模式数；v_{i} 为分子中第 i 种振动模式的振动频率；h 为普朗克常量。

2.1.4　分子动力学模拟基本原理

分子动力学(MD)是一套分子模拟方法[5]，该方法主要是依靠牛顿力学模拟分子体系的运动，在由分子体系的不同状态构成的系统中抽取样本，从而计算体系的构型积分，并以构型积分的结果为基础进一步计算体系的热力学量和其他宏观性质。

考虑含有 N 个分子的运动系统，系统的能量为系统中分子的动能与系统总势能的和。其总势能为分子中各原子位置的函数，$U(r_{1},r_{2},\cdots,r_{n})$。通常势能可分为分子间(或分子内)的范德华作用($U_{VDW}$)与分子内势能两大部分。

$$U_{g} = U_{VDW} + U_{igt} \tag{2-33}$$

范德华作用一般可近似为各原子对间的范德华作用的加成：

$$U_{VDW} = u_{12} + u_{13} + \cdots + u_{1n} + u_{23} + u_{24} + \cdots$$
$$= \sum_{i=1}^{n-1} \sum_{j=i+1}^{n} u_{ij}(r_{ij}) \tag{2-34}$$

分子内势能则为各类型内坐标势能的总和。

依照经典力学，系统中任一原子 i 所受的力为势能梯度：

$$\boldsymbol{F}_{i} = -\nabla_{i}U = -\left(\boldsymbol{i}\frac{\partial}{\partial x_{i}} + \boldsymbol{j}\frac{\partial}{\partial y_{i}} + \boldsymbol{k}\frac{\partial}{\partial z_{i}}\right)U \tag{2-35}$$

依此，由牛顿运动定律可得 i 原子的加速度为

$$\boldsymbol{a}_{i} = \frac{\boldsymbol{F}_{i}}{m_{i}} \tag{2-36}$$

将牛顿运动定律方程对时间积分，可预测 i 原子经过时间 t 后的速度与位置。

$$\frac{d^{2}}{dt^{2}}\boldsymbol{r}_{i} = \frac{d}{dt}\boldsymbol{v}_{i} = \boldsymbol{a}_{i} \tag{2-37a}$$

$$v_j = v_i^0 + a_i t \tag{2-37b}$$

$$r_i = r_i^0 + v_i^0 t + \frac{1}{2} a_i t^2 \tag{2-37c}$$

分子动力学计算的基本原理,即为牛顿运动定律。先由系统中各分子位置计算系统的势能,再由式(2-35)、式(2-36)计算系统中各原子所受的力及加速度,然后在式(2-37)中令 $t = \delta t$,则可得到经过 δt 后各个分子的位置及速度。δt 表示非常短的时间间隔。重复以上的步骤,由新的位置计算系统的势能,计算各原子所受力和加速度,再预测在经过 δt 后各分子的位置及速度。如此反复循环,可得到各时间下系统中分子运动的位置、速度和加速度等信息。一般将各时间下的分子位置称为运动轨迹。

分子动力学模拟是研究体积 V 中的经典 N 粒子系统的自然时间演化的方案。在这样的模拟中,总能量 E 是一个运动常数。如果假设时间平均值等同于集合平均值,那么在常规分子动力学模拟中获得的(时间)平均值等同于集合平均值。然而,在其他集成中执行模拟通常更方便。针对这个问题已经提出了两种截然不同的解决方案。一种是基于通过将牛顿分子动力学与某些蒙特卡罗(Monte Carlo)移动相结合,可以对其他系综进行动态模拟。第二种方法在起源上完全是动态的,它基于对描述系统运动的拉格朗日方程的重新表述[6-7]。

这两种方法都在分子动力学模拟的许多领域中反复出现,我们不会尝试将它们全部列出。特别是,Andersen 在恒压分子动力学模拟的背景下首次引入的扩展拉格朗日方法已成为扩展分子动力学模拟适用性的最重要技巧之一。举个比较突出的例子,该方法用于 Parrinello-Rahman 方案中,以模拟恒定应力条件下的结晶固体。在这种方法中,晶体晶胞的体积和形状都可以波动。因此,Parrinello-Rahman 方案对于研究固体中的位移相变特别有用。

2.2　汽液相平衡的分子模拟

2.2.1　蒙特卡罗法

1. 基本原理

蒙特卡罗法通常又称为随机抽样法,简称 MC 法。这种方法在一定的初始构型下,通过随机数产生不同的试验构型并计算其分子间相互作用,再用特定的能量判据来选择接受或拒绝这种构型变化。

在统计热力学中,MC 法主要用于计算平衡态下任意热力学量的系综平均,如式(2-38)所示[8-9]:

$$\langle A \rangle = \frac{\int dr^N A(r^N) \exp\left[-\beta U(r^N)\right]}{\int dr^N \exp\left[-\beta U(r^N)\right]} \tag{2-38}$$

式中,r^N 代表所有粒子的坐标。分母部分代表配分函数 Z,则构型 r^N 在所有构型中的概率密度为

$$\mathcal{N}(r^N) = \frac{\exp\left[-\beta U(r^N)\right]}{Z} \tag{2-39}$$

然而只有在少数情况下才能运用解析法计算粒子坐标上的多维积分，多数情况下只能采用数值法。MC 法的解决方案是生成大量的试验构型 r^N，并通过对有限数量的构型进行求和来代替积分。如果构型是随机选择的，则式(2-38)变为

$$\langle A \rangle = \frac{\displaystyle\sum_{i=1}^{N_{\text{trial}}} A_i(r^N)\exp\left[-\beta U_i(r^N)\right]}{\displaystyle\sum_{i=1}^{N_{\text{trial}}} \exp\left[-\beta U_i(r^N)\right]} \tag{2-40}$$

在实践中，这种简单的方法往往是不可行的。玻尔兹曼因子是随粒子坐标快速变化的函数，随机抽样会产生许多具有非常小的玻尔兹曼因子的构型(尤其是稠密液体)，而这些构型对平均值的贡献很小。因此，需要大量的构型才能获得正确的答案。Metropolis 于 1953 年提出了蒙特卡罗重要性抽样法，其生成的试验构型的相对概率与玻尔兹曼因子成正比，实现了对积分值贡献较大的区域多进行抽样，而对被积函数为零或近于零的区域少采集抽样的效果，从而极大地提高了抽样效率。该方法是通过生成马尔可夫链(Markov chain)实现的。

马尔可夫链是相空间中的一系列"轨迹"，即经过从一个构型到另一个构型的转换的随机过程。该过程具备"无记忆"的性质：下一构型的概率分布只能由当前构型决定，在时间序列中它前面的事件均与之无关。一个新的构型只有在比当前构型更"有利"的情况下才会被接受。在使用系综进行模拟时，通常意味着新的构型具有更低的能量。

将初始构型 r^N(通常是规则排列的立方晶格)记为 o，对应的玻尔兹曼因子为 $\exp[-\beta U(o)]$。接下来，将一个小的随机位移 $\varDelta$ 加到 o 上生成新的试验构型，记为 n，对应的玻尔兹曼因子为 $\exp[-\beta U(n)]$。记 $\pi(o{\rightarrow}n)$ 为从 o 到 n 的转移概率，又称为转移矩阵。

执行 M 步并行的蒙特卡罗模拟，其中 M 远大于可生成构型的总数。将构型 o 中的粒子数表示为 $m(o)$。平均而言，$m(o)$ 与 $\mathcal{N}(o)$ 成正比。在平衡状态下，导致体系离开状态 o 的平均接受尝试移动次数必须完全等于从所有其他状态 n 到状态 o 接受的尝试移动次数，即[8-9]

$$\mathcal{N}(o)\pi(o \rightarrow n) = \mathcal{N}(n)\pi(n \rightarrow o) \tag{2-41}$$

Metropolis MC 移动包括两个阶段。首先，记由状态 o 到状态 n 的尝试移动概率为 $\alpha(o{\rightarrow}n)$，其中 α 通常为马尔可夫链的基础矩阵。第二阶段是决定接受还是拒绝这一尝试移动。记 $\text{acc}(o{\rightarrow}n)$ 表示接受从 o 到 n 的尝试移动的概率，则

$$\pi(o \rightarrow n) = \alpha(o \rightarrow n) \times \text{acc}(o \rightarrow n) \tag{2-42}$$

特别地，当 α 矩阵为对称矩阵时：

$$\mathcal{N}(o) \times \text{acc}(o \rightarrow n) = \mathcal{N}(n) \times \text{acc}(n \rightarrow o) \tag{2-43}$$

将式(2-43)代入式(2-39)得

$$\frac{\mathrm{acc}(o \to n)}{\mathrm{acc}(n \to o)} = \frac{\mathcal{N}(n)}{\mathcal{N}(o)} = \exp\left\{-\beta\left[U(n)-U(o)\right]\right\} \tag{2-44}$$

Metropolis 给出了如下的 acc($n \to o$)确定方案：

$$\mathrm{acc}(n \to o) = \begin{cases} \dfrac{\mathcal{N}(n)}{\mathcal{N}(o)} & \mathcal{N}(n) < \mathcal{N}(0) \\[2mm] 1 & \mathcal{N}(n) \geqslant \mathcal{N}(o) \end{cases} \tag{2-45}$$

因此，在 Metropolis 方案中，从状态 o 到状态 n 的转移概率为

$$\pi(o \to n) = \begin{cases} \alpha(o \to n) & \mathcal{N}(n) \geqslant \mathcal{N}(o) \\[2mm] \alpha(o \to n)\dfrac{\mathcal{N}(n)}{\mathcal{N}(o)} & \mathcal{N}(n) < \mathcal{N}(o) \end{cases} \tag{2-46}$$

$$\pi(o \to n) = 1 - \sum_{n \neq o} \pi(o \to n) \tag{2-47}$$

当 $U(n) > U(o)$时，应该有概率的接受移动，即

$$\mathrm{acc}(o \to n) = \exp\left\{-\beta\left[U(n)-U(o)\right]\right\} < 1 \tag{2-48}$$

为了决定是接受还是拒绝尝试移动，在区间[0,1]中生成一个随机数，记作 Ranf。如果 Ranf<acc($o \to n$)，则接受尝试移动，否则拒绝尝试移动。该规则保证了接受从 o 到 n 的尝试移动的概率确实等于 acc($o \to n$)。

蒙特卡罗重要性抽样法的基本步骤如图 2-2 所示，其中 N 为分子总数，M 为 MC 循环总数。在初始构型中，通过 MC 运动形成新的构型并利用势能函数(如 Lennard-Jones 势等)计算新构型的能量，如果新构型的能量[$U(n)$]低于当前构型的能量[$U(o)$]，则接受新的构型。如果新构型的能量高于当前构型的能量，则计算能量差的玻尔兹曼因子，然后在 0 和 1 之间生成一个随机数，并与该玻尔兹曼因子进行比较。如果随机数高于玻尔兹曼因子，则拒绝新的构型，当前构象将被保留用于下一次迭代；如果随机数低于玻尔兹曼因

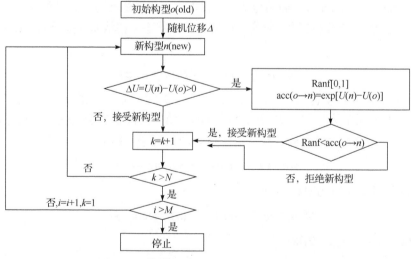

图 2-2　蒙特卡罗重要性抽样法基本步骤

子,则接受新的构型。如此循环往复,直到体系最终到达平衡状态,抽样形成各个构型,在相空间中形成一系列符合玻尔兹曼分布的"轨迹",新构型能量越低,接受概率越大。

2. 方法细节设定

1) 初始构型

体系的平衡性质与初始条件无关,但初始构型很大程度上影响了模拟的效率。一般使用较接近于最终平衡的状态来构建初始模拟构型。此外,构建初始构型时还应尽量避免有较强相互作用的分子组合出现,因为强相互作用会使模拟过程变得不稳定,从而影响计算效果。模拟均相流体时,通常使用随机数发生器,得到一个标准的格状结构作为初始构型,但对非均相流体进行模拟时,就需要提前通过实验技术如 X 射线结晶、核磁共振或理论模型推导产生。

2) MC 运动

当有了初始构型并指定了所有的分子间相互作用后,需要建立底层的马尔可夫链,即基础矩阵 acc($o{\rightarrow}n$)。用更实际的术语来表达就是:如何产生 MC 运动。最基本的 MC 运动一共有四种,分别是粒子平动和转动、体积移动、粒子转移[8-9],如图 2-3 所示。此外,为了提高方法的效率,模拟过程中往往还引入偏倚式 MC 运动。这种运动将通过实现粒子"巧妙"地插入,来减少粒子试验 MC 运动的次数[10]。

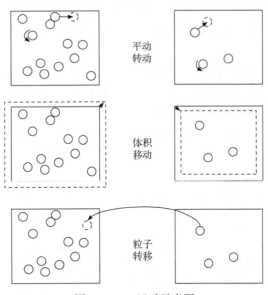

平动
转动

体积
移动

粒子
转移

图 2-3 MC 运动示意图

(1) 平动。

为分子质心的 x、y 和 z 坐标加上 $-\Delta/2$ 和 $\Delta/2$ 之间的随机数:

$$\begin{cases} x_i' \rightarrow x_i + \Delta(\mathrm{Ranf} - 0.5) \\ y_i' \rightarrow y_i + \Delta(\mathrm{Ranf} - 0.5) \\ z_i' \rightarrow z_i + \Delta(\mathrm{Ranf} - 0.5) \end{cases} \tag{2-49}$$

式中，Ranf 为均匀分布在 0 和 1 之间的随机数。

移动前后构型的概率密度之比为

$$\frac{\mathcal{N}(n)}{\mathcal{N}(o)} = \exp\left\{-\beta\left[U\left(s_n^{n_1}\right) - U\left(s_o^{n_1}\right)\right]\right\} \tag{2-50}$$

则接受概率为

$$\text{acc}(o \rightarrow n) = \exp\left\{-\beta\left[U\left(s_n^{n_1}\right) - U\left(s_o^{n_1}\right)\right]\right\} \tag{2-51}$$

显然，正向和反向尝试移动的概率相同，因此，acc($o \rightarrow n$)是对称的。对于凝聚相的模拟，通常建议一次执行一个粒子的随机位移，以保证高效率抽样。此外，随机位移 Δ 的大小也影响着抽样效率。Δ 越大，生成的新构型很可能具有更高的能量，所尝试的移动更有可能被拒绝。经验认为，通常 50%的接受率是最有效的。但对于排斥势能较大的硬核分子，一旦检测到与任何其他粒子重叠，就可以拒绝移动，因此经验上的最佳接受率为 20%。

(2) 转动。

对于一个由 N 个刚性分子组成的系统，用单位向量 $\boldsymbol{u}_i$ 指定第 i 个分子的方向。先生成一个具有随机方向的单位向量 $\boldsymbol{v}$，再乘以比例因子 γ（γ 的大小决定了旋转的程度），则分子 i 旋转后的方向用向量表示为

$$\boldsymbol{t} = \boldsymbol{u}_i + \gamma\boldsymbol{v} \tag{2-52}$$

最后对 $\boldsymbol{t}$ 进行归一化即为尝试旋转后的单位向量 $\boldsymbol{u}_i'$。同样地，γ 按照与 Δ 类似的机制影响着抽样效率。

非线性刚性分子的旋转较为复杂，通常用单位范数的四元数 (q_0, q_1, q_2, q_3) 来表示分子的方向，即四维空间中的单位向量，再将以上旋转向量的方法推广到四维空间即可。

如果分子不是刚性的，则还必须考虑分子内部的 MC 运动。对于一个分子，通常并不是所有的原子都可以自由移动，需要对键长或某些键角施加刚性约束，这会使蒙特卡罗模拟变得复杂。

(3) 体积移动。

假设有两个模拟盒，总体积为 V，其中模拟盒 1 的体积由 V_1^n 变为 V_1^0，则移动前后构型的概率密度满足：

$$\frac{\mathcal{N}(n)}{\mathcal{N}(o)} = \frac{\left(V_1^n\right)^{n_1}\left(V - V_1^n\right)^{N-n_1}\exp\left[-\beta U\left(s_n^N\right)\right]}{\left(V_1^o\right)^{n_1}\left(V - V_1^o\right)^{N-n_1}\exp\left[-\beta U\left(s_o^N\right)\right]} \tag{2-53}$$

则接受概率为

$$\text{acc}(o \rightarrow n) = \min\left\{1, \frac{\left(V_1^n\right)^{n_1}\left(V - V_1^n\right)^{N-n_1}}{\left(V_1^o\right)^{n_1}\left(V - V_1^o\right)^{N-n_1}}\exp\left\{-\beta\left[U\left(s_n^N\right) - U\left(s_o^N\right)\right]\right\}\right\} \tag{2-54}$$

(4) 粒子转移。

假设从模拟盒 1(粒子总数为 n_1)中移除一个粒子并将该粒子插入模拟盒 2 中，则移动

前后构型(o 和 n)的概率密度比为

$$\frac{\mathcal{N}(n)}{\mathcal{N}(o)} = \frac{n_1!(N-n_1)!V_1^{n_1-1}(V-V_1)^{N-(n_1-1)}}{(n_1-1)![N-(n_1-1)]!V_1^{n_1}(V-V_1)^{N-n_1}}\exp\left\{-\beta\left[U\left(s_n^N\right)-U\left(s_o^N\right)\right]\right\} \tag{2-55}$$

则接受概率为

$$\mathrm{acc}(o \to n) = \min\left\{1,\ \frac{n_1(V-V_1)}{(N-n_1+1)V_1}\exp\left\{-\beta\left[U\left(s_n^N\right)-U\left(s_o^N\right)\right]\right\}\right\} \tag{2-56}$$

3) 周期性边界

正确处理边界和边界条件对模拟方法非常重要，因为它可以实现以很小数目的粒子计算体系的宏观性质。周期性边界就是其中一种有效的方案。在二维空间中，每个盒子都被 8 个同样大的盒子包围(三维空间中为 26 个)(图 2-4)。粒子在盒子中的坐标可以由加减整数倍的盒子边长计算得到，一旦粒子在模拟过程中离开了盒子，它会被从反方向进入的镜像粒子所替代，因此中间盒子内的粒子数目保持不变。

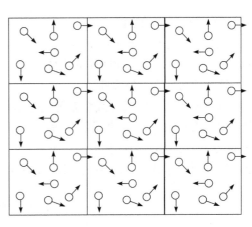

图 2-4　二维周期性边界条件

假设所有的分子间相互作用都是成对相加的，那么任何一个周期模拟盒中的 N 个粒子的总势能是

$$u_{\text{total}} = \frac{1}{2}\sum_{i,j,n} u'\left(\left|\boldsymbol{r}_{ij}+\boldsymbol{n}L\right|\right) \tag{2-57}$$

式中，L 为周期模拟盒的直径；$\boldsymbol{n}$ 为整数向量，而(i,j,n)表示除 $n=0$ 时，$i=j$ 的项以外的其他项。

4) 相互作用的截断和矫正

采用周期性边界条件处理后，体系中的任何一个分子与其他分子的作用都可以无限延伸，这使得范德华作用以及库仑作用的计算变得很复杂。为了减小计算的强度，加快模拟的进度，模拟时通常对范德华作用以及库仑作用进行截断和矫正。常用的截断方法有：简单截断(simple truncation)法、截断和移位(truncation and shift)法和最小图像约定(minimum image convention)法。

(1) 简单截断法。

简单截断法即忽略截断半径 r_c 之外的所有相互作用：

$$u^{\text{trunc}}(r) = \begin{cases} u^{\text{lj}}(r) & r \leqslant r_c \\ 0 & r > r_c \end{cases} \tag{2-58}$$

该方法可以用于蒙特卡罗模拟，但会对真实 Lennard-Jones 势的计算有明显误差。然而，由于势能在 r_c 处不连续，因此会对压力的计算有"脉冲"影响。该方法并不特别适合分子动力学模拟，因为"脉冲力"的存在会导致难以对基于粒子位置泰勒展开的运动方程进行积分。

(2) 截断和移位法。

在分子动力学模拟中，通常将势能截断并移动，使得势能在截断半径处消失。在这种情况下，分子间势能是连续的，因此压力的计算不存在"脉冲"现象。

$$u^{\text{trunc}}(r) = \begin{cases} u^{\text{lj}}(r) - u^{\text{lj}}(r_{\text{c}}) & r \leqslant r_{\text{c}} \\ 0 & r > r_{\text{c}} \end{cases} \tag{2-59}$$

(3) 最小图像约定法。

该方法不是球形截断，而是计算给定粒子与最近的周期模拟盒中所有粒子的相互作用。因此，在给定粒子周围的立方体表面上，分子间势能不是常数。同样地，最小图像约定不适用于分子动力学模拟。

以范德华相互作用的截断为例，考虑一个足够大的截断半径 r_{c}，如果 r_{c} 小于 $L/2$(周期模拟盒直径的一半)，则只需要考虑给定粒子 i 与最近的周期模拟盒内的任何其他粒子 j 的相互作用[即式(2-57)中 $n=0$]；如果 $r > r_{\text{c}}$ 时分子间相互作用迅速衰减，可以通过向 u_{total} 添加尾部贡献来纠正系统误差，如式(2-60)和式(2-61)所示：

$$u_{\text{tail}} = 2\pi N\rho \int_{r_{\text{c}}}^{\infty} r^2 u(r)\mathrm{d}r \tag{2-60}$$

$$u_{\text{total}} = \sum_{i<j} u_{\text{c}}(r_{ij}) + 2\pi N\rho \int_{r_{\text{c}}}^{\infty} r^2 u(r)\mathrm{d}r \tag{2-61}$$

式中，ρ 为平均数密度；N 为一个周期模拟盒内的分子总数。

对于库仑和偶极相互作用，采用尾部修正的结果是发散的，因此无法应用最小图像约定进行修正。在这种情况下，应明确考虑与所有周期性图像的相互作用。

5) 结构分析方法

MC 模拟得到的平衡构型包含了大量的微观结构信息，但不能进行直接应用，需要采用合适的方法对这些信息进行处理分析以得到微观结构规律，径向分布函数方法是较为成熟的微观结构分析方法。径向分布函数(radial distribution function，RDF)是研究体系微观结构的有效手段。它是指距离某种粒子一定距离 r 处指定粒子的密度与理想状态下该粒子密度的比值。它能够反映体系中粒子间相互作用的情况，通常认为：RDF 曲线出现第一个峰的位置越低、峰值越大，粒子间的相互作用越强。

$$\rho_{\text{total}} = \frac{N}{V} \tag{2-62}$$

$$g(r) = \frac{\rho_i(r)}{\rho_{\text{total}}} \tag{2-63}$$

$$\rho_{\text{total}} = \int_0^r \rho_i(r)g(r)\mathrm{d}r \tag{2-64}$$

式中，N 为整个体系的分子数；V 为体系所占的体积；$\rho_i(r)$ 为 r 处的局部密度；ρ_{total} 为整个体系的平均密度，其 RDF 物理示意图如图 2-5 所示。

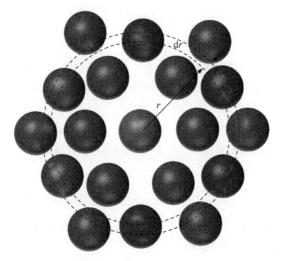

图 2-5　RDF 物理示意图

2.2.2　基础热力学性质的模拟

通过以统计热力学为基础的蒙特卡罗模拟能够准确地估计分子性质，从而计算体系 p-V-T 关系、内能、焓、汽液相共存(平衡)等宏观性质。典型的宏观性质模拟计算都在特定的统计力学系综中进行，即通过对宏观性质相同但微观性质不同的大数目体系集合的统计平均来实现。如在一个正则系综(NVT 系综)中，某宏观性质 A 的系综平均通过式(2-65)获得

$$\langle A \rangle_{NVT} = \sum_i A_i p_i \tag{2-65}$$

式中，A_i 为在量子态 i 下性质 A 的数值；p_i 为第 i 个量子态出现的概率；$\sum_i$ 为系综平均。

1. 体系能量

1) 内能

内能即体系总能量，$E_{\text{total ens}}$，是动能(E_{kim})和势能(E_{pot})的系综平均加和，而在 MC 模拟中，体系的总能量(E_{total})只取决于势能(E_{pot})。势能则包含非键项($\sum E_{\text{nonbond}}$)和成键项($\sum E_{\text{valence}}$)，其中非键项由成对势($\sum E_{\text{pair}}$)和静电势($\sum E_{\text{coul}}$)组成，成键项由键伸缩能($\sum E_{\text{bond}}$)、键角弯曲能($\sum E_{\text{angle}}$)和二面角扭转能($\sum E_{\text{dihedral}}$)组成。对应关系如式(2-66)所示：

$$\begin{aligned} \langle E_{\text{total}} \rangle_{\text{ens}} &= \langle E_{\text{pot}} \rangle = \sum E_{\text{nonbond}} + \sum E_{\text{valence}} \\ &= \sum E_{\text{pair}} + \sum E_{\text{coul}} + \sum E_{\text{bond}} + \sum E_{\text{angle}} + \sum E_{\text{dihedral}} \end{aligned} \tag{2-66}$$

以上各势能项的计算均可通过定义力场来实现，即通过理论计算或实验来确定势能的

函数形式和力场参数。成对势最广泛采用的函数形式是 Lennard-Jones(12, 6)势[式(2-67)]:

$$U(r) = 4\varepsilon\left[\left(\frac{\sigma}{r}\right)^{12} - \left(\frac{\sigma}{r}\right)^{6}\right] \tag{2-67}$$

式中，r 为两个分子的质心之间的距离，Å；ε 为阱深(well depth)，K，乘以–1 对应分子间势能的极小值($U_{\min}$)；σ 为碰撞直径(collision diameter)，Å，是势能等于零时的分子间距。

2) 焓

体系的焓值也能通过 MC 模拟经式(2-68)的系综平均得到:

$$H = \left\langle E_{\text{pot}} + pV \right\rangle \tag{2-68}$$

3) 蒸发焓

同样地，根据蒸发焓在经典热力学中的定义，需要分别对饱和气体和饱和液体进行分子模拟，其计算式如式(2-69)所示。

$$\Delta H_{\text{v}} = E_g - E_l + p(V_g - V_l) \tag{2-69}$$

式中，E_g、E_l 分别为体系在饱和气体、饱和液体状态下的总能量；V_g、V_l 分别为体系在饱和气体、饱和液体状态下的体积。

2. p-V-T 关系

1) 第二位力系数

p-V-T 关系常通过状态方程表示，与分子间作用势能紧密相关，能从统计热力学或分子动力学直接推导得出。以位力方程(virial equation)为例，形式如式(2-70)所示:

$$Z = \frac{pV}{RT} = 1 + \frac{B}{V} + \frac{C}{V^2} + \cdots \tag{2-70}$$

式中，Z 为压缩因子；V 为摩尔体积；B 和 C 分别为第二、第三位力系数，是物性和温度的函数。第二位力系数(B, second virial coefficient)反映了两分子的相互作用，与分子间势能函数有关。球形分子的第二位力系数计算式如式(2-71)所示:

$$B(T) = -2\pi N_A \int_0^{\infty}\left[\text{e}^{-\frac{U(r)}{k_B T}} - 1\right] r^2 \text{d}r \tag{2-71}$$

式中，N_A 为阿伏伽德罗常量；r 为分子间距；k_B 为玻尔兹曼常量；$U(r)$ 为分子间距为 r 时的分子间势能。

2) 温度和压力

位力定理(virial theorem)在量子化学中被描述为：对势能服从 r^n 规律的体系，其势能平均为动能平均的 $n/2$ 倍。根据上述理论可以推导出温度和压力的计算式:

$$T = \frac{2E_{\text{kin}}}{N_{\text{df}} k_B} \tag{2-72}$$

$$p = \frac{1}{V}\left[Nk_{\mathrm{B}}T - \frac{1}{3}\sum_{i=1}^{N}\sum_{j=i+1}^{N} r_{ij}\frac{\mathrm{d}U(r_{ij})}{r_{ij}} \right] \tag{2-73}$$

式中，N_{df} 为体系的自由度；N 为体系的分子总数；r_{ij} 为两个分子质心间的距离；$U(r_{ij})$ 为分子间距为 r_{ij} 时的分子间势能。

3. 涨落性质

1) 热容

在正则系综下，通过粒子数和势能的涨落(即体系总能量的均方差)能够模拟出体系的恒容热容，如式(2-74)所示：

$$C_V = \frac{\left\langle \delta E_{\mathrm{pot}}^2 \right\rangle_{NVT}}{k_{\mathrm{B}}T^2} \tag{2-74}$$

同样地，在恒温恒压系综(NPT 系统)下，体系的恒压热容可以由式(2-75)模拟获得：

$$C_p = \frac{\left\langle \delta(E_{\mathrm{pot}} + pV)^2 \right\rangle_{NPT}}{k_{\mathrm{B}}T^2} \tag{2-75}$$

式中，k_{B} 为玻尔兹曼常量。

2) 热压系数

热压系数在经典热力学中的定义为

$$r_V = \left(\frac{\partial T}{\partial p} \right)_V \tag{2-76}$$

对于微正则系综，热压系数如式(2-77)所示：

$$r_V = \frac{2C_V}{3}\left(\frac{1}{V} - \frac{\delta p \delta E_{\mathrm{pot}\,NVE}}{N(kT)^2} \right) \tag{2-77}$$

式中，C_V 为恒容热容。

对于正则系综，热压系数如式(2-78)所示：

$$r_V = \frac{\delta p \delta E_{\mathrm{pot}\,NVT}}{kT^2} + \frac{Nk}{V} \tag{2-78}$$

对于巨正则系综，热压系数如式(2-79)所示：

$$r_V = \frac{Nk}{V} + \frac{\delta p \delta E_{\mathrm{pot}\,\mu VT}}{VT}\left(1 - \frac{N}{\delta N_{\mu VT}^2} \right) + \frac{\delta W \delta E_{\mathrm{pot}\,\mu VT}}{VkT^2} \tag{2-79}$$

式中，W 是位力数。

3) 等温压缩系数

等温压缩系数在经典热力学中的定义如式(2-80)所示：

$$\beta_T = -\frac{1}{V}\left(\frac{\partial V}{\partial p} \right)_T \tag{2-80}$$

对于微正则系综，等温压缩系数如式(2-81)所示：

$$\beta_T^{-1} = \beta_S^{-1} - \frac{TVr_V^2}{C_V} \tag{2-81}$$

式中，C_V 和 r_V 分别为恒容热容和热压系数；β_S 为绝热压缩系数，由式(2-82)定义：

$$\beta_S^{-1} = \frac{2NkT}{3V} + \frac{\langle F \rangle_{NVE}}{V} + \langle p \rangle_{NVE} - \frac{V \langle \delta p^2 \rangle_{NVE}}{kT} \tag{2-82}$$

F 由式(2-83)计算：

$$F = \frac{1}{9} \sum_i \sum_{j>i} r_{ij}^2 \frac{\mathrm{d}U(r_{ij})}{\mathrm{d}r_{ij}} \tag{2-83}$$

对于正则系综，等温压缩系数如式(2-84)所示：

$$\beta_T^{-1} = \frac{2NkT}{3V} + \langle P \rangle_{NVT} + \frac{\langle F \rangle_{NVT}}{V} - \frac{V \langle \delta p^2 \rangle_{NVT}}{kT} \tag{2-84}$$

对于等温等压系综，等温压缩系数如式(2-85)所示：

$$\beta_T^{-1} = \frac{\langle \delta V^2 \rangle_{NPT}}{kTV} \tag{2-85}$$

对于巨正则系综，等温压缩系数如式(2-86)所示：

$$\beta_T^{-1} = \frac{V \langle \delta N^2 \rangle_{\mu VT}}{N^2 kT} \tag{2-86}$$

4) 热膨胀系数

热膨胀系数在经典热力学中的定义如式(2-87)所示：

$$\alpha_p = \frac{1}{V} \left(\frac{\partial V}{\partial T} \right)_p \tag{2-87}$$

对于等温等压系综，热膨胀系数如式(2-88)所示：

$$\alpha_p = \frac{\langle \delta V \delta(E_{\mathrm{kin}} + E_{\mathrm{pot}} + pV) \rangle_{NPT}}{kT^2 V} \tag{2-88}$$

对于巨正则系综，热膨胀系数如式(2-89)所示：

$$\alpha_p = \frac{p\beta_T}{T} - \frac{\langle \delta E_{\mathrm{pot}} \delta N \rangle_{\mu VT}}{NkT^2} + \frac{\langle E_{\mathrm{pot}} \rangle_{\mu VT} \langle \delta N^2 \rangle_{\mu VT}}{N^2 kT^2} \tag{2-89}$$

4. 超额化学势和超额吉布斯自由能

1) 超额化学势

超额化学势(μ^{ex})通常是指将一个测试粒子随机插入系统中，由此产生的势能变化。

$$\mu^{\mathrm{ex}} = -kT \langle \exp(-\beta E_{\mathrm{test}}) \rangle \tag{2-90}$$

对于微正则系综，考虑动力学温度波动，则超额化学势如式(2-91)所示：

$$\mu^{\text{ex}} = kt \ln \left[\frac{t^{\frac{3}{2}} \exp\left(-\dfrac{E_{\text{test}}}{kt}\right)}{t^{\frac{3}{2}}} \right] \tag{2-91}$$

对于等温等压系综，考虑体积波动，则超额化学势如式(2-92)所示：

$$\mu^{\text{ex}} = \ln \left[\frac{V \exp(-\beta E_{\text{test}})}{V} \right] \tag{2-92}$$

2) 超额吉布斯自由能

将超额吉布斯自由能分解为焓和熵项：

$$\overline{G}_i^{\text{E}} = \overline{H}_i^{\text{E}} - T\overline{S}_i^{\text{E}} = \overline{U}_i^{\text{E}} + p\overline{V}_i^{\text{E}} - T\overline{S}_i^{\text{E}} \tag{2-93}$$

从分子模拟直接计算熵是一项艰巨的任务。同时，焓的确定也不容易。因此，转而关注从分子模拟中容易获得的能量，如摩尔内聚能 E^{coh}。其物理意义为将 1 mol 液体中的所有分子拉开到无限距离所需的能量，与液体中的总分子间相互作用有关，即

$$E^{\text{coh}} = -E^{\text{inter}} \tag{2-94}$$

用负号是因为内聚能是以液体为参考状态定义的。通过引入摩尔结合能 E^{bind}，可以将内聚能的贡献归因于每个组分，即

$$E^{\text{coh}} = \frac{1}{n} \sum_{i=1}^{n} x_i E_i^{\text{bind}} \tag{2-95}$$

E_i^{bind} 为 i 组分的摩尔结合能，是指将每摩尔 i 组分分子从液体中剥离到无限距离所需的能量，而其余的分子保持不动。该过程只会破坏被移除的分子与液体中所有其他分子之间的分子间相互作用。

通过以下假设容易得出，在组分超额吉布斯自由能 $\overline{G}_i^{\text{E}}$ 的变化过程中，组分结合能 E_i^{bind} 的变化起决定性作用[11]。

(1) 熵变的贡献是次要的，并不意味着 $-T\overline{S}_i^{\text{E}}$ 一定很小，而是假设它在不同混合成分之间的变化小于焓项的变化。

(2) 在焓项内，$p\overline{V}_i^{\text{E}}$ 项的贡献远小于能量项的贡献。

(3) 由组分混合导致的能量变化，即 $\overline{U}_i^{\text{E}}$，主要取决于分子间相互作用的变化，即 E^{bind}。

对于假设(1)，即使混合熵变很大，但根据超额熵 $\overline{S}_i^{\text{E}}$ 的定义，只要熵变在不同组分下偏离理想混合物的程度相似，$T\overline{S}_i^{\text{E}}$ 项的变化就很小；对于接近环境条件的液体，假设(2)是合理的；对于简单分子，假设(3)也是合理的，因为简单分子的混合不会引起明显的分子构象变化，即分子内相互作用的变化很小。

2.2.3　汽液相平衡

分子模拟方法计算流体相平衡在近二十年已成为化工领域研究热点之一。在分子模拟中，MC 法以统计理论为基础，通过随机抽样统计平均得到宏观热力学性质，实现汽液相平衡的模拟计算。

1. 分类与特点

根据相平衡状态判断方法的不同，可以将 MC 法分为直接模拟法、间接模拟法以及近几年提出的新方法[12](表 2-1)。

表 2-1　蒙特卡罗法的分类及特点

分类	方法	特点
直接模拟法	GEMC	适合简单流体和较复杂流体
	CBMC	适合复杂大分子或含有氢键等强相互作用的稠密流体
	RGEMC	适合模拟反应体系的相平衡
间接模拟法	NPT+TP	模拟时间长，较为烦琐，应用较少
	GCMC	适合非均相系统
	GDI	主要用于纯物质的计算，应用较多
	HRW	气液相波动剧烈的临界区的模拟
新方法	HRW 和 GEMC 相结合	尚不成熟
	kMC	适合模拟稀薄流体和缔合流体的相平衡
	Bin-CMC	气固相平衡

直接模拟法将模拟体系划分为气液或液液两相主体以及相界面三个区域，当两相的温度、压力及组成不变时即为平衡状态。主要包括：吉布斯-蒙特卡罗(GEMC)法，适合简单流体和较复杂流体相平衡分子模拟预测[13]；构型偏倚的蒙特卡罗(CBMC)法，适合复杂大分子或含有氢键等强相互作用的稠密流体的相平衡分子模拟预测[10]；应用反应系综的蒙特卡罗模拟(RGEMC)法，适合模拟反应体系的相平衡[14]。

间接模拟法通过一系列化学势计算来判断模拟是否达到平衡状态。在一定的温度压力下，当气液两相的化学势相等时即为平衡状态。主要包括：NPT+测试粒子(NPT+TP)法，模拟时间长且需要通过标准热力学关系对化学势进行校正，过程较为烦琐，因此应用较少[15]；巨正则系综蒙特卡罗模拟法(GCMC)，适合非均相系统的模拟研究[16]；吉布斯-杜安积分(GDI)法，主要用于纯物质的计算，应用较多[17]；直方图再加权(HRW)法，主要应用于气液相波动剧烈的临界区的模拟[18]。

2. 直接模拟法

1) GEMC 法

GEMC 法是应用最广泛的 MC 法，该方法对混合物相平衡的计算具有很好的效果。目前 GEMC 法已被广泛用于模拟不同类型的混合体系，包括具有代表性的烷烃体系、烷烃/烯烃混合物、烷烃/醇混合物、烷烃/苯混合物、烷烃/酮混合物、烷烃/胺混合物、烷烃/硫醇混合物、烷烃/水混合物、醇/水混合物、醇/二氧化碳混合物、芳香烃体系、芳香烃/醇混合物、醚类体系、醚/醇混合物、杂环混合物等[12]。

GEMC 法(图 2-6)模拟流程简介如下：首先，调用相应的势能函数和力场描述分子间和分子内相互作用。然后，建立相对独立但热力学相关的两个模拟盒子，分别代表气液两相主体，忽略相界面的问题。当模拟纯组分的汽液共存性质时，通常规定两盒的温度、总分子数及总体积不变(即 NVT 系综)；当模拟二元或多元混合物的汽液相平衡性质时，则需要规定两个盒子的温度、压力及总分子数不变(NPT 系综)。通过一系列蒙特卡罗运动建立马尔可夫链，直至两盒达到气液相共存或相平衡状态。最后，由系综平均计算气液两相的热力学性质。

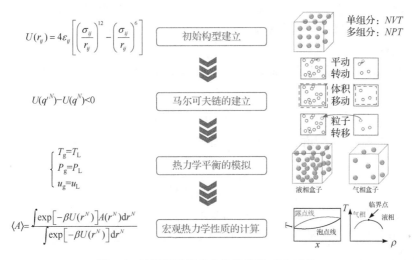

图 2-6　计算相平衡热力学性质的 GEMC 法

GEMC 法的主要限制是难以成功应用于高度非球形、多段或强相互作用的分子，因为这些分子的粒子交换步骤接受概率非常低。在这种情况下，使用带有构型偏倚(configurational bias)的 GEMC 法(即 CBMC 法)可以解决上述问题。吉布斯系综也可以与反应系综结合使用，用于模拟带化学反应的相平衡(RGEMC 法)。

2) CBMC 法

CBMC 法人为地使粒子向容易被接受的方向进行 MC 移动，提高了粒子插入的概率，恰好可以弥补 GEMC 方法中粒子接受概率较低的缺陷。GEMC 方法通常和 CBMC 方法结合使用，可以极大地拓展分子模拟在相平衡领域的应用，如可以非常准确地模拟计算48 个碳原子的烷烃相平衡。Li 等[19]用 GEMC 和 CBMC 相结合的方法模拟了氢键缔合体系乙二醇-1,2-丁二醇、乙二醇-1,3-丁二醇以及乙二醇-1,4-丁二醇的汽液相平衡数据，并将模拟结果与实验数据以及 Wilson 方程计算结果进行比较，模拟结果吻合度较高。吕程等[20]也采用 CBMC 法模拟了苯-噻吩-N-甲基吡咯烷酮(NMP)三元体系汽液相平衡，模拟结果与实验值也较为接近。

为了提高分子的插入概率，Siepmann 提出了逐步插入的方法[10]，即首先插入分子的一小部分,然后添加剩余部分,同时避免与分子本身和系统中其他分子重叠。该方法通过在逐步插入过程中采用加权,大大减少了重叠插入试验的数量,获得了更好的接受概率。

3. 间接模拟法

1) NPT+测试粒子法

NPT+测试粒子法的基本原理是:在 NPT 系综下,通过 Widom 测试粒子法计算气液两相的化学势。化学势是根据压力的泰勒级数展开来写的,泰勒级数的系数由液相和气相中的分子动力学模拟确定。通过化学势-压力图中的蒸汽和液体曲线的交点(即相平衡点)确定给定温度下的相共存(平衡)特性。它也可以与 NVT 或 μVT 系综结合使用。该方法避免了粒子在两相间的交换,但每个模拟点都需要进行一系列的模拟计算才能得到该温度下化学势与压力的关系,模拟时间长,并且计算化学势时用到的压力与真实压力存在一定的偏差,需要通过标准热力学关系对化学势进行校正,较为烦琐,因此应用较少。

2) GDI 方法

Gibbs-Duhem 模拟方法将 Gibbs 系综与 Clapeyron 方程的积分相结合。对于单组分系统,Gibbs-Duhem 方程为

$$\mathrm{d}(\beta u) = h\mathrm{d}\beta + \beta v\mathrm{d}p \tag{2-96}$$

式中,u 为化学势;h 为摩尔焓;v 为摩尔体积;p 为压力;$\beta = 1/kT$。

$$\left(\frac{\mathrm{d}\ln p}{\mathrm{d}\beta}\right)_s = \frac{\Delta h}{\beta p\Delta v} \tag{2-97}$$

式中,Δh 和 Δv 分别为共存相的摩尔焓和摩尔体积的差值;下标 s 为沿饱和线取导数。

如果已知给定共存点的压力,则可以对上述一阶微分方程进行数值积分从而获得整个共存曲线。

模拟时,首先选定初始平衡温度 T_0 和饱和蒸气压 p_0,对该组分进行两次单盒模拟(分别模拟气相和液相),得到蒸发焓(Δh)以及气液相体积差(Δv)。然后再给定一个温度变量 ΔT,对式(2-97)进行积分得到 $T+\Delta T$ 下的饱和蒸气压 p_1,但是积分过程中认为 $\Delta h/\Delta v$ 是常量,这样会使得 p_1 与实际值之间存在偏差,需要通过 $T+\Delta T$ 和 p_1 条件下再次模拟进行校正。重复这些步骤得到一系列的平衡温度及压力,进而绘制出整个相图。该方法对两相分别进行模拟,避免了盒子间粒子交换,解决了粒子间插入困难的问题,可以方便特殊物系如高密度相、固相体系相平衡的模拟。对纯组分来说,GDI 方法的计算范围较 GEMC 法更为广泛。

3) HRW 法

HRW 法解决了 GDI 法在临界区预测不准确的问题,主要用于气液相波动剧烈的临界区的模拟。该方法的核心是将取样区间进行分段,同时对不同分段区间进行取样而不是在大区间上进行持续取样,然后对每段上的样本进行再加权处理。这样保证了小概率但对于统计结果影响较大的样本具有较高的采样效率,使得样本的统计更接近实际情况。

在 MC 模拟中,构型 σ 的哈密顿量 H 用下式计算:

$$\beta H(\sigma) = kl(\sigma) \tag{2-98}$$

式中，k 为与运算符 $l(\sigma)$ 相关的无量纲耦合常数。在 β_0 逆温度下的 N 步蒙特卡罗模拟产生了一个直方图 $H(S, \beta_0, N)$ 的值的算子 $l(\sigma)$。归一化分布函数 $P_k(S)$ 可用于计算 S 的任意函数在 β_0 的邻域中的期望值：

$$P_k(S) = \frac{H(S, \beta_0, N)\exp\left[(K - K_0)S\right]}{\sum_{(S)} H(S, \beta_0, N)\exp\left[(K - K_0)S\right]} \tag{2-99}$$

$$\langle f(S)\rangle_k = \sum_{(S)} f(S)P_k(S) \tag{2-100}$$

HRW 法已经非常成功地用于相平衡的模拟计算。

4. 新方法

为了提高相平衡模拟的准确性和有效性，近几年研究者们在上述算法的基础上加以改进，提出了新的模拟方法。例如，HRW 和 GEMC 耦合的方法，其计算结果比 GEMC 法更加准确，但尚未应用到混合物的模拟中[21]；动力学蒙特卡罗(kMC)模拟法，适合模拟稀薄流体和缔合流体的相平衡[22]；Bin-CMC(Bin canonical Monte Carlo)模拟方法，不仅可以模拟汽液相平衡，还可以模拟气固相平衡[23-24]。

2.2.4　模拟实例

1. 模拟软件

目前最流行的 MC 模拟软件是由美国明尼苏达大学 Siepmann 课题组自主开发的 MCCCS Towhee 软件，该软件代码属于开源代码，且集成了大量力场参数，如 OPLS、TraPPE 和 CHARM 等。该软件适用范围很广，可以在不同系综、多种力场甚至固相中使用。

Towhee 软件[25]迄今可以实现的功能有：预测纯物质流体的汽液共存曲线、计算二元混合物的相平衡数据、分析体系构型微观结构的径向分布函数、为 LAMMPS 模拟创建初始构型、实现力场文件的数据转化等。从 2001 年至今，引用或使用 Towhee 软件的文献多达数百篇。其中包括在 Towhee 中生成力场文件和不重叠的初始原子位置，并与分子动力学程序结合使用(如 LAMMPS、GROMACS 和 DL_POLY 等)。其次，还有一些研究者结合 Towhee 和 Music 软件进行了 μVT 系综下的多孔材料的吸附模拟、Gibbs 系综下的吸附等温线计算和 NVT 系综下的吸附相关现象的研究，以及通过计算化学势或亨利常数进行的低浓度吸附模拟计算。Towhee 最重要的应用是计算单组分、二元和三元混合物的汽液相平衡以及在 μVT 系综和 Gibbs 系综中利用 HRW 方法研究流体相共存，此外 Towhee 软件常应用于研究二氧化碳混合物和氢氟碳化合物的热力学性质，另一些研究者使用了单盒 NPT 系综来计算液体密度以及 Xe 与烷烃的混合性质，少数研究者还利用单盒模拟研究了单分子或流体的结构。Towhee 的另一项优点是能够轻松地处理柔性键和键角，因此可以利用 Towhee 来评估柔性对水、正构烷烃和氨的汽液共存曲线的影响。事实上，Towhee 已被看作蒙特卡罗模拟的标准，用来验证其他代码和算法是否正确运行。

2. 模拟流程

本实例采用吉布斯系综蒙特卡罗(GEMC)方法结合构型偏置蒙特卡罗(CBMC)方法模拟，计算在 70 kPa 下乙酸乙酯-乙醇的相平衡数据，并将模拟数据与实验数据进行比较。

相较于 GDI、HRW 等其他方法，选择 GEMC 结合 CBMC 的原因有以下几点：

(1) GDI 法是通过一个平衡状态点的数据推算出其他的平衡点，存在初始平衡点选取造成的误差积累，而应用 GEMC 法模拟时每个状态点是相对独立的，不存在由初始平衡点选取造成的误差传递，且 GDI 法只能模拟纯组分的数据。

(2) HRW 法主要用于临界区的模拟，本实例所模拟的温度在 50～140℃之间，远小于乙酸乙酯的临界温度，直方图再加权方法的优势并不突出，并且对于每个状态点，直方图再加权方法需要多个模拟同时进行，比较耗费计算资源。NPT+T_P 等间接模拟方法也存在这种问题。

(3) 相对于间接模拟方法，GEMC 法不需要直接计算化学势，通过 MC 移动及相关的接受原则逐渐逼近体系能量最低值而达到平衡状态，所耗费的计算资源相对较少。

(4) GEMC 法同时模拟计算气液两相，避免直接处理相界面问题，通过一次模拟即可得到气液两相的组成及密度，是所有方法中气液两相耦合度最高的方法，保证了模拟的准确性和高效性。此外，本实例为共沸体系，GEMC 法不但适用于一般体系相平衡的研究，而且可用于研究共沸体系的相平衡行为。

在 GEMC 模拟中常用的系综是正则系综和恒温恒压系综。计算纯组分的汽液共存曲线时只有一个自由度，通常应用 NVT-GEMC 方法进行模拟，得到的压力即为该纯物质的饱和蒸气压；但模拟二元或多元混合物的汽液相平衡时自由度为 0，需要规定温度和压力，因此应用 NPT-GEMC 模拟方法更合适。

除模拟方法外，分子力场是影响模拟结果精度的另一个关键因素，它的质量直接决定相平衡相关数据模拟结果的好坏。相平衡热力学计算过程中应用较多的是经典力场，其中分子内相互作用包括键作用、角作用以及二面角作用，分子间相互作用包括范德华作用和库仑作用等。其中范德华作用一般应用 Lennard-Jones(12, 6)函数模型进行描述，混合规则常用 Lorentz-Berthelot 模型。在 Towhee 软件包里附带着丰富的力场参数文件供调用，这里选择 TraPPE-UA 力场。TraPPE-UA 力场是在 OPLS-UA 力场基础上进行改进开发的力场，TraPPE-UA 力场的开发与 GEMC 法紧密结合，其力场参数是通过对模型分子在整个相平衡温度范围以及临界点处的实验数据进行优化得到的，力场参数较为准确，能够较准确地模拟相平衡相关数据，被研究者广泛应用。其力场形式如下：

$$
\begin{aligned}
E = &\sum_{\text{angle}} \frac{k_\theta}{2}(\theta - \theta_0)^2 \\
&+ \sum_{\text{dihedral}} \left[k_1(1+\cos\varphi) + k_2(1-\cos 2\varphi) + k_3(1+\cos 3\varphi) \right] \\
&+ \sum_{\text{nonbond}} \left\{ 4\varepsilon_{ij} \left[\left(\frac{\sigma_{ij}}{r_{ij}}\right)^{12} - \left(\frac{\sigma_{ij}}{r_{ij}}\right)^{6} \right] \right\}
\end{aligned}
\tag{2-101}
$$

式中，k_θ 为角伸缩常数；$k_n(n=1,2,3)$ 为二面角扭转常数；θ 为键角；φ 为二面角；r_{ij} 为非键原子间的距离；σ 为碰撞直径；ε 为阱深。

下面将详细介绍利用 Towhee 软件模拟乙酸乙酯-乙醇相平衡的详细流程。

1) 乙酸乙酯纯组分的 NVT-GEMC 模拟

在温度为 293.15～513.15 K 范围应用 Towhee 软件包进行模拟计算，每个温度点分子总数均设置为 600 个，气相和液相盒子初始分子总数均为 300。体系的初始构型由随机数发生器生成，每个温度点的模拟都包含 120000 步循环，其中前 60000 步是预平衡阶段，后 60000 步是结果产出阶段。每步循环包括 600 次蒙特卡罗移动，其中蒙特卡罗移动包括大约 0.5%的体积涨落，20%～30%的粒子交换运动，其他三种运动(构型偏倚的运动、平动以及转动)平分余下的概率。采用球形截断法(r_{cut}=14 Å)对范德华作用力进行截断，同时采用尾修正法对范德华作用进行校正。对于静电作用采用 Ewald 加和法以及锡箔边界条件(L=5.6，K_{max}=5)进行处理。通过模拟计算，获得乙酸乙酯纯物质的汽液共存曲线，并将结果与文献值进行对比以验证计算结果的可靠性。

将产品产出阶段划分为 5 个模块(block)，模拟程序首先对每个模块的相应微观结果求统计平均，然后对 5 个模块求算数平均值得到宏观气液相密度。常压 101.325 kPa、温度 T=293.15～513.15K 的乙酸乙酯汽液共存曲线如图 2-7 所示。

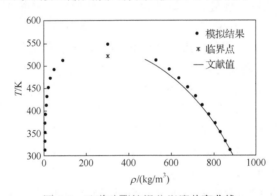

图 2-7 乙酸乙酯纯组分汽液共存曲线

从图 2-7 中可以看出，乙酸乙酯气液相密度的计算值与文献值吻合较好，说明了力场参数以及模拟的准确性。然而，在临界点附近模拟误差较大，这是由 GEMC 算法本身的缺陷造成的，GEMC 方法不太适用于临界点附近相平衡的计算。但是对于乙酸乙酯-乙醇二元体系，相平衡模拟距离临界点较远，因此可以进行较准确的相平衡数据预测。

2) 70 kPa 下乙酸乙酯-乙醇的 NPT-GEMC 模拟

基于 TraPPE-UA 力场并补充了乙酸乙酯缺失的扭转项参数，采用 NPT-GEMC 方法计算在 70 kPa 下不同温度点处乙酸乙酯-乙醇体系的汽液相平衡，并将模拟数据与实验值进行比较，如图 2-8 所示。从图中可以看出，乙酸乙酯-乙醇在 70 kPa 下，气相以及液相摩尔分数的模拟值与实验数据吻合良好，最大相对偏差不超过 13.90%，并且较为准确地预测了共沸点处的相平衡数据。在共沸点左侧，模拟数据与实验数据非常接近；而在共沸点右侧，气相模拟数据小于实验数据，液相模拟计算值大于实验数据。因此，GEMC 方法模拟的相平衡曲线基本能够准确地体现体系的实际情况，也说明补充的力场参数能够准确模拟乙酸乙酯-乙醇二元混合物的相平衡。

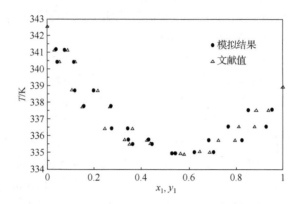

图 2-8   70 kPa 乙酸乙酯(1)-乙醇(2)汽液平衡图

2.3   气液界面的建模与分子动力学模拟

界面是两个不同相的交界处，广泛地存在于自然界中。从物理层面看，可以将界面分为气液界面、气固界面、液液界面、液固界面，以及固固界面等。从微观上看，界面层的厚度可以达到几个分子，因此三维空间的各种物理化学变化，如相变和化学反应也能在界面处发生。并且，界面分子处的受力具有不对称的特点，也使得界面具有与纯气相、纯液相或者纯固相不同的性质。目前围绕界面的研究主要涵盖了以下四个方面[26-28]：第一，分子的动力学性质，包括分子旋转、振动以及弛豫过程的动力学性质；第二，界面的运动动力学性质，包括黏性系数和扩散系数等运动性质；第三，界面的分子结构，包括界面分子组成、分子取向、氢键或者其他的作用力；第四，分子的热力学性质，包括界面上的表面自由能、平衡常数和分子密度等。

本章将从气液界面的概念出发，探讨气液界面的相关理论和研究。

2.3.1   气液界面的基本概念及实验研究方法

从物理的角度看，界面通常有一个到几个分子的厚度。气液界面的理论范围通过将对应的热力学性质(如表面张力和表面自由能等)与分子间的作用势相结合来判断，这也同时带来了很多问题，如边界条件的划分需要考虑界面处的分子构型。

气液界面将均相的气相和液相分开，界面急剧的密度不连续产生了不均匀性，这个不均匀性使得统计力学的应用变得复杂，因此非均匀液体的统计力学理论对于理解气液界面的结构是极其重要的。van der Waals[29]和 Rayleigh[30]的早期工作提供了这些理论发展的基础，吉布斯提出的"划分界面"的概念对统计力学的发展极为重要。如图 2-9 所示，假设密度 $\rho_1(r_1)$ 沿着界面的法线方向变化，液相主体的分子数密度 ρ_L 和气相主体的分子数密度 ρ_V 认为是恒定的，吉布斯划分界面满足：

$$\int_{-\infty}^{0} [\rho_1(z) - \rho_L] dz = \int_{0}^{\infty} [\rho_1(z) - \rho_V] dz \tag{2-102}$$

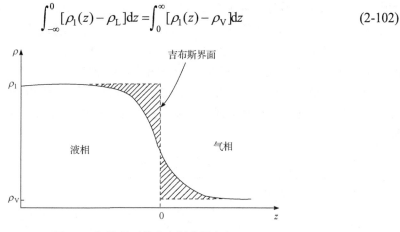

图 2-9　气液界面的吉布斯分界定义

随着对气液界面的深入研究，人们发现实际的边界条件推导是十分困难的。这里一个很重要的原因是推导边界条件需要研究界面处的分子结构。图 2-10 展示了利用分子动力学模拟温度为 85 K 时氩原子盒子的密度随盒子 z 方向坐标发生的变化，当界面处发生蒸发和冷凝过程时，靠近界面的气相实际是非稳态的。横坐标 $z^* = \left[z - \dfrac{(z_m - v_s t)}{\sigma} \right]$ 为盒子 z 坐标经过换算后的坐标，换算式中的 z 为原盒子的坐标；z_m 为界面中心点位置；v_s 为粒子运动过程偏离稳态的速率；t 为分子动力学模拟的持续时间；σ 为过渡区域的厚度。图中 a 和 b 表示当气体发生蒸发和冷凝时偏离稳态的程度，$a=b=1$ 表示蒸发和冷凝达到稳定，气相的氩达到饱和时的状态。$a=b=2$ 和 $a=b=4$ 代表两种未达到蒸发稳定时的状态。

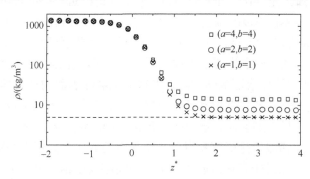

图 2-10　温度为 85 K 的氩原子分子动力学模拟盒子的密度变化曲线

虚线表示饱和蒸汽密度（$\rho_V = 4.59\,\text{kg/m}^3$）

从氩原子的密度变化曲线也可以看到，在气相和液相之间存在明显的过渡区域（图 2-10 中的 $0<z^*<1$ 区域）。液相（图 2-10 中的 $-2<z^*<0$ 区域）和气相（图 2-10 中 $1<z^*<4$ 区域）相比较于过渡区域有更平稳的密度变化。其中气相由于蒸发或冷凝过程发生密度不稳定的现象。为了讨论清楚这个过程，引入克努森数(Knudsen number)的概念：

$$Kn = \frac{l}{2\sigma} = \frac{1}{\sqrt{2}\pi d_m^2 (\rho/m) 2\sigma} \tag{2-103}$$

式中，d_m 为分子的直径；m 为分子的质量；l 为气相中的分子的平均自由程。Kn=20.9、13.5 和 7.3 对应图 2-10 中的 a=b=1、2 和 4。也就是说，克努森数的变化也代表了气相在动态和稳态之间变化。依据气液边界的动态理论，将整个体系分为液相、过渡层、气液界面、非平衡层(克努森层)、气相五个部分(图 2-11)。而这五个部分依据密度变化特点也可以分为过渡区域、非稳态区域和稳态区域。不同的区域用不同的理论描述。过渡区域用分子动力学方程描述，非稳态区域用玻尔兹曼方程描述，稳态区域用 Navier-Stokes 方程描述。

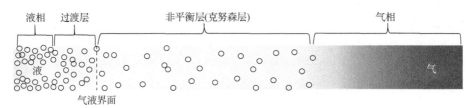

图 2-11   非稳态下的气液界面区域划分

由于界面层通常只有一个到几个分子的厚度，并且极容易被体相杂质污染，加之界面的敏感性和复杂性，用以前常规的实验方法很难区分界面和体相。人们最早通过测定表面张力研究气液界面，如滴体积法、环法、最大气泡压力法、滴外形法等[31]。通过表面张力的测定，人们能够了解分子在界面的吸收量，有助于从宏观上理解气液界面，但是表面张力表征的是界面体系的宏观特征，不能从分子水平上研究气液界面。近年来，随着科技的发展以及激光的出现，人们陆续发展了一系列能够从分子水平上研究液体界面的实验手段，主要包括 X 射线反射法(X-ray reflection method)、X 射线漫散射(diffuse X-ray scattering)、椭圆光度法(ellipsometry)、中子反射(neutron reflectivity)、表面准弹性散射(surface quasi-elastic scattering)、离子散射和反弹谱(ion scattering and recoiling spectroscopy)、和频光谱(SFG)和二次谐波等[26, 32-37]。这些手段分别能够提供不同的界面结构信息：椭圆光度法能够测定表面的厚度[38-39]；X 射线衍射技术能够测定液体表面的粗糙度和结晶结构[31-32,40]；表面准弹性散射能够提供液体表面的动力学信息，是对静态液体表面结构的补充[41-42]；离子散射和反弹谱能够提供分子在界面的取向信息[43-44]；和频光谱能够提供分子在界面的取向、分子界面密度、吸附等温线、吸附自由能、界面分子振动谱的信息[45]；二次谐波产生能够获得分子在界面的取向、分子界面密度[46]。

在上述方法中，光谱研究是目前实验手段中能够清楚描述分子动力学性质的方法。其中，和频光谱具有独特的界面选择性和敏感性，是唯一可以在分子水平上对溶剂界面研究的光谱学方法，它不但能够提供与液体界面结构密切相关的界面振动光谱信息，而且能够给出分子在界面上的取向、分子构象及排列、分子界面密度、分子间相互作用、分子吸附等信息。

二阶非线性光学效应是三种光波相互作用的过程，包括光学倍频产生(SHG)、光学和频产生、光学差频产生(DFG)、光学参量放大(OPA)和光学参量振荡(OPO)等。这些光学混频过程的频率关系示于图 2-12 中。

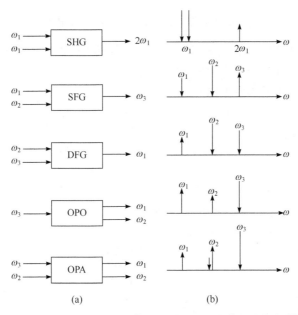

图 2-12　三光波非线性相互作用过程(a)及相互作用光的频谱(b)

和频产生的过程中，三束光的频率遵循以下能量守恒定律：

$$\omega_1 + \omega_2 = \omega \tag{2-104}$$

以及动量守恒条件和相位匹配关系：

$$k_1 + k_2 = k \tag{2-105}$$

$$k_1 \sin \beta_1 + k_2 \sin \beta_2 = k \sin \beta \tag{2-106}$$

$k_i (i = 1, 2)$ 为光的波矢，根据光的波矢公式可得

$$k = \frac{2\pi n}{\lambda} \tag{2-107}$$

式中，n 为折射率，从空气入射可近似为 1；λ 为波长。

将式(2-107)代入式(2-106)可推导出：

$$\frac{\sin \beta_1}{\lambda(\beta_1)} + \frac{\sin \beta_2}{\lambda(\beta_2)} = \frac{\sin \beta}{\lambda(\beta)} \tag{2-108}$$

通过对边界条件和麦克斯韦方程的处理，可以推导得出和频光谱实验中的和频信号强度，表示为

$$I(\omega) = \frac{8\pi^3 \omega^2 \sec^2 \beta}{C^3 n_1(\omega) n_1(\omega_1) n_1(\omega_2)} \left| \chi_{\text{eff}}^{(2)} \right|^2 I(\omega_1) I(\omega_2) \tag{2-109}$$

式中，$I(\omega)$ 为和频光谱强度；$n_i(\omega_i)$ 是频率为 ω_i 的对应光束在介质 i 中的折射率；β 为和频信号的反射角；$I(\omega_1)$ 和 $I(\omega_2)$ 分别为两束入射光的强度；$\chi_{\text{eff}}^{(2)}$ 为界面有效二阶非线性极化率，该参数反映了实验中界面分子信息。式(2-109)中，除了 $\chi_{\text{eff}}^{(2)}$，其他参数为实验中的已知值。

$$\chi_{eff}^{(2)} = N_s d\left(\langle\cos\theta\rangle - c\langle\cos^3\theta\rangle\right) = N_s dr(\theta) \qquad (2\text{-}110)$$

式中，$r(\theta)$ 称为取向场泛函；d 为强度因子；c 为量纲为一的数，称为广义取向参数，它决定了取向场泛函 $r(\theta)$ 对分子取向角 θ 的影响。

和频光谱实验原理图如图 2-13 所示。

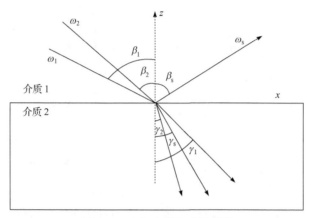

图 2-13   和频光谱实验原理图

基于和频光谱的基本原理，可以通过观察气液界面的和频光谱，分析得到想要的气液界面分子构型信息。Chen 等[47]利用 SFG 对丙酮分子在空气/丙酮界面上的取向进行研究。图 2-14 为空气/丙酮界面的 SFG 偏振光谱，其中 sps 和 pss 偏振光谱几乎重叠。从图中可以看出在 2800～3000 cm^{-1} 范围内，空气/丙酮界面的 ssp 偏振光谱上在 2920 cm^{-1} 处有一个明显的共振峰，该峰被归属为界面丙酮分子的甲基对称伸缩。

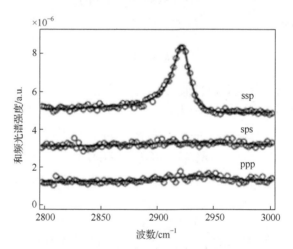

图 2-14   空气/丙酮界面的 SFG 偏振光谱

在该研究中，Chen 等利用零位偏角方法获得界面丙酮分子甲基的取向参数 D，实验中将入射的红外光的频率固定为丙酮分子甲基的对称伸缩吸收峰的频率 2920 cm^{-1}。实验所得到的丙酮分子甲基对称伸缩的零位偏角为 $\Omega = -16.5°\pm1.5°$。利用零位偏角和取向参数

D 的耦合关系，计算得到 D=0.83±0.05，最终求解的结果显示丙酮分子在表面的取向有四种可能的情况，如图 2-15 所示。

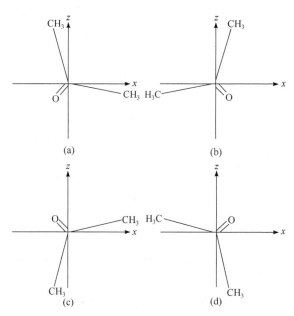

图 2-15　丙酮分子的可能界面取向

2.3.2　气液界面的建模与分子动力学模拟研究

气液界面将均相的气相和液相分开，界面密度的继续不连续产生了不均性，所以吉布斯提出的"划分界面"的概念对理解气液界面的结构极其重要。由于气液界面的复杂性以及在研究气液界面时必须要考虑分子的取向、静电力、氢键等因素的影响，密度泛函理论(density functional theory)、分子动力学(molecular dynamics)方法和蒙特卡罗方法近年来广泛应用于研究气液界面[48-52]。

利用模拟方法研究气液界面有以下优点：

(1) 无需进行理论假设，只需要考虑粒子间的相互作用势能函数模型即可；

(2) 从微观角度分析粒子的运动，得到相界面处粒子输运过程的动态信息和微观信息，这是其他方法很难做到的；

(3) 该方法可以将微观现象与宏观性质结合，通过获得相界面处粒子的微观运动行为，再通过合理的计算得到系统的宏观性质；

(4) 粒子参数、工作条件均由模拟系统给定，工作状况和结果均由计算机控制和统计，避免了实际实验中一些不必要因素的干扰。

气液界面的建模在分子动力学模拟中是十分重要的环节。在过往的气液界面现象的研究中，采用分子动力学模拟方法对气液两相进行模拟最直接的方法是将模拟盒分成明确的区域，也就是直接模拟法。此种方法由 Chapela 等[53]在 1977 年首先提出，后来得到了广泛的应用。如图 2-16 所示，该方法将汽液相平衡体系包含在有气相区、液相区、气液界面区等三个明确区域的模拟盒中，模拟时先将预先平衡的液体块放在模拟盒的中央，若液体密度接近于气液两相共存相的密度，液体将蒸发形成稳定的两相系统。

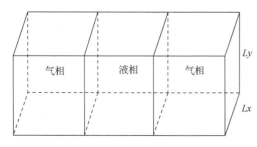

图 2-16　直接模拟法产生气液界面

直接模拟法最大的优势在于可仿真整个气液界面的实际形成过程，其缺点是需要大量分子进行模拟，同时界面区域形成过程非常缓慢，导致完成模拟过程需要花费大量的时间。由于计算机计算速度及容量的限制，为了减少计算工作量，早期的模拟中选取的模拟分子数较少，势能的截断半径也取得较小，都在 5.2σ 左右。随着计算机运算速度及容量的迅速增大，在进行分子动力学模拟时，模拟分子数和势能截断半径的选取也有所增加，模拟的结果更为合理。从文献中可得出一个共同的结论：随着截断半径的增加，模拟所得到的密度和界面张力也随之增大；但当截断半径达到 5.5σ 后，密度和界面张力等都不再随截断半径的增大而增大；当截断半径达到 0.4σ 后，模拟结果与实际的偏差不超过 5%。

气液界面层内密度、压力张量等热力学性质一直是气液界面现象研究的核心，许多学者为此做了大量的工作。在分子动力学模拟中，对气液界面层内部密度分布、压力张量等热力学性质的计算一般是通过将模拟盒沿 z 方向且平行于 $x\text{-}y$ 平面平均分为 N 个切片。

Trokhymchuk 和 Alejandre[54]利用分子动力学模拟方法和蒙特卡罗方法，对 Lennard-Jones 流体处于汽液平衡时的密度、法向与切向应力以及界面张力等进行了统计计算，得到了它们在体系中的分布曲线，以及相应的一些数据，并经统计分析总结出处于汽液相平衡时，气相、液相和界面的密度、压力张量等的变化规律。Mecke 等[55]利用分子动力学模拟方法，对氩和甲烷二元混合物处于平衡态时的气液界面现象进行了研究，讨论了不同组分下的密度、饱和液相密度及气相的成分、表面张力以及压力在体系中的分布。从其研究结果，同样可得到气相与液相之间的密度、压力张量等是连续变化的结论。从事相关研究的其他学者也得出相同的结论：虽然从分子水平上看，气液界面层内密度、压力张量等热力学性质在本质上是高度离散的，但从宏观统计上看是连续的。

王遵敬[56]研究了氩在 $83.78\sim130$ K 一系列温度条件下的气液界面体系。氩结构简单，实验数据丰富，气态和液态的分子间相互作用都能够使用 Lennard-Jones(12, 6)势能函数（$\varepsilon/k_{\mathrm{B}}$ =119.8 K，σ=0.3405 nm)进行准确描述。达到平衡后的氩原子模拟盒子如图 2-17 所示。

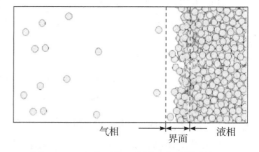

图 2-17　达到平衡后的氩原子模拟盒子

分子动力学模拟获得的界面结构与通常的界面认识不同，从气相到液相，分子平均间距并不是逐渐变化的而是突然变化的。模拟还发现，在任一瞬时，气液两相间的界面并不是一个平表面，而是一个弯弯曲曲的曲面，并且由于气液两相间的相间输运、蒸发、凝结过程，该曲面随时间不断起伏涨落。将气相空间和液相空间的这个弯弯曲曲的界面涨落区称为气液分界区，它可以用函数 $z=f(x, y, t)$ 来描述。王遵敬[56]研究了热力学平衡系统中水和氩的蒸发与凝结过程，模拟观察了气液分界区的变化情况。任选气液界面上的一点(x_0, y_0)，记录该处气液分界面位置随时间的变化 $z(x_0, y_0, t)$。界面位置的判定方法如下：定义一个临界分子间距，对于某个分子，其周围有两个以上的分子与此分子的间距小于临界分子间距，即认为此分子为液体分子；否则为气体分子。临界分子间距为 1.5σ，约等于临界点时的平均分子间距。系统中气相分子和液相分子间的分界面即为气液分界面，而分界面的涨落区域即为气液分界区。图 2-18 和图 2-19 分别给出了界面位置的涨落范围与相应的通过密度分布统计获得的气液过渡区范围。比较图 2-18 和图 2-19 发现，过渡区的长度 L_T 正好等于气液分界区的长度，即

$$L_T = \max_{t \in [0, \infty)} z(x_0, y_0, t) - \min_{t \in [0, \infty)} z(x_0, y_0, t) \tag{2-111}$$

由此表明气液过渡区实际就是气液界面的涨落区域。

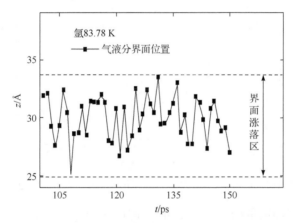

图 2-18　氩原子盒子的气液界面位置 $z(x_0, y_0, t)$ 随时间的涨落变化

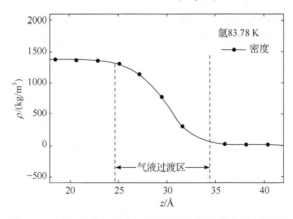

图 2-19　氩原子盒子的气液界面上的密度分布及过渡区

蔡治勇[57]也进行了氩在不同温度的汽液相平衡模拟(图 2-19)，从结果可看出在均匀相中，饱和气体的密度随温度的增加而增加，饱和液体的密度随温度的增加而降低，在

非均匀相中，尽管每个瞬时分子的分布是随机的、波动的，但其密度分布的统计结果仍然是连续的。

　　表面张力常用作量化气液界面特性的物理量，可反映气液界面的宏观统计特征。基于目前的计算原理，想要精确计算界面张力的难度较大，但研究者可以从变化趋势出发探讨界面张力影响因素。李大伟[27]利用分子动力学模拟软件 GROMACS 计算了不同浓度下甲醇-水体系在加入碘化钠后的气液界面处的分子结构。甲醇分子在与水分子的作用下有明显的表面富集现象。该研究统计了不同浓度下水和甲醇混合物在气液界面处的表面张力，并比较了加入了碘化钠前后的表面张力变化。从图 2-20 可以看出，尽管分子动力学模拟出的界面张力数值上不能够和实验测得的界面张力相对应起来，但随体相浓度变化的趋势是一致的。图 2-20 中 MD 表示分子动力学模拟结果，Exp 表示实验结果。

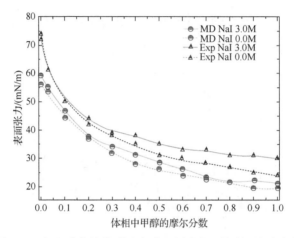

图 2-20　加入碘化钠前后甲醇-水不同浓度下的表面张力变化

　　此外，分子在界面的取向信息也是研究者重要的探讨方向之一。分子动力学模拟能够很好地反映界面处的分子取向分布情况。研究人员利用分子动力学模拟研究了甲醇(MeOH)-碳酸二甲酯(DMC)二元体系的气液界面分子结构。如图 2-21 所示，由于碳酸二甲酯的化学键较多，想要准确描述分子在界面处的取向，需要测量多个化学键在界面处的取向分布。

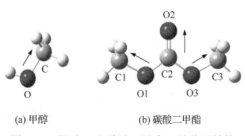

(a) 甲醇　　　　　　　(b) 碳酸二甲酯

图 2-21　甲醇(a)和碳酸二甲酯(b)的分子结构

　　分子在界面处的取向不是一个统一值，而是一个概率分布。如图 2-22 所示，通过统计分子的不同化学键的取向信息，很好地描述了不同浓度下分子界面处的不同化学键的取向分布，从而确定了碳酸二甲酯和甲醇分子在界面的取向。

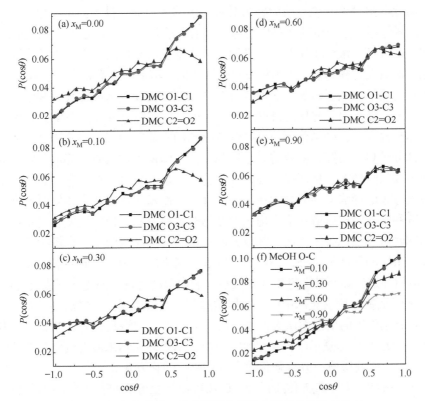

图 2-22　甲醇-碳酸二甲酯不同化学键在界面处的取向分布

x_M. 体相中的甲醇浓度；DMC. 碳酸二甲酯；MeOH. 甲醇；

$\cos\theta$. 化学键取向的余弦值；$P(\cos\theta)$. 不同化学键在对应取向上的概率值

2.4　外场强化气液传质的分子模拟

强化蒸发、精馏和吸收等气液传质能够提高单位体积设备的传质通量，从而缩小设备尺寸，缩短工艺流程，降低设备成本和操作费用，实现低耗高效的工业生产。国内外强化气液传质研究主要集中在三个方面：①改进设备结构，从而改善两相流动和充分接触；②加入质量分离剂，如催化剂、反应活性组分、吸附剂、有机活性组分、无机电解质和膜材料等，提出各种耦合和复合型分离技术；③加入第二能量分离剂，如电场、磁场、电磁场、光场、超声场和超重力场等物理场，利用外场不同频率的能量对各个组分的选择性作用，改变其相对挥发度或化学形态，从而实现分离。加入外场来强化气液分离过程最显著的特点是不向体系中引入添加物，不造成后续分离的困难[58]。

1. 磁场强化气液传质

磁场不仅能够改变分子的微观状态和结构，而且能够对物质分子间力产生影响，从而影响物系的相对挥发度和汽液相平衡[58]。在蒸发和蒸馏方面，天津大学吴松海等[59]研究了磁场对蒸馏水蒸发过程的影响，发现蒸发速度随施加磁场磁强度增大而加大，并提出了氢键磁化共振理论假说，认为磁场对水分子的热运动提供了能量，导致部分氢键被破坏；在磁场作用下正负电荷受洛伦兹力，阴阳离子向相反方向运动，使偶极取向变化、氢键更容易被破坏，水分子团变小，进而从液体中逸出。华南理工大学马伟等[60]研究了磁场强化溶液蒸发过程的效果，实验表明磁场降低了溶液的表面张力，加速了蒸发过程；理论分析认为磁场起到了磁致"表面效应"的作用，促使气泡核化势垒和临界半径降低以及电位下降，微小的气泡从而得以汽化，促进了气液传质过程，提高了蒸发效率。

在气体吸收方面，磁场能够通过降低吸收剂的表面张力来减小液膜对气体扩散的阻力，使气体分子更容易穿过液相薄膜至液相主体，喷淋下的吸收剂溶液更容易分散成小颗粒，使吸收系数增大，从而强化气体吸收过程。东南大学牛晓峰等[61]研究了磁场对氨水降膜吸收过程的影响，结果显示在磁场条件下，冷却水出吸收主体段时温度、传热降膜管壁温度和吸收完毕后溶液浓度均比无磁场时有所升高，他们还发现当磁场方向与降膜方向相同时可以强化吸收，而与降膜方向相反时则会减弱吸收。磁场除了通过对溶液性质的改变来影响气液传质外，还可通过宏观磁场力的作用，即向溶液中加入微小的磁性颗粒，应用外部磁场驱动促进磁性颗粒在溶液内部的扰动，强化气液传质过程。例如，Chen 和 Leu[62]研究了磁流化床中的气液传质过程，实验表明由于气液界面面积增加，传质系数随着磁场强度的增强而增大，最高增大了 70%。上海理工大学 Wu 等[63]利用纳米磁性流体 Fe_3O_4 和外加磁场联合强化氨水吸收，结果表明纳米磁性流体和外部磁场的组合效应能够显著强化吸收，并且强化效果好于单一强化方式。

以上研究表明，对于气液传质过程，磁场可以改变溶液的表面张力(即单位面积自由能)、黏度、饱和蒸汽压和各组分间的相对挥发度，以及气体的溶解度、扩散系数等物理性质，从而影响气液传质过程。

2. 电场强化气液传质

电场(包括交变电场、直流电场、脉冲电场、静电场和非均匀电场)可以通过极化效应对物系分子间力产生影响，从而有效地控制和调节化工过程，电场强化具有可变参数多、易于通过计算机控制的特点。日本的 Asakawa[64]最早将电场用于蒸馏水的蒸发试验，发现在高压电场下水的蒸发变得十分活跃，施加电场后水的蒸发速度加快，并认为电场消耗的能量很小。天津大学唐洪波等[65]研究了电场对乙醇-水、丙醇-水、乙酸-水体系汽液平衡的影响，结果表明电场使体系中介电常数大的组分在气相中的含量增大，介电常数小的组分在气相中的含量则减小；介电常数相差越大，越有利于电场的极化分离。电场对所研究的 3 个体系的汽液平衡均有影响，但对共沸温度和共沸组成的影响有限，不能明显使共沸点漂移。大连理工大学刘钟阳等[66]为改善臭氧消毒过程中传质效率低的问题，进行了交流电场强化臭氧向水中传质的研究，结果表明电场能够强化臭氧向水中的传质过程，且电压越高，对传质的加强效果越明显。

一般的电场强化传质过程都是以提高传质系数和增大传质面积为基础，目前的研究结果表明电场种类和强度在传质效率、能耗等方面存在差异，但本质上都是通过电场与带电物质的相互作用产生的力来实现强化传质的，是影响传质效果的重要因素。

3. 电磁场强化气液传质

电磁场能够使极性分子从原来的随机分布状态转向依照电场的极性排列取向，而高频交变电磁场能够使这些取向按交变电磁场的频率不断变化，造成分子的运动和相互摩擦产生热量。与其他传质强化手段相比，其特点之一在于它的热效应，能使被作用的物料温度显著升高。目前关于电磁场强化传质的研究报道主要集中在微波方面，微波加热比传统加热升温快、温度场分布均匀，被加热物料内部的温度梯度、压力梯度与水分的迁移方向均一致，且具有选择性加热的特点，从而使气液传质得到强化。

Maichin 等[67]在采用 ICP 发光光谱进行微量元素分析之前、Bélanger 等[68]采用气相色谱-质谱分析挥发性有机物之前均先采用微波浓缩或者干燥样品，相比于传统加热方式，可显著缩短操作时间。天津大学高鑫[69]研究了微波对二元体系汽液平衡的影响，结果显示在微波场下介电常数差异较大的乙醇-苯体系的汽液平衡发生改变，共沸温度和气相中乙醇浓度均比常规加热条件下的高，并且随微波功率的增大而升高，而介电常数相近的邻苯二甲酸二异辛酯-异辛醇体系无明显变化。可见与电场一样，微波对汽液平衡的影响也与所作用体系的介电性质密切相关。

低温促进吸收，但微波会导致溶剂温度显著升高，所以微波一般不能通过提高气体溶解度来强化吸收，而是通过影响其他因素来强化吸收。浙江大学赵德明等[70]进行了微波强化臭氧氧化降解苯酚水溶液的研究，结果表明微波对臭氧氧化存在明显的强化作用，去除苯酚的速率常数增强因子可达 3.6，分析认为这是由于微波能够加快反应体系中·OH自由基的生成速度。刘卉卉和宁平[71]研究了微波辐照对磷矿浆吸收 SO_2 的影响，结果表明微波辐照前后矿粉物相没有变化，但矿粉上有新增的裂缝，从而增加了矿物的有效反应面积，且辐照后矿粉中的催化剂 Fe_2O_3 更多地分布于矿粉表面，有利于增加催化剂颗粒的浓度，促进磷矿浆吸收 SO_2 反应的进行，表现为吸收效率的有效提高。

2.4.1　外场强化气液传质的基本原理

化学势是在研究多组分热力学体系时引进的一个重要的热力学概念，化学势定义为等熵等容过程中系统的热力学能对物质的量的偏导数，或等温等压下的偏摩尔吉布斯函数。因此化学势的物理意义是在所有其他量不变的条件下，向系统中添加单位摩尔的某种物质所增加的能量，或者说增加单位摩尔物质所引起的吉布斯函数增加量。作为热力学强度量，化学势不仅决定着物质传递的方向和限度，还是直接衡量体系是否到达相平衡的判据。化学势梯度是质量传递的推动力，因此研究外场作用下的化学势能够为外场强化传质过程提供有效的理论描述方式，具有重要的意义。下面从化学势的基本定义及热力学平衡判据出发，在能量公理的基础上，推导出外场作用下化学势的普遍化表达式[72]。

1. 基本原理

热力学第一定律 $dU = \delta Q + \delta W$ 的物理意义是，系统热力学能的增量 dU 等于外界对系统传递的热量 δQ 与外界对系统做功 δW 的加和。对于一个多组元、与外界有粒子交换的开放系统，如果系统与外界之间只有传热和体积功，则系统的基本热力学方程是

$$dU = TdS - pdV + \sum \mu_i dn_i \tag{2-112}$$

假设系统由两个相 α 和 β 构成，则在 $U^\alpha + U^\beta =$ 常数、$V^\alpha + V^\beta =$ 常数、$n^\alpha + n^\beta =$ 常数的约束条件下，当系统发生一个虚变动时，由基本热力学方程式(2-112)得系统的熵变为

$$\delta S = \left(\frac{1}{T^\alpha} - \frac{1}{T^\beta} \right) \delta U^\alpha + \left(\frac{p^\alpha}{T^\alpha} - \frac{p^\beta}{T^\beta} \right) \delta V^\alpha - \sum \left(\frac{\mu_i^\alpha}{T^\alpha} - \frac{\mu_i^\beta}{T^\beta} \right) \delta n_i^\alpha \tag{2-113}$$

由于 U、V 和 n 是可以任意改变的独立变量，由平衡条件的熵判据 $\delta S = 0$ 可得，系统的力、热和相平衡条件分别是 $T^\alpha = T^\beta$、$p^\alpha = p^\beta$ 和 $\mu_i^\alpha = \mu_i^\beta$。

根据能量公理，任何形式的能量的微分都可以表示为一个强度量 X 和一个与其共轭的广延量 x 微分的乘积 $dW = Xdx$，其中强度量 X 代表一种场量。由热力学第一定律可知，系统能量的变化是由做功或传热引起的，因而也可以将 Xdx 理解为某种形式的功。因此，除传热、体积功和粒子数变化外，当还有 j 外场作用于系统时，根据热力学第一定律和能量公理，系统的基本热力学关系式可以推广为

$$dU = TdS - pdV + \sum \mu_i dn_i + \sum dW_j \tag{2-114}$$

物质的能量是广延量，是物质的量的函数，因此可以将这个式(2-114)改写为

$$dU = TdS - pdV + \sum_i \left(\mu_i + \sum_j \left(\frac{\partial W_j}{\partial n_i} \right)_{S,V,n_{k \neq i}} \right) dn_i \tag{2-115}$$

则利用从式(2-112)到式(2-113)完全相同的方法可以导出，外场作用下系统的两相 α 和 β 平衡的条件是 $T^\alpha = T^\beta$、$p^\alpha = p^\beta$ 以及

$$\mu_i^\alpha + \sum_j \frac{\partial W_j^\alpha}{\partial n_i^\alpha} = \mu_i^\beta + \sum_j \frac{\partial W_j^\beta}{\partial n_i^\beta} \tag{2-116}$$

因此可以将

$$\mu_i' = \mu_i + \sum_j \frac{\partial W_j}{\partial n_i} = \mu_i + \sum_j \frac{X_j \partial x_j}{\partial n_i} \tag{2-117}$$

定义为外场 X_j 作用下系统的普遍化化学势。此外，利用经典热力学中化学势的定义式 $\mu_i = (\partial U / \partial n_i)_{S,V,n_{k \neq i}}$ 也可以直接从式(2-114)得到式(2-117)，因此普遍化表达式(2-117)与经典热力学中化学势定义式的基本思想是一致的。

如果将第 j 种外场作用下的能量表示为单位质量物质 i 的能量 $\varphi_{j,i} = dW_j / dm_i$，利用摩尔质量的定义式 $M_i = \partial m_i / \partial n_i$，式(2-117)可以等价地改写为

$$\mu_i' = \mu_i + M_i \sum_j \varphi_{j,i} \tag{2-118}$$

式(2-117)或式(2-118)就是外场作用下化学势的普遍化表达式，该表达式的第一项 μ_i 是热力学部分，与系统的温度和压力(传热和体积功)有关；而第二项的物理意义是由外场作用引起的单位摩尔物质能量的增加量。

2. 电场作用下的气液相变

气液相变是自然界中的一种常见物态变化，在许多化工操作过程中都涉及气液相变过程，是一种常用的传热和传质分离方法。因此利用外场控制相变过程具有重要的应用价值，在电场的作用下，可通过电介质的化学势来研究电场对气液相变的影响。

利用纯物质的 Gibbs-Duhem 公式 $SdT-Vdp+nd\mu = 0$，可得纯物质理想气体化学势的等温式：

$$\mu(T,p) = \mu^{\ominus}(T) + RT\ln(p / p^{\ominus}) \tag{2-119}$$

式中，$\mu^{\ominus}(T)$ 是理想气体在标准状态 $(T, p^{\ominus})$ 下的化学势。由相平衡原理，当液体与其蒸汽达到相平衡时，气液两相中的化学势相等，如图 2-23 所示，纯液体的化学势等于其饱和蒸汽的化学势。只要将式(2-119)中的压力 p 取同温下的饱和蒸汽压，就可以利用式(2-119)计算纯液体的化学势。

图 2-23　液体与其蒸汽平衡

下面研究在相同的温度下由于电场作用而引起饱和蒸汽压的变化。设没有电场作用时液体的饱和蒸汽压是 p，根据相平衡条件有

$$\mu^{l}(T,p) = \mu^{g}(T,p) \tag{2-120}$$

设当有均匀电场作用这个两相系统时，液体的饱和蒸汽压是 p'。利用普遍化表达式 $\mu_i'=\mu_i+\dfrac{1}{2}\varepsilon_0(\varepsilon_{r,i}-1)E^2\varphi_i V_i$ 可得出电场作用下纯物质气液两相的相平衡条件是

$$\mu^{l}(T,p') + \frac{1}{2}\varepsilon_0\left(\varepsilon_r^l-1\right)E^2V^l = \mu^{g}(T,p') + \frac{1}{2}\varepsilon_0\left(\varepsilon_r^g-1\right)E^2V^g \tag{2-121}$$

由于压力对液体的性质影响很小，可以将液体的化学势 $\mu^{l}(T,p')$ 按压力 p 展开，只取线性项得 $\mu^{l}(T,p') = \mu^{l}(T,p) + (p'-p)V^l$，其中用到 $\partial\mu^l / \partial p = V^l$。将饱和蒸汽视为理想气体，利用式(2-119)有 $\mu^{g}(T,p) = \mu^{g}(T,p) + RT\ln(p' / p)$。将这两个关系式和式(2-120)代入式(2-121)得

$$RT\ln\left(\frac{p'}{p}\right) - (p'-p)V^l = \frac{1}{2}\varepsilon_0 E^2\left[V^l\left(\varepsilon_r^l-1\right) - V^g\left(\varepsilon_r^g-1\right)\right] \tag{2-122}$$

通常电场对饱和蒸汽压的影响不大，也就是说 $(p'-p)/p$ 是一个很小的量。因此可以有近似展开式

$$\ln\left(\frac{p'}{p}\right) = \ln\left(1+\frac{p'-p}{p}\right) \approx \frac{p'-p}{p} \tag{2-123}$$

利用理想气体方程 $RT / p=V^g$ 和式(2-123)将式(2-122)改写为

$$p'-p = \frac{\varepsilon_0 E^2\left[V^l\left(\varepsilon_r^l-1\right) - V^g\left(\varepsilon_r^g-1\right)\right]}{2(V^g-V^l)} \tag{2-124}$$

这就是电场作用下纯物质饱和蒸汽压的变化关系。由于气体的摩尔体积大于液体的摩尔体积 $V^{\mathrm{g}}-V^{\mathrm{l}}>0$，而且通常情况下有 $V^{\mathrm{l}}\left(\varepsilon_{\mathrm{r}}^{\mathrm{l}}-1\right)>V^{\mathrm{g}}\left(\varepsilon_{\mathrm{r}}^{\mathrm{g}}-1\right)$，因此式(2-124)大于零，即电场作用将使极性物质的饱和蒸汽压升高，有利于液相向气相的转变。对非极性物质 $\varepsilon_{\mathrm{r}}=1$，电场对其饱和蒸汽压没有影响。利用已有的物性参数可以计算出，水 25℃时有 $V^{\mathrm{l}}\left(\varepsilon_{\mathrm{r}}^{\mathrm{l}}-1\right)=1.398\times10^{-3}\mathrm{m}^{3}/\mathrm{mol}$ 和 $V^{\mathrm{g}}\left(\varepsilon_{\mathrm{r}}^{\mathrm{g}}-1\right)=2.305\times10^{-4}\mathrm{m}^{3}/\mathrm{mol}$，因此电场作用下水的饱和蒸汽压略有上升；而四氯化碳是非极性分子，电场对其蒸汽压没有影响[72]。

3. 微波场强化的作用机理

微波是一种频率在 300MHz～300GHz 范围内的电磁波。微波对凝聚态的物质具有加热作用，将电磁能转化为物质的热能，其转化效率与分子的可极化程度相关。在微波的交变电场中，极性分子的正负电荷会受外电场的影响，使偶极子偏转趋向于电场的方向，形成有一定取向并排列规则的极化分子，随高频交变电磁场来回振荡，如图 2-24 所示。然而，偶极子振荡速率有限，不能严格伴随电磁场方向的转变而变化，所以在振荡过程中就产生了一定的弛豫时间。通过分子摩擦和介电损耗消耗的大量的能量，以热量的形式释放出来。物质能与微波相互作用需要同时满足两个条件：首先，构成物质的分子必须是极性分子，能够随交变电场产生转动；其次，不同物质所需的频率是不同的。大部分研究认为物质能否将微波能转换为热量主要取决于物质本身的介电性质[73]。

图 2-24　偶极子在交变电磁场中的重排

微波辐射加热的本质是微波驱动极性分子旋转产生热量，在外加交变电磁场的作用下，材料中的极性分子随着外加交变电磁场的极性变化而交替极化和转向。由于如此多的极性分子相互之间频繁的摩擦损失，电磁能量被转化为热。然而，微波辐射并不能加热一切，这与被加热物质的极性有关。介电损耗因子 δ 通常用于测量和比较吸收容量的大小：

$$\tan\delta=\frac{\varepsilon''}{\varepsilon'} \tag{2-125}$$

式中，$\tan\delta$ 为损耗角正切；ε' 为相对介电常数，它描述了介质材料在电场影响下存储电能的能力，表示物质被极化的能力；ε'' 为介质损耗因数，它表示将电磁能转化为热能的效率。介电损耗因子越大，表示从微波中获得的能量越多，因此，极性分子的吸收能力远远高于非极性分子，获得更多能量的分子可以迅速加热，当达到沸点时，分子聚集形成气泡。由于浮力，气泡从液体蒸发到气相。

微波辐射对二元体系相对挥发度的影响强弱，可能与体系中各组成的介电性质、蒸发焓、沸点序列及分子间作用力有关。微波仅对两组分介电性质差别较大的二元体系的相对挥发度有影响，可以加速沸点较高的极性组分在液相的传质过程，减小其在液相中的摩尔分数。此外，分子间力也是影响微波辅助汽液平衡的因素之一，较弱的分子间作用力容易受到电磁场的影响，产生扰动，削弱分子间的作用力，促进极性分子的挥发过程，减小其在液相中的摩尔分数。分子间作用力的强度与分子间的距离有关，因此，分子越大，分子间的距离就越长。这导致分子间力的强度较小。

　　微波强化蒸发、蒸馏过程，可以明显加快反应速率，而且可以大大降低能耗。已有研究证实，微波强化蒸馏过程可以提高混合物的分离效率，而且微波作用于共沸体系有望改变共沸组成及共沸点，这将为共沸物的分离提供一种新的方案。Altman 等[74]研究了微波辐射对精馏分离效果的影响。该工作采用两种设备方案：一种是微波只对混合体系液相发生作用，另一种是微波对气液界面发生作用。实验结果发现：微波只有对气液界面发生作用时，才能提高二元混合物的分离效率；而微波仅对混合物的液相发生作用时，对分离基本没有影响。Gao 等[75]系统地研究了微波作用下汽液相平衡变化规律，实验装置如图 2-25 所示。针对不同体系，通过考察微波辐射对汽液相平衡的影响，探究微波场强化蒸馏过程的机理。结果发现：对于乙醇-苯体系，在共沸点左侧，微波功率越大越利于乙醇-苯体系的分离；在共沸点右侧，微波功率越大越不利于分离。而微波对异辛醇-DOP体系的相平衡基本没有影响。微波对不同体系的影响不同，这主要是因为体系中各组分的吸波能力不同，乙醇的吸波能力远大于苯，而异辛醇和 DOP 的吸波能力都很弱，这表明两组分的吸波能力相差越大，其相平衡越容易受微波影响。且物质的吸波能力又与物质的介电性质相关，因此可认为体系中两组分的介电性质差别越大，其相平衡越容易受微波作用而产生偏移。

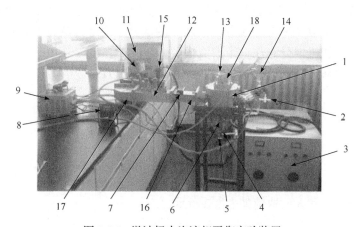

图 2-25　微波场中汽液相平衡实验装置

1. 微波腔体；2. 气相取样口；3. 微波源；4. 沸腾室；5. 加热棒；6. 液相取样口；7. 微波泄漏检测仪；
8. 光纤温度传感器；9. 变压器；10. 微波反射指示器；11. 微波发生器；12. 三螺栓调配器；
13. 光纤温度探头；14. 冷凝器；15. 水负载；16. 修正截面的矩形波导；17. 矩形波导；18. 微波厄流圈

　　Gao 等[75]提出伴随微波功率的增加，共沸点会发生偏移，共沸组成会发生变化。如果微波改变共沸物的共沸状态有利于共沸物的分离，就可以将微波辐射与共沸物分离操作进行耦合，将微波作用于共沸物，开发出微波强化共沸物分离的新技术。

2.4.2　微波场强化下的分子模拟

除了电场或电磁场具有热效应外，微波与水溶液或化学反应体系相互作用会产生特殊效应，如非热效应、热点、热失控等，非热效应对物质的确切作用机理尚不清楚，我们可以从分子层面揭示和理解非热效应，通过分子动力学模拟及理论分析进行探讨。目前对微波非热效应的研究主要集中在一些非平衡态的复杂体系中，如生命体系和化学反应体系。

分子模拟理论较为成熟，其研究方向主要分为三个方面：一是基于量子力学基本原理的量子化学计算，主要涉及分子轨道理论、价键理论等；二是蒙特卡罗(MC)模拟；三是基于统计力学的分子模拟，以分子动力学模拟为代表。近些年，微波与水、溶液等相互作用的分子动力学模拟研究越来越多。

氯化钠是有机生命体系中必不可少的成分之一，通过分子动力学模拟的方法，研究其水溶液在微波加热下的现象和特性是十分有价值的，在不同电场强度下微波加热不同浓度氯化钠溶液，得到体系的温升特性曲线以及经验公式，同时，还探讨了微波加热下 NaCl 溶液的结构特性和微波的非热效应[76]。

1. 微波加热 NaCl 水溶液的分子动力学模拟

鉴于 NaCl 溶液是非磁性体系，因此，外加电磁场中磁场对体系的影响可以忽略。设外加微波表示为[76]

$$\boldsymbol{E} = \boldsymbol{e}_n E \sin(2\pi ft) \tag{2-126}$$

式中，$\boldsymbol{E}$ 和 $\boldsymbol{e}_n$ 分别为外加微波中电场的幅值和电场矢量的方向；f 为微波频率。

选取三点刚性模型 SPC/E 模型作为溶液中的水分子模型，钠离子和氯离子以各自独立的带电粒子状态随机地分布在这个溶液模型体系中。在没有外加电磁场时，溶液体系中任意原子的运动基于 Lennard-Jones(L-J)势和库仑作用力，即

$$m_i \frac{\mathrm{d}v_i}{\mathrm{d}t} = -\nabla \left\{ \sum_j \frac{q_i q_j}{r_{ij}} + 4\varepsilon_{LJ} \left[\left(\frac{\sigma}{r_{ij}} \right)^{12} - \left(\frac{\sigma}{r_{ij}} \right)^6 \right] \right\} \tag{2-127}$$

$$\frac{\mathrm{d}x_i}{\mathrm{d}t} = v_i \tag{2-128}$$

其中，L-J 势参数 ε_{LJ} 和 σ 的取值如表 2-2 所示。

表 2-2　*L-J* 势参数 ε_{LJ} 和 σ 的取值

原子类型	ε_{LJ} / (kJ/mol)	σ
H	0	0
O	0.65	3.17
Na	0.062	2.57
Cl	0.446	4.45

不同原子间 *L-J* 势参数耦合方式为

$$\sigma = \frac{(\sigma_i + \sigma_j)}{2}, \quad \varepsilon_{LJ} = \sqrt{\varepsilon_i \varepsilon_j} \tag{2-129}$$

在外加电场下，体系中各带电粒子还要受到电场力的作用：

$$f_e = q_i E_0 \sin(\omega t) \tag{2-130}$$

因此，在微波加热时，式(2-127)应改写为

$$m_i \frac{\mathrm{d}v_i}{\mathrm{d}t} = -\nabla \left\{ \sum_j \frac{q_i q_j}{r_{ij}} + 4\varepsilon_{LJ} \left[\left(\frac{\sigma}{r_{ij}}\right)^{12} - \left(\frac{\sigma}{r_{ij}}\right)^{6} \right] + f_e \right\} \tag{2-131}$$

在实际实验条件下，频率在 300 MHz 至 300 GHz 的微波光量子的能量太低，除升温外不会破坏化学键。在进行分子动力学模拟时，认为在 *f*≤300 GHz 的微波下，其波长(*λ*≥1 mm)远大于模拟体系的尺寸，因此，整个模拟过程都是可靠的，且整个体系在任意时刻的电场分布可认为是均匀的。在模拟微波加热之前，所有溶液体系均经过相同的能量和结构优化过程。在模拟过程中，外加微波频率为 20 GHz，溶液体系初始温度为 300 K。

2. NaCl 溶液温升特性分析

用分子动力学方法模拟电场强度分别为 0.02、0.03、0.04、0.05、0.06 和 0.08 的微波加热浓度分别为 0.70、1.07 和 1.44 的氯化钠溶液，得到体系温度在不同电场强度、溶液浓度下随时间的变化关系，如图 2-26 所示。通过曲线拟合，得到不同曲线均呈指数分布：

$$T = 300 \exp \beta t \tag{2-132}$$

式中，*t* 为微波加热时间，ps；*β* 为相关系数。

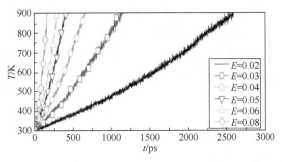

图 2-26　不同电场强度微波加热 1.44 mol/L 氯化钠水溶液的温度随时间变化曲线

通过对不同溶液浓度、不同电场强度下各温升曲线进行数值拟合，得到各曲线对应的 *β* 值，再将所得的 *β* 值与电场(electric field)强度、溶液浓度(concentration)的数值进行二项式曲面拟合，如图 2-27 所示。

由此得到在分子动力学模拟的时间量程里，频率为 20 GHz、不同电场强度的微波加热不同浓度的氯化钠水溶液的经验性温升公式：

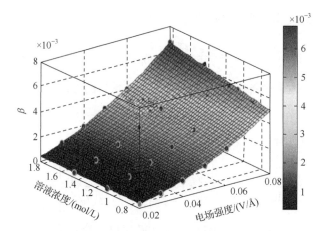

图 2-27 β 值与电场强度、溶液浓度数值的拟合曲面

$$\begin{cases} T=300\exp\beta t \\ \beta=p_{00}+p_{10}x+p_{01}y+p_{20}x^2+p_{11}xy \end{cases} \tag{2-133}$$

式中，T 为分子动力学模拟下溶液的温度，K；t 为微波加热时间，ps；β 为温升系数；x、y 分别为电场强度和氯化钠溶液浓度，其他参量均为拟合系数，其值见表 2-3。

表 2-3   曲面拟合方程中拟合系数取值

系数	p_{00}	p_{10}	p_{01}	p_{20}	p_{11}
数值	3.699×10^{-4}	-1.768×10^{-2}	-4.275×10^{-4}	0.779	2.468×10^{-2}

为了验证温升方程在分子动力学模拟量程内的准确性，另外选取了多组电场强度和氯化钠溶液浓度值，通过作图对比分子动力学模拟所得的温升曲线与式(2-133)所得的曲线，其中两组如图 2-28、图 2-29 所示。在溶液浓度相对较高时，温升方程所得的温升曲线与通过分子动力学模拟所得的温升曲线有较好的吻合度；而随着溶液浓度下降，吻合度开始变差，其原因是：当溶液浓度较低时，微波加热下溶液中离子带来的热效应远没有水分子振动和转动引发的热效应高，整个体系的热力学性质更倾向于纯水而非水溶液。由此，可认为式(2-133)在模拟微波加热较高浓度的氯化钠溶液的温升特性时具有相应的参考价值和指导意义。

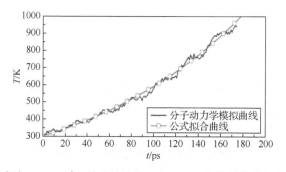

图 2-28   电场强度为 0.080 V/Å，溶液浓度为 1.83 mol/L 的模拟曲线与公式拟合曲线对比

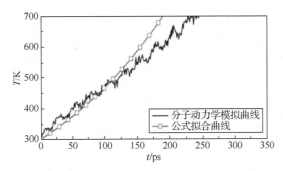

图 2-29　电场强度为 0.080 V/Å，溶液浓度为 0.35 mol/L 的模拟曲线与公式拟合曲线对比

3. NaCl 溶液结构特性分析

通过分子动力学模拟，可以观察到微波加热与传统加热下 NaCl 溶液在温升至相同温度时是否出现不同现象，或者在溶液结构上是否存在差异，从而判断微波的非热效应。模拟设计了两个浓度为 1.07 mol/L 的 NaCl 水溶液体系，分别置于微波加热(电场强度为 0.055 V/Å)和传统加热(采用 Nose-Hoover 控温法)方式下，经过相同加热时间由初始温度 300 K 上升到 750 K，通过对数分布函数(PDF)来分析 NaCl 水溶液在温升过程中的结构特性变化。

对两个不同加热条件下加热之前和之后的两个 NaCl 水溶液体系进行分子动力学模拟，得到各原子间对数分布函数，NaCl 溶液不涉及化学反应，溶液中只有 H—O 键且水分子数占体系中粒子数的绝大多数，故水分子自身结构及水分子的空间排布对 NaCl 水溶液性能的影响十分重要。如图 2-30、图 2-31 所示，发现两种加热方式在加热前后的结构

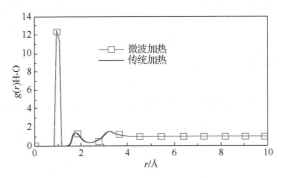

图 2-30　加热之前两溶液 H-O 对数分布函数的对比

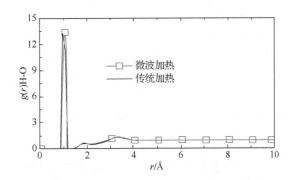

图 2-31　加热到 750 K 时两溶液 H-O 对数分布函数的对比

　　基本一致，但并不能确定微波加热 NaCl 水溶液的过程中不存在非热效应或其他特殊效应。

　　选取置于微波加热环境中的 NaCl 溶液体系，并统计该体系在微波加热前(300 K)、后(750 K)的分子间氢-氢、氢-氧、氧-钠对数分布函数，发现微波加热后溶液中氢键不仅发生扭曲，而且键长也发生变化，且钠离子都较好地保存在通过氢键结合的水分子六元环中，如图 2-32、图 2-33、图 2-34 所示。

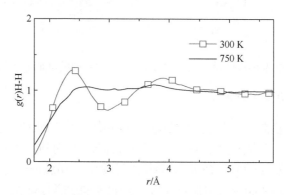

图 2-32　NaCl 水溶液体系在微波加热前后的 H-H 对数分布函数

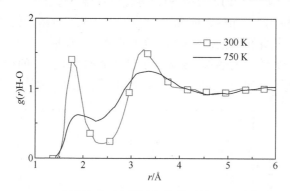

图 2-33　NaCl 水溶液体系在微波加热前后的 H-O 对数分布函数

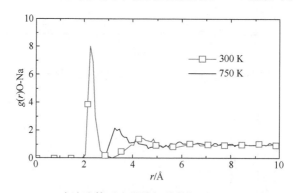

图 2-34　NaCl 水溶液体系在微波加热前后的 O-Na 对数分布函数

　　以上经验性温升公式有助于探究微波加热溶液及化学反应的温升机理，并提供一定的理论和实验支持。同时，对微波加热过程中 NaCl 溶液的结构特性进行研究，观察到微波在加热过程中微波能除了转化为动能，还有部分势能，主要是氢键能。尽管没有确定该现象是否属于微波加热的非热效应，但是其结果有助于从分子层面认识和揭示非热效应现象。

　　在化工生产过程中会产生大量共沸物，可引入能量分离器辅助精馏以分离共沸物。微波辐射位置会影响分离共沸物的效果：如果微波作用于液相主体，其汽液相平衡几乎没有影响，因为液相是均匀相，产生的热量均匀分散；如果微波作用于气液界面，则可以显著改变汽液相平衡，因为气液界面是非均匀的，产生的热量分散不均匀，会产生局部过热，影响共沸点的变化。然而，微波场辅助共沸分离过程还存在一些工程和理论问题，限制了微波场在精馏过程中的产业化应用。同时，应结合微波场本身的特性，深入研究微波场辅助共沸分离的机理，这一问题可以通过分子模拟的方法来解决。分子模拟可以从介观尺度上探索微波作用下分子相互作用、结构和其他周长信息的变化。尽管分子模拟在微波辅助共沸分离过程的设计中发挥着不可替代的作用，但仍需要大量的实验来验证这一探索。

习　　题

2-1　分子模拟的概念及用途有哪些？

2-2　分子模拟包含哪些方法？

2-3　与分子动力学方法相比，蒙特卡罗方法有哪些优势，又有哪些共同点？

2-4　简述分子势能由哪些部分组成，以及分别获取其势能参数的方式，说明它们都是如何影响模拟结果的。

2-5　利用 Towhee 软件，模拟甲醇的汽液共存曲线，并与实验值进行比较，分析可能误差来源，提出改进方式。

2-6　简述在 Towhee 上编写 bin-MC 算法的思路。

2-7　从分子水平上研究液体界面的实验方法有哪些？

2-8　和频光谱的产生过程中，三束光遵循的能量守恒关系、动量守恒条件和相位匹配关系是怎样的？

2-9　气液界面理论蒸发流率的计算公式是什么？

2-10　简述采用分子模拟在蒸发和冷凝研究过程中存在哪些不足。

2-11　针对不同模拟体系，如何选择合适的力场？

2-12　目前代表性的系综和势能函数都有哪些？

2-13　目前国内外气液强化传质的方法有哪些？试总结不同方法的优缺点。

2-14　简述有哪些外场可以强化气液传质过程，并分别说明其作用机理。

2-15　试判断下列说法是否正确。

　　(1) 物质能否将微波能转换为热量主要取决于物质本身的介电性质。

　　(2) 微波对所有物质均能产生热效应。

　　(3) 微波仅对两组分介电性质差别较大的二元体系的相对挥发度有影响。

　　(4) 通过分子模拟的方法，可以从介观尺度上探索微波作用下分子相互作用、结构和其他周长信息的变化，从而深入研究微波场辅助共沸分离的机理。

参 考 文 献

[1] 苑世领, 张恒, 张冬菊. 分子动力学模拟: 理论与实践. 北京: 化学工业出版社, 2016.

[2] 周盼盼. 分子间弱相互作用体系的理论研究: 氢键、范德华相互作用和卤键. 兰州: 兰州大学, 2010.

[3] 赵立峰. 分子力场方法及其在材料科学中的若干应用问题. 上海: 上海交通大学, 2008.

[4] 陈正隆. 分子模拟. 高雄: 台湾中山大学, 2002.

[5] 张季. 基于分子模拟的共沸物形成与强化分离机理研究. 天津: 天津大学, 2017.

[6] 周鹏. 甲醇-碳酸二甲酯共沸体系萃取精馏分离的分子模拟研究. 天津: 天津大学, 2018.

[7] 王晓雯. 基于化学偶极的可极化分子力场方法. 大连: 辽宁师范大学, 2018.

[8] Sadus R J. Molecular simulation of fluids: Theory, algorithms and object-orientation. Computer Science, 2002, 4: 67-72.

[9] Frenkel D, Smit B, Ratner M. Understanding Molecular Simulation: From Algorithms to Applications. San Diego: Academic Press, 1996.

[10] Siepmann J. A method for the direct calculation of chemical potentials for dense chain systems. Molecular Physics, 1990, 70(6): 1145-1158.

[11] Li D, Gao Z, Vasudevan N, et al. Molecular mechanism for azeotrope formation in ethanol/benzene binary mixtures through Gibbs ensemble Monte Garlo simulation. The Journal of Physical Chemistry B, 2020, 124(16): 3371-3386.

[12] 李洪, 张季, 李鑫钢, 等. 分子模拟方法计算相平衡热力学性质的研究进展. 化工进展, 2017, 36(8): 2731-2741.

[13] Potoff J, Siepmann J. Vapor-liquid equilibria of mixtures containing alkanes, carbon dioxide, and nitrogen. Aiche Journal, 2001, 47(7): 1676-1682.

[14] Lísal M, Smith W, Nezbeda I. Accurate vapour-liquid equilibrium calculations for complex systems using the reaction Gibbs ensemble Monte Carlo simulation method. Fluid Phase Equilibria, 2001, 181(1-2): 127-146.

[15] Lotfi A, Vrabec J, Fischer J. Vapour liquid equilibria of the Lennard-Jones fluid from the NPT plus test particle method. Molecular Physics, 1992, 76(6): 1319-1333.

[16] Yao J, Greenkorn R A, Chao K C. Monte Carlo simulation of the grand canonical ensemble. Molecular Physics, 1982, 46(3): 587-594.

[17] Kofke D. Gibbs-Duhem integration: A new method for direct evaluation of phase coexistence by molecular simulation. Molecular Physics, 1993, 78(6): 1331-1336.

[18] Potoff J, Panagiotopoulos A. Surface tension of the three-dimensional Lennard-Jones fluid from histogram-reweighting Monte Carlo simulations. The Journal of Chemical Physics, 2000, 112(14): 6411-6415.

[19] Li H, Zhang J, Li D, et al. Monte Carlo simulations of vapour-liquid phase equilibrium and microstructure for the system containing azeotropes. Molecular Simulation, 2017, 43(13-16): 1125-1133.

[20] 吕程, 鞠吉, 曾爱武. 苯-噻吩-NMP 三元体系汽液平衡的 GEMC 模拟. 计算机与应用化学, 2016, 33(3): 309-312.

[21] Boulougouris G, Peristeras L, Economou I, et al. Predicting fluid phase equilibrium via histogram reweighting with Gibbs ensemble Monte Carlo simulations. The Journal of Supercritical Fluids, 2010, 55(2): 503-509.

[22] Ustinov E, Do D. Application of kinetic Monte Carlo method to equilibrium systems: Vapour-liquid equilibria. Journal of Colloid and Interface Science, 2012, 366(1): 216-223.

[23] Fan C, Do D, Nicholson D. New Monte Carlo simulation of adsorption of gases on surfaces and in pores:

A concept of multibins. The Journal of Physical Chemistry B, 2011, 115(35): 10509-10517.

[24] Fan C, Do D, Nicholson D. A new and effective Bin-Monte Carlo scheme to study vapour-liquid equilibria and vapour-solid equilibria. Fluid Phase Equilibria, 2012, 325: 53-65.

[25] Martin M G. MCCCS Towhee: A tool for Monte Carlo molecular simulation. Molecular Simulation, 2013, 39(14-15): 1212-1222.

[26] Wang H. Second harmonic generation studies of chemistry at liquid interfaces. Mannattan: Columbia University, 1996.

[27] 李大伟. 和频振动光谱与表面增强拉曼光谱在表界面结构表征中的应用. 南京: 南京大学, 2011.

[28] 吴慧. 和频振动光谱对气/液界面的研究和相关拉曼光谱研究. 芜湖: 安徽师范大学, 2006.

[29] van der Waals J. Thermodynamische theorie der kapillarität unter voraussetzung stetiger dichteänderung. Zeitschrift für Physikalische Chemie, 1894, 13(1): 657-725.

[30] Rayleigh L. On the theory of surface forces-Ⅱ. Compressible fluids. The London, Edinburgh, and Dublin Philosophical Magazine and Journal of Science, 1892, 33(201): 209-220.

[31] Penfold J. The structure of the surface of pure liquids. Reports on Progress in Physics, 2001, 64(7): 777.

[32] Braslau A, Deutsch M, Pershan P, et al. Surface roughness of water measured by X-ray reflectivity. Physical Review Letters, 1985, 54(2): 114.

[33] Zhu X, Suhr H, Shen Y. Surface vibrational spectroscopy by infrared-visible sum frequency generation. Physical Review B, 1987, 35(6): 3047.

[34] Shen Y. Surface properties probed by second-harmonic and sum-frequency generation. Nature, 1989, 337(6207): 519-525.

[35] Jaqaman K, Tuncay K, Ortoleva P. Classical density functional theory of orientational order at interfaces: Application to water. The Journal of Chemical Physics, 2004, 120(2): 926-938.

[36] Wang H, Gan W, Lu R, et al. Quantitative spectral and orientational analysis in surface sum frequency generation vibrational spectroscopy (SFG-VS). International Reviews in Physical Chemistry, 2005, 24(2): 191-256.

[37] Kasch M, Forstmann F. An orientational instability in the vapour and the liquid-vapour interface of a dipolar hard sphere fluid. Berichte der Bunsengesellschaft Für Physikalische Chemie, 1994, 98(3): 497-500.

[38] Beaglehole D. Thickness of the surface of liquid argon near the triple point. Physical Review Letters, 1979, 43(27): 2016.

[39] Beaglehole D. Ellipsometric study of the surface of simple liquids. Physica B+C, 1980, 100(2): 163-174.

[40] Braslau A, Pershan P, Swislow G, et al. Capillary waves on the surface of simple liquids measured by X-ray reflectivity. Physical Review A, 1988, 38(5): 2457.

[41] Langevin D, Meunier J. Light scattering and reflectivity of liquid interfaces. Le Journal de Physique Colloques, 1983, 44(C10): C10-155-C110-161.

[42] Earnshaw J, McGivern R. Photon correlation spectroscopy of thermal fluctuations of liquid surfaces. Journal of Physics D: Applied Physics, 1987, 20(1): 82.

[43] Gannon T, Tassotto M, Watson P. Orientation of molecules at a liquid surface revealed by ion scattering and recoiling spectroscopy. Chemical Physics Letters, 1999, 300(1-2): 163-168.

[44] Tassotto M, Gannon T, Watson P. Ion scattering and recoiling from liquid surfaces. The Journal of Chemical Physics, 1997, 107(21): 8899-8903.

[45] Michael D, Benjamin I. Structure, dynamics, and electronic spectrum of *N, N'*-diethyl-p-nitroaniline at water interfaces: A Molecular Dynamics Study. The Journal of Physical Chemistry B, 1998, 102(26): 5145-5151.

[46] Rao Y, Tao Y, Wang H. Quantitative analysis of orientational order in the molecular monolayer by surface

second harmonic generation. The Journal of Chemical Physics, 2003, 119(10): 5226-5236.

[47] Chen H, Gan W, Wu B, et al. Determination of the two methyl group orientations at vapor/acetone interface with polarization null angle method in SFG vibrational spectroscopy. Chemical Physics Letters, 2005, 408(4-6): 284-289.

[48] Eggebrecht J, Gubbins K, Thompson S. The liquid-vapor interface of simple polar fluids. Ⅰ. Integral equation and perturbation theories. The Journal of Chemical Physics, 1987, 86(4): 2286-2298.

[49] Taylor R, Shields R. Molecular-dynamics simulations of the ethanol liquid-vapor interface. The Journal of Chemical Physics, 2003, 119(23): 12569-12576.

[50] Stewart E, Shields R, Taylor R. Molecular dynamics simulations of the liquid/vapor interface of aqueous ethanol solutions as a function of concentration. The Journal of Physical Chemistry B, 2003, 107(10): 2333-2343.

[51] Lu R, Gan W, Wu B, et al. Vibrational polarization spectroscopy of CH stretching modes of the methylene group at the vapor/liquid interfaces with sum frequency generation. The Journal of Physical Chemistry B, 2004, 108(22): 7297-7306.

[52] Liu J, Li X, Hou J, et al. The influence of sodium iodide salt on the interfacial properties of aqueous methanol solution by a combined molecular simulation and sum frequency generation vibrational spectroscopy study. Langmuir, 2019, 35(21): 7050-7059.

[53] Chapela G, Saville G, Thompson S, et al. Computer simulation of a gas-liquid surface. Journal of the Chemical Society, Faraday Transactions 2: Molecular and Chemical Physics. 1977, 73(7): 1133-1144.

[54] Trokhymchuk A, Alejandre J. Computer simulations of liquid/vapor interface in Lennard-Jones fluids: Some questions and answers. The Journal of Chemical Physics, 1999, 111(18): 8510-8523.

[55] Mecke M, Winkelmann J, Fischer J. Molecular dynamics simulation of the liquid-vapor interface: Binary mixtures of Lennard-Jones fluids. The Journal of Chemical Physics, 1999, 110(2): 1188-1194.

[56] 王遵敬. 蒸发与凝结现象的分子动力学研究及实验. 北京: 清华大学, 2002.

[57] 蔡治勇. 界面微观特性的分子动力学模拟研究. 重庆: 重庆大学, 2008.

[58] 金付强, 张晓东, 许海朋, 等. 物理场强化气液传质的研究进展. 化工进展, 2014, 33(4): 803-810, 823.

[59] 吴松海, 孙永利, 贾绍义. 磁场对蒸馏水蒸发过程的影响. 石油化工高等学校学报, 2006, 19(1): 10-12,39.

[60] 马伟, 马文骥, 马荣骏, 等. 磁场强化溶液蒸发的效果及机理. 中国有色金属学报, 1998, 8(3): 502-506.

[61] 牛晓峰, 杜垲, 胡智慧, 等. 磁场影响氨水吸收的实验研究. 工程热物理学报, 2008, 29(6): 919-922.

[62] Chen C, Leu L. Hydrodynamics and mass transfer in three-phase magnetic fluidized beds. Powder Technology, 2001, 117: 198-206.

[63] Wu W, Liu G, Chen S, et al. Nanoferrofluid addition enhances ammonia/water bubble absorption in an external magnetic field. Energy and Buildings, 2013, 57: 268-277.

[64] Asakawa Y. Promotion and retardation of heat transfer by electric fields. Nature, 1976, 261: 220-221.

[65] 唐洪波, 张敏卿, 卢学英. 电场对汽液平衡的影响. 化学工程, 2001, 29(4): 39-42.

[66] 刘钟阳, 吴彦, 王宁会. 电场强化臭氧向水中传质的试验研究. 化学工程, 2004, 32(1): 52-55.

[67] Maichin B, Kettisch P, Knapp G. Investigation of microwave assisted drying of samples and evaporation of aqueous solutions in trace element analysis. Fresenius' Journal of Analytical Chemistry, 2000, 366(1): 26-29.

[68] Bélanger J, Par J, Turpin R, et al. Evaluation of microwave-assisted process technology for HAPSITE's headspace analysis of volatile organic compounds (VOCs). Journal of Hazardous Materials, 2007, 145(1-

2): 336-338.

[69] 高鑫. 微波强化催化反应精馏过程研究. 天津: 天津大学, 2019.

[70] 赵德明, 李敏, 张建庭, 等. 微波强化臭氧氧化降解苯酚水溶液. 化工学报, 2009, 60(12): 3137-3141.

[71] 刘卉卉, 宁平. 微波辐照对磷矿浆吸收 SO_2 的影响. 中国工程科学, 2005, 7(s1): 425-429.

[72] 王慧娟, 韩光泽. 化学势的普遍化表达式及其应用. 华北电力大学学报(自然科学版), 2012, 39(1): 109-112.

[73] 李洪, 崔俊杰, 李鑫钢, 等. 微波场强化化工分离过程研究进展. 化工进展, 2016, 35(12): 3735-3745.

[74] Altman E, Stefanidis G, van Gerven T, et al. Process intensification of reactive distillation for the synthesis ofn-propyl propionate: The effects of microwave radiation on molecular separation and esterification reaction. Industrial & Engineering Chemistry Research, 2010, 49(21): 10287-10296.

[75] Gao X, Li X, Zhang J, et al. Influence of a microwave irradiation field on vapor-liquid equilibrium. Chemical Engineering Science, 2013, 90: 213-220.

[76] 张一明. 微波加热水溶液及化学反应的分子动力学模拟研究. 成都: 电子科技大学, 2014.

第 3 章

气液传质分离过程计算流体力学模拟

3.1 计算传质学的数学方程体系

计算传质学是动量、热量和质量传递的耦合计算，是由以下 3 个部分组成：

(1) 计算流体力学方程组，包括连续性(质量守恒)方程、动量守恒方程及其封闭方程，其主要目的是求出流速分布(流速场)；

(2) 计算传热方程组，包括能量守恒方程组及其封闭方程，其主要目的是求出温度分布(温度场)，它与流速分布(流速场)相关联；

(3) 计算传质方程组，包括组分质量守恒方程组及其封闭方程，其主要目的是求出浓度分布(浓度场)，它与流速分布(流速场)及温度分布(温度场)相关联。

以上所述涉及的数学模型见 3.1.1～3.1.2 小节，所有数学模型涉及的符号均附于公式后。

3.1.1 流体流动过程模型

k-ε 模型是流体力学计算中常用的湍流模型，湍流动能(k)和湍流动能耗散率(ε)是两个关键的时均湍流变量，质量守恒方程及动量守恒方程如下。

质量守恒方程：

$$\frac{\partial \rho}{\partial t} + \frac{\partial (\rho U_i)}{\partial x_i} = S_{\mathrm{m}} \tag{3-1}$$

动量守恒方程：

$$\frac{\partial (\rho U_i)}{\partial t} + \frac{\partial (\rho U_i U_j)}{\partial x_i} = -\frac{\partial p}{\partial x_j} + \mu \frac{\partial^2 U_i}{\partial x_i \partial x_i} + \frac{\partial \left(-\rho \overline{u_i' u_j'}\right)}{\partial x_i} + \rho S_{\mathrm{F}} \tag{3-2}$$

其中：

$$-\rho \overline{u_i' u_j'} = \mu_{\mathrm{t}} \left(\frac{\partial U_i}{\partial x_i} + \frac{\partial U_j}{\partial x_i} \right) - \frac{1}{3} \rho \delta_{ij} \overline{u_i' u_j'} \tag{3-3}$$

模型化的 k 方程：

$$\frac{\partial(\rho k)}{\partial t} + \frac{\partial(\rho U_i k)}{\partial x_i} = \frac{\partial}{\partial x_i}\left[\left(\mu + \frac{\mu_t}{\sigma_k}\right)\frac{\partial k}{\partial x_i}\right] + G_k - \rho\varepsilon \tag{3-4}$$

$$G_k = \mu_t\left(\frac{\partial U_j}{\partial x_i} + \frac{\partial U_i}{\partial x_j}\right)\frac{\partial U_j}{\partial x_i} \tag{3-5}$$

模型化的 ε 方程：

$$\frac{\partial(\rho\varepsilon)}{\partial t} + \frac{\partial(\rho U_i\varepsilon)}{\partial x_i} = \frac{\partial}{\partial x_i}\left[\left(\mu + \frac{\mu_t}{\sigma_\varepsilon}\right)\frac{\partial\varepsilon}{\partial x_i}\right] + C_{1\varepsilon}\frac{\varepsilon}{k}G_k - C_{2\varepsilon}\rho\frac{\varepsilon^2}{k} \tag{3-6}$$

μ_t 方程：

$$\mu_t = C_\mu\rho\frac{k^2}{\varepsilon} \tag{3-7}$$

模型常数为：C_μ=0.09，$C_{1\varepsilon}$=1.44，$C_{2\varepsilon}$=1.92，σ_k=1.0，σ_ε=1.3。

以上各式中，U_i 与 U_j 为时均速度；S_m 为质量守恒方程的源项；p 为时均压力；u_i 与 u_j 为瞬时速度；S_F 为动量守恒方程的源项；k 为湍流动能；μ 为黏度；μ_t 为湍流黏度；G_k 为由平均速度梯度引起的湍流动能；ε 为湍流动能耗散率。

3.1.2　传质及传热模型的耦合

1. 传热方程组（$\overline{T'^2}$-$\varepsilon_{T'}$ 模型）

能量守恒方程：

$$\frac{\partial\rho T}{\partial t} + U_i\frac{\partial\rho T}{\partial x_i} = \frac{\lambda}{C_p}\frac{\partial^2 T}{\partial x_i\partial x_i} + \frac{\partial\left(-\rho\overline{u_i'T'}\right)}{\partial x_i} + S_T \tag{3-8}$$

或写为

$$\frac{\partial T}{\partial t} + U_i\frac{\partial T}{\partial x_i} = \frac{\lambda}{\rho C_p}\frac{\partial^2 T}{\partial x_i\partial x_i} + \frac{\partial\left(-\overline{u_i'T'}\right)}{\partial x_i} + S_T = \alpha\frac{\partial^2 T}{\partial x_i\partial x_i} + \frac{\partial\left(-\overline{u_j'T'}\right)}{\partial x_i} + S_T \tag{3-9}$$

其中：

$$-\overline{u_i'T'} = \alpha_t\frac{\partial T}{\partial x_i} \tag{3-10}$$

模型化的 $\overline{T'^2}$ 方程：

$$\frac{\partial\left(\rho\overline{T'^2}\right)}{\partial t} + \frac{\partial\left(\rho U_i\overline{T'^2}\right)}{\partial x_i} = \frac{\partial}{\partial x_i}\rho\frac{\partial\overline{T'^2}}{\partial x_i}\left(\frac{\alpha_t}{\sigma_{T'}} + \alpha\right) - 2\rho\alpha_t\frac{\partial T}{\partial x_i}\frac{\partial T}{\partial x_i} - 2\rho\varepsilon_{T'} \tag{3-11}$$

模型化的 $\varepsilon_{T'}$ 方程：

$$\frac{\partial \rho \varepsilon_{T'}}{\partial t} + \frac{\partial \rho U_i \varepsilon_{T'}}{\partial x_i} = \frac{\partial}{\partial x_i}\left[\rho\left(\alpha + \frac{\alpha_t}{\sigma_{\varepsilon_T}}\right)\frac{\partial \varepsilon_{T'}}{\partial x_i}\right] - C_{T1}\rho\frac{\varepsilon_{T'}}{T'^2}\overline{u_i'T'}\frac{\partial T}{\partial x_i} - C_{T2}\rho\frac{\varepsilon_{T'}^2}{T'^2} - C_{T3}\rho\frac{\varepsilon\varepsilon_{T'}}{k} \quad (3\text{-}12)$$

α_t 方程：

$$\alpha_t = C_{T0}k\left(\frac{k}{\varepsilon}\frac{\overline{T'^2}}{\varepsilon_{T'}}\right)^{\frac{1}{2}} \quad (3\text{-}13)$$

模型常数为：$C_{T0}=0.11$，$C_{T1}=1.8$，$C_{T2}=0.8$，$C_{T3}=2.2$，$\sigma_{T'}=1.0$，$\sigma_{\varepsilon_T}=1.0$。

以上各式中，ρ 为密度；T 为时均温度；U_i 为时均速度；u_i 与 u_j 为瞬时速度；S_T 为能量守恒方程的源项；α_t 为湍流传热扩散系数；$\overline{T'^2}$ 为脉动温度方差；ε_T 温度方差耗散率；ε 为湍流动能耗散率；k 为湍流动能。

2. 传质方程组（$\overline{c'^2} - \varepsilon_{c'}$ 模型）

组分质量守恒方程：

$$\frac{\partial C}{\partial t} + \frac{\partial U_i C}{\partial x_i} = \frac{\partial}{\partial x_i}\left(D\frac{\partial C}{\partial x_i} - \overline{u_i'c'}\right) + S_n \quad (3\text{-}14)$$

其中：

$$-\overline{u_i'c'} = D_t\frac{\partial C}{\partial x_i} \quad (3\text{-}15)$$

模型化的 $\overline{c'^2}$ 方程：

$$\frac{\partial \overline{c'^2}}{\partial t} + \frac{\partial U_i \overline{c'^2}}{\partial x_i} = \frac{\partial}{\partial x_i}\left[\left(\frac{D_t}{\sigma_{c'^2}} + D\right)\frac{\partial \varepsilon_{c'^2}}{\partial x_i}\right] - 2D_t\left(\frac{\partial C}{\partial x_i}\right)^2 - 2\varepsilon_{c'} \quad (3\text{-}16)$$

模型化的 $\varepsilon_{c'}$ 方程：

$$\frac{\partial \varepsilon_{c'}}{\partial t} + \frac{\partial U_i \varepsilon_{c'}}{\partial x_i} = \frac{\partial}{\partial x_i}\left[\left(D + \frac{D_t}{\sigma_{\varepsilon_c}}\right)\frac{\partial \varepsilon_{c'}}{\partial x_i}\right] - C_{c1}\frac{\varepsilon_{c'}}{c'^2}\overline{u_i'c'}\frac{\partial C}{\partial x_i} - C_{c2}\frac{\varepsilon}{k}\varepsilon_{c'} - C_{c3}\rho\frac{\varepsilon_{c'}}{c'^2}\varepsilon_{c'} \quad (3\text{-}17)$$

D_t 方程：

$$D_t = C_{c0}k\left(\frac{\overline{kc'^2}}{\varepsilon\varepsilon_{c'}}\right)^{\frac{1}{2}} \quad (3\text{-}18)$$

模型常数为：$C_{c0}=0.11$，$C_{c1}=1.8$，$C_{c2}=0.8$，$C_{c3}=2.2$，$\sigma_{c'^2}=1.0$，$\sigma_{\varepsilon_c}=1.0$。

以上各式中，C 为时均浓度；U_i 为时均速度；u_i 为瞬时速度；S_n 为质量守恒方程的源项；D 为分子扩散系数；D_t 为湍流传质扩散系数；ε 为湍流动能耗散率；k 为湍流动能；$\varepsilon_{c'}$ 脉动浓度方差耗散率。

按照上述采用两方程模式的 3 个方程组，采用计算传递学求解有流动、传热和传质的化工过程时需要求解 15 个方程，即 7 个计算流体力学方程、4 个计算传热方程及 4 个计算传质方程，因此，含有 15 个未知量，即 U_i、U_j、U_k、p、μ_t、k、ε、T、α_t、$\overline{T'^2}$、$\varepsilon_{T'}$、C、D_t、$\overline{c'^2}$、$\varepsilon_{c'}$。如果不采用两方程封闭，而采用雷诺应力、雷诺热流及雷诺质流 3 个方程组封闭，则流体力学方程数量为 12 个，雷诺热流及雷诺质流各 4 个方程，那么方程总数变为 20 个。在化工生产过程中，往往涉及多个相，如气液两相通常同时存在，则模拟过程中还要分列描述各相的方程，这样更会使方程总数成倍增加。

由此可见，计算传质学(即传质过程的深入模拟计算)要涉及求解大量的微分方程，计算量很大，一般需采用商用软件如 FLUENT、STAR CD、CFX 等辅助计算。但在一些传质设备中，温度对传质的影响较小或温度变化不大时，为了简化计算往往省略对传热过程的计算。例如，在精馏塔模拟过程中，每一块塔板上的温度变化不大，所以通常忽略温度的影响以简化计算，这样就只包含动量传递和质量传递的方程组。但对于有热效应的化学吸收、化学反应和吸附过程，热量传递方程就必须包括在计算传质方程体系中。

3.2　边界条件的确定

采用数值法模拟湍流的动量、热量、质量传递过程，不但需要正确的数学模型，而且边界条件的设置也很重要。速度、温度、浓度、压力等这些物理量的边界条件设置由特定模拟对象决定，而表征湍流动量、热量、质量传递的边界条件 k、ε、$\overline{T'^2}$、$\varepsilon_{T'}$、$\overline{c'^2}$、$\varepsilon_{c'}$ 则应该由实验决定。

3.2.1　入口边界条件

有关湍流流动研究得最早，使用 $k\text{-}\varepsilon$ 模型来预测剪切湍流流动时，取得了令人满意的结果，因此关于 $k\text{-}\varepsilon$ 入口处的边界条件设置研究也最广泛，入口处湍流动能通常设置为来流平均动能的一个百分数：

$$k = (0.3\%\sim0.5\%)U^2 \tag{3-19}$$

而 Patankar 等[1]推荐，当入口处为圆管的充分发展的湍流时，可取式(3-20)：

$$k = (0.5\%\sim1.5\%)U^2 \tag{3-20}$$

入口处湍流动能耗散率 ε 根据入口处的湍流动能计算：

$$\varepsilon = C_D \frac{k^{3/2}}{l} \tag{3-21}$$

式中，$0.09 \leqslant C_D \leqslant 0.164$，大部分研究取 $C_D=1.0$；l 为设备的特征尺寸，通常为入口直径或高度的 $0.5\%\sim5\%$。

可见，关于 $k\text{-}\varepsilon$ 入口边界条件的设置参数 C_D、l 还没有一个统一的结论，也不可能得到完全统一的参数适用于所有的情况，因此不同研究者分别针对模拟的实际情况得到相关参数，使理论预测值与实验测量值接近。不过，Patankar 等研究表明，当计算域内湍流运动很强烈时，入口截面上 k、ε 的取值对计算结果的影响并不大。

目前关于入口处温度方差的边界条件设置研究很少，Ferchichi 等[2]研究的结果是

$$\overline{T'^2} = (0.083\Delta T)^2 \qquad (3\text{-}22)$$

近期，Ferchichi 等进行了深入研究，得出的结果是

$$\overline{T'^2} = (0.08\Delta T)^2 \qquad (3\text{-}23)$$

可见，两者几乎一样，取其均值可得温度方差入口处边界条件为

$$\overline{T'^2} = (0.082\Delta T)^2 = 0.0067(\Delta T^2) \qquad (3\text{-}24)$$

文献中关于入口处温度方差耗散率边界条件的设置报道很少，Liu 等[3]根据湍流传热、传质类似律推荐采用下式计算：

$$\varepsilon_{T'} = 0.4\left(\frac{\varepsilon}{k}\right)\overline{T'^2} \qquad (3\text{-}25)$$

Sun 等[4]根据质量、热量传递类似律，借鉴文献的研究结果，将入口处浓度方差边界条件设置为

$$\overline{c'^2} = (0.082C)^2 = 0.0067C^2 \qquad (3\text{-}26)$$

针对板式塔精馏过程，假设湍流动能与浓度方差耗散时间比为 0.9，其提出在入口处浓度方差耗散率边界条件可设置为

$$\varepsilon_{c'} = 0.9\left(\frac{\varepsilon}{k}\right)\overline{c'^2} \qquad (3\text{-}27)$$

而 Liu 等[3]针对散堆填料塔内的化学吸收、精馏以及固定床内的气相反应过程，假设湍流动能与浓度方差耗散时间比为 0.4，提出在入口处浓度方差耗散率边界条件可按式(3-28)设置，且计算结果令人满意：

$$\varepsilon_{c'} = 0.4\left(\frac{\varepsilon}{k}\right)\overline{c'^2} \qquad (3\text{-}28)$$

3.2.2　出口边界条件

出口边界位置通常选择在流动充分发展的区域，即在主流方向 x 上，除了压力，对所有物理量 Φ 有

$$\frac{\partial \Phi}{\partial x} = 0 \qquad (3\text{-}29)$$

3.2.3　塔壁边界条件

在塔壁，边界条件设置为不滑移壁面，速度、湍流动能、湍流动能耗散率等于零；在近壁面区，采用标准壁函数法估计流动变量。

3.3　气液两相流模拟方法

计算流体力学(CFD)具有预测传质和压降的潜力。该软件将系统分解为无数个小单元，并根据相关物理条件数值求解质量守恒、动量守恒或能量守恒方程。通过这个过程，CFD 可以预测系统中发生的小规模现象，可以对化工单元结构中的流动模式进行建模。一般来说，CFD 很可能是改进塔内结构的关键工具。与实验相比，CFD 进行参数敏感性研究更快，成本更低，比实验方法侵入性小，不需要可能阻碍和改变流量的测量设备。

3.3.1　两相流模型

在两相流中，相可以定义为一种可识别的材料类别，它对流体具有特定的惯性响应和相互作用。例如，同一材料的不同尺寸的固体颗粒可以被视为不同的相，因为每个相同尺寸的颗粒集合对流场具有相似的动力学响应。两相流流型可分为四类：气液流动、液液流动、气固流动、液固流动。气液或液液流动主要包括：①气泡流动：连续流体中离散气体或流体气泡的流动；②液滴流：连续气体中离散液滴的流动；③段塞流：连续流体中大气泡的流动；④分层自由表面流：界面分离的不混溶流体的流动。气固两相流主要包括：①含颗粒流动：连续气体中离散颗粒的流动；②气动输送：一种取决于固体负荷、雷诺数和颗粒特性等因素的流动模式。典型的模式是沙丘流、段塞流和均匀流流化床。液固流动主要包括浆液流动：流动是液体中颗粒的传输。液固流动的基本行为随固体颗粒相对于液体的性质而变化。

截至目前，计算流体力学是深入了解两相流动力学最有前景的方案。其中两相流的数值计算方法主要包括两种：欧拉-拉格朗日法(Euler-Lagrange 法)和欧拉-欧拉法(Euler-Euler 法)。

1. Euler-Lagrange 法

Euler-Lagrange 法通过求解 Navier-Stokes 方程将流体相视为一个连续体，进而通过跟踪大量粒子、气泡或液滴来求解分散相通过计算的流场。分散相可以与流体相交换动量、质量和能量。当可以忽略颗粒与颗粒相互作用时，这种方法变得简单得多，这要求分散的第二相占据较低的体积分数，即可以接受高质量载荷。在液相计算过程中，粒子或液滴轨迹按指定的间隔分别计算。这使得该模型适用于喷雾干燥器、煤和液体燃料燃烧以及一些含颗粒流的建模，但不适用于液-液混合物、流化床或任何第二阶段体积分数不能忽略的应用建模。对于此类应用，可以使用包括粒子相互作用描述的离散元素模型，这在离散元素方法碰撞模型中进行了讨论。

2. Euler-Euler 法

在 Euler-Euler 法中，不同阶段在数学上被视为互穿连续的。由于一个相的体积不能被其他相占据，因此引入了相体积分数的概念。假设这些体积分数是空间和时间的连续函数，其和等于 1，导出每个相的守恒方程以获得一组方程，这些方程对所有相都具有相似的结构。通过提供从经验信息中获得的本构关系，或者在颗粒流的情况下，通过应用动力学理论，可以闭合这些方程。截至目前，有三种不同的 Euler-Euler 多相模型：流体体积(VOF)模型、混合物模型和 Eulerian 模型。

3.3.2　VOF 模型

VOF 模型是一种应用于固定欧拉网格的曲面跟踪技术。它适用于两种或两种以上不混溶流体，其中流体之间的界面位置很重要。在 VOF 模型中，流体共享一组动量方程，并且在整个域中跟踪每个计算单元中每个流体的体积分数。VOF 模型的应用包括分层流、自由表面流、填充、晃动、液体中大气泡的运动、溃坝后液体的运动、射流破碎预测(表面张力)以及任何液气界面的稳定或瞬态跟踪。

1. 质量守恒方程

通过求解一个(或多个)相的体积分数的连续性方程，可以跟踪相之间的界面。对于相 q，该方程具有以下形式：

$$\frac{1}{\rho_q}\left[\frac{\partial}{\partial t}(\alpha_q \rho_q) + \nabla \cdot (\alpha_q \rho_q V_q) = S_{\alpha_q} + \sum_{p=1}^{n}(\dot{m}_{pq} - \dot{m}_{qp})\right] \tag{3-30}$$

式中，$\dot{m}_{qp}$ 是相 q 向相 p 的质量传递；$\dot{m}_{pq}$ 是相 p 向相 q 的相间质量传递。S_{α_q} 是源项，但可以为每个阶段指定恒定或用户定义的质量源。

初级相体积分数根据以下约束条件计算：

$$\sum_{q=1}^{n}\alpha_q = 1 \tag{3-31}$$

2. 动量守恒方程

动量方程如下所示，取决于通过性质和所有相的体积分数。

$$\frac{\partial}{\partial t}(\rho \boldsymbol{u}) + \nabla \cdot (\rho \boldsymbol{uu}) = -\nabla p + \nabla \cdot \left[\mu(\nabla \boldsymbol{u} + \nabla \boldsymbol{u}^{\mathrm{T}})\right] + \rho \boldsymbol{g} + \boldsymbol{F} \tag{3-32}$$

式中，ρ 为密度；$\boldsymbol{u}$ 为瞬时速度；μ 为黏度；$\boldsymbol{g}$ 为重力加速度。

3. 能量守恒方程

能量方程也在各相之间共享，如下所示：

$$\frac{\partial}{\partial t}(\rho E) + \nabla \cdot (\boldsymbol{u}(\rho E + p)) = \nabla \cdot \left(k_{\mathrm{eff}}\nabla T - \sum_q \sum_j h_{j,q} J_{j,q} + (\tau_{\mathrm{eff}} \cdot \boldsymbol{u})\right) + S_{\mathrm{h}} \tag{3-33}$$

式中，k_{eff} 为有效传热系数($k+k_{\mathrm{t}}$，其中 k_{t} 为湍流热导率，根据所使用的湍流模型定义)；$h_{j,q}$ 是相 q 中 j 物质的焓；$J_{j,q}$ 为相 q 中 j 物质的扩散通量；τ_{eff} 为有效应力张量；S_{h} 为所定义的体积热源，但不包括有限速率反应体积表面或表面反应产生的热源。

VOF 公式通常用于计算与时间相关的解，但对于只关心稳态解的问题，可以进行稳态计算。稳态 VOF 计算只有在解独立于初始条件并且各个阶段有不同的流入边界时才是合理的。

3.3.3　混合物模型

混合物模型设计用于两个或多个相(流体或颗粒)。在欧拉模型中，相被视为互穿连续统。混合物模型求解混合物动量方程，并规定描述分散相的相对速度。混合物模型的应用包括低负荷颗粒流、气泡流、沉降和旋风分离器。混合物模型也可以在没有分散相相对速度的情况下用于模拟均匀多相流。混合物模型是一种简化的多相模型，可以以不同的方式使用。它可以用于模拟以不同速度移动的多相流，也可以用来模拟具有很强耦合和相以相同速度移动的均质多相流，还可以用于计算非牛顿黏度。混合物模型可以通过求解混合物的动量、连续性和能量方程、第二相的体积分数方程和相对速度的代数表达式来对相(流体或颗粒)进行建模。典型的应用包括沉降、旋风分离器、低负荷的含颗粒流，以及气体体积分数保持较低的气泡流。在某些情况下，混合物模型可以很好地替代完全欧拉多相模型。当颗粒相分布广泛或相间规律未知或其可靠性受到质疑时，完整的多相模型可能不可行。与全多相模型相比，混合物模型在求解较少变量的情况下，可以与全多相模型一样执行。

1. 连续性方程

混合物的连续性方程为

$$\frac{\partial}{\partial t}(\rho_{\mathrm{m}}) + \nabla \cdot (\rho_{\mathrm{m}} \boldsymbol{u}_{\mathrm{m}}) = 0 \tag{3-34}$$

式中，$\boldsymbol{u}_{\mathrm{m}}$ 为质量平均速度；α_k 为相 k 的体积分数。

$$\boldsymbol{u}_{\mathrm{m}} = \frac{\sum\limits_{k=1}^{n} \alpha_k \rho_k \boldsymbol{u}_k}{\rho_{\mathrm{m}}} \tag{3-35}$$

混合物密度 ρ_{m}：

$$\rho_{\mathrm{m}} = \sum_{k=1}^{n} \alpha_k \rho_k \tag{3-36}$$

2. 动量方程

混合物的动量方程可以通过对所有相的单个动量方程求和得到。它可以表示为

$$\frac{\partial}{\partial t}(\rho_{\mathrm{m}} \boldsymbol{u}_{\mathrm{m}}) + \nabla \cdot (\rho_{\mathrm{m}} \boldsymbol{u}_{\mathrm{m}} \boldsymbol{u}_{\mathrm{m}}) = -\nabla p + \nabla \cdot \left[\mu_{\mathrm{m}} \left(\nabla \boldsymbol{u}_{\mathrm{m}} + \nabla \boldsymbol{u}_{\mathrm{m}}^{T} \right) \right]$$
$$+ \rho_{\mathrm{m}} \boldsymbol{g} + \boldsymbol{F} - \nabla \cdot \left(\sum_{k=1}^{n} \alpha_k \rho_k \boldsymbol{u}_{\mathrm{d}r,k} \boldsymbol{u}_{\mathrm{d}r,k} \right) \tag{3-37}$$

式中，n 为相数；$\boldsymbol{F}$ 为体力；μ_{m} 为混合物的黏度：

$$\mu_{\mathrm{m}} = \sum_{k=1}^{n} \alpha_k \mu_k \tag{3-38}$$

$\boldsymbol{u}_{\mathrm{d}r,k}$ 是第二相的漂移速度：

$$\boldsymbol{u}_{\mathrm{d}r,k} = \boldsymbol{u}_k - \boldsymbol{u}_{\mathrm{m}} \tag{3-39}$$

3. 能量方程

混合物的能量方程采用以下形式：

$$\frac{\partial}{\partial t}\sum_k(\alpha_k\rho_k E_k) + \nabla \cdot \sum_k[\alpha_k \boldsymbol{u}_k(\rho_k E_k + p)] = \nabla \cdot \left(k_{\mathrm{eff}}\nabla T - \sum_k\sum_j h_{j,k} J_{j,k} + (\boldsymbol{\tau}_{\mathrm{eff}} \cdot \boldsymbol{u})\right) + S_{\mathrm{h}} \tag{3-40}$$

式中，$h_{j,k}$ 是物相 k 中物质 j 的焓；$J_{j,k}$ 是物相 k 中物质 j 的扩散通量；k_{eff} 是有效热导率，计算公式为

$$k_{\mathrm{eff}} = \sum \alpha_k(k_k + k_{\mathrm{t}}) \tag{3-41}$$

式中，k_{t} 为根据所用湍流模型定义的湍流导热系数。方程式(3-40)右侧的前三项分别表示传导、物种扩散和黏性耗散引起的能量转移。最后一项包含体积热源，但不包括有限速率体积或表面反应产生的热源，因为物种形成焓已经包括在总焓计算中，如反应产生热能，则通过如下计算：

$$E_k = h_k - \frac{p}{\rho_k} + \frac{v^2}{2} \tag{3-42}$$

对于可压缩相和不可压缩相，其中 h_k 是相的显热焓。

3.3.4　Eulerian 模型

欧拉模型是最复杂的多相模型，它为每一阶段求解一组动量和连续性方程，通过压力和相间交换系数实现耦合。这种耦合的处理方式取决于所涉及的相位类型；颗粒(流体-固体)流的处理方式不同于非颗粒(流体-流体)流。对于粒状流，这些特性是通过应用动力学理论获得的。相之间的动量交换也取决于所建模的混合物类型。欧拉多相模型的应用包括鼓泡塔、提升管、颗粒悬浮和流化床。其中，相可以是几乎任何组合的液体、气体或固体。与欧拉-拉格朗日法处理不同，每个相都使用欧拉法处理。在欧拉多相模型中，第二相的数量仅受内存需求和收敛行为的限制。

1. 质量守恒方程

相位的连续性方程为

$$\frac{\partial}{\partial t}(\alpha_q\rho_q) + \nabla \cdot (\alpha_q\rho_q\boldsymbol{u}_q) = \sum_{p=1}^{n}(\dot{m}_{pq} - \dot{m}_{qp}) + S_q \tag{3-43}$$

式中，$\dot{m}_{pq}$ 为第 p 相向第 q 相的质量传递；$\dot{m}_{qp}$ 为第 q 相向第 p 相的质量传递。

2. 动量守恒方程

动量方程如下所示，取决于通过性质和所有相的体积分数：

$$
\frac{\partial}{\partial t}(\alpha_q \rho_q \boldsymbol{u}_q) + \nabla \cdot (\alpha_q \rho_q \boldsymbol{u}_q \boldsymbol{u}_q) = -\alpha_q \nabla p + \nabla \cdot \boldsymbol{\tau}_q + \alpha_q \rho_q \boldsymbol{g}
$$
$$
+ \sum_{p=1}^{n}(\boldsymbol{R}_{pq} + \dot{m}_{pq}\boldsymbol{u}_{pq} - \dot{m}_{qp}\boldsymbol{u}_{qp}) \tag{3-44}
$$
$$
+ (\boldsymbol{F}_q + \boldsymbol{F}_{\text{lift},q} + \boldsymbol{F}_{\text{wl},q} + \boldsymbol{F}_{\text{vm},q} + \boldsymbol{F}_{\text{td},q})
$$

式中，$\boldsymbol{\tau}_q$ 是 q 相应变张量：

$$
\boldsymbol{\tau}_q = \alpha_q \mu_q \left(\nabla \boldsymbol{u}_q + \nabla \boldsymbol{u}_q^T \right) + \alpha_q \left(\lambda_q - \frac{2}{3}\mu_q \right) \nabla \cdot v_q \overline{\overline{I}} \tag{3-45}
$$

3. 能量守恒方程

能量方程也在各相之间共享，如下所示：

$$
\frac{\partial}{\partial t}(\alpha_q \rho_q h_q) + \nabla \cdot (\alpha_q \rho_q \boldsymbol{u}_q h_q) = \alpha_q \frac{\mathrm{d}p_q}{\mathrm{d}t} + \boldsymbol{\tau}_q \cdot \nabla \boldsymbol{u}_q - \nabla \cdot q_q + S_q
$$
$$
+ \sum_{n}^{p=1}(Q_{pq} + \dot{m}_{pq}h_{pq} - \dot{m}_{qp}h_{qp}) - \nabla \cdot \sum_{j} h_{j,q} J_{j,q} \tag{3-46}
$$

式中，q_q 为热流密度；S_q 为源项，如化学反应或辐射传热；Q_{pq} 为相间换热强度；等式右边最后一项为组分扩散的能量传递。

3.4　气液两相流模拟传质在化工中的应用

流体流动要受物理守恒定律支配，基本的守恒定律包括质量守恒定律、动量守恒定律和能量守恒定律。如果流动包含有不同成分(组元)的混合或相互作用，系统还要遵守组分守恒定律；如果流动处于湍流状态，系统还要附加湍流输运方程；相间作用力对流场影响较大时，还需要在动量守恒方程中引入表面张力、曳力等外力作为动量源项。以下就分别列举气液两相流模拟传质在化工中的应用。

3.4.1　单相流模拟

1. 模拟方法

如果将实验设备放大到工业塔器中的过程中，压降是一个主要的未知量。无论是塔板还是填料，干塔压降都是湿塔压降的一部分。通常，可利用干塔压降对塔设备性能好坏进行初步诊断。因此，采用气体单相流模型研究塔板和填料的干塔压降以及内部的压力场分布、单相流流场分布是非常有必要的。对于单相不可压缩的非牛顿流体，在等温条件下的质量守恒方程和动量守恒方程分别如式(3-47)和式(3-48)所示：

$$\frac{\partial \rho}{\partial t} + \nabla \cdot (\rho \boldsymbol{u}) = 0 \tag{3-47}$$

$$\frac{\partial (\rho \boldsymbol{u})}{\partial t} + \nabla \cdot (\rho \boldsymbol{u}\boldsymbol{u}) = -\nabla p + \nabla \cdot \tau + \rho \boldsymbol{g} + \boldsymbol{F} \tag{3-48}$$

式中，应力张量 τ 与应变速率有关：

$$\tau = \mu \left(\nabla \boldsymbol{u} + (\nabla \boldsymbol{u})^T - \frac{2}{3}\delta \nabla \cdot \boldsymbol{u} \right) \tag{3-49}$$

对于多孔介质的微观结构造成的动量损失可以以动量源项 $\boldsymbol{F}$ 的形式引入动量方程。$\boldsymbol{F}$ 的表达形式如式(3-50)所示：

$$\boldsymbol{F} = -C^{R1}u - C^{R2} \mid \boldsymbol{u} \mid u \tag{3-50}$$

式中，C^{R1} 和 C^{R2} 分别为线性阻抗系数和二次阻抗系数；$\boldsymbol{u}$ 和 u 都是表观速度。

2. 验证

基于商用软件 ANSYS CFX 平台，采用不同的多孔介质模型和修正模型，以及 RNG 湍流模型，对多孔泡沫 SiC 固定传质体塔盘进行气体单相流模拟。本文所选用的多孔介质模型在气体表观速度<6.5 m/s 的范围内都具有较好的准确性。气体进口速度设为阀孔气速。对多孔介质定义域而言，进口速度指的是真实速度。但是在多孔介质定义域的设置中则需要选择表观速度(表观速度=真实速度×孔隙率)，这是由于多孔介质模型中所涉及的速度是表观速度。

将对多孔泡沫 SiC 固定传质体塔盘的气体单相流模拟所获得的干板压降与实验值进行对比，如图 3-1 和图 3-2 所示。图 3-1 是使用不同多孔介质模型进行单相流模拟获得的干板压降结果与实验值进行比较。从图中可以看出，对于该研究体系，Lacroix 等[5]的立方体-颗粒等价模型(L.M 模型)的计算结果要优于 Wu 等[6]的十四面体-参数拟合模型。通过比较修正前后的 L.M 模型的计算结果，可以证明修正多孔介质模型方法的必要性和正确性，也表明物理模型的简化会给干板压降的模拟计算造成较大偏差。图 3-2 是将不同

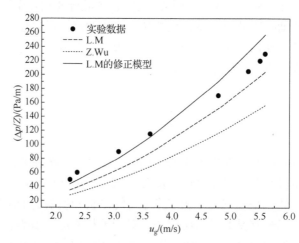

图 3-1　使用不同多孔介质模型模拟计算所得干板压降模拟结果与实验值比较(塔板开孔率 21.8%)[7]

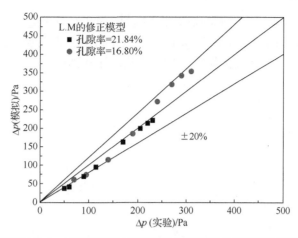

图 3-2　使用修正的 L.M 模型模拟计算所得的干板压降的模拟值与实验值的对比[7]

开孔率的塔盘的模拟结果和实验结果对比得到的误差分析图。从图中可以看出，使用修正后的 L.M 模型计算所得的干板压降的误差都能保证在±20%以内。

3. 结果与讨论

1) 干板压降的拟合

干板压降的关联式主要有两类：一类是较普遍采用的基于孔板模型的关联式，另一类则是基于阻力系数的关联式。虽然这两类关联式的具体形式不同，但是它们都符合 $\Delta p_{\mathrm{d}} \propto F_0^2$ 的关系式，只是比例系数不一样。图 3-3 是将多孔 SiC 固定塔盘的单相流模拟得到的干板压降拟合成 $\Delta p_{\mathrm{d}} = aF_0^{\mathrm{b}}$ 的形式，拟合结果为 $\Delta p_{\mathrm{d}} = 4.17F_0^{1.95}$。对于 F1 浮阀，当阀全开后 $\Delta p_{\mathrm{d}} = 2.67F_0^2$。图 3-4 将这两个拟合公式表示在同一图中，从图中可以看出，相同孔动能因子 F_0 下，多孔泡沫 SiC 固定传质体塔盘的干板压降较 F1 浮阀的要大。一般来讲，浮阀的开孔率对于常压塔或减压塔为 10%～14%，对于加压塔要小于 10%。多孔泡沫 SiC 固定传质体塔盘的开孔率可以远远大于浮阀塔板。在图 3-4 中，本章固定传质

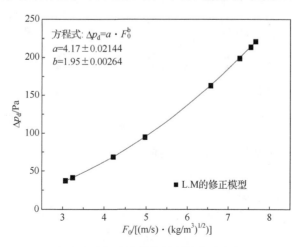

图 3-3　干板压降模拟结果拟合关联式[7]

体塔盘的开孔率是 21%，实验测定孔动能因子范围为 2.9～7.3 kg/(m²/s)；F1 浮阀塔板开孔率为 14%，孔动能因子为 5.7～12 kg/(m²/s)。分析得出，通过增加多孔泡沫 SiC 固定传质体塔盘的开孔率可以控制其压降低于 F1 浮阀塔板的压降。

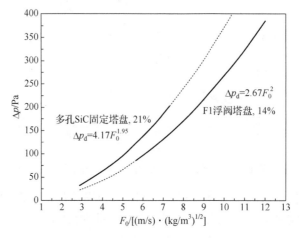

图 3-4   多孔泡沫 SiC 固定传质体塔盘和 F1 浮阀塔板的干板压降比较[7]

2) 干板压降与塔板孔隙率的关系

基于孔板模型的关联式[8]，研究者认为 Δp_d 与 F_0^2 的比例系数与孔流系数 C_0 有关，还认为 C_0 与塔板孔隙率 α 和孔径板厚比 d_0/δ 有关。塔板的开孔率一般在 10% 左右，$(1-\alpha^2)$ 接近于 1。因此，Hughmark 和 O'Connell 的关联式[8]可以简化为式(3-51)[9-10]，且 C_0 只与 d_0/δ 有关系。

$$\Delta p_d = \frac{1}{2}\left(\frac{F_0}{C_0}\right)^2 \tag{3-51}$$

也就是说，对具有相同的板材和孔径的筛板而言，如果只是开孔率不同，其干板压降与孔动能因子的关联式应该是相同的。所以，如图 3-5 所示，具有不同开孔率的多孔泡

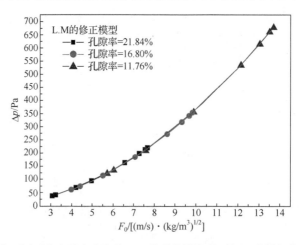

图 3-5   具有不同开孔率的多孔泡沫 SiC 传质体塔盘的干板压降模拟值拟合曲线[7]

沫 SiC 固定传质体塔盘，其干板压降的模拟拟合曲线几乎重合。

3.4.2　规整填料内三维单相流模拟

规整填料是一种宏观结构和微观结构的综合体。其宏观结构通常是波纹状的，如图 3-6(a)所示，可以允许气液两相在较低的整体压力下具有很好的接触；图 3-6(b)是将两片波纹板用垂直截面剖切后形成的结构；图 3-6(c)所示则是用一个垂直的截面去切填料形成的流道，所形成的比较典型的波纹锯齿状剖面。对于微观结构，由于液膜表面的波动能够增强传递过程，很多规整填料的加工厂商将填料单片微观表面处理为小波纹状，这有助于防止液膜破裂和形成干板，增加了液膜的稳定性，从而强化传热、传质过程。

(a) 相邻填料单片　　　(b) 剖切后的填料　　　(c) 剖面形状

图 3-6　规整填料宏观结构[7]

规整填料片上的液相流动可视为倾斜平板或波纹板上的溪流液膜流动过程。液相性质、填料材质特性以及液膜表面的不稳定波动等因素对液膜的润湿效果和气液两相的传热、传质过程都有很大影响，并最终决定膜状化工设备的操作性能。因此，有必要对填料波纹片上的液膜流动情况进行研究，以探求液膜传热、传质过程的机理。

本节将以规整填料剖面作为二维模拟的物理模型，对具有不同微观结构的规整填料进行二维两相流模拟，分析填料微观结构对液膜分布的影响。

精馏塔填料的压降是指气液介质通过填料层时气相所克服的阻力。它直接反映了气体通过填料层时能耗的大小，是填料的重要特性之一。填料的干塔压降通常被用作对填料塔性能的初步诊断。但是，3.4.1 小节对规整填料的二维模拟结果显示，二维模拟获得的填料压降是不可靠的。因此，本节将建立恰当的三维物理模型对规整填料进行气体单相流模拟，从而获得干塔压降，分析规整填料内部气体流动特点。

本节方法验证所用的实验结果是在 $\Phi 100\,mm$ 的填料塔上测试获得的。填料流体力学性能测试装置及流程如图 3-7 所示。实验物系采用常温下的空气和水系统。填料塔塔高 1.6 m，填料层高度约为 1 m。

1. 模拟方法

由于计算资源的限制，研究人员将规整填料划分成几种典型代表性基本单元(REU)进行 CFD 模拟计算，获得填料的压降信息。由于该方法的准确性较高，至今仍有众多学者使用该方法对规整填料进行模拟研究。Larachi 等[11]将规整填料的压降看成是由五部分来

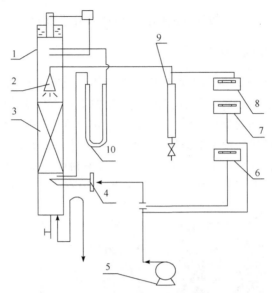

图 3-7   规整填料流体力学性能测试实验装置及流程图[7]

1. 填料塔；2. 液体分布器；3. 规整填料；4. 进气管；5. 风机；6. 空气转子流量计；
7. 气体温度表；8. 液体温度表；9. 液体转子流量计；10. U 形管压差计

自 REU 的阻力加和而成的，如图 3-8 所示。这五部分阻力损失包括：①规整填料入口处的拐角和分流造成的损失 ξ_i；②十字交叉通道内流股间碰撞造成的损失 ξ_{ii}；③两盘填料交界处的拐角造成的损失 ξ_{iii}；④填料与塔器壁面之间拐角造成的损失 ξ_{iv}；⑤填料出口处突然扩大造成的损失 ξ_v。其中第五部分的损失可以忽略。将以上前四种结构单元分别进行 CFD 模拟，获得气体通过它们的损失 ξ，然后再分别乘该结构在填料塔内的所占个数，最后将所有阻力损失相加，即得到全塔的压降。

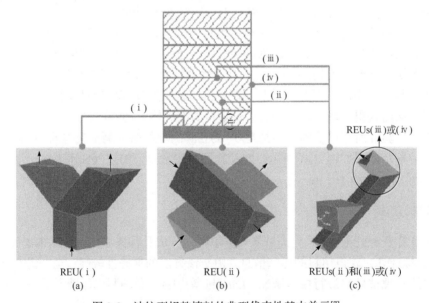

图 3-8   波纹型规整填料的典型代表性基本单元[7]

虽然采用 REU 的介观模拟方法所得到的结果与实验吻合较好,但是该方法计算一个压降数据需要画四种结构并进行四次数值计算,之后还要做一些换算,比较消耗时间,步骤也比较烦琐。本节将采用较宏观的模拟方法,将图 3-9 中的两片波纹片之间的通道作为周期性单元,建立规整填料的三维物理模型,网格数在 120 万左右。

图 3-10 是对两种不同 SiC 规整填料建立的物理模型,它们都是包含有两片具有一定厚度的相邻波纹片在内的长方体,其中两片波纹板是相交在一起的,且长方体的上下两个面距离波纹片有一定距离。对于多孔 SiC 波纹板填料,这两片相邻的波纹片都是三维贯穿的,计算时设为单独的多孔介质定义域;对光滑板 SiC 填料而言,波纹板上开有一定尺寸的小孔(孔径约 5 mm,开孔的形式类似于金属波纹板填料),这两片开有孔的波纹板作为壁面处理。

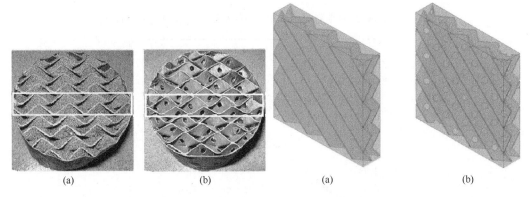

图 3-9　两种 SiC 规整填料:多孔 SiC 规整　　　图 3-10　规整填料三维物理模型:多孔 SiC 规整
填料(a)和光滑板 SiC 规整填料(b)[7]　　　　　　填料(a)和光滑板 SiC 规整填料(b)[12]

三维单相流模拟的边界条件设置如下:①长方体下面作为气体进口,设置成充分发展的进口边界;②长方体上面作为气体出口,设置为敞开性(opening)出口,出口压力为1 atm;③长方体左右面作为塔器壁面,设置为无滑移壁面;④长方体前后面作为波纹板单元的交界面,设置为周期性界面;⑤长方体内两片波纹板,对多孔 SiC 波纹板填料设置为 Fluid-Porous 定义域交界面,对光滑板 SiC 填料设置为无滑移壁面。三维单相流模拟所用单相流模型如 3.4.1 小节所示,湍流模型为 RNG 模型。

2. 方法验证

图 3-11 是采用两种不同多孔介质模型对多孔 SiC 规整填料进行单相流模拟获得的干塔压降与实验结果的对比。从图中可以看出,两种多孔介质模型的计算结果与实验值之间的误差都比较小,其中 Lacroix 的立方体-颗粒等价模型与实验值符合得更好。

图 3-12 是采用单相流模拟方法,两种 SiC 规整填料压降模拟结果与实验值的比较。结果显示,本节所采用的两种相邻波纹片的三维宏观模型模拟获得的干塔压降与实验值相比误差都在±5%以内,从而说明该方法具有非常好的准确性。与以往的 REU 方法相比,该方法只需要建立一个物理模型进行一次计算就可求解压降数据,无需换算即可直接从后处理读取压降数值。

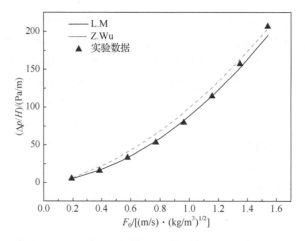

图 3-11   多孔 SiC 规整填料三维单相流模拟结果与实验测量压降的对比[7]

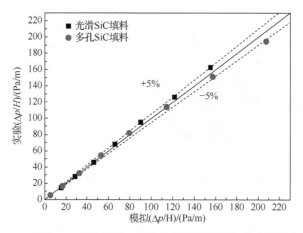

图 3-12   两种 SiC 规整填料三维单相流模拟结果与实验值的对比[7]

3. 结果与讨论

前文提到，填料的干塔压降是衡量填料塔性能的重要依据之一。本部分将从以下几个方面的影响来分析 SiC 规整填料三维宏观单相流模拟计算得到的干塔压降结果。

1) ξ_{iii} 的影响

本节采用图 3-10 所示的三维宏观结构直接包括了除 ξ_{iii} (两盘填料交界处的拐角造成的损失)之外的所有 REU。中间大部分区域属于十字交叉通道内流股间碰撞造成的损失 ξ_{ii} ，左右两侧的壁面则考虑了损失 ξ_{iv} ，长方体的上下两个面距离波纹片有一定距离，则是产生损失 ξ_i 和 ξ_v 的区域。但是，由于是一盘填料的两个相邻波纹板，因此无法直接通过物理建模考虑 ξ_{iii} 的损失。

不过，Larachi 等[11]、Petre 等[13]的研究显示， $\xi_{iii} = \xi_{iv}$ ，而 ξ_{iv} 是可以从 CFD 计算的后处理中直接得到的。图 3-13 是考虑 ξ_{iii} 前后的干塔压降模拟结果和实验值的对比曲线。从图中可以看出，考虑了 ξ_{iii} 后的干塔压降模拟计算值与实验值吻合得很好，而直接 CFD 计算得到的未考虑 ξ_{iii} 的压降结果与实验值相比则有较大的误差，经计算得误差高达

27%，该数值与文献中提到的 ξ_{iii} 占填料塔总压降的比例相吻合。

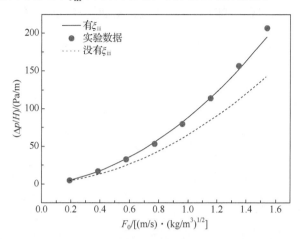

图 3-13　考虑 ξ_{iii} 前后的干塔压降模拟结果和实验值的比较[7]

2) 相邻波纹板间隙的影响

前已述及，本节所建立的规整填料三维宏观物理模型是包含有两片具有一定厚度的相邻波纹片在内的长方体，其中两片波纹板是相交在一起的。事实上，规整填料在加工时相邻波纹板间以点接触的形式相交，而网格划分软件对这种点接触的结构所生成的网格质量非常差，如果以该种形式建模将无法进行计算。因此，对于包含点接触区域的物理模型，在建模时可以采用以下两种方式避免生成不合格的网格：①忽略结构的相交特点，也就是使相交的两部分之间设置一定间隔，一般此间隔可以设得非常小，以防止其对模拟结果造成较大影响；②将点接触改为面接触，即增大两部分的相交面积，一般增大的这部分相交面积也应该尽量小，以避免对局部流场造成太大影响。

图 3-14 是采用以上两种建模方法进行计算所获得的压降情况。通过比较发现，第二种方法计算得到的压降与实验值的吻合度更高，而第一种方法比实验值相略低。这是由于在相邻波纹板间留有缝隙，部分气休会选择从此缝隙直接通过填料，如图 3-15 所示。

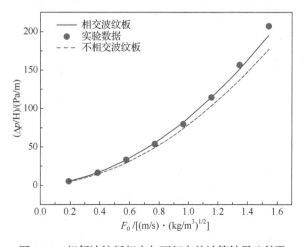

图 3-14　相邻波纹板相交与不相交的计算结果比较[7]

因此，若规整填料在加工过程中没有使波纹板完全贴合，会造成部分上升气体在填料内的路程缩短，与下降的液膜接触时间也就变短，从而会降低传质分离效率。

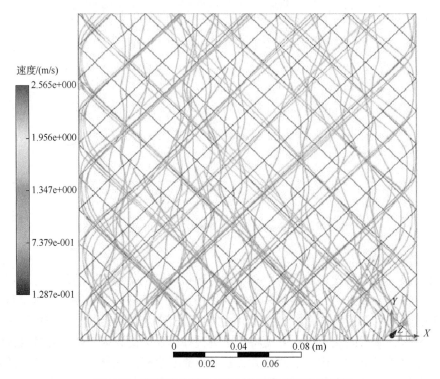

图 3-15   相邻波纹板不相交时的气体速度流线图[7]

3) 多孔结构的影响

图 3-16 分别是多孔和光滑板 SiC 规整填料干塔压降的模拟结果对比图。很显然，多孔 SiC 波纹板规整填料粗糙度高，具有三维贯通结构，其压降要高于光滑板的压降。图 3-17 是两种波纹板规整填料单相流计算获得的竖直截面上的压力分布图。由于多孔 SiC 波纹

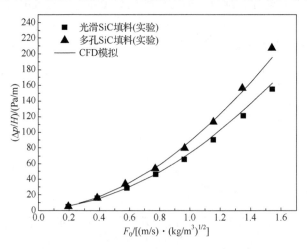

图 3-16   两种 SiC 规整填料的干塔压降比较图[7]

板具有三维贯通结构，可以允许气体从波纹板一侧的通道经过多孔结构进入波纹板的另一侧通道，气体通过多孔泡沫时就会产生一个额外的压降，如图 3-17(c)和图 3-17(d)所示。此外，气体从多孔波纹板一侧流入另一侧也会增加气体在通道内的湍动和气体在填料内运动轨迹的复杂性。

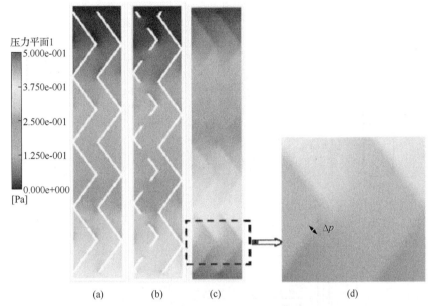

图 3-17　三维模拟获得的压力分布图：(a)和(b)为光滑板 SiC 规整填料的结果；
(c)为多孔 SiC 规整填料的结果；(d)为(c)的局部放大图[12]

对于光滑板 SiC 规整填料，如果气体通过波纹板从一侧通道进入另一侧通道，只有通过波纹板上分布有圆孔的区域(开孔率一般为 8%～12%)才能实现，从而产生额外压降，如图 3-17(a)和图 3-17(b)所示。而多孔板开孔率高达 90%左右，因此光滑板规整填料内气体的扰动要低于多孔板规整填料。可以推断波纹板上不开孔的光滑板规整填料的压降会低于这两种填料的压降。实际上，对于不开孔的波纹板填料的模拟结果证实了该推断的正确性。

3.4.3　规整填料内三维两相流模拟

填料塔的大型化促进了填料结构的优化以及多种规格和材质的高效、低阻力、大通量的新型填料的开发，而这都以对填料层内流体流动与分布的深入研究为基础。规整填料的传质效率大小取决于规整填料内气液有效交界面的面积大小，而该面积的大小又取决于波纹板上液膜的分布状况。前面二维模拟结果显示，规整填料的二维两相流模拟无法获得波纹板上的三维宏观液膜分布，无法研究波纹板上开孔情况等对液膜分布的影响。因此本节将对规整填料进行三维两相流模拟，弥补二维两相流模拟的缺陷，分析不同微观结构的规整填料波纹板上宏观液膜分布状况。

本节将通过分析规整填料波纹板上的三维气液两相流场分布特点，说明两种碳化硅规整填料的传质性能。为了测定 SiC 规整填料的传质性能，建立了一套传质热模实验装置对两种填料的理论板数进行测量，实验装置如图 3-18 所示。

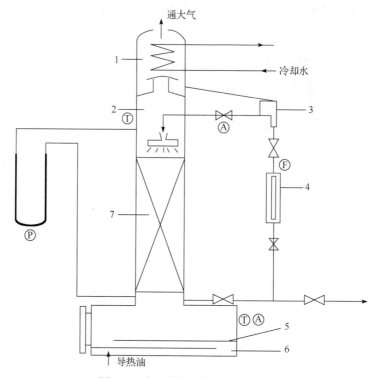

图 3-18 规整填料热模实验装置图[7]

1. 精馏塔；2. 冷凝器；3. 回流比控制器；4. 计量器；5. 电热棒；6. 塔釜；7. 规整填料；
Ⓣ. 温度指示；Ⓕ. 流量指示；Ⓟ. 压力指示；Ⓐ. 取样

实验装置主要由高为 1 m、内径为 100 mm 的不锈钢塔节与塔顶冷凝器、塔底再沸器组成，塔体顶部装有液体分布器，保证液体在塔内的均匀分布。在塔釜、塔顶以及塔体上均安装有热电偶用以测量塔内的温度，实验在全回流的条件下操作。热模实验采用无水乙醇/正丙醇作为标准物系，其平均相对挥发度为 2.1。采用阿贝折射仪对塔顶、塔底采出的样品进行组成含量的测定。用芬斯克方程来计算全塔最小理论板数 N。

1. 模拟方法

规整填料的三维两相流模拟包括零气速的"准两相流"和有逆向气速的"气液逆流两相流"两种情况。

对于零气速的"准两相流"，采用的物理模型与三维气体单相流模拟的模型相同(图 3-10)，只是边界条件不同，具体设置如下所示：

(1) 长方体上面作为液体进口，设置成充分发展的进口边界，速度分量 u_{Ly} 等于液体喷淋密度：$u_{Ly}=-l_0$，$u_{Lx}=0$，$u_{Lz}=0$，$\alpha_l=1$，$\alpha_g=0$；

(2) 长方体下端面作为液体的出口，设置为普通出口(outlet)，出口初始压力为 1 atm；

(3) 长方体左右面作为塔器壁面，设置为无滑移壁面，各方向速度为零，即 $u_{qL}=0$；

(4) 长方体前后面作为波纹板单元的交界面，设置为周期性界面；

(5) 长方体内两片波纹板，对于多孔 SiC 波纹板填料，设置为 Fluid-Porous 定义域交界面，对于光滑板 SiC 填料，设置为无滑移壁面，接触角设为 45°(用表面张力仪所测得的水在 SiC 表面的接触角)。

对于有逆向气速的"气液逆流两相流"，采用如图 3-19 所示的物理模型。该物理模型有三个定义域：除了相邻两片波纹板之外，在上方和下方还各自增加了具有一定高度的定义域。增加的这两个定义域内的连续性方程分别加入液体的 source 源项和 sink 源项，作为液体的进口和出口。其边界条件设置如下：

(1) 液体进口边界条件(上方定义域)。

假设液相进口处速度分布均匀，速度分量 u_{ly} 等于液体喷淋密度：$u_{Ly}=-l_0$，$u_{Lx}=0$，$u_{Lz}=0$。

连续性方程的液体质量源项设为液体的质量流量与上方定义域体积相除得到的值，即 $S_{mass,L}=m/V$。对于气体有：$S_{mass,g}=0$，$u_{gx}=0$，$u_{gy}=0$，$u_{gz}=0$。

(2) 气体进口边界条件(下方定义域的底面)。

假设进口处速度分布均匀，速度分量 u_{gy} 可由空塔气速 u、填料孔隙率 ε 求得，气相进口只有气相流入，$u_{gy}=u/\varepsilon$，$u_{gx}=0$，$u_{gz}=0$，$\alpha_L=0$，$\alpha_g=1$。

(3) 液体出口边界条件(下方定义域)。

对于液体有：$S_{mass,L}=-m/Vu_{Ly}=-l_0$，$u_{Lx}=0$，$u_{Lz}=0$。

对于气体有：$S_{mass,g}=0$，$U_{gx}=0$，$u_{gy}=0$，$u_{gz}=0$。

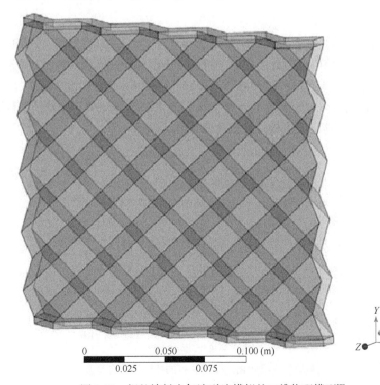

0	0.050	0.100 (m)
0.025	0.075	

图 3-19　规整填料内气液逆流模拟的三维物理模型[7]

(4) 气相出口边界条件(上方定义域的顶面)。

在气相出口，假设为充分发展的湍流，并将其设为流体可进可出的开放式(opening)出口，$\frac{\partial u_i}{\partial y}=0$，$\alpha_L=0$，$\alpha_g=1$，$p_{initial}=1$ atm。

(5) 定义域交界面。

三个定义域之间的相交面设为 Fluid-Fluid 定义域交界面，流体是可以通过定义域交界面的。

(6) 壁面边界条件。

对于波纹板和两侧塔器壁面，设为无滑移壁面，各方向速度为零，即 $u_{qi}=0$，接触角设 45°。

规整填料的三维两相流模拟选用 3.3.2 节介绍的 VOF 两相流模型，并且考虑表面张力的影响，选用 CSF 表面张力模型，水作为主要流体，体积分率平滑类型选择准确性较高的拉普拉斯类型。湍流模型采用 RNG 湍流模型[14]。对于多孔波纹板区域的多孔介质模型，线性阻抗系数和二次阻抗系数不再是常数，而是流体性质 ρ 和 μ 的函数。ρ 和 μ 是局部性质，与该节点处的流体类型有关。如果是气液共存的区域(如气液界面)，则 ρ 和 μ 分别如式(3-52)和式(3-53)所示：

$$\rho = \alpha_g \rho_g + \alpha_L \rho_L \tag{3-52}$$

$$\mu = \alpha_g \mu_g + \alpha_L \mu_L \tag{3-53}$$

2. 方法验证

图 3-20 将规整填料三维两相流模拟获得的持液量与实验值进行比较，结果显示三维两相流模拟结果与实验值吻合较好，误差在 10%以内。持液量是填料的宏观特性参数，图 3-21 还将模拟和实验所获得的波纹板上液膜分布结果进行比较，结果也吻合较好。从图 3-22 可以看出，规整填料波纹板上的液膜并不是完全沿竖直方向流动，也不是完全在倾斜波纹板上流动，而是与波纹板呈一定角度倾斜下行。

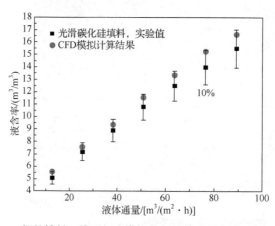

图 3-20　规整填料三维两相流模拟获得的持液量与实验值比较[12]

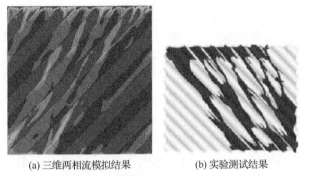

(a) 三维两相流模拟结果　　　　(b) 实验测试结果

图 3-21　规整填料波纹板上液膜分布[7]

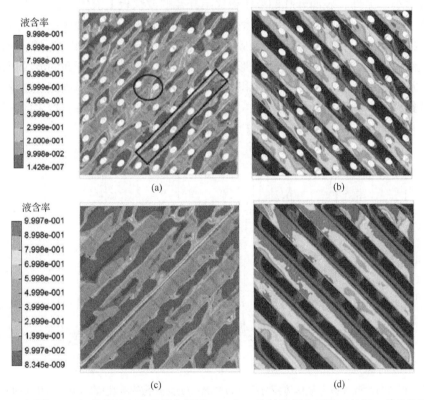

图 3-22　光滑板 SiC 规整填料上液膜分布情况：(a)和(b)为波纹板上开孔时的同一单片的两面；
(c)和(d)为波纹板上不开孔时的同一单片的两面[12]

3. 结果与讨论

1) 波纹板上开孔的作用

如图 3-22 所示，光滑板 SiC 规整填料的波纹板上开有一定孔径和开孔率的小孔。实际上，板波纹填料在通常情况下也都开有这种圆孔。设计开孔的目的是使小孔粗分配波纹板片上的液体，加强横向混合。但是鲜有研究报道波纹板上圆孔的实际作用。

本节对波纹板上开孔和不开孔的两种结构进行了两相流模拟。图 3-22 是波纹板上开孔和不开孔两种情况下液膜分布情况，其中图 3-22(a)和图 3-22(b)以及图 3-22(c)和

图 3-22(d)都是同一波纹板单片的两面。通过比较这四幅图可以发现，波纹板上开有小孔以后，波纹板上的液膜分布比较均匀，而且同一片波纹板的两侧液膜分布差别不大；而波纹板上未开小孔的规整填料内液膜分布则不很均匀，且同一单片的两侧差别较大，一侧液膜较厚，另一侧液体量较少。可见，在波纹板上开有小孔可以使液体通过小孔到达波纹板的另一侧通道，从而避免液体在某一侧的集中分布，有利于液膜在径向和轴向的均匀分布。

图 3-22 是相邻两片波纹板上液体体积分率在水平(X 轴)方向上的分布情况。从图中可以看出，表面开孔的相邻波纹板上液体体积分率差别很小，且数值都比较大；而表面不开孔的相邻波纹板上液体体积分率相差较大，且一片波纹上体积分率大，另一片波纹上体积分率小。另外，表面开孔的波纹板比不开孔的波纹板上液体体积分率大。

从图 3-22(a)中还可以发现，在规整填料的波纹波峰相交处，液体流股会发生分叉现象(圆圈内所标出的)，这种现象会使液膜从波纹板的一个通道流入相邻通道；而且在规整填料的波纹波谷处会发生沟流现象(矩形内所标出的)，对于表面不开孔的波纹板该现象尤为严重。从图 3-23 可以看出，液体体积分率在水平方向上的分布呈周期性变化，这是由波纹板的结构周期性变化导致的。图 3-23 中所示的波峰，即液体分布较多的区域，位于波纹板结构的波谷；图中的波谷则位于波纹板结构的波峰。

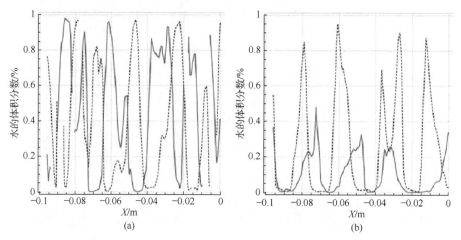

图 3-23   相邻两片波纹板上液体体积分率分布情况：(a)为开孔的波纹板，(b)为不开孔的波纹板[7]
虚线表示在其中一片波纹板(如靠上的波纹板)上的液体体积分数分布；
实线表示在另一片波纹板(如靠下的波纹板)上的液体体积分数分布

2) 波纹填料内液膜分布特点

图 3-24 是波纹板规整填料内不同竖直截面上液体平均体积分率分布图。由图可以看出，液膜在规整填料内的径向分布基本是沿塔中心呈对称分布的，而且外围的液体体积分率较大，中间的液体体积分率较小且随波纹结构进行波动。外围靠近壁面的区域内液体体积分率比较大，是液体在壁面处发生累积造成的。通过比较图 3-24 中开孔和不开孔的波纹板填料的分布结果发现，开孔的波纹板增大了液体在填料内的体积分率，而且增加了液膜在径向上分布的均匀性。

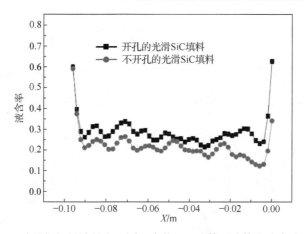

图 3-24　波纹板规整填料内不同竖直截面上液体平均体积分率分布图[7]

图 3-25 是波纹板规整填料内不同水平截面上的液体平均体积分率分布。从图中可以看出，液体体积分率在填料的纵向上分布呈逐渐下降趋势。在填料进口处液体体积分率很大，随着液体与波纹板的接触，其体积分率骤减；之后则是较均匀地分布；在填料出口附近，液体体积分率又出现了较大幅度的降低。因此，需要对填料的高度进行合理的设计，以避免填料下层的液体体积分率过低而降低填料的理论板数。与径向分布相同，开孔波纹板上液体的体积分率仍大于未开孔的体积分率。

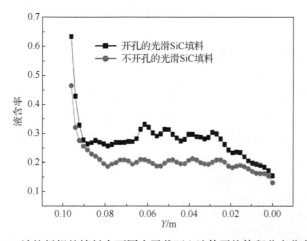

图 3-25　波纹板规整填料内不同水平截面上液体平均体积分率分布图[7]

图 3-26 是规整填料内不同截面上的液体体积分率分布。从图中可以看出，液体不只是在波纹板上布膜，也大量存在于波纹板之间的通道内。即使是在波纹板上，液膜也不是连续分布的。图中显示液体在波纹的波谷处容易聚集，这种分布与二维两相流模拟获得的液膜分布差别较大。这是因为二维模拟只是一种平均化获得液膜厚度的方法，它假设填料表面完全润湿，从而通过平均液膜厚度计算填料的持液量。显然，使用三维模拟的方法获得液膜分布及持液量等数据更接近实际。但是对于微观结构(如小波纹)的研究，则仍需借助二维的简化方法。

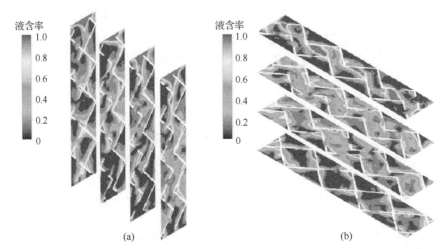

图 3-26　波纹板规整填料内不同截面上液体体积分率分布图：(a)竖直截面；(b)水平截面[7]

3) 逆流气体对液膜分布的影响

对于无气体速度的液体"拟单相"，液体的布膜情况只取决于波纹板的结构与性能；对于无液体的气体单相流，气体完全按照波纹板间的通道曲折上行。当气液逆流时，气体和液体会互相影响，使得各自的运动轨迹发生变化。这种影响主要体现在两个方面：另一种流体的引入造成原流体通道变窄，从而使得原流体的真实速度变大；所引入流体反方向的运动会在两种流体的界面处产生与原流体运动方向相反的曳力，从而改变原流体的运动方向。

图 3-27 是气液逆流时波纹板上的液膜分布情况。通过与无逆流气体的液膜分布(图 3-21)相比，由于上升气体通过波纹板间的通道，造成此时的液膜分布更加不规则。同时，上升气体与下降液膜相遇后，其运动轨迹也会发生改变。图 3-28 即为气液逆流时气体的流线图，该图不如图 3-15 所示的气体单相流时流线那么规则。比较图 3-27 和图 3-28 可以发现，气体通过的区域液体分布较少，而液体流过的通道也会阻碍气体的通过。

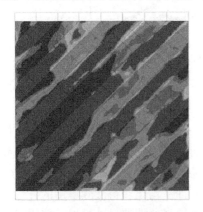

图 3-27　气液逆流时波纹板上的液膜分布[7]

图 3-28　气液逆流时的气体速度流线图[7]

4) 多孔 SiC 规整填料的流场分布

多孔 SiC 规整填料是由碳化硅泡沫陶瓷波纹板叠加组合而成。填料的多孔波纹板具有三维连通网络结构，可以允许流体通过。本节的三维两相流模拟也获得了类似的分布，如图 3-29 所示。

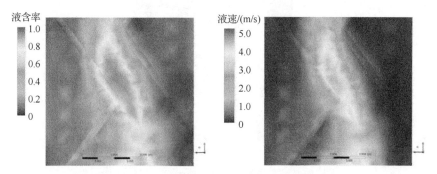

图 3-29　多孔 SiC 规整填料三维模拟的局部分布截面图[7]

三维两相流模拟还可以获得多孔 SiC 规整填料内液体的三维宏观分布情况。图 3-30 是多孔波纹板上液膜的分布情况。如图 3-30 所示，多孔 SiC 波纹板上液膜分布的均匀性和连续性不如光滑波纹板，这主要是因为两者流动方式不同。光滑板规整填料内的液体是沿波纹结构进行布膜分布并倾斜下降；而对于多孔 SiC 规整填料，如图 3-31 所示，液体在其内部是从上而下穿过多孔板竖直向下运动的，而且液体进入填料后会先聚集成大液滴，然后成股流下。

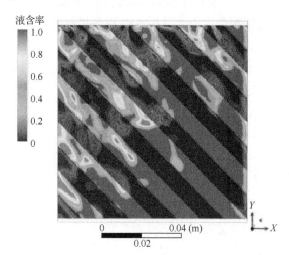

图 3-30　多孔 SiC 波纹板上液膜分布[7]

碳化硅泡沫陶瓷不仅具有良好三维网络连通结构，还具有较大的比表面积(几千 m^2/m^3)。所以，进入多孔 SiC 泡沫内部的液体体积所提供的表面积不同于多孔材料外部液体的直接面积，它需要乘以多孔 SiC 材料的比表面积才可获得其润湿表面积。本研究所涉及的新型碳化硅泡沫陶瓷波纹规整填料，其碳化硅泡沫陶瓷的孔隙率在 90%左右，比表面积在 3000 m^2/m^3 左右。以液体体积分率为 0.5 的同位面作为气液界面，多孔泡沫内部的气液界面为内部滞留液体体积与泡沫比表面积的乘积，与多孔板外部的界面面积

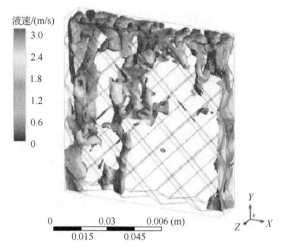

图 3-31　多孔 SiC 规整填料内气液界面上速度分布[7]

相加从而获得图 3-31 中多孔波纹板定义域内液体所提供的相际面积为 0.03478 m²。而相同定义域内光滑板 SiC 规整填料所提供的相际面积为 0.031257 m²，相同定义域内金属板规整填料所提供的相际面积为 0.026974 m²，这两种波纹板填料的相际面积是直接计算定义域内液体体积分率为 0.5 的同位面的面积。而且从图 3-31 可以看出，气液界面上的表观速度均不为零，说明这些界面都属于有效相际面积。这就解释了热模实验的测试结果：多孔 SiC 规整填料的理论塔板数大于光滑板 SiC 规整填料的理论塔板数，且它们的理论塔板数又都大于丝网填料的理论塔板数，如图 3-32 所示。

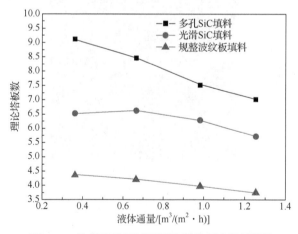

图 3-32　热模实验测试不同填料的理论塔板数[7]

3.4.4　加压鼓泡塔的双流体模拟

1. 模拟方法

在较大表观气速的加压鼓泡塔中，气相含量较高，若将气泡相视为分散相处理，来追踪每个时间位置下气泡的走向及拓扑变化，会加大运算量且意义不大，所以在该工况下将气泡相视为一种连续相，与水相相互贯穿。选用 Euler-Euler 模型对其进行模拟。该模型相对于 Euler-Lagrange 模拟与直接模拟，不仅较好地考察了塔内气含率的分布且大大提高了运算速度。该模型采用的控制方程如表 3-1 所示。

表 3-1　两相模型的守恒方程

方程类型	方程
连续性方程	$\dfrac{\partial}{\partial t}(\alpha_i \rho_i) + \nabla \cdot (\alpha_i \rho_i \boldsymbol{u}_i) = 0,\ i = \mathrm{g, L}$
动量方程	$\dfrac{\partial}{\partial t}(\varepsilon_i \rho_i \boldsymbol{u}_i) + \nabla \cdot (\alpha_i \rho_i \boldsymbol{u}_i \boldsymbol{u}_i) = -\alpha_i \nabla p' + \nabla \left[\alpha_i \mu_{\mathrm{eff}} (\nabla \boldsymbol{u} + \nabla \boldsymbol{u}^T) \right] + \boldsymbol{F}_{i,j} + \alpha_i \rho_i \boldsymbol{g}$
常规两相模型	i=气相或液相
模型 A	i=气相(小气泡和大气泡)或液相
模型 B	i=密相(小气泡和液相)或疏相(大气泡)
模型 C	i=气相或液相

表 3-1 中 p' 为修正压力；μ_{eff} 为有效黏度。采用修正压力是因为在数值求解动量方程时，要考虑液相对其影响。采用有效黏度是因为要不仅考虑液体自身黏度，还应考虑液相湍流和气泡造成的影响。修正压力 p' 和有效黏度 μ_{eff} 分别计算如下：

$$p' = p + \frac{2}{3} \mu_{\mathrm{eff, L}} \nabla \cdot \boldsymbol{u}_{\mathrm{L}} + \frac{2}{3} \rho_{\mathrm{L}} k_{\mathrm{L}} \tag{3-54}$$

$$\mu_{\mathrm{eff,L}} = \mu_{\mathrm{lam,L}} + \mu_{t,\mathrm{L}} + \mu_{b,\mathrm{L}} \tag{3-55}$$

$$\mu_{b,\mathrm{L}} = C_{\mu b} \rho_{\mathrm{L}} \alpha_{\mathrm{g}} d_b |\boldsymbol{u}_{\mathrm{g}} - \boldsymbol{u}_{\mathrm{L}}| \tag{3-56}$$

$$\mu_{\mathrm{eff,\ g}} = \frac{\rho_{\mathrm{g}}}{\rho_{\mathrm{L}}} (\mu_{t,\mathrm{L}} + \mu_{b,\mathrm{L}}) \tag{3-57}$$

式中，p' 为脉动压力；p 为时均压力。

1) 湍流模型

由于湍流的复杂性，人们对其使用没有统一的标准。本文根据模拟条件综合考量，选择雷诺时均法(RANS)中的标准 k-ε 模型，该模型的优点在于适用性广、计算量较小。方程的具体描述如下：

k 方程：

$$\nabla \cdot (\varepsilon_i \rho_i \boldsymbol{u}_i \boldsymbol{u}_i) = \nabla \cdot \left(\varepsilon_{\mathrm{L}} \left(\mu_{\mathrm{lam,L}} + (\mu_{t,\mathrm{L}} + \mu_{t,b})/\sigma_k \right) \nabla k_{\mathrm{L}} \right) + \varepsilon_{\mathrm{L}} (G_{k,\mathrm{L}} - \rho_{\mathrm{L}} \varepsilon_{\mathrm{L}}) \tag{3-58}$$

ε 方程：

$$\nabla \cdot (\varepsilon_i \rho_i \boldsymbol{u}_i \boldsymbol{u}_i) = \nabla \cdot \left\{ \alpha_{\mathrm{L}} \left[\mu_{\mathrm{lam,L}} + (\mu_{t,\mathrm{L}} + \mu_{t,b})/\sigma_\varepsilon \right] \nabla \varepsilon_{\mathrm{L}} \right\} + \alpha_{\mathrm{L}} \frac{\varepsilon_{\mathrm{L}}}{k_{\mathrm{L}}} (C_{\varepsilon \mathrm{L}} G_{k,\mathrm{L}} - C_{\varepsilon 2} \rho_{\mathrm{L}} \varepsilon_{\mathrm{L}}) \tag{3-59}$$

$$G_{k,\mathrm{L}} = \mu_{\mathrm{eff,\ L}} \nabla \boldsymbol{u}_{\mathrm{L}} \cdot (\nabla \boldsymbol{u}_{\mathrm{L}} + \nabla \boldsymbol{u}_{\mathrm{L}}^T) - \frac{2}{3} \nabla \cdot \boldsymbol{u}_{\mathrm{L}} (\mu_{\mathrm{eff,\ L}} \nabla \cdot \boldsymbol{u}_{\mathrm{L}} + \rho_{\mathrm{L}} k_{\mathrm{L}}) \tag{3-60}$$

$$\mu_{t,L} = C_\mu \left(\rho_L k_L^2 / \varepsilon_L \right) \tag{3-61}$$

$$\mu_{t,g} = \mu_{t,L} \rho_g / \rho_L \tag{3-62}$$

$$k_{L,t} = k_L + k_{L,g} \tag{3-63}$$

$$\varepsilon_{L,t} = \varepsilon_L + \varepsilon_{L,g} \tag{3-64}$$

$$k_{L,g} = \frac{1}{2} \alpha_g C_{vm} u_{slip} \tag{3-65}$$

$$\varepsilon_{L,g} = \alpha_g g u_{slip} \tag{3-66}$$

2) 相间作用力

Euler-Euler 模型需要相间作用力来封闭，所以相间作用力的选择对模拟结果的精度具有重要作用。相间作用力由多种力组成，主要用来表示两相间的动量传递，主要分为轴向曳力(F_D)、径向升力(F_V)、湍流扩散力(F_L)、壁面润滑力(F_T)及虚拟质量力(F_W)，表示如式(3-67)所示：

$$F_{i,j} = F_D + F_V + F_L + F_T + F_W = \frac{\alpha_{g,l}}{V}(f_D + f_V + f_L + f_T + f_W) \tag{3-67}$$

a. 曳力模型

曳力是气泡上升运动的反向作用力，可基于气泡截面积 A_d 及气液两相的滑移速度($u_g - u_l$)进行计算，具体表达如式(3-68)：

$$f_D = \frac{1}{2} C_D \rho_L A_d \left| u_g - u_L \right| (u_g - u_L) \tag{3-68}$$

曳力系数项 f_D 与 F_D 的关系是

$$f_D = \frac{V_d}{\alpha_g} F_D \tag{3-69}$$

式中，V_d 为气泡体积，因此

$$F_D = \frac{1}{2} \frac{A_d}{V_d} \alpha_g C_D \rho_L \left| u_g - u_L \right| (u_g - u_L) = \frac{3}{4} \frac{C_D}{d_b} \alpha_g \rho_L \left| u_g - u_l \right| (u_g - u_L) \tag{3-70}$$

在计算气泡群 C_D 时，常常以单气泡曳力系数的公式作为参考，由于在加压和大气速下会造成很高的雷诺准数，因此目前在该条件下采用较多的是 Schiller-Naumann 的曳力公式。该曳力公式具有较高的适用性，所以本实验采用的单气泡曳力的模型为 Schiller-Naumann。

$$C_{D,0} = \begin{cases} 24 \times (1 + 0.15 Re^{0.687})/Re & Re \leqslant 1000 \\ 0.44 & Re > 1000 \end{cases} \tag{3-71}$$

三种曳力模型的相分离示意图如图 3-33 所示。

(1) 模型 A。

Roghair 通过实验测量相关参数，采用直接模拟法(DNS)和欧拉-拉格朗日法对上升气

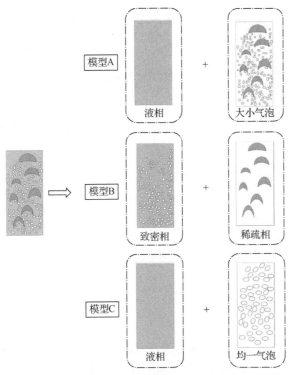

图 3-33　三种曳力模型的相分离示意图[15]

泡群中的气泡进行模拟，并获得气泡群曳力模型如下：

$$\frac{C_D}{C_{D,0}(1-\alpha_g)} = 1 + \frac{22}{Eo+0.4}\alpha_g \tag{3-72}$$

Eo，全称 Eötvös 数，在多相流尤其是气液两相流中，是一个重要的量纲为一的数，用来表征浮力和表面张力的相对大小。由于 Roghair 模型[16]在空气-水体系中的适用范围较小($0.13 < Eo < 4.83$)，并且作者只验证了气泡直径小于 6 mm 以下的情况。因此 Yang 等[17]基于 Tomiyama[18]的单气泡曳力模型和 Roghair 的小气泡群曳力模型，修正了气泡群曳力模型。这种修正的本质是增加了小气泡气含率及大气泡气含率。Wilkinson 等[19]探究在加压体系鼓泡塔中利用密度修正项来修正曳力模型，最后发现结果较好。模型 A 正是基于这两者的思路，在 Roghair 的小气泡群曳力模型基础上，加入大气泡气含率、小气泡气含率及密度修正项来进行模型的修正，优化模型如下：

$$\frac{C_D}{C_{D,0}(1-\alpha_{g,total})} = 0.2\times\left(\frac{\rho_g}{\rho_{g,0}}\right)^{0.85} + \frac{22}{Eo+0.4}\alpha_{g,small} + \frac{Eo}{5}\alpha_{g,large} \tag{3-73}$$

(2) 模型 B。

模型 B 认为当大气泡气含率大于 0.08 时，大气泡的加速效应要比小气泡所受的曳力更敏感，所以将小气泡和连续相液相视为一项即密相，将大气泡视为一相即疏相。然后基于 Buffo 等[20]提出的气泡群曳力模型对其进行修正，而当大气泡气含率低于 0.08 时，此时认为大气泡加速效应可以忽略，直接采用 Roghair 的气泡群曳力模型即可，优化模型如下：

$$\begin{cases} \dfrac{C_D}{C_{D,0}(1-\alpha_{g,small})} = 1 + \dfrac{22}{Eo+0.4}\alpha_{g,small} & \alpha_{g,large} \leqslant 0.08 \\[3mm] \dfrac{C_D}{C_{D,0}} = \left(\dfrac{\rho_g}{\rho_{g,0}}\right)^{0.87} \cdot (1-\alpha_{g,large})^{8.23} & \alpha_{g,large} > 0.08 \end{cases} \tag{3-74}$$

$$\rho_{dense} = \varepsilon_{g,small}\rho_g + (1-\varepsilon_{g,small})\rho_L \tag{3-75}$$

$$\rho_{dilute} = \rho_g \tag{3-76}$$

$$\mu_{dense} = (1+\varepsilon_{g,small})\mu_L \tag{3-77}$$

$$\mu_{dilute} = \mu_g \tag{3-78}$$

$$\varepsilon_{g,small} = \frac{\alpha_{g,small}}{1-\alpha_{g,large}} \tag{3-79}$$

(3) 模型 C。

为了进一步探究加压下较高表观气速鼓泡塔内流动情况，本文还提出了第三种模型，该模型是基于 Li 等[21]提出的双气泡尺寸能量最小化(EMMS)模型，引入曳力系数与气泡直径关系封闭模型，并相应地加入密度修正项调整模型参数并优化模型。模型具体表达如下：

$$\frac{C_D}{d_b} = \left[\frac{\alpha_{g,small}}{d_{small}}C_{D,small}\left(\frac{U_{g,small}}{\alpha_{g,small}}\right)^2 + \frac{\alpha_{g,large}}{d_{large}}C_{D,large}\left(\frac{U_{g,large}}{\alpha_{g,large}}\right)^2\right]\frac{\alpha_{g,total}}{U_g^2} \tag{3-80}$$

可以将其简化为表观气速的关系式：

$$\frac{C_D}{d_b} = \left(\frac{\rho_g}{\rho_{g,0}}\right)^{1.28} \cdot \left(4.7 + 8U_g - 69.47U_g^2\right) \tag{3-81}$$

b. 升力

径向升力是气泡上升过程中，因气泡周围压力不同而产生的与气泡上升方向垂直的一种作用力。径向升力对于气含率的径向分布至关重要，张煜[22] 提出，径向升力系数只与湍流扩散力系数有关，刘鑫[23]和张博[24]也采用该方法得到了较好的效果，所以本文采用该升力模型，具体表达式如下：

$$F_L = -C_L\alpha_g\rho_L(u_g - u_L)(\nabla \cdot u_L) \tag{3-82}$$

$$\frac{C_L}{C_{TD}}\alpha_g u_s \frac{du_L}{dr} = -k\frac{d\alpha_g}{dr} \tag{3-83}$$

$$C_L = -0.2C_{TD}\frac{\alpha_L^2}{\alpha_L} \tag{3-84}$$

c. 湍流扩散力

湍流扩散力是液体湍动引起气泡运动的径向分量，主要作用是使径向气含率分布更均匀。Lahey 等[25]参照分子扩散力模型推导的湍流扩散力表达式为式(3-85)。本文在此基础上，利用刘鑫[23]的研究结果，将湍流扩散系数认为是气含率的关系式，并将其修正为式(3-86)，具体表达如下：

$$F_{T,g} = -F_{T,L} = C_{TD}\rho_L k_L \nabla \alpha_g \tag{3-85}$$

$$C_{TD} = \frac{\alpha_{g,max} - \alpha_g}{\alpha_{g,max} - \alpha_{g,min}} \tag{3-86}$$

d. 壁面润滑力

壁面润滑力是由靠近壁面处气液速度梯度引起的，由于气泡上升运动过程中，靠近鼓泡塔壁面气泡的上升运动速度会降低，而越靠近塔中心气泡的上升速度相对于塔壁附近的气泡上升运动速度则增加，就像鼓泡塔壁面对上升气泡施加了一种类似润滑的力，使得气泡远离鼓泡塔壁面。本文采用的壁面润滑力如下：

$$F_W = -\frac{1}{2}C_W \alpha_g d_b \left[(R-r)^{-2} - (R+r)^{-2}\right]\rho_L(u_g - u_l)^2 \tag{3-87}$$

$$C_W = \begin{cases} 0.47 & Eo < 1 \\ e^{-0.933Eo+0.179} & 1 < Eo \leqslant 5 \\ 0.00599Eo - 0.0187 & 5 < Eo \leqslant 33 \\ 0.179 & 33 < Eo \end{cases} \tag{3-88}$$

e. 虚拟质量力

虚拟质量力是气泡与液体运动具有一定速度差时，气泡相对于液体具有加速运动时，其效果相当于液体对气泡运动施加的一种作用力。在本实验操作工况下，相比于其他影响因素，本文在此忽略了虚拟质量力的影响，因此取虚拟质量力系数为 0。

$$F_V = C_{VM}\alpha_g \rho_L(u_g - u_L) \tag{3-89}$$

3) 大小气泡气含率的表达式

由于鼓泡塔中压力、液体物性及表观气速的变化本质是影响塔内大小气泡气含率的分布，目前有许多研究者都提出气含率关于密度修正项、表观气速、表面张力及流体黏度的关联式，本文建立在杨索和[26]提出的基础上，认为大小气泡气含率表达式可简化式(3-90)和式(3-91)，具体表达如下：

$$\alpha_{g,small} = a \cdot \left(\frac{\rho_g}{\rho_{g,0}}\right)^b \cdot \left(\frac{u}{u_0}\right)^c \cdot \left(\frac{\mu}{\mu_0}\right)^d \cdot \left(\frac{\sigma}{\sigma_0}\right)^e \tag{3-90}$$

$$\alpha_{g,large} = a \cdot \left(\frac{\rho_g}{\rho_{g,0}}\right)^b \cdot \left(\frac{u}{u_0}\right)^c \cdot \left(\frac{\mu}{\mu_0}\right)^d \cdot \left(\frac{\sigma}{\sigma_0}\right)^e \tag{3-91}$$

式中，a 为设备因素常数，对于不同的设备具有不同的值；b、c、d、e 均为拟合常数。

2. 实验装置

如图 3-34 所示，该设备高为 6.60 m，内径为 0.30 m，壁厚为 5 mm，距离塔底 0.20 m 处有一个 5 mm×128 mm 的不锈钢分布板。在鼓泡塔高度范围 2.50～3.10 m 均匀分布着四个差压法测量的引脚，如图 3-34 中的 A、B、C、D 所示，A～B 段为下测量点，C～D 段为上测量点。图 3-34 中 E、F 为电导探针测量点，并在塔壁上安装螺旋推进器，来确保电导探针位置的可靠性。在距离塔底 2.60 m 和 3.00 m 的位置，均匀安装了电阻层析成像技术(ERT)所需的 16 个电极，如图 3-34(a)所示。

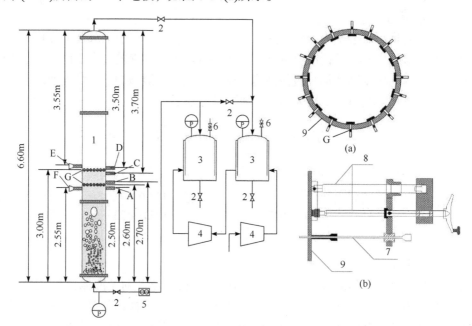

图 3-34　实验装置示意图[15]

1. 鼓泡塔反应器；2. 阀门；3. 容器；4. 压缩机；5. 涡流流量计；
6. 安全阀；7. 电导探针；8. 推进器；9. 鼓泡塔反应器壁

3. 计算条件设置

本研究中使用的模拟软件是 ANSYS FLUENT 15.0。FLUENT 中定义的边界条件如表 3-2 所示。压力出口和速度入口用作边界条件。根据操作条件，表观气速作为速度入口。Guédon 等[27]表明，在均匀气泡流动状态下双尺度分散模型的设置使得模拟结果更接近实验结果(0.0043 m/s $< U_g <$ 0.0266 m/s)。然而，这种方法是否适用于充分湍流区尚未得到证实。Xiao 等[28]表明，考虑到液相，大气泡和小气泡作为三相没有优化模拟结果，并增加了计算量。因此，在该研究中，气泡的初始直径使用电导探针在径向方向上的平均值来设定，如表 3-3 所示。这种处理方法大大降低了气泡初始直径设定的复杂性，并且提高了计算速度，以获得更好的模拟结果。

表 3-2　边界条件

条件		公式	
进口	气速	$u_{\text{g,in}} = U_g / \alpha_{\text{g,in}}$	$u_{\text{g,in}} = U_g$
	液速	$u_{\text{L,in}} = U_L / (1 - \alpha_{\text{g,in}})$	$u_{\text{L,in}} = 0$
	湍流动能	$k_{\text{L,in}} = 0.004 u_{\text{L,in}}^2$	$k_{\text{L,in}} = 0$
	湍流能量耗散率	$\varepsilon_{\text{L,in}} = C_\mu^{3/4} k_{\text{L,in}}^{3/2} / (0.07D)$	$\varepsilon_{\text{L,in}} = 0$
出口	压力出口	—	—

表 3-3　初始气泡直径设置

压力/MPa	表观气速/(m/s)			
	0.121	0.174	0.233	0.296
0.5	9.3 mm	9.7 mm	10.0 mm	10.4 mm
1.0	8.8 mm	9.4 mm	9.9 mm	10.2 mm
1.5	8.4 mm	9.2 mm	9.7 mm	10.1 mm
2.0	7.7 mm	8.4 mm	9.3 mm	9.6 mm

FLUENT 15.0 的用户定义函数给出了相间力方程和边界条件的修正，如表 3-4 所示。

表 3-4　用户定义函数

UDF 名称	功能
DEFINE_PROFILE	定义气体速度，液体速度，湍流动能和湍流能量耗散率的边界条件
DEFINE_EXCHANGE_PROPERTY	相间力修正
DEFINE_TURBULENT_VISCOSITY	湍流黏度修正

4. 结果与讨论

1) 网格无关性验证

二维非结构网格划分图如图 3-35 所示。

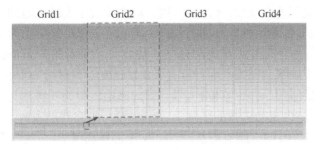

图 3-35　二维非结构网格划分图[15]

网格方案见表 3-5。

表 3-5   网格方案

方案	网格细化级别	网格数	面数	点数	网格区域
网格 1	0	3080	6394	3315	1
网格 2	0	6600	13550	6951	1
网格 3	0	13200	26870	13671	1
网格 4	0	25740	52179	26440	1

如图 3-36 所示，该图是不同尺寸的非结构性网格在系统压力为 1.0 MPa、表观气速为 0.174 m/s、高为 2.6 m 处的径向气含率的对比图。发现网格数量当达到一定值后，网格数的增加只会增加计算量，并没有对计算精度有所提高，所以综合考虑计算时间和精度的情况下，选择了 Grid2 为二维的网格模型。

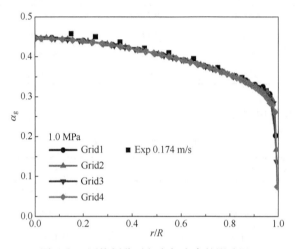

图 3-36   网格划分对径向气含率的影响[15]

2) 影响因素分析

从图 3-37[29]中可以看出，影响塔内流体动力学参数变化的主要因素可以分为气体分布器、气体及液体性质、静液高度、表观气速等。气体分布器主要是根据气体分布板上的孔径来影响进口气泡尺寸，进而影响塔内气泡尺寸分布及气含率，但由于操作压力在 0.5～2.0 MPa，表观气速在 0.12～0.30 m/s 时，塔内出现了大量气泡的聚并及破碎，因此气体分布器对塔内气含率及气泡尺寸的分布影响就越来越小，又因为此处主要考察的为充分发展段流体动力学参数的变化情况，并且该实验采用的分布板孔径为 5 mm，在 Besagni 等[30]研究中表明，当鼓泡塔直径大于 0.15 m 时，气体分布器孔径大于 2 mm、高径比大于 5 时，鼓泡塔尺寸和气体分布器设计对鼓泡塔中的气含率几乎没有影响，所以可以忽略分布板对塔内流动参数的影响。Sasaki 等[31]研究结果表明，当鼓泡塔直径 $D>$ 200 mm 且 $H_0>2200$ mm 时，鼓泡塔直径 D 和初始液体高度 H_0 对气含率 α_g 的影响可忽略不计，高径比的变化对气含率 α_g 的影响也可以忽略不计，所以本研究满足上述情况。因此，气体分布器、初始液体高度 H_0 和高径比 H/D 对鼓泡中气含率的影响可以忽略不计。

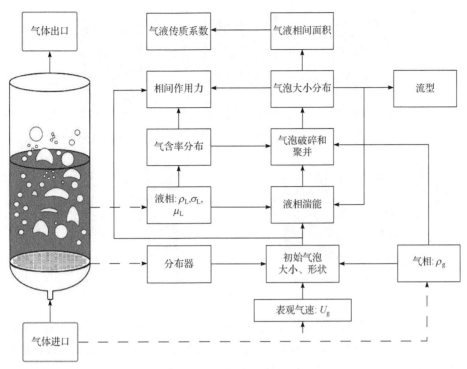

图 3-37　鼓泡塔流型划分[29]

因实验研究的是内径为 0.3 m、表观气速为 0.12～0.30 m/s 的鼓泡塔，依据该条件，从图 3-38 中可知，研究的流型为虚线框所示的充分湍流区，并且在加压条件下会使塔内气泡的密度增加，进而增加气泡的动能，所以使得气泡间碰撞和气泡与湍流涡之间碰撞发生破碎的概率增加，使得湍流更充分，图中虚线框区域向右移动，并造成小气泡增多，相间接触面积增大，这个已经在实验结果中得到了证实。所以在模拟中不需要考虑流型

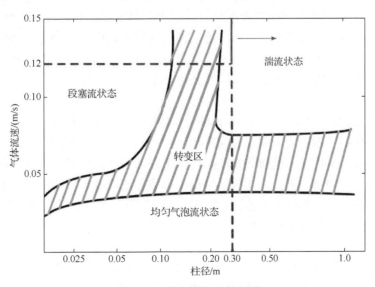

图 3-38　鼓泡塔流型划分[15]

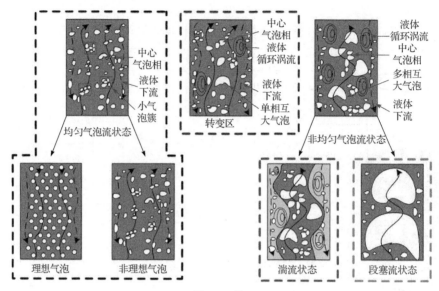

图 3-38(续)

的转变，并且鼓泡塔设备在 $D>0.15\,\mathrm{m}$，$H/D>5$ 或 $H>3\,\mathrm{m}$ 且孔径超过 $2\,\mathrm{mm}$ 的多孔板或单喷嘴时获得的气含率实验数据可用于估算较大鼓泡塔中的气含率，而无需校正低压和高压，所以本文得到的模拟结果对于工业放大具有一定的指导意义。

在较大高径比($H/D>5$)且没有内构件存在的湍动鼓泡塔中，气泡会发生大量的气聚并和破碎，众所周知，在均匀鼓泡区中，分布器对流动和传质影响很大，而在充分湍流区，分布器的影响相比于系统压力及表观气速的变化可以忽略。所以从该方面也可以判断出气体分布器对塔内流体动力学参数的影响可以忽略不计。

通过对鼓泡塔设备及操作条件分析发现，在操作压力在 $0.5\sim2.0\,\mathrm{MPa}$ 下，表观气速在 $0.12\sim0.30\,\mathrm{m/s}$ 的空气-水体中，引起鼓泡塔内流体动力学参数的变化因素主要为表观气速、系统压力(可转化为气体密度不同的影响)及液体性质，并且在该实验研究工况下，可以忽略气体分布器、静液高度、高径比、流型转换对塔内流体动力学参数的影响。另外，由于该设备独特的尺寸对于工业放大具有重要意义，因此本节将以表观气速、系统压力及液体性质对塔内流体动力学参数的变化规律影响展开研究。

3) 径向平均气含率

图 3-39 为 2.6 m 处 ERT 测得径向平均气含率与三种模型模拟得到的该位置处平均气含率对比图，从四幅图中可以看出径向平均气含率随着表观气速的增加而增加，随着压力的增加而增大，并且三种模型都能较好地吻合 ERT 测得的实验值。但是在较高系统压力下及较大表观气速下，模拟与实验结果都出现增加放缓的趋势，出现该现象的原因主要是鼓泡塔内存在气含率的最大值，气含率不会随着压力和表观气速的增大而无限增大，而是达到一个最大值后就不再增加。

4) 径向气含率

图 3-40 显示了在距离塔底 2.6 m 的高度处由 ERT 测量的气含率与三个模型模拟结果的比较。三种模型都能很好地预测径向气含率的分布，模型 A(Model A)相比于模型

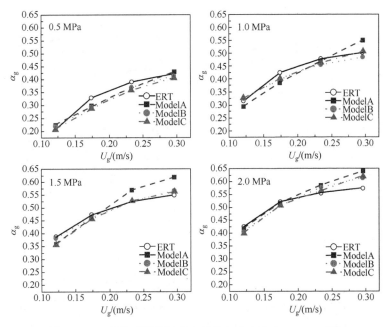

图 3-39　三种模型预测的径向平均气含率分布(z=2.6 m)[15]

B(Model B)和模型 C(Model C)在较高表观气速和较大压力下时，模拟值偏高，造成该现象的主要原因为气泡初始直径设计对塔内气含率预测有影响。因为模型 A 中引入的 Eo 是关于气泡直径的函数，所以进一步探究塔内气泡尺寸分布可能会使模型 A 具有更好的预测性。而模型 C 将曳力模型简化为曳力系数与气泡直径的比值，因此初始气泡的设置对塔内气含率分布是没有影响的。模型 B 主要影响因素为大气泡气含率，在高压高表观气速时，小气泡气含率相比于大气泡气含率变化更明显，所以模型 B 在高压高表观气速的预测性也好于模型 A。

　　图 3-41 为三种群体曳力模型模拟径向气含率随压力和表观气速的变化情况，从图中可以看出，随着压力的增加，径向气含率增大，并且由塔中心到塔壁的气含率分布也越来越缓，并从图中可以观察出三种模拟结果与实验结果吻合较好，说明模型具有较好的预测性。

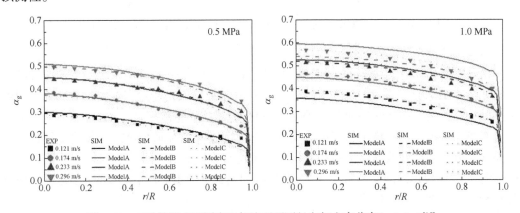

图 3-40　三种模型在不同表观气速下预测径向气含率分布(z=2.6 m)[15]

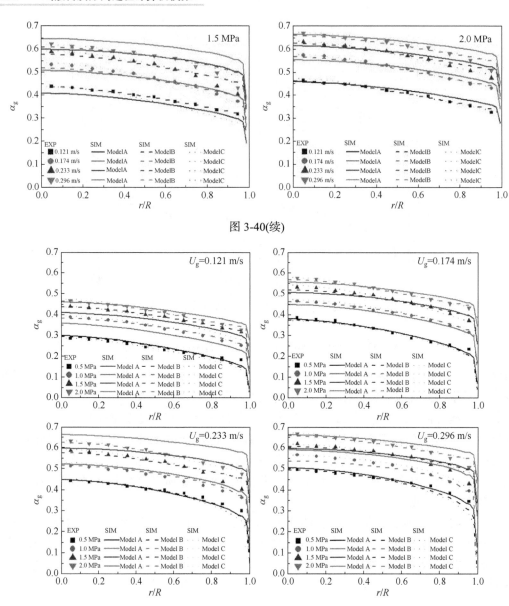

图 3-41　三种模型在不同系统压力下预测的径向气含率分布($z=2.6$ m)[15]

5）三维模拟

由于二维模型具有较好的适用性，继续进行了三维数值的模拟，所采用的三维结构网格如图 3-42 所示。采用六面体网格，为了进一步提高网格质量，本文在截面处采用铜钱型结构，因为六面体网格面与面的夹角为 90°时网格质量较好。

在塔中的流动达到稳定状态后收集 ERT 实验数据。每组收集 400 个横截面图像。通过叠加 400 个横截面数据然后对相应位置求平均来获得 ERT 云图。模拟结果的云图是从 60 s 到 90 s 的模拟时间，并且每 1.5 s 获取径向横截面数据。然后将 20 个横截面图像叠加在相应的位置，取平均值。

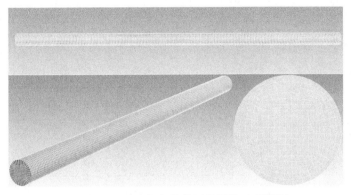

图 3-42　三维底部与柱体网格划分示意图[15]

图 3-43～图 3-46 为三种群体曳力模型在不同压力及表观气速下径向气含率云图分布，从图中可以观察出三种模型在截面处(z=2.6 m)气含率分布大致相同；然而，由于 3D 模拟的复杂性和可变因素的增加，与 2D 模拟相比，3D 结果较差。但从图中变化规律中可以看出，3D 模拟的气含率云图与 ERT 实验结果的气含率云图的变化规律基本一致，气含率随着表观气速和压力的增加而增加，并且塔中心的气含率高于塔壁附近的气含率。

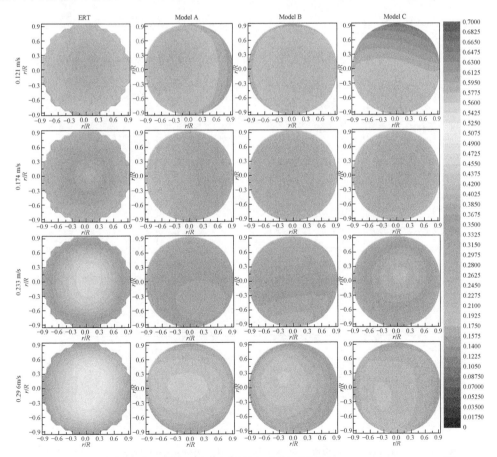

图 3-43　三种模型在不同表观气速下平均气含率云图分布(z=2.6 m，p=0.5 MPa)[15]

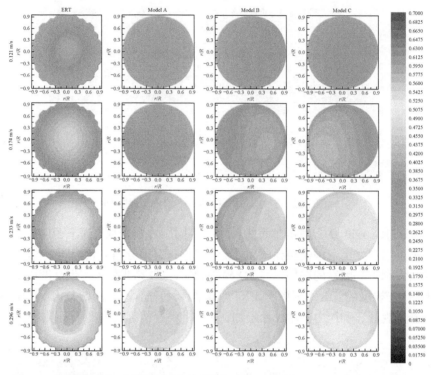

图 3-44   三种模型在不同表面气速下平均气含率云图分布(z=2.6 m，p=1.0 MPa)[15]

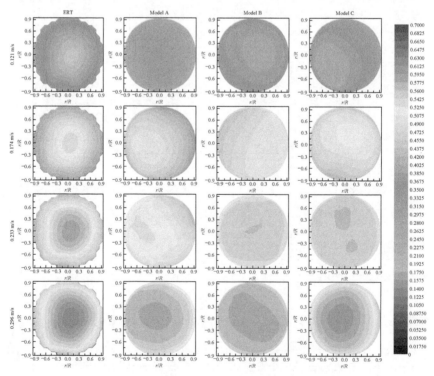

图 3-45   三种模型在不同表面气速下平均气含率云图分布(z=2.6 mm，p=1.5 MPa)[15]

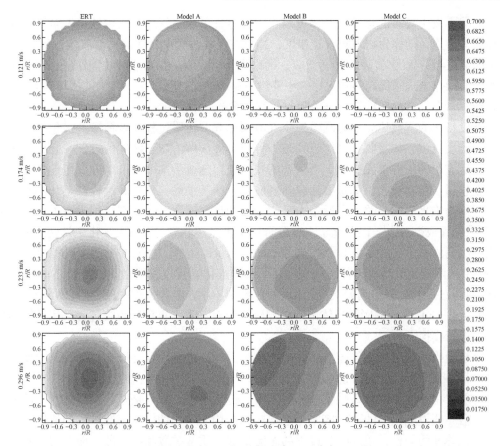

图 3-46　三种模型在不同表观气速下平均气含率云图分布(z=2.6 m，p= 2.0 MPa)[15]

3.5　化学吸收过程 $\overline{c'^2} - \varepsilon_{c'}$ 两方程数学模型

在化工生产中，常常会遇到从气体混合物中分离其中一种或几种组分的单元操作过程，该过程即为气体吸收。气体吸收的原理是根据气体混合物中各组分在某液体溶剂中的溶解度不同而将气体混合物进行分离。如图 3-47 所示，这是一个简化的吸收过程示意图。吸收操作所用的液体溶剂称为吸收剂，以 S 表示；气体混合物中，能够显著溶解于吸收剂的组分称为溶质，以 A 表示；而几乎不被溶解的组分统称为惰性组分或载体，以 B 表示；所得到的溶液称为吸收液(或溶液)，它是溶质 A 在溶剂 S 中的溶液；被吸收后排出的气体称为吸收尾气，其主要成分为惰性气体 B，但仍含有微量未被吸收的溶质 A。在本章中，以 MEA 水溶液作为吸收剂，对气体主要为含 CO_2 的混合气体进行讨论。

吸收过程按溶质与吸收剂之间是否存在化学反应可分为物理吸收和化学吸收。若在吸收过程中，气体溶质与液体

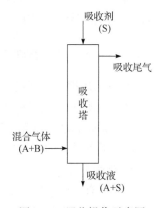

图 3-47　吸收操作示意图

溶剂之间不发生显著的化学反应，可以将吸收过程看成是气体溶质单纯地溶解于液体溶剂的物理过程，则称为物理吸收；相反，如果在吸收过程中气体溶质与液体溶剂之间(或其中的活泼组分)发生显著的化学反应，则称为化学吸收。在工业吸收操作中，通常采用气液逆流操作方式来提高传质效率，主要设备是填料塔或板式塔，其中使用填料塔较多，因此在本章中只讨论散堆填料塔的吸收过程模拟。

塔设备内的气液传质过程既包括了气液两相双向传质过程，如精馏，又包括气液两相单向传质过程，如吸收。气体吸收是一种或多种气体溶解于液体的过程，是化学工业中被广泛应用的一种单元操作。当溶解的气体与溶剂或溶剂中某一组分发生化学反应，气体吸收属于化学吸收，如碱溶液脱除合成氨原料气中的二氧化碳过程就是化学吸收过程，否则为物理吸收。关于塔设备内吸收过程的计算流体力学模拟，国内有天津大学的Yu 等[32]和代成娜等[33]，以及化学工程联合国家重点实验室、天津大学化工学院、天津化学化工协同创新中心的姜山等[34]在这方面做了大量的工作。他们的工作主要集中于 CO_2 的 MEA 水溶液化学吸收过程、N_2 的 MEA 水溶液化学吸收过程以及 CO_2 的 NaOH 水溶液化学吸收过程等。限于篇幅关系，为说明计算传质学在吸收过程中的应用，本节对 MEA 水溶液吸收 CO_2 典型案例做具体论述，刘国标等对这类二氧化碳吸收过程采用计算传质学方法进行模拟[35-37]。

化学吸收特征之一是伴随有热效应产生。因此，进行计算传质学模拟时，除要建立流体力学和传质方程，还需建立能量方程。

目前，用于模拟填料塔吸收过程的传质、传热模型大部分是建立在简化的"活塞流和无扩散"假设基础上的[38]，既不考虑填料床结构非均匀性以及由此导致的流体流动、传质与传热非均匀性，也忽略了过程的湍流扩散、质量扩散和热扩散。而在实际吸收过程中，这些非均匀性和扩散的存在降低了浓度梯度，从而减少了质量传递推动力，也就是降低了填料塔的吸收性能。可见用活塞流和无扩散模型的模拟结果与实际情况偏离较远。因此在过程的准确模拟时必须计及这些非均匀性和扩散效应。

因此，合理解决化学吸收过程中的传热、传质过程的模拟，就必须建立较严格的湍流扩散系数 α_t 和 D_t 模型，用以解决传热、传质方程的封闭问题。本章将采用两方程传热模型即 $\overline{T'^2} - \varepsilon_{T'}$ 模型，以及两方程传质模型即 $\overline{c'^2} - \varepsilon_{c'}$ 模型，以实现传热和传质方程的封闭，从而实现吸收过程的合理模拟。刘国标等对此进行了模拟与探讨[35-37]，如下所示。

3.5.1　$\overline{c'^2} - \varepsilon_{c'}$ 两方程数学模型

本节采用拟单液相的计算传质学模型来描述散堆填料塔内化学吸收过程的流动、传热、传质和化学反应过程，为此有如下假设。

(1) 流体流动为稳态的轴对称流动。

(2) 吸收过程的溶解热及反应热均被液相吸收，气液两相间没有传热发生，填料颗粒的导热忽略不计。

(3) 只有气体溶质被液体溶剂吸收，忽略液体溶剂的挥发。

(4) 吸收过程为绝热操作。

模型方程包括液相的流体力学、传热和传质三部分，需同时求解。

1. 流体力学方程组

质量守恒方程为

$$\frac{\partial(\rho_L \beta_L U_{Li})}{\partial x_i} = S_m \tag{3-92}$$

由于液相吸收溶质而无溶质蒸发，即增加了质量，故在上式中源项 $S_m \neq 0$，ρ_L 也不为常数。

动量守恒方程为

$$\frac{\partial(\rho_L \beta_L U_{Li} U_{Lj})}{\partial x_i} = -\beta_L \frac{\partial p}{\partial x_j} + \frac{\partial}{\partial x_i}\left[\beta_L \mu_L\left(\frac{\partial U_{Lj}}{\partial x_i}\right) - \beta_L \rho_L \overline{u_i' u_j'}\right] + \beta_L(\rho_L g + F_{LS} + F_{LG})$$

$$-\overline{u_i' u_j'} = \frac{\mu_{Lt}}{\rho_L}\left(\frac{\partial U_{Li}}{\partial x_{Lj}} + \frac{\partial U_{Lj}}{\partial x_{Li}}\right) - \frac{1}{3}\delta_{ij}\overline{u_i' u_j'} \tag{3-93}$$

式中，ρ_L 为液相密度；β_L 为基于填料床层孔隙体积的液相相含率；S_m 为质量守恒方程的源项(代表溶质向液相的转移量)；F_{LS} 和 F_{LG} 为动量守恒方程源项，分别代表散堆填料给液相流动造成的阻力和气液两相流动时气液两相间的相互作用力；μ_{Lt} 为液体湍流黏度系数。μ_t 采用 k-ε 标准两方程模型求解，故有

$$\mu_t = \rho c_\mu \frac{k^2}{\varepsilon} \tag{3-94}$$

式中，k 及 ε 均指液相，下标 L 略去(下同)。

k 方程为

$$\frac{\partial(\rho_L \beta_L U_L k)}{\partial x_i} = \frac{\partial}{\partial x_i}\left[\beta_L\left(\mu + \frac{\mu_t}{\sigma_k}\right)\frac{\partial k}{\partial x_i}\right] + \beta_L G_k - \beta_L \rho_L \varepsilon \tag{3-95}$$

$$G_k = \mu_t\left(\frac{\partial U_{Lj}}{\partial x_{Li}} + \frac{\partial U_{Li}}{\partial x_{Lj}}\right)\frac{\partial U_{Lj}}{\partial x_{Li}} \tag{3-96}$$

ε 方程为

$$\frac{\partial(\rho_L \beta_L U_L \varepsilon)}{\partial x_i} = \frac{\partial}{\partial x_i}\left[\beta_L\left(\mu + \frac{\mu_t}{\sigma_\varepsilon}\right)\frac{\partial \varepsilon}{\partial x_i}\right] + C_1 \beta_L G_k \frac{\varepsilon}{k} - C_2 \beta_L \rho_L \frac{\varepsilon^2}{k} \tag{3-97}$$

湍流模型方程中的常数取值为[39]：c_μ=0.09，σ_k=1.0，σ_ε=1.3，C_1=1.44，C_2=1.92。

2. 能量方程组

能量守恒方程为

$$\frac{\partial(\rho_L \beta_L C_p U_i T)}{\partial x_i} = \frac{\partial}{\partial x_i}\left(\rho_L \beta_L C_p(\alpha + \alpha_t)\frac{\partial T}{\partial x_i}\right) + \beta_L S_T \tag{3-98}$$

式中，C_p 为流体的恒压热容；S_T 为能量方程的源项；α、α_t 分别为流体的分子扩散系数与湍流热扩散系数，对于湍流热扩散系数 α_t 的求解，采用 Nagano 和 Kim[40]的 $\overline{T'^2} - \varepsilon_{T'}$ 两方程模型。

湍流热扩散系数 α_t 定义为

$$\alpha_t = C_{T0}k\left[\frac{k}{\varepsilon}\frac{\overline{T'^2}}{\varepsilon_{T'}}\right]^{\frac{1}{2}} \tag{3-99}$$

温度方差 $\overline{T'^2}$ 及其耗散率 $\varepsilon_{T'}$ 的定义分别为

$$\varepsilon_{T'} = \alpha\overline{\frac{\partial T'}{x_i}\frac{\partial T'}{x_i}} \tag{3-100}$$

$\overline{T'^2}$ 方程为

$$\frac{\partial\left(\rho_L\beta_L U_i \overline{T'^2}\right)}{\partial x_i} = \frac{\partial}{\partial x_i}\left[\rho\beta_L\left(\alpha + \frac{\alpha_t}{\sigma_{T'}}\right)\frac{\partial\overline{T'^2}}{\partial x}\right] - 2\rho_L\beta_L\alpha_t\left(\frac{\partial T}{\partial x_i}\right)^2 - 2\rho_L\beta_L\varepsilon_{T'} \tag{3-101}$$

$\varepsilon_{T'}$ 方程为

$$\frac{\partial(\rho_L\beta_L U\varepsilon_{T'})}{\partial x_i} = \frac{\partial}{\partial x_i}\left[\rho_L\beta_L\left(\alpha + \frac{\alpha_t}{\sigma_{\varepsilon_r}}\right)\frac{\partial\varepsilon_{T'}}{\partial x_i}\right] - C_{T1}\rho_L\beta_L\alpha_t\left(\frac{\partial T}{\partial x_i}\right)^2\frac{\varepsilon_{T'}}{\overline{T'^1}} - C_{T2}\beta_L\frac{\varepsilon_{T'}^2}{\overline{T'^2}} - C_{T3}\beta_L\frac{\varepsilon\varepsilon_{T'}}{k}$$

$$\tag{3-102}$$

方程组中的常数取值为：$C_{T0}=0.10$，$C_{T1}=1.8$，$C_{T2}=2.2$，$C_{T3}=0.8$，$\sigma_{T'}=1.0$，$\sigma_{\varepsilon_r}=1.0$。式中，$\alpha_t$ 为湍流热扩散系数；$\overline{T'^2}$ 为温度方差；$\varepsilon_{T'}$ 为温度方差耗散率；ρ_L 为液相密度；β_L 为基于填料床层孔隙体积的液相相含率。

3. 传质方程组

传质组分质量守恒方程为

$$\frac{\partial(\beta_L U_i C)}{\partial x_i} = \frac{\partial}{\partial x_i}\left(\beta_L(D_L + D_t)\frac{\partial C}{\partial x_i}\right) + \beta_L S_c \tag{3-103}$$

对于湍流传质扩散系数 D_t，采用 $\overline{c'^2} - \varepsilon_{c'}$ 两方程模型求解，即

$$D_t = C_{c0}k\left(\frac{k}{\varepsilon}\frac{\overline{c'^2}}{\varepsilon_{c'}}\right)^{\frac{1}{2}} \tag{3-104}$$

其中浓度方差以及浓度方差耗散率分别定义为

$$\varepsilon_{c'} = D_L\overline{\frac{\partial c'}{\alpha_{x_i}}\frac{\partial c'}{\alpha_{x_i}}} \tag{3-105}$$

$\overline{c'^2}$ 方程为

$$\frac{\partial\left(\beta_{\mathrm{L}}U_i\overline{c'^2}\right)}{\partial x_i}=\frac{\partial}{\partial x_i}\left[\beta_{\mathrm{L}}\left(D_{\mathrm{L}}+\frac{D_{\mathrm{t}}}{\sigma_{c'}}\right)\frac{\partial\overline{c'^2}}{\partial x_i}\right]-2\beta_{\mathrm{L}}D_{\mathrm{t}}\left(\frac{\partial C}{\partial x_i}\right)^2-2\beta_{\mathrm{L}}\varepsilon_{c'} \tag{3-106}$$

$\varepsilon_{c'}$ 方程为

$$\frac{\partial\beta_{\mathrm{L}}U_i\varepsilon_{c'}}{\partial x_i}=\frac{\partial}{\partial x_i}\left[\rho\beta_{\mathrm{L}}\left(D_{\mathrm{L}}+\frac{D_{\mathrm{t}}}{\sigma_{\varepsilon_{c'}}}\right)\frac{\partial\varepsilon_{c'}}{\partial x_i}\right]-C_{c1}\beta_{\mathrm{L}}D_{\mathrm{t}}\left(\frac{\partial C}{\partial x_i}\right)^2\frac{\varepsilon_{c'}}{\overline{c'^2}}-C_{c2}\beta_{\mathrm{L}}\frac{\varepsilon_{c'}^2}{\overline{c'^2}}-C_{c3}\beta_{\mathrm{L}}\frac{\varepsilon\varepsilon_{c'}}{k} \tag{3-107}$$

方程组中的常数取值为：C_{c0}=0.11，C_{c1}=1.8，C_{c2}=2.2，C_{c3}=0.8，$\sigma_{c'}$=1.0，$\sigma_{\varepsilon_{c'}}$=1.0。式中，$\rho_{\mathrm{L}}$ 为液相密度；β_{L} 为基于填料床层孔隙体积的液相相含率；D_{t} 为湍流传质扩散系数。

4. 边界条件

边界条件设置如图 3-48 所示。

1) 塔顶（$x=0$）

边界条件设置为 $U=U_{\mathrm{im}}$，$V=0$，$T=T_{\mathrm{in}}$，$C_i=C_{\mathrm{im}}$，对于湍流动能以及湍流动能耗散率，采用文献[41]推荐的经验关联式计算：

$$k_{\mathrm{in}}=0.003U_{\mathrm{in}}^2 \tag{3-108}$$

$$\varepsilon_{\mathrm{in}}=0.09\frac{k_{\mathrm{in}}^{1.5}}{d_{\mathrm{H}}} \tag{3-109}$$

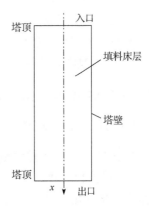

图 3-48　边界条件设置示意图

温度方差 $\overline{T'^2}$ 的边界条件设置可以根据 Tavoularis 和 Corrsin[42-43]及 Ferchichi 和 Tavoularis[44]的研究结果得

$$\overline{T_{\mathrm{in}}'^2}-(0.082\Delta T)^2=0.0067(\Delta T)^2 \tag{3-110}$$

选择 ΔT =0.1 K 来确定边界初始值。

对于浓度方差 $\overline{c'^2}$ 的边界条件设置，根据传热传质类似律可以认为

$$\overline{c'^2}=(0.082C_{i,\mathrm{in}})^2=0.0067C_{i,\mathrm{in}}^2 \tag{3-111}$$

浓度方差耗散率 $\varepsilon_{c'}$ 的边界条件可以设置为

$$\varepsilon_{c'}=0.4\left(\frac{\varepsilon_{\mathrm{in}}}{k_{\mathrm{in}}}\right)\overline{c_{\mathrm{in}}'^2} \tag{3-112}$$

温度方差耗散率 $\varepsilon_{T'}$ 的边界条件可以设置为

$$\varepsilon_{T'}=0.4\left(\frac{\varepsilon_{\mathrm{in}}}{k_{\mathrm{in}}}\right)\overline{T_{\mathrm{in}}'^2} \tag{3-113}$$

2) 塔底

假设液体流动达到了充分发展状态,所有变量ϕ除了压力外,沿填料塔x轴方向的梯度均为零,即

$$\frac{\partial \phi}{\partial x} = 0 \tag{3-114}$$

3) 轴对称

在塔的中心线$y=0$处,变量中沿y方向(与x方向垂直)的梯度为零,即

$$\frac{\partial \phi}{\partial y} = 0 \tag{3-115}$$

4) 塔壁($y=R$)

边界条件设置为无滑移壁面,速度、湍流动能、湍流动能耗散率等于零,其他变量在壁面处的通量设置也为零。

5) 近壁面区

采用标准壁函数法近似计算速度、温度、浓度等变量。

下面各节的吸收过程均采取上述的数学模型进行模拟计算。其中,$\varepsilon_{c'}$为浓度方差耗散率;$\varepsilon_{T'}$为温度方差耗散率。

3.5.2　CO_2的MEA水溶液化学吸收过程模拟及验证

1. CO_2与MEA水溶液的反应过程

当含有CO_2的天然气混合物与碳化率小于0.5的MEA水溶液逆流通过散堆填料塔时,CO_2被液相吸收,并与溶液中的MEA发生反应,同时放出溶解热以及反应热使液相的温度发生变化,这一过程分为下面几步进行[45-46]:

$$CO_{2,G} \longrightarrow CO_{2,L} + H_A \tag{1}$$

$$CO_{2,L} + 2BNH_2 \xrightarrow{k_2} BNHCOO^- + BNH_3^+ + H_R \tag{2}$$

$$CO_{2,L} + BNHCOO^- + 2H_2O \xrightarrow{k_2} BNH_3^+ + 2HCO_3^- \tag{3}$$

字母B代表$HOCH_2CH_2^-$基团,H_A代表物理溶解热,H_R代表化学反应热,MEA的分子结构为

第(1)步是CO_2气体被液相物理吸收,并伴有溶解热效应。在工业吸收塔中,气液接触时间很短,相对于第(2)步,第(3)步可以忽略不计。而第(2)步又分为下面两步进行:

$$CO_{2,L} + BNH_2^- \longrightarrow BNHCOO^- + H^+ \tag{4}$$

$$BNH_2 + H^+ \longrightarrow BNH_3^+ \tag{5}$$

因为第(5)步反应是质子转移过程，可以认为是瞬时进行的，第(4)步为二级反应，是这一反应的控制步骤。所以，可以认为 MEA 水溶液吸收 CO_2 是一个伴有二级化学反应的化学吸收过程，总的反应可以用第(2)步为代表，反应速率 R_c 可以表示为

$$R_c = k_2 [CO_2][MEA] \tag{3-116}$$

2. 源项的确定

为了应用上节的计算传质学模型模拟散堆填料塔内 MEA 水溶液化学吸收 CO_2 这一稳态过程，模型方程中的未知项，如质量守恒方程源项 S_m、基于填料床层孔隙体积的液相相含率 β_L、散堆填料给液相流动造成的阻力 F_{LS}、气液两相流动时气液两相间的相互作用力 F_{LG}、能量守恒方程源项 S_T 以及浓度守恒方程源项 S_c，必须予以确定。文献[35]给出了相含率 β_L、散堆填料给液相流动造成的阻力 F_{LS}、气液两相流动时气液两相间的相互作用力 F_{LG} 的确定方法。

1) 质量守恒方程源项 S_m

由于液相吸收气相中的 CO_2，而使液相的质量发生变化，源项 $S_m[kg/(m^3 \cdot s)]$ 可按式(3-117)计算：

$$S_m = k_L a_e E (C_{i,CO_2} - C_{CO_2}) \tag{3-117}$$

式中，k_L 为液相传质系数，m/s；a_e 为单位体积填料的有效传质界面积，m^2/m^3；E 为因化学反应而使传质系数提高的增强因子；C_{i,CO_2} 和 C_{CO_2} 分别为 CO_2 在气液界面和液相主体的质量浓度，kg/m^3。

液相传质系数 k_L、单位体积填料的有效传质界面积 a_e 根据 Onda 等[47]提供的关联式计算：

$$k_L = 0.0051 \left(\frac{\mu g}{\rho} \right)^{\frac{1}{3}} \left(\frac{L}{a_w \mu_L} \right)^{\frac{2}{3}} \left(\frac{\mu_L}{\rho D_{CO_2,L}} \right)^{-\frac{1}{2}} (a d_p)^{0.4} \tag{3-118}$$

$$\frac{a_w}{a} = 1 - \exp \left[-1.45 \left(\frac{\sigma_{ct}}{\sigma} \right)^{0.75} \left(\frac{L}{a \mu_L} \right)^{0.1} \left(\frac{L^2 a}{\rho^2 g} \right)^{-0.05} \left(\frac{L^2}{\rho a \sigma} \right)^{0.2} \right] \tag{3-119}$$

式中，a 及 a_w 分别为单位体积填料床的填料表面积及润湿表面积，并认为填料有效表面积 $a_e = a_w$；σ 为表面张力；σ_{ct} 为填料的临界表面张力，对陶瓷填料为 0.061，对不锈钢填料为 0.071。

MEA 水溶液的黏度根据 Weiland 等[46]提供的关系式计算：

$$\frac{\mu_L}{\mu_{H_2O}} = \exp \left\{ \frac{100 C_{MEA} (2373 + 2118.6 C_{MEA}) [\eta_c (-2.2589 + 0.0093 \times T + 1.015 C_{MEA}) + 1.0]}{T^2} \right\}$$

$$\tag{3-120}$$

式中，η_c 为 MEA 水溶液的碳化率。

MEA 水溶液的表面张力 σ_L 由 Vazquez 等[48]提供的关联式计算：

$$\sigma_L = \sigma_{H_2O} - (\sigma_{H_2O} - \sigma_{MEA})\left\{1 + \frac{\left[0.63036 - 1.3\times10^{-5}(T-273.15)\right]x_{H_2O}}{1 - \left[0.947 - 2\times10^{-5}(T-273.15)\right]x_{H_2O}}\right\}x_{MEA} \tag{3-121}$$

$$\sigma_{H_2O} = 76.0852 - 0.1609(T-273.15) \tag{3-122}$$

$$\sigma_{MEA} = 53.082 - 0.1648(T-273.15) \tag{3-123}$$

式中，σ_{H_2O}、σ_{MEA} 分别为纯水、纯 MEA 液体的表面张力；x_{H_2O}、x_{MEA} 分别为溶液中水、MEA 的摩尔分数。

增强因子 E 同样采用 Wellek 等[49]得出的预测增强因子的关联式计算：

$$E = 1 + \left[\frac{1}{(E_i-1)^{-1.35} + (E_1-1)^{-1.35}}\right]^{1/1.35} \tag{3-124}$$

$$E_i = 1 + \frac{D_{MEA,L}X_{MEA}}{2D_{CO_2,L}X_{i,CO_2}} \tag{3-125}$$

$$Ha = 1 + \frac{D_{CO_2,L}k_2X_{MEA}}{k_L^2} \tag{3-126}$$

$$E_1 = \frac{\sqrt{Ha}}{\tanh\sqrt{Ha}} \tag{3-127}$$

式中，X_{MEA} 为 MEA 在液相中的物质的量浓度；D_{MEA} 为 MEA 在液相中的分子扩散系数；k_2 为 CO_2 与 MEA 反应的二级反应速率常数；Ha 为量纲为一的函数，可基于膜理论分析得出。

由于 CO_2 与 MEA 水溶液发生反应，$D_{CO_2,L}$ 不能直接测定，而是通过对比 N_2O 在 MEA 水溶液中的分子扩散系数 $D_{N_2O,L}$ 而求得[50]

$$D_{CO_2,L} = D_{N_2O,L}\left(\frac{D_{CO_2}}{D_{N_2O}}\right)_W \tag{3-128}$$

$$(D_{CO_2})_W = 2.35\times10^{-6}\exp\left(-\frac{2119}{T}\right) \tag{3-129}$$

$$(D_{N_2O})_W = 5.07\times10^{-6}\exp\left(-\frac{2371}{T}\right) \tag{3-130}$$

式中，$(D_{CO_2})_W$、$(D_{N_2O})_W$ 分别为 CO_2、N_2O 在纯水中的分子扩散系数。N_2O 在 MEA 水溶液中的分子扩散系数 $D_{N_2O,L}$ 可根据 Ko 等[51]提供的关联式计算：

$$D_{N_2O,L} = \left(5.07 + 0.865X_{MEA} + 0.278X_{MEA}^2\right)\times\exp\left(\frac{-2371.0 - 93.4X_{MEA}}{T}\right)\times10^{-6}$$

MEA 分子在水溶液中的分子扩散系数 $D_{MEA,L}$ 根据 Snijder 等[52]提供的关联式计算：

$$D_{MEA,L} = \exp\left(-13.275 - \frac{2198.3}{T} - 0.078142X_{MEA}\right) \tag{3-131}$$

CO_2 与 MEA 反应的二级反应速率常数 k_2 可根据 Hikita 等[53]提供的关联式计算：

$$\lg k_2 = 10.99 - \frac{2152}{T} \tag{3-132}$$

CO_2 在气液界面处的物质的量浓度 X_{i,CO_2} 可由亨利(Henry)定律得

$$X_{i,CO_2} = Hp_t y_{CO_2} \tag{3-133}$$

式中，H 为 CO_2 在 MEA 水溶液中的 Henry 常数，同样是通过对比 N_2O 在 MEA 水溶液中的 Henry 常数计算：

$$H = H_{N_2O}\left(\frac{H_{CO_2}}{H_{N_2O}}\right)_W \tag{3-134}$$

$$\left(H_{CO_2}\right)_W = \left[2.82\times10^6 \exp\left(-\frac{2044}{T}\right)\right]^{-1} \tag{3-135}$$

$$\left(H_{N_2O}\right)_W = \left[8.552\times10^6 \exp\left(-\frac{2284}{T}\right)\right]^{-1} \tag{3-136}$$

式中，$\left(H_{CO_2}\right)_W$、$\left(H_{N_2O}\right)_W$ 分别为 CO_2、N_2O 在纯水中的 Henry 常数。N_2O 在 MEA 水溶液中的 Henry 常数 $H_{N_2O,L}$ 可由 Wang 等[54]提供的关联式计算：

$$\ln H_{N_2O,L} = \nu_{MEA}\ln\left(H_{N_2O}\right)_{MEA} + \nu_{H_2O}\ln\left(H_{N_2O}\right)_W + \aleph_{MEA,H_2O} \tag{3-137}$$

$$\left(H_{N_2O}\right)_{MEA} = \left[1.207\times10^5 \exp\left(-\frac{1136.5}{T}\right)\right]^{-1} \tag{3-138}$$

$$\aleph_{MEA,H_2O} = -\nu_{MEA}\nu_{H_2O}\left(4.793 - 7.446\times10^{-3}T - 2.201\nu_{H_2O}\right) \tag{3-139}$$

式中，ν_{MEA}、ν_{H_2O} 分别为 MEA、H_2O 在 MEA 水溶液中的体积分数；$\left(H_{N_2O}\right)_{MEA}$ 为 N_2O 在纯 MEA 中的 Henry 常数；$\aleph_{MEA,H_2O}$ 为过量 Henry 数[55]。

同样，为了计算气相传质系数，气相中的物性参数必须确定，如 CO_2 在气相中的分子扩散系数 D_G 以及气相混合物的黏度 μ_G、密度 ρ_G。

CO_2 在空气中的分子扩散系数的计算采用 Poling 等[56]方法：

$$D_G = \frac{0.00143T^{1.75}}{P_t M_{AB}^{0.5}\left[\left(\sum\nu\right)_A^{1/3} + \left(\sum\nu\right)_B^{1/3}\right]^2} \tag{3-140}$$

CO_2 在天然气中的分子扩散系数 D_G 采用 Blanc's law 混合规则求解：

$$D_G = \sum_{\substack{j=1 \\ j \neq A}}^{n} \left(\frac{X_j}{D_{Aj}} \right) \qquad (3\text{-}141)$$

而式中的 D_{Aj} 采用上一方程的 D_G 方法计算。此模拟假设天然气混合物由 CH_4、C_2H_6 和 CO_2 组成,其他微量成分忽略不计。

气相混合物的黏度 μ_G 采用 Bromley 与 Wilke 提供的关联式[57]求解:

$$\mu_G = \sum_{i=1}^{n} \frac{\mu_i}{1 + \sum_{\substack{j=1 \\ j \neq i}}^{n} \left(\phi_{ij} \frac{X_j}{X_i} \right)} \qquad (3\text{-}142)$$

$$\phi_{ij} = \frac{1 + \dfrac{\mu_i}{\mu_j} \left(\dfrac{M_j}{M_i} \right)^{0.5}}{\sqrt{8} \left(1 + \dfrac{M_i}{M_j} \right)^{0.5}} \qquad (3\text{-}143)$$

μ_i 表示各组分的黏度。纯 CO_2、空气的黏度分别为[58]

$$\mu_{CO_2} = 1.25804 \times 10^{-6} + 4.54694 \times 10^{-8} T \qquad (3\text{-}144)$$

$$\mu_{air} = 4.80555 \times 10^{-6} + 4.56363 \times 10^{-8} T \qquad (3\text{-}145)$$

低压下烷烃气体的黏度采用 Stiel and Thodos 方法[57]计算:

$$\mu_i = 4.6 \times 10^{-7} \times \frac{\phi M_i^{0.5} p_c^{2/3}}{T_c^{1/6}} \qquad (3\text{-}146)$$

式中,ϕ 为模型参数;p_c、T_c 分别为纯气体组分的临界压力、温度。

2) 浓度守恒方程源项 S_c

当液相吸收 CO_2 后,由于溶液中的 MEA 与之发生反应,溶液中 MEA 浓度逐渐减小,可以根据总反应方程式以及 CO_2 的被吸收速率计算:

$$S_c = -\frac{S_m}{44} \times 61 \times 2 \qquad (3\text{-}147)$$

3) 能量守恒方程源项 S_T

当 CO_2 被 MEA 水溶液吸收时,由于伴有物理溶解热以及化学反应热,溶液温度会发生变化,热生成速率可根据吸收的 CO_2 量计算:

$$S_T = \frac{S_m}{M_{CO_2}} (H_A + H_R) \qquad (3\text{-}148)$$

式中,物理溶解热 $H_A = 1.9924 \times 10^7$ J/mol,在 25℃时化学反应热 $H_R = 8.4443 \times 10^7$ J/mol[39]。

3. 模拟结果

模拟计算采用商用软件 Fluent 6.2,数值方法采用有限体积法。对于速度-压力耦合问题采用 SIMPLEC 算法解决，数值解收敛标准为所有模拟变量的残差小于等于 10^{-6}，数值差分格式为二阶迎风差分格式。

文献[59]报道了用 MEA 水溶液在散堆填料塔内吸收天然气中的 CO_2 的 15 组实验数据，本章只给出实验编号 T115 计算传质学模拟结果与实验测量结果的比较。

1) 轴向及径向浓度及温度的整塔分布

为了观察整塔的性能，根据模型计算出气相中 CO_2 浓度、液相碳化率、液相温度、液相中自由 MEA 浓度的等值，示于图 3-49。从图 3-49 中可见，吸收过程主要发生在塔底部。

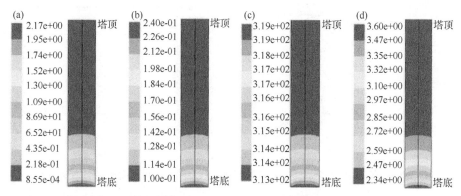

图 3-49　在 T115 实验条件下的模拟等值：(a)CO_2 浓度；(b)液相碳化率；(c)液相温度；(d)MEA 浓度[36]

2) 湍流扩散系数、湍流传热与传质扩散系数沿径向的整塔分布

本章提出的计算传质学模型分别采用 k-ε、$\overline{T'^2}$-$\varepsilon_{T'}$、$\overline{c'^2}$-$\varepsilon_{c'}$ 两方程模型计算，可以同时得到湍流动量扩散系数(运动黏度 ν_t)、湍流传质扩散系数(D_t)和湍流传热扩散系数(α_t)的分布。以实验编号 T22、T115 为例。它们沿径向、塔高的分布如图 3-50～图 3-52 所示。

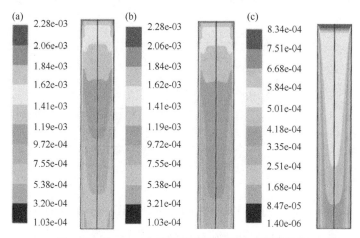

图 3-50　在 T115 实验条件下模拟扩散系数的等值

(a) D_t；(b) α_t；(c) ν_t [66]

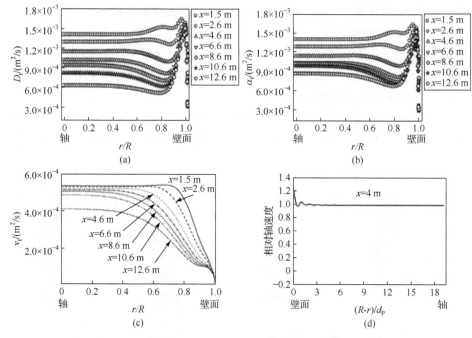

图 3-51   在 T115 实验条件下模拟的扩散系数及轴向相对速度沿径向的变化[36]

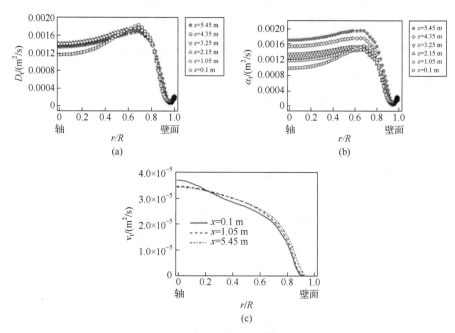

图 3-52   在 T22 实验条件下模拟扩散系数沿径向的变化[36]

从图 3-50～图 3-52 可见，湍流传质扩散系数沿径向分布与文献[60-61]实验测量一致。此外，如图 3-51(a)所示，采用计算传质学模型得到实验编号 T115 湍流传质扩散系数范围在 $6.0 \times 10^{-4} \sim 1.5 \times 10^{-3}$ m²/s，而根据 Sater 等[62]和 Michell 等[63]提供的关联式计算分别为 1.01×10^{-3} m²/s 和 1.01×10^{-3} m²/s。由于实验条件不同，所得的湍流扩散系数的数量级虽相同，但其差别说明，在传质过程中，湍流传质扩散系数不仅受到速度场的影响，而且受到温度场及浓度场的影响。同样，比较图 3-50 可以发现，湍流动量扩散系数 ν_t、湍流传质扩散系数 D_t、湍流传热扩散系数 α_t 的分布并不相同，而且差别明显，说明通常采用固定湍流 Pr_t、Sc_t 来衡量湍流传热、传质只是粗略地近似。

图 3-51(d)显示了实验编号 T115 的液相轴向相对速度沿径向的分布，可见明显的"壁流"现象；在距离塔壁(2～3)d_p 后，流动区域均匀，这与小塔的预测结果一致，也与文献 [64-65]测量一致。

习　题

3-1　斯托克斯流是什么？

3-2　扩散和传质有什么区别？

3-3　质量扩散率与热扩散率和运动黏度具有相同的单位吗？

3-4　扩散的不同类型是什么？

3-5　吸收的基本原理是什么？

3-6　模拟填料塔吸收过程有哪些常用数学模型？

参 考 文 献

[1] Karki K C, Radmehr A, Patankar S V. Use of computational fluid dynamics for calculating flow rates through perforated tiles in raised-floor data centers. HVAC&R Research, 2003, 9 (2): 153-166.

[2] Ferchichi M, Tavoularis S. In PDF of temperature fluctuations in uniformly sheared turbulence. IUTAM Symposium on Turbulent Mixing and Combustion, Kingston, Canada, Jun 03-06; Kingston, Canada, 2001, 201-209.

[3] Liu G B, Yu K, Yuan X, et al. A numerical method for predicting the performance of a randomly packed distillation column. International Journal of Heat and Mass Transfer, 2009, 52(23-24): 5330-5338.

[4] Sun Z M, Liu B, Yuan X, et al. New turbulent model for computational mass transfer and its application to a commercial-scale distillation column. Industrial & Engineering Chemistry Research, 2005, 44(12): 4427-4434.

[5] Lacroix M, Nguyen P, Schweich D, et al. Pressure drop measurements and modeling on SiC foams. Chemical Engineering Science, 2007, 62(12): 3259-3267.

[6] Wu Z Y, Caliot C, Bai F, et al. Experimental and numerical studies of the pressure drop in ceramic foams for volumetric solar receiver applications. Applied Energy, 2010, 87(2): 504-513.

[7] 高国华. 新型多孔泡沫塔盘和规整填料的多尺度模拟研究. 天津: 天津大学, 2011.

[8] Hughmark G, O'Connell H. Design of perforated plate fractionating towers. Chemical Engineering Progress, 1957, 53(3): 127-132.

[9] Ludwig E. 化工装置实用工艺设计. 第 1 卷. 北京: 化学工业出版社, 2006.

[10] 路秀林, 王者相. 塔设备/化工设备设计全书. 北京: 化学工业出版社, 2004.

[11] Larachi F, Petre C, Iliuta I, et al. Tailoring the pressure drop of structured packings through CFD simulations. Chemical Engineering and Processing: Process Intensification, 2003, 42(7): 535-541.

[12] Li X, Gao G, Zhang L, et al. Multiscale simulation and experimental study of novel SiC structured packings. Industrial & Engineering Chemistry Research, 2012, 51(2): 915-924.

[13] Petre C, Larachi F, Iliuta I, et al. Pressure drop through structured packings: Breakdown into the

contributing mechanisms by CFD modeling. Chemical Engineering Science, 2003, 58(1): 163-177.

[14] Yakhot V, Orszag S. Renormalization group analysis of turbulence. I. Ba SiC theory. Journal of Scientific Computing, 1986, 1(1): 3-51.

[15] Yan P, Jin H, He G, et al. CFD simulation of hydrodynamics in a high-pressure bubble column using three optimized drag models of bubble swarm. Chemical Engineering Science, 2019, 199: 137-155.

[16] Roghair I, van Sint Annaland M, Kuipers H. Drag force and clustering in bubble swarms. Aiche Journal, 2013, 59(5): 1791-1800.

[17] Yang G, Guo K, Wang T. Numerical simulation of the bubble column at elevated pressure with a CFD-PBM coupled model. Chemical Engineering Science, 2017, 170: 251-262.

[18] Tomiyama A. Struggle with computational bubble dynamics. Multiphase Science and Technology, 1998, 10(4): 369-405.

[19] Wilkinson P, Spek A, van Dierendonck L. Design parameters estimation for scale-up of high-pressure bubble columns. Aiche Journal, 1992, 38(4): 544-554.

[20] Buffo A, Vanni M, Renze P, et al. Empirical drag closure for polydisperse gas-liquid systems in bubbly flow regime: Bubble swarm and micro-scale turbulence. Chemical Engineering Research and Design, 2016, 113: 284-303.

[21] Li J, Cheng C, Zhang Z, et al. The EMMS model-its application, development and updated concepts. Chemical Engineering Science, 1999, 54(22): 5409-5425.

[22] 张煜. 湍动鼓泡塔充分发展段的流体力学与内构件技术研究. 杭州: 浙江大学, 2011.

[23] 刘鑫. 基于相间作用力模型的加压鼓泡塔流体力学数值模拟研究. 北京: 北京石油化工学院, 2016.

[24] 张博. 基于 CFD-PBM 耦合模型的加压鼓泡塔鼓气液两相流数学模拟的研究. 北京: 北京石油化工学院, 2018.

[25] Lahey Jr, De Bertodano M, Jones Jr. Phase distribution in complex geometry conduits. Nuclear Engineering and Design, 1993, 141(1-2): 177-201.

[26] 杨索和. 加压浆态鼓泡床反应器中部分流体力学特性的研究. 北京: 北京化工大学, 2004.

[27] Guédon G, Besagni G, Inzoli F. Prediction of gas-liquid flow in an annular gap bubble column using a bi-dispersed Eulerian model. Chemical Engineering Science, 2017, 161: 138-150.

[28] Xiao Q, Wang J, Yang N, et al. Simulation of the multiphase flow in bubble columns with stability-constrained multi-fluid CFD models. Chemical Engineering Journal, 2017, 329: 88-99.

[29] 严鹏. 鼓泡塔内气液流动行为的 CFD-PBM 耦合模型数值模拟. 北京: 北京石油化工学院, 2019.

[30] Besagni G, Di Pasquali A, Gallazzini L, et al. The effect of aspect ratio in counter-current gas-liquid bubble columns: Experimental results and gas holdup correlations. International Journal of Multiphase Flow, 2017, 94: 53-78.

[31] Sasaki S, Uchida K, Hayashi K, et al. Effects of column diameter and liquid height on gas holdup in air-water bubble columns. Experimental Thermal and Fluid Science, 2017, 82: 359-366.

[32] 余国琮, 袁希钢. 化工计算传质学. 北京: 化学工业出版社, 2017.

[33] 代成娜, 项银, 雷志刚. 规整填料塔中离子液体吸收 CO_2 的传质与流体力学性能. 化工学报, 2015, 66(8): 2953-2961.

[34] 姜山, 朱春英, 张璠玢, 等. 微通道内单乙醇胺水溶液吸收 CO_2/N_2 混合气的传质特性. 化工学报, 2017, 68(2): 643-652.

[35] 刘国标. 计算传递学及其在填料床与反应过程中的应用. 天津: 天津大学, 2006.

[36] Liu G B, Yu K, Yuan X, et al. Simulations of chemical absorption in pilot-scale and industrial-scale packed columns by computational mass transfer. Chemical Engineering Science, 2006, 61(19): 6511-6529.

[37] Liu G B, Yu K, Yuan X, et al. New model for turbulent mass transfer and its application to the simulations

of a pilot-scale randomly packed column for CO_2-NaOH chemical absorption. Industrial & Engineering Chemistry Research, 2006, 45(9): 3220-3229.

[38] Kohl A, Nielsen R. Gas purification gulf pub co. Houston: Book Division, 1997.

[39] Launder B, Spalding D. Lectures in mathematical models of turbulence. London: Academic Press, 1972.

[40] Nagano Y, Kim C. A 2-equation model for heat-transport in wall turbulent shear flows. Journal of Heat Transfer-transactions of the Asme, 1988, 110(3): 583-589.

[41] Khalil E, Spalding D, Whttelaw J. Calculation of local flow properties in 2-dimensional furnaces. International Journal of Heat and Mass Transfer, 1975, 18(6): 775-791.

[42] Tavoularis A, Corrsin S. Experiments in nearly homogeneous turbulent shear-low with a uniform mean temperature-gradient. 2. The fine-structure. Journal of Fluid Mechanics, 1981, 104: 349-367.

[43] Tavoularis A, Corrsin S. Experiments in nearly homogenous turbulent shear-flow with a uniform mean temperature-gradient. 1. Journal of Fluid Mechanics, 1981, 104: 311-347.

[44] Ferchichi M, Tavoularis S. Scalar probability density function and fine structure in uniformly sheared turbulence. Journal of Fluid Mechanics, 2002, 461: 155-182.

[45] Sada E, Kumazawa H, Butt M. Analytical approximate solutions for simultaneous absorption with reaction. Canadian Journal of Chemical Engineering, 1975, 54(1-2): 97-100.

[46] Weiland R H, Dingman J C, Cronin D B, et al. Density and viscosity of sone partially carbonated aqueous alkanolamine solutions and their blends. Journal of Chemical and Engineering Data, 1998, 43(3): 378-382.

[47] Onda K, Takeuchi H, Okumoto Y. Mass transfer coefficients between gas and liquid phases in packed columns. Journal of Chemical Engineering of Japan, 1968, 1: 56-62.

[48] Vazquez G, Alvareze E, Navaza J M, et al. Surface tension of binary mixtures of water plus monoethano-lamine and water plus 2-amino-2-methyl-1-propanol and tertiary mixtures of these amines with water from 25 degrees C to 50 degrees C. Journal of Chemical and Engineering Data, 1997, 42(1): 57-59.

[49] Wellek R, Brunsonr J, Law F. Enhancement factors for gas-absorption with 2Nd-order irreversible chemical-reaction. Canadian Journal of Chemical Engineering, 1978, 56(2): 181-186.

[50] Versteeg G, Vanswaaij W. On the kinetics between CO_2 and alkanolamines both in aqueous and non-aqueous solutions. 1. Primary and secondary-amines. Chemical Engineering Science, 1988, 43(3): 573-585.

[51] Ko J, Tsai T, Lin C, et al. Diffusivity of nitrous oxide in aqueous alkanolamine solutions. Journal of Chemical and Engineering Data, 2001, 46: 160-165.

[52] Snijder E, Teriele M, Versteeg G, et al. Diffusion-coefficients of several aqueous alkanolamine solutions. Journal of Chemical and Engineering Data, 1993, 38(3): 475-480.

[53] Hikita H, Asai S, Katsu Y, et al. Absorption of carbon-dioxide into aqueous monoethanolamine solutions. AIChE Journal. 1979, 25(5):793-800.

[54] Wang Y, Xu S, Olto F, et al. Solubility of N_2O in alkanolamine and in mixed solvents. Chemical Engineering Journal and the Biochemical Engineering Journal, 1992, 48(1): 31-40.

[55] Tsai T, Ko J, Wang H, et al. Solubility of nitrous oxide in alkanolamine aqueous solutions. Journal of Chemical and Engineering Data, 2000, 45: 341-347.

[56] Poling B, Pralisnitz J, O' Connell J. The Properties of gases and liquids. New York: McGraw-Hill, 2001.

[57] Perryr R H, Green D W. Perry's Chemical Engineers' Handbook. New York: McGraw-Hill, 2001.

[58] Geankoplis J. Transport processes and separation process principles (Includes Unit Operations). Upper Saddle River: Prentice Hall PTR, 2003.

[59] Tontiwachwuthikul P, Meisen A, Lim C. CO_2 absorption by NaOH, monoethanolamine and 2-amino-2-methy-1-propanol solutions in a packed-column. Chemical Engineering Science, 1992, 47(2): 381-390.

[60] Fahien R, Smth J. Mass transfer in packed bels. AIChE Journal, 1955, 1(1): 28-37.

[61] Dorweiler V, Fahien R. Mass transfer at low flow rates in a packed column. AIChE Journal, 1959, 5(2): 139-144.

[62] Sater V, Levenspiel O. Two-phase flow in packed beds. Industrial & Engineering Chemistry Fundamentals, 1966, 5(1): 86-92.

[63] Michell R W, Furzer I A. Mixing in trickle flow through packed beds. The Chemical Engineering Journal, 1972, 4(1): 53-63.

[64] Glese M, Rottschafer K, Vortmeyer D. Measured and modeled superficial flow profiles in packed beds with liquid flow. AIChE Journal, 1998, 4(2): 484-490.

[65] Liu S. A continuum model for gas-liquid flow in packed towers. Chemical Engineering Science, 2001, 56: 5945-5953.

第4章

机器学习在气液传质分离过程中的应用

化学工程是研究将原材料通过一系列单元操作加工得到产品的过程，其中涉及许多原料、中间品及产品与杂质的分离过程。典型的分离过程包括精馏、吸收、萃取、吸附、膜分离、干燥、蒸发等。经过化学工程多年来的发展，针对各类气液传质分离过程(精馏、吸收等)已形成诸多计算模型，通过给定一系列的原料参数、操作条件和设备条件，经由计算可以预测出传质分离的效果，便于工程师进行工业设计，减少反复实验的成本。然而，传统的计算模型也存在着诸多弊端。其一，部分传统模型计算复杂，这使得基于严格模型的计算时间成本显著增加，因而工程师在设计中往往更倾向于将模型简化，而简化后的模型势必为设计模拟计算引入系统误差。其二，在实际设计计算中，部分模型所需的参数并不确定或难以获得，设计人员采用估值等方法进行近似计算从而影响计算的精准度。其三，随着化学工程学科的发展，通过不同过程间相互耦合，减少设备数量、降低操作费用的过程强化技术已成为化学工程的发展趋势之一，针对耦合后的设备，现有的模型可能不足以满足计算需求，还需要提出新的模型以便于后续的设计与计算。因此，基于建模计算的传统方法已经逐渐无法满足当代化学工程设计计算的要求。

人工智能作为从计算机科学发展而来的一个领域，近几十年来随着计算机技术的进步有了快速的发展。机器学习(ML)作为人工智能的一个重要分支，在化学工程中有着广泛的应用前景。机器学习技术允许计算机对历史"经验"数据进行处理、挖掘，并从中进行学习，预测出所求的目标解。这些数据可能来源于专业数据库、工业实测、实验结果甚至模型计算，化学工程在多年的发展中已积累得到大量的数据，这使利用这些数据采用机器学习解决化学工程的部分问题成为可能。

相较于传统的建模计算方法，机器学习极大缩减了建立计算模型所需的时间与人工成本，但由于机器学习是直接从经验数据中进行学习，并非基于第一性原理构建起来的数学模型，机器学习方法通常被视为一个黑箱，其建立起的模型可解释性往往弱于传统模型。另外，机器学习本质上是一种数据驱动方法，所选取的训练数据的可靠性、全面性也明显影响机器学习结果的准确性与泛用性。另外，机器学习所采用的算法也会对学习效果产生影响。

本章将介绍机器学习技术在气液传质分离过程(以精馏为例)中的应用。

4.1   机器学习简介

机器学习是人工智能领域的重点研究方向之一，在很多领域得到了广泛的应用。目前，机器学习已在无人驾驶、智能机器人、专家系统等各个领域产生了广泛而深远的影响。根据训练样本和反馈方式的不同，可以将机器学习分为监督学习(SL)、无监督学习(UL)、半监督学习(SSL)、深度学习(DL)、强化学习(RL)、迁移学习(TL)六类。

监督学习向学习算法提供有标记的数据和所需的输出，对每一次输入，学习者均被提供了一个回应目标。在监督学习中，训练集中的样本都有标签，使用这些有标签样本进行调整建模，使模型产生推断功能，能够正确映射出新的未知数据，从而获得新的知识或技能。根据标签类型进行划分，可将监督学习分为分类和回归两种问题。分类问题预测的是样本类别(离散的)，而回归问题预测的是样本对应的实数输出(连续的)。常见的典型算法有：决策树、支持向量机(SVM)、朴素贝叶斯、K近邻、随机森林等。

无监督学习提供的数据都是未标记的，主要是通过建立一个模型，解释输入的数据，再应用于下一次输入。现实中，数据集大都是无标记样本的，很少有标记的。若直接不予使用，很可能会降低模型的精度。但可通过结合有标记的样本，将无标记的样本变为有标记的样本，因此无监督学习比监督学习应用起来更有难度。无监督学习主要适用于聚类、降维等问题，常见的代表算法有：聚类算法(K均值、AP聚类和层次聚类等)和降维算法(主成分分析等)。

半监督学习属于无监督学习和监督学习之间。半监督学习用少量标记和大量未标记的数据来执行有监督或无监督的学习任务，其学习过程如图 4-1 所示。半监督学习最早可追溯到 1985 年的自训练学习。1992 年 Merz 第一次使用"半监督"一词。1994 年 Shah 等指出了使用未标记样本有助于减少小样本下的"Hughes"现象，确立了半监督学习的价值和地位。

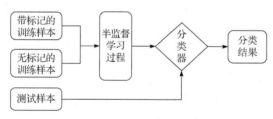

图 4-1   半监督学习模型图

深度学习的训练样本是有标签的，试图使用复杂结构或由多重非线性变换构成的多个处理层对数据进行高层抽象。1990 年卷积神经网络(CNN)开始被用于手写识别。2006 年深度置信网络(DBN)发表。文献①分别将深度置信网络和卷积神经网络应用于变压器和高压断路器的故障诊断场景中，很好地提升了准确率。目前，深度学习在入侵检测、图像

---

① Hinton G E, Osindero S, Teh Y W. A fast learning algorithm for deep belief nets. Neural Computation, 2006,18: 1527-1554.

识别、语言处理和识别等方面取得了良好的成效，解决了很多复杂的模式识别难题，极大地推动了人工智能技术的发展。

强化学习的训练和无监督学习同样都是使用未标记的训练集，其核心是描述并解决智能体在与环境交互的过程中的学习策略，以实现最大化回报或特定目标的问题。强化学习背后的数学原理与监督学习或无监督学习略有差异，监督学习或无监督学习主要应用的是统计学，强化学习则更多地使用了随机过程、离散数学等方法。常见的强化学习代表算法有：Q-学习算法、瞬时差分法、自适应启发评价算法等。1989 年 Watk 在博士论文中最早提出 Q-学习算法。2013 年 Mnih 等提出的结合深度学习的 Q-学习方法被称为深度 Q-学习算法。

迁移学习指的是根据任务间的相似性，将在辅助领域之前所学的知识用于相似却不相同的目标领域中来进行学习，有效地提高新任务的学习效率。迁移学习可分为基于样本、基于参数、基于特征表示和基于关系知识的四类迁移方式。Lori 最早在机器学习应用"迁移"一词。许凤辉等提出了一种在解决"负迁移"的问题上比主流的域适应算法简单的算法，即通过基于 ELM 参数迁移的域适应算法。

监督学习、半监督学习和无监督学习是传统机器学习方法；深度学习提供了一个更强大的预测模型，可产生良好的预测结果；强化学习提供了更快的学习机制，且更适应环境的变化；迁移学习突破了任务的限制，将迁移学习应用于强化学习中，能帮助强化学习更好地落实到实际问题。各学习方法之间的关系如图 4-2 所示。

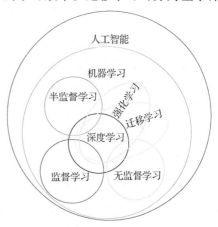

图 4-2　机器学习中各方法的关系图

4.1.1　BP 神经网络算法

BP(back-propgation algorithm)神经网络(图 4-3)算法是 D. Rumellart 等提出的一种有导师学习算法，它是应用得较早的学习算法，它充分利用了 MFNN 的结构优势，在正反传播过程中每一层计算都是并行的。采用反向传播算法进行学习的多层神经网络简称 BPN。

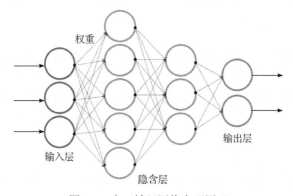

图 4-3　人工神经网络实现原理

BPN 由四部分组成，包括由多个节点组织而成一个输入层、一个输出层、一到多个隐含层以及连接节点之间的权重。输入信号从输入节点依次经过各隐含层，最终到达输出节点。BPN 的同层节点之间没有相互连接，每一层节点的输出只作为下一层节点的输入。BPN 的网络训练过程包括"模式顺传播"和"误差反传播"。输入模式是中间层向输出层的"模式顺传播"过程，通过将数据输入网络，经由权重逐层顺向计算得到预测的输出值。而后将网络的期望输出与网络的实际输出之间的误差信号由输出层经中间层逐层修正权重，实现"误差反传播"过程。通过"模式顺传播"与"误差反传播"的反复交替进行的网络"记忆训练"，网络趋向收敛，即网络的全局误差趋向极小值的"学习收敛"过程。归结起来为"模式顺传播—误差反传播—记忆训练—学习收敛"过程。BP 学习规则有时也称为广义 Delta 规则，采用 δ 梯度法，使目标函数最小化：

$$\min E = \min \frac{\sum (\text{target}_i - \text{netout}_i)^2}{2} \tag{4-1}$$

广义 Delta 规则算法是一种使用平方误差最小的迭代梯度下降方法。它采用动量(momentum)方法来加速训练，动量是一种加到已调整的权重因子上的额外权重。通过加速权重因子的变化提高训练速度。BP 算法存在两个缺点：一是训练时间长，二是容易陷入局部最小。针对此，目前提出了很多修正算法，从各个方面改进了原 BP 算法的不足。BP 网络的设计及改进如下。

1. 网络层数

理论上已经证明：假定 BP 网络中隐单元可以根据需要自由设定，那么一个三层 BP 网络可以实现以任意精度近似任何连续函数。误差精度的提高可以通过增加隐含层中的神经元数目来获得，其训练效果也比增加层数更容易调整。

2. 输入节点/输出节点数目

通常情况下，输入、输出神经元数目可以根据需要求解的问题和数据所表示的方式而确定。在实际的应用中，人们往往尽量增加网络的输入节点数目，希望得到一个较好的神经网络模型。但是，增加网络的节点就意味着计算量的增加和网络结构的复杂化，必然引起网络训练时间的增加；同时，无关因素的参与也会影响网络预估结果的精度。

3. 隐含层的神经元数

人们希望能够找到合适的隐含层节点数，因为过多的隐含层节点数会造成网络结构的庞大，使网络的推广能力降低，隐含层节点数目过少，网络的泛化能力降低，不利于网络的精度提高。那究竟选取多少个隐含层节点才合适呢？理论上没有给出明确的答案。通常采用凑法，通过比较其训练时间和拟合精度，确定合适的隐含层神经元数。

4. 学习速率

学习速率决定每一次循环训练中所产生的权重变化量。快的学习速率可能导致系统不稳定；慢的学习速率导致较长的学习时间，收敛速度较慢，但其稳定性较好。因此，学习速率的选取范围一般为 0.01～0.8。为了减少训练时间和训练次数，在软测量神经网络训练过程中，采用自动调节学习速率的大小，适应不同的误差曲面需要。

5. 期望误差的选取

在设计网络的训练过程中，期望误差值也应通过对比训练后确定一个合适的值，这里的"合适"是相对所需要的隐含层的节点数来确定的，因为较小的期望误差值是要靠增加隐含层的节点和训练时间来获得的。一般情况，作为对比，可以同时对两个不同的期望误差值的网络进行训练，最后通过综合因素的考虑来确定采用其中的一个网络。

4.1.2　RBF 神经网络算法

RBF 神经网络(radial basis function neural network)，即径向基神经网络，由 Moody 和 Darken 在 1988 年提出，是一种性能良好、具有单隐层的三层前向网络。输入层由信号源节点组成，第二层为隐含层，第三层为输出层。从输入空间到隐含层空间的变换是非线性的，而从隐含层空间到输出层空间的变换是线性的，隐单元的变换函数是径向基函数，输出层神经元采用线性单元，RBF 神经网络是一种局部分布的对中心径向对称衰减的非负非线性函数。RBF 神经网络近年来在控制界的重要应用越来越多。与 BP 神经网络相比，RBF 具有训练方法快速、学习算法不存在学习的局部最优问题的特点，且由于参数调整是线性的，可望获得较快的收敛速度，同时具有全局逼近的性质和最佳逼近性能，非常适合系统的实时辨识和控制。

最常用的转换函数是高斯函数：

$$\varphi(v) = \exp\left(-\frac{v^2}{2\sigma^2}\right) \tag{4-2}$$

径向基函数神经网络如图 4-4 所示：

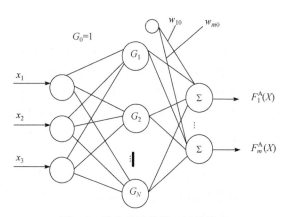

图 4-4　径向基函数神经网络模型

图中对输出单元设置了偏移，其做法是令隐含层一个单元 G_0 的输出恒等于 1，而令输出单元与其相连的权 w_{j0}，$j=1$，2，$\cdots$，m 为该输出单元的偏移。以高斯函数为 RBF 转

换函数，则整个网络的输出可表示为

$$F_j^*(x) = w_{j0}^1 \sum_{i=1}^m w_{ji} G\left(\|x - t_i\|_{ei}\right) \ (j = 1, 2, \cdots, m) \tag{4-3}$$

在 RBF 神经网络中，输出层和隐含层所完成的任务是不相同的，因而学习策略也不相同。输出层是对线性权进行调整，采用的是线性优化策略，因而学习较快。隐含层是对作用函数进行调整，采用的是非线性优化策略，因而学习较慢。可以采用以下这些方法来训练 RBF 神经网络。

1) Poggio 训练方法

Poggio 训练方法采用正向准则方法来推导，隐单元 RBF 中心是随机地在输入样本集合中选取，且中心固定。RBF 中心确定以后，隐单元的输出是已知的，这样网络的权重就可以通过求解线性方程组来确定。对于给定问题，如果样本数据的分布具有代表性，此方法不失为一种简单可行的方法。但该方法只针对样本空间小且样本频域具有代表性的对象，不宜广泛使用。

2) 局部训练方法

局部训练方法是指 RBF 网络中每个隐含层单元的学习是独立进行的，RBF 的中心是可以移动的，并通过自组织学习确定其位置。输出层的线性权则通过有监督学习规则计算。因此，这是一种混合的学习方法。自组织学习部分是在某种意义上对网络资源进行分配，学习目的是使 RBF 的中心位于输入空间重要的区域。

3) 监督训练方法

用监督训练方法来确定 RBF 的中心以及网络的其他自由参数，可以采用梯度下降法实现。在计算过程中，如果首先用 RBF 网络实现一个标准的高斯分类算法，然后用分类结果作为搜索的起点，可以避免在学习过程中收敛到局部最小点的可能性。在保持网络性能的前提下，优化参数特别是 RBF 中心参数，以减小网络结构的复杂程度，而当中心固定时，增加网络的复杂性同样能达到这一目的。这时网络就只有输出层参数，可用线性优化策略进行调整。

RBF 神经网络结构上具有输出-权重线性关系，训练方法快且简单，是一种良好的网络。但也有不足的方面，归纳起来有以下几点：①RBF 神经网络函数的数据中心与训练速度、网络性能有密切关系，如何确定聚类的尺度至今仍然没有一种很好的方法；②基函数的选择极其重要，如何针对不同的对象选择不同的 RBF 转换函数，是一个值得研究的问题；③减少 RBF 神经网络迭代算法的存储量及提高运算速度是今后的研究方向。

4.1.3 模糊神经网络

模糊神经网络拓扑结构(图 4-5)分为四层：输入层、模糊化层、模糊推理层和反模糊化层。层与层之间由模糊逻辑系统的语言变量、模糊 IF-THEN 规则、模糊推理方法、反模糊函数所构成。第一层的各神经元直接与输入变量相连接。第二层共有 R 组神经元组合，每个组合神经元代表一条规则的前件，即"IF"部分，用来计算各输入变量属于各语言变量值模糊集合的隶属函数。第三层的每个神经元代表一条模糊规则的后件，即

"THEN"部分。第二层、第三层完成对各规则的适用度计算。第四层为反模糊化层。

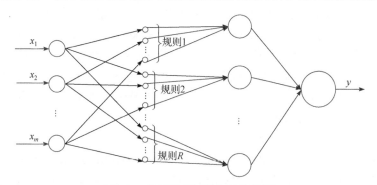

图 4-5　模糊神经网络拓扑结构图

模糊规则的提取有很多种方法，最常用的方法是将各个自变量 x_i 置划分为 n_i 个区域，模糊规则的个数即为 n_i 的连乘积($n_i=1$，2，…，m)。如果自变量的数目较大且每个变量的变化范围也较大，为了保证建模精度，n_i 会增多，很显然模糊规则数将呈指数倍增长，从而会扩大后续神经网络的规模、延长网络的训练时间。用模糊 C-Mean 法对训练样本进行模式分类，每条模式即代表一条规则，这种基于样本模糊分类的方法可以减少冗余规则。

4.2　传统精馏设计流程与挑战

精馏是化工中实现组分分离最常用的单元操作。精馏塔通过在塔内设置塔板或填料，构造连续的气液接触空间，使轻组分向塔顶、重组分向塔底逐渐积累，利用混合物气液相组分差异实现传质。精馏过程可以通过改变操作压力、回流比、加热负荷等实现不同原料、产品纯度要求的分离，且能达到的产品纯度高。然而，精馏过程也有热力学效率低、设备成本高、能耗高等问题[1]，在化工厂总投资中精馏塔的设备费用可占 50%以上，能耗可占总能耗的 40%，占分离过程总能耗的 95%[2]。即精馏过程的设计对化工装置整体费用和能耗有着显著影响，在精馏塔设计过程中应着重关注。

传统精馏设计或以精馏塔为核心的过程设计可分为几个阶段：精馏过程建模仿真、精馏模型参数优化、精馏控制设计、精馏软测量、精馏安全分析等，以下分别介绍。

4.2.1　精馏过程建模仿真

精馏过程建模仿真指建立稳态精馏过程的数学模型，以判断待分离体系能否实现分离目标，并初步确定所需的精馏塔结构和关键操作参数。与基于恒摩尔流假定的简捷计算方法不同，精馏过程建模仿真要求采用更严格的计算模型，以减少由于计算方法精度不足带来的系统误差。

对于精馏模型的建立，目前基于平衡级的 MESH 稳态方程组模型计算方法被广泛采用，即基于物料平衡、相平衡、组分摩尔分数和能量平衡构建全塔方程组并求解。该模型已被应用于 AspenTech、SIMSCI 等公司的化工商业模拟软件中,可供设计人员直接调用[3]。Luyben[4]使用 AspenTech 公司的 Aspen Plus 软件,详细阐述了采用 Aspen Plus 软件建立常规精馏稳态模型的方法步骤,Haydary[5]介绍了 AspenTech 公司的 Aspen Plus 与 Aspen HYSYS 软件及其适用范围,并阐述了应用软件进行如共沸精馏、萃取精馏、反应精馏等复杂精馏过程的建模方法。Meidanshahi 和 Adams[6]通过 gPROMS 软件研究了半连续蒸馏过程的集成设计和控制问题,以苯、甲苯和邻二甲苯(BTX)混合物的分离为例,使用 gPROMS 的公共模型库对系统进行建模,通过混合整数动态优化问题公式来优化系统的结构和控制调整参数。

除了使用已有的商业模拟软件,研究人员也可以通过开源工具包或自行编程的手段较为容易地搭建 MESH 精馏模型。DWSIM[7]是一个采用 VB.NET 和 C#编写的开源化工模拟软件,内置多个热力学模型,可模拟多种单元操作并支持反应体系与炼油体系的模拟。Nayak 等[8]采用 OpenModelica 搭建了名为 OMChemSim 的化工仿真系统,以甲醇-乙醇-水闪蒸、甲醇-水精馏分离、环氧乙烷水合生产乙二醇、乙酸乙醇酯化生产乙酸乙酯四个过程为例,分别采用 Aspen Plus、DWSIM 和 OMChemSim 建模,均得到了基本一致的模拟结果,验证了建模的准确性。

随着精馏技术的发展,传统模型也逐渐无法满足计算需求。一方面,基于 MESH 的稳态模型不能完全反映真实的精馏过程。首先,流体在精馏塔内的分布并非是均匀的,以筛板塔为例,即使是在同一个塔板上,降液管侧、塔板筛孔附近以及溢流堰侧的气液相流率、温度、组分都会有差异,这些差异直接影响气液相平衡的计算。而传统的 MESH 模型认为同一个塔板上的汽相与液相达到了平衡,分别具有一组固定的物性参数,因此传统模型并不包含塔内气液相在塔板、填料上的实际流量、浓度、温度等分布情况。目前一个可行的解决方案是建立三维非平衡混合池模型。该模型由余国琮和宋海华[9]提出,通过将精馏塔在三维层面上划分为多个混合池,在每个混合池内通过点效率与传质系数关联气液相实际浓度,以描述其非平衡传质过程。这种方法通过流体力学方法将塔板流体网格化计算,但相对于传统模型又过于耗时。另外,即使忽略单一平衡级内部的流体参数差距,在实际生产过程中过程整体往往也难以持续维持在一个宏观上的绝对稳态,受进料组分、进料量、蒸汽温度甚至外界环境温度气压等波动的影响,精馏塔的操作参数往往也是波动的,只能通过操作维持一个相对的稳态,这也会带来模拟计算与工业实际的差距。

4.2.2　精馏模型参数优化

完成精馏过程稳态模型建立后,下一步是进行精馏过程参数的优化。传统的精馏过程参数优化是基于稳态精馏过程下的某一目标进行过程操作参数的优化,在产品质量等关键目标作为限制条件已确定的前提下,一个最常用也最为重要的优化目标就是年总费用(TAC)。年总费用综合考虑了过程的设备费用与经济费用,通过优化年总费用最低可以实现过程的经济性最优,而经济性正是影响过程是否工业化可行的决定性因素[10-11]。Li 等[12]设计并建立了差压热耦合反应精馏水解乙酸甲酯过程的稳态模型,并对该模型进行了年总费用优化。该优化过程采用了顺序迭代优化的方式,首先将过程精馏塔依据物流循环情况拆分为三个独立的优化单元，每个单元内部通过循环迭代的方式依次变更设备参数与操作变量，直到该单元的年总费用达到最优且满足单元控制指标，据此依次完成各个单元的年总费用优化，进而实现整个过程的年总费用最优。过程的设备费用基于 Douglas 的设备与安装费用估算公式进行估计[10]，并通过 Marshall & Swift (M & S)因子来校正[2]，以校正设备成本费用随时间的变化。An 等[13]同样采用顺序迭代优化的方式针对丙醛-水三塔萃取精馏分离体系进行了年总费用优化，过程费用基于 Turton 等[11]的设备费用计算模型，并通过化学工程设备价格因子(CEPCI)[14]进行设备费用校正。

　　仅考虑年总费用的精馏过程优化可以通过循环迭代的方法反复求解，寻找年总费用最佳值。然而对于一个实际工程项目的立项，经济性并不是决策的唯一因素，往往还需要考虑其他因素，如过程的环境友好性、可控性、碳排放量等。当将其他评价指标也纳入考量进行优化时，原有的单目标优化问题变成多目标优化问题，优化指标之间的竞争导致通常无法找到单一最优解，而是需要得到一个相对最优的解集，这使得采用传统的求解方法求解困难[15]。遗传算法(GA)是常用于化工精馏优化的一种算法，其原理如图 4-6 所示。遗传算法模拟了自然界基因遗传、变异的过程，进行遗传算法计算时首先应确定其双亲数据，而后将双亲数据进行部分交换和变异，得到子代。通过对子代进行评价筛选，再次进行交叉与变异，使得整体子代逐渐趋近于目标值。遗传算法的优势在于可为解决问题提供多种可行方案，且可以同时处理连续与离散的变量。遗传算法也有着对输入参数敏感、建立遗传算法模型复杂的缺点[16]。Reddy 等[17]将 NSGA-Ⅱ 遗传算法应用于优化间歇反应精馏合成乙酸丁酯的过程，以批次时间和产率作为优化目标，可以得到与采用第一性原理模型结果相当的优化结果，但只需要前者计算时长的 1/20。Li 等[18]将 NSGA-Ⅱ 遗传算法应用于离子液体萃取精馏分离四氢呋喃-乙醇-水三元共沸物体系，将体系两塔的每板效率指标与年总费用作为优化目标，得到了体系的 Pareto 前沿并展现了萃取精馏过程年总费用与两塔每板效率指标间的竞争关系。

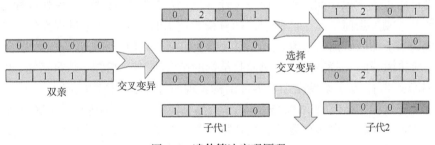

图 4-6　遗传算法实现原理

4.2.3　精馏控制设计

　　传统精馏过程的参数被优化确定后，需要对过程进行控制系统的设计。目前而言，采用简单的比例积分微分(PID)控制仍是设计与应用的主流[4]。PID 控制往往基于最基础的化工逻辑搭建，有着诸多优势：PID 控制搭建容易，由于不同化工过程间具有一定的共通性，对于多种控制需求可以直接采用简单的经验结构；PID 控制操纵变量与被控变量之间的控制逻辑清晰，学习成本低，便于企业基层操作人员进行排障等操作。然而，虽然对单一的传统精馏塔来说，PID 控制可以满足当前的控制需求，但对于多塔循环序列以及更复杂的精馏塔传统，PID 控制可能难以达到控制目标。这些过程非线性更强，变量间高度耦合，难以实现部分操纵变量与被控变量之间的清晰对应，因此需要研究更复杂的高级控制替代方案[19]。

4.2.4　精馏软测量

精馏系统控制的另一个挑战在于部分关键变量如组分浓度难以实时取得，这给部分控制操作带来了挑战。一个常见的例子就是针对精馏过程关键组分的控制。尽管在建模中可以通过模型计算直接取得对应组分的含量，但在实际工业生产中组分含量是难以被即时检测的。在传动控制系统设计中涉及组分控制时往往采用其他替代方案，如通过监测温度估计组分，在无法绕开组分控制时则需要为控制器增加一个较长的死时间以模拟实际组分监测的滞后性，其控制灵敏度因此更差，回归时间更长[4]。针对这类问题，可以采用软测量的手段进行过程监测。

4.2.5　精馏安全分析

安全与风险分析往往是在完成设计工作后进行的定性或半定量分析，通过将过程划分为多个节点，依据生产实践经验推断每个节点可能发生的故障，评定故障的严重程度与发生概率，并为不满足风险等级的节点增设安全保护措施与联锁控制[20-21]。然而基于人工的安全系统设计往往只能被动地满足最基本的生产安全需求，并不能直接确定导致安全风险的故障成因等，如果可以在刚出现故障时迅速辨明故障并加以排除，即可从根本上直接防患安全事故于未然，这也更符合本质安全对化工过程的要求[22]。

4.2.6　传统精馏设计面临的其他挑战

尽管针对传统常规精馏过程的稳态设计—优化—控制安全设计一系列流程已较为成熟，且能基本满足当前工业生产需求，随着精馏技术的发展，基于过程强化的各种复杂精馏已成为当下精馏研究的主流。这些复杂精馏包括与其他分离、反应过程耦合(如萃取精馏、反应精馏等)，与换热网络、热回收结构的结合[如多效精馏、热泵精馏、内部热集或精馏(HiDIC)等]，基于改变精馏塔内部结构实现的过程强化精馏(如隔壁塔)，以及更进一步耦合上述过程的精馏(如萃取精馏隔壁塔、热泵辅助反应精馏等)。对于这类精馏过程，过程变量相比传统精馏更多更复杂，变量耦合程度更高，为稳态建模、过程优化和控制安全设计带来了更大的挑战。

4.3　机器学习在精馏过程中的应用

如 4.1 节中所述，机器学习方法实现的是对于给定输入值下输出值的预测。对于化工精馏过程，其每一步都是在给定的不同"输入"下确定不同"输出"的过程。因此，可以考虑将机器学习方法应用于精馏过程设计中解决问题。本节将逐一探讨在精馏过程设计各个阶段机器学习的运用方法和实例。

4.3.1　数据的取得与处理

相比较传统精馏设计是基于原理构筑模型求解，机器学习作为一种数据驱动的方法，其应用的基础是数据，对于化工精馏过程也是如此。进行机器学习的数据可以从多个途径获得[23]，包括但不限于：①NIST、Scifinder 等大型数据库；②文献、实验记录、专利中进行数据挖掘；③基于装置试验、运行得到的实际运行结果；④基于严格模拟计算得到的计算结果等。

完成初步的数据收集后，还需要对收集到的数据进行处理，首先需要将非数值数据处理成机器可以识别的形式[23]。一个经典的例子就是针对精馏过程中不同待分离组分的表征。对于涉及不同组分的机器学习过程，直接输入组分名称无法被正确识别，简单将组分进行编号虽然可以区别不同组分，但无法体现出组分本身的性质特征，使得训练得到的机器学习模型难以外推到其他组分，限制过程的泛用性。采用简化分子输入线性输入系统(SMILES)[24]、IUPAC 国际化学标识符(InChI)[25]或自引用嵌入字符串(SELFIES)[26]等方法均可以将组分结构量化输入机器学习模型。数据是机器学习模型训练的基础，应尽可能保证数据的数量和可靠性，否则将严重影响模型预测效果。

对数据的进一步处理包括去除相关度高的输入变量、去除重复和不完整的数据。去除相关度高的输入变量可以降低输入层规模，进而降低网络规模，加快训练速度，一般采用线性相关系数确定输入变量间是否线性强相关。去除重复和不完整的数据则是为了确保训练效果。

对数据进行分组包括将训练数据划分为训练集、验证集和测试集，对于较小的数据集，可以按照 6:2:2 的比例进行划分，比例可以根据需要进行调整。对于很大的数据集，也可以减小验证集和测试集的规模。另外，也可以准备附加测试集，用以模拟网络训练完成后实际预测过程，或者评价网络本身的泛化性。

4.3.2　基于机器学习的精馏建模

传统精馏过程的建模基于第一性原理模型搭建，基于稳态过程进行建模。采用机器学习的方法辅助建模有诸多优势，一方面，机器学习的方法以数据为支撑，可使精馏建模不拘泥于原理性方法，只要确保数据本身的可靠即可以建立更接近于真实工况的模型。另一方面，机器学习可以给定输入到给定输出的非线性函数关系映射，这使得评价精馏过程的性能更加直观与便利。

采用机器学习的方法辅助精馏建模，最常使用人工神经网络(ANN)。人工神经网络模拟了生物的神经元行为，由多个分为多层的节点构成，具有一个输入层、一个输出层和一个或多个隐含层，每一层的节点通过权重与下一层相连。通过机器学习的方法对模型进行训练，即可获得每个节点间的权重。进行人工神经网络预测时，数据被导入输入层节点，经过逐层计算后即可得到输出层的预测值。由于人工神经网络具有擅长处理非线性问题的优势，因此被广泛运用于精馏过程建模中。人工神经网络其他的优势还包括可以从历史数据中进行学习、训练速度快、不需要探讨输入和输出之间的关系。人工神经网络的缺点则包括对训练数据要求较高，需反复训练试错来确定人工神经网络结构[27]。

Battisti 等[28]开发了一种新型热虹吸辅助降膜精馏塔，该装置针对乙醇-水二元分离过程，通过两相封闭热虹吸管提供热量。为了评估这种热量强化装置的性能，采用了基于 LMA 反向传播算法的前馈神经网络预测过程预测模型。过程的进料温度、汽化温度和进料流率作为三个输入变量，而馏出物中乙醇的质量分数、馏出物质量流量、回收率和分离系数则作为四个关键性能评估指标。前馈神经网络采用了涵盖不同输入变量的 64 组实验数据进行训练、测试和验证。结果表明该过程神经网络最佳结构为采用含有 10 个神经元的隐含层的结构，且整体相关性系数达 0.95。此外，采用遗传算法(GA)优化装置的操作变量，评估最佳操作条件。

原油精馏过程由于其实用性、复杂性在化工精馏研究中备受关注，因而关于原油精馏塔的机器学习建模研究也成为热点。Liau 等[29]为了最大化油品产量开发了一套原油精馏专家系统，该系统将原油的性质和操作变量作为输入变量，将油品的质量作为输出变量，建立人工神经网络构建输入与输出变量的关系，以通过输入变量预测输出的油品质量参数。定义油品产量等目标函数，借助 Matlab 优化工具，根据目标函数来寻找对应的最佳操作条件。Motlaghi 等[30]采用位于 Abadan 某炼油厂的实际数据，采用多层前馈神经网络，构建了原油的性质和操作变量作为输入变量、油品的质量为输出变量的原油精馏模型，定义了训练系统的误差，并采用遗传算法同时优化产量与系统输出误差。

针对精馏非平衡模型机器学习研究，目前已有针对化工计算流体力学的机器学习的相关应用研究。Hanna 等[31]考虑到计算流体力学网格精细程度与计算精度、计算时间之间的矛盾，提出粗化计算网络，并采用机器学习方法预测网络误差，以追求采用更少的计算量达到更高的计算精度。计算通过获取输入数据，并在给定的足够精细网格下进行处理，最终输出粗网格与精细网格之间的差距训练模型，分别采用人工神经网络和随机森林(RF)的方法进行训练，提出的方法对结果成功进行了合理预测。

4.3.3　基于机器学习的精馏优化

相比较传统的流程图优化方法，采用机器学习的方法可更方便、快速地求解。

Ma 等[32]研究了两种数据驱动方法以优化萃取精馏过程的能耗费用，研究基于 Aspen Plus 模拟软件建模，第一种方法采用基于代理模型的优化算法，探索了自动学习代数模型广义线性模型和具有纠正器的神经网络模型激活函数两种建模技术。第二种方法则采用黑箱优化直接基于模拟结果优化问题，比较了四个黑箱优化求解器和三个不同惩罚函数下的优化。对各个建模方法的优化效果进行了比较，结论得知自动学习代数模型更适用于较为简单的系统，而具有纠正器的神经网络模型则更适合更复杂的系统，而采用黑箱优化求解速度快于代理模型，更适合自由度更小的过程。

Ochoa-Estopier 等[33]基于 Liau 等[29]和 Motlaghi 等[30]的人工神经网络原油精馏模型，将换热网络也纳入优化，提出了一种两段式优化框架。优化过程考虑了不同产品的价值差异，即可以通过降低低价值产品的产量增加高价值产品产量实现经济优势，同时还考虑了设备限制、热回收、能源和精馏规定的可行性。

　　除了基于稳态过程的优化，随着化工过程研究的不断深入，基于动态模型的过程优化成为一个发展趋势，机器学习的方法则被研究以应对基于动态模型的过程优化的系统复杂化。Qiu 等[34]为了在庞大的搜索空间中分析与优化具有多个变量的高度耦合复杂系统，提出了一个数据驱动框架模型，以此研究了用于丙烯/丙烷分离的内部热耦合集成塔。过程首先由 Aspen Plus 与 Matlab 通过 COM 连接收集数据，通过 50 个 Matlab 端 2 h 收集到 5000 个收敛的案例。通过相关系数检验每个输入变量之间的独立性，使用主成分分析研究输入变量对年总费用的影响，建立了具有 140 个神经炎的径向基函数神经网络以描述六个输入变量与输出变量的关系，最后还进行了基于遗传算法的优化并比较了两种方法。

　　Lu 等[35]提出了一种将代理模型与多目标优化组合的方法，开发了一种基于径向基函数神经网络用于功能评估的代理模型，并采用中心复合设计的抽样策略，来预测集成精馏过程的收敛性、设备费用与操作费用，进行了乙醇-丙醇-丁醇隔壁塔和乙酸环己酯背包式反应精馏塔两种案例研究，两过程的投资费用和运行成本都得以显著降低，并指出优化目标可以进一步扩大到环境影响、安全等方面。

　　Safdarnejad 等[36]提出了一种可达到与传统过程强化类似收益的新型动态过程强化方法，该方法利用动态优化来提高工厂收益，包括了动态粒子群优化算法的开发和全局数据驱动模型，同时在进行稳态模拟时比较了操作与经济指标。这种方法可以适用于包括精馏过程在内的多种过程。作者以连续搅拌釜式反应器为例进行了案例研究，分别在过程的稳态模型和动态模型中应用了前馈神经网络(FNN)和循环神经网络(RNN)，结果证明采用该优化方法可以使工厂利润提高 59.9%。

　　Zhang 等[37]建立了一种将神经网络和第一性原理模型相结合应用于实时优化和模型预测控制(MPC)优化问题的方法，并分别用全混流反应器(CSTR)和精馏塔两个案例对方法进行研究，表明在精馏过程中应用实时优化同样实现了利润的增加。

　　以下案例给出了一个基于二元常规精馏过程采用机器学习方法实现过程评价与预测优化的简单案例。

　　【案例】

　　有一单塔分离正己烷/正庚烷二元体系过程，进料组成摩尔比 1∶1，进料流率为 100 kmol/h，塔顶操作压力为标准大气压。已有 40 组过程在不同塔板数、进料位置、回流比、塔顶采出率下再沸器负荷、塔顶产品纯度的值，采用机器学习的方法搭建模型，预测该分离体系不同操作条件下的再沸器负荷与塔顶产品纯度。

　　采用 BP 神经网络和改进的 LM 算法搭建机器学习模型，输入变量为塔板数、进料位置、回流比、塔顶采出率，输出变量为再沸器负荷、塔顶产品纯度，即输入层有 4 个节点，输出层有 2 个节点。根据隐含层节点数经验公式，设定隐含层节点数为 3。由于数据集较小，可将数据按 6∶2∶2 随机划分为训练集、验证集和测试集，通过 BP 神经网络进行训练。

　　训练完成后，另准备 10 组附加测试集，评估神经网络预测效果，预测结果与实际结果的相对误差见表 4-1。

表 4-1   案例附加测试集结果相对误差

附加测试数据编号	再沸器负荷相对偏差	塔顶产品纯度相对偏差
1	0.9765	0.9976
2	0.9554	0.9985
3	0.9046	0.8487
4	0.9661	0.8582
5	0.9305	0.8499
6	0.9500	0.8566
7	0.8204	0.9524
8	0.9586	0.9815
9	0.8767	0.9512
10	0.9908	0.9851

附加测试集模拟了实际生产中采用模型预测输出的情况，结果相对误差的大小与训练数据的数量和精准度、训练数据与附加测试数据的差异大小、训练网络拟合程度(是否存在欠拟合或过拟合)等因素有关。例如，如果采用严格模拟的方法基于同一计算模型取得训练数据，且附加测试集输入变量取值区间与训练数据接近，预测结果的相对误差往往更小，但同时也意味着无法评价网络的泛化能力。而如果采用误差较大的工业实测数据，或者附加测试集的输入变量取值与训练集差距较大，预测结果的相对误差将偏大，但更易于评价网络的泛化能力。本案例采用了严格模拟的方法取得训练数据，并采用与训练集输入值差距较大的数据作为附加测试集。可以采用同样的模拟方法基于不同体系取得训练数据和附加测试数据，复现与上面类似的结论。

上述案例给出了机器学习应用于精馏的一个简单案例，事实上仅对上述案例而言，通过传统精馏建模的方法，通过遍历输入求解计算已经足够快速、准确。机器学习方法的优势更多体现于更复杂的输入、输出环境。

4.3.4   基于机器学习的精馏软测量

1. 概念

软测量技术(soft-sensor technique)也称为软仪表技术，是近年来在过程控制和检测领域涌现出的一种新技术，是目前过程检测和控制研究发展的重要方向。软测量的基本思想是将自动控制理论与生产过程有机结合起来，应用计算机技术，对于难以测量或暂时不能测量的重要变量(或称为主导变量)，选择另一些容易测量的变量(或称为辅助变量)，通过构成某种数学关系来推断和估计，从而实现对主导变量的测量或估计。

2. 分类

软测量技术分为工艺机理建模、回归分析、状态估计、模式识别、人工神经网络、模糊数学、过程层析成像、相关分析研究和现代非线性系统信息处理技术等九种。相对而言，前六种软测量技术的研究较为深入，在过程控制和检测中已有许多成功的应用，后三种软测量技术限于技术发展水平，在过程控制中目前还应用较少。

1) 基于工艺机理建模的软测量

基于工艺机理建模的软测量主要是运用化学反应动力学、物料平衡、能量平衡等原理，通过对过程对象的机理建模，找出不可测主导变量与可测辅助变量之间的关系(建立机理模型)，从而实现对某一参数的软测量。对于工艺机理较为清楚的工艺过程，该方法能构造出性能良好的软仪表，便于实现应用，但应用效果依赖于对工艺机理的了解程度，因为这种软测量方法是建立在对工艺过程机理深刻认识的基础上，建模的难度较大。

2) 基于回归分析的软测量

经典的回归分析是一种建模的基本方法，应用范围相当广泛。以最小二乘法原理为基础的一元和多元线性回归技术目前已相当成熟，常用于线性模型的拟合。对于辅助变量较少的情况，一般采用多元线性回归中的逐步回归技术可获得较好的软测量模型，对于辅助变量较多的情况，通常要借助机理建模，首先获得模型各变量组合的大致框架，然后再采用逐步回归方法获得软测量模型。为简化模型，也可采用主元回归分析(PCR)和部分最小二乘回归法(PLSR)等方法。从应用情况看，对于线性系统，采用 PCR 和 PLSR 的效果差不多，对于非线性系统则采用 PLSR 的效果较好。总的来讲，基于回归分析的软测量，其特点是简单实用，但需要大量的样本数据，对测量误差较为敏感。

3) 基于状态估计的软测量

如果系统主导变量作为系统的状态变量关于辅助变量是完全可观的，那么软测量问题就转化为典型的状态观测和状态估计问题。基于状态估计不足的软仪表由于可以反映主导变量和辅助变量之间的动态关系，因此有利于处理各变量间动态特性的差异和系统滞后等情况。该种软测量方法存在的缺点在于对于复杂性的工业过程，常常难以建立系统的状态空间模型，这在一定程度上限制了该方法的应用。同时在许多工业生产过程中，常常会出现持续缓慢变化的不可测的扰动，在这种情况下该种软仪表可能会导致显著的误差。

4) 基于模式识别的软测量

该种软测量方法是采用模式识别的方法对工业过程的操作数据进行处理，从中提取系统的特征，构成以模式描述分类为基础的模式识别模型。基于模式识别方法建立的软测量模型与传统的数学模型不同，它是一种以系统的输入、输出数据为基础，通过对系统特征提取而构成的模式描述模型。该方法的优势在于它适用于缺乏系统先验知识的场合，可利用日常操作数据来实现软测量模型。在实际应用中，该种软测量方法常常和人工神经网络以及模糊技术结合在一起。

5) 基于人工神经网络的软测量

基于人工神经网络(ANN)的软测量是近年来研究最多、发展很快和应用范围很广泛的一种软测量技术。由于人工神经网络的软测量可在不具备对象的先验知识的条件下，根据对象的输入、输出数据直接建模(将辅助变量作为人工神经网络的输入，而将主导变量作为网络的输出，通过网络的学习来解决不可测变量的软测量问题)，模型的在线校正能力强，并能适用于高度非线性和严重不确定性系统，因此它为解决复杂系统过程参数的软测量问题提供了一条有效途径。采用人工神经网络进行软测量建模有两种形式：一种是用人工神经网络直接建模，用网络来代替常规的数学模型描述辅助变量和主导变量间的关系，完成由可测信息空间到主导变量的映射；另一种是与常规模型相结合，用人工神经网络来估计常规模型的模型参数，进而实现软测量。

6) 基于模糊数学的软测量

模糊数学模仿人脑逻辑思维特点，是处理复杂系统的一种有效手段，在过程软测量中也得到了大量应用。基于模糊数学的软测量所建立的相应模型是一种知识模型。该种软测量方法特别适用于复杂工业过程中被测对象呈现亦此亦彼的不确定性，难以用常规数学定量描述的场合。实际应用中常将模糊技术和其他人工智能技术相结合，如模糊数学和人工神经网络相结合构成模糊神经网络，将模糊数学和模式识别相结合构成模糊模式识别，这样可互相取长补短以提高软仪表的性能。

7) 基于过程层析成像的软测量

基于过程层析成像(process tomography)的软测量与其他软测量技术不同的是，它是一种以医学层析成像(CT)技术为基础的在线获取过程参数二维或三维的实时分布信息的先进检测技术，即一般软测量技术所获取的大多是关于某一变量的宏观信息，而采用该技术可获取关于该变量微观的时空分布信息。由于技术发展水平的制约，该种软测量技术与目前工业实用化有一定距离。

8) 基于相关分析研究的软测量

基于相关分析研究的软测量技术是以随机过程中的相关分析理论为基础，利用两个或多个可测随机信号间的相关特性来实现某一参数的在线测量。该种测量方法采用的具体实现方法大多是相关分析方法，即利用各辅助变量(随机信号)间的相关函数特性来进行软测量。目前这种方法主要应用于难测流体(即采用常规测量难以进行有效测量的流体)流速或流量的在线测量和故障诊断(如流体输送管道泄漏的检测和定位)等。

9) 基于现代非线性系统信息处理技术的软测量

基于现代非线性系统信息处理技术的软测量是利用易测过程信息辅助变量，它通常是一种随机信号，采用先进的信息处理技术，通过对所获信息的分析处理提取信号特征量，从而实现某一参数的在线检测或过程的状态识别。这种软测量技术的基本思想与基于相关分析研究的软测量技术一致，都是通过信号处理来解决软测量问题，所不同的是具体信息处理方法不同。该种软测量技术的信息处理方法大多是各种先进的非线性信息处理技术，如小波分析、混沌和分形技术等，因此能适用于常规的信号处理手段难以适应的复杂性工业系统。相对而言，基于现代非线性系统信息处理技术的软测量的发展较晚，研究也还比较分散。该种软测量技术目前一般主要应用于系统的故障诊断、状态检测和过失误差侦破等，并常常和人工神经网络或模糊数学等人工智能技术相结合。

3. 经典的软测量开发流程

1) 进行机理建模，选择辅助变量

在此阶段首先要了解和熟悉软测量对象以及整个装置的工艺流程，明确软测量的任务。大多数软测量对象属于灰箱子系统，通过机理建模可以确定影响软测量目标的相关变量，通过分析各变量的可观、可控性初步选择辅助变量。这种采用机理建模指导辅助变量选择的方法，可以使软测量的设计更合理。

2) 数据采集和预处理

从理论上讲，过程数据包含了工业对象的大量信息，因此数据采集是多多益善，不仅可以用来建模，还可以校验模型。实际需要采集的数据是与软测量对象实测值对应时间的辅助变量的过程数据。数据的预处理包括数据变换和数据校正。最简单也是最常用的数据预处理是先用统计假设检验剔除含有显著误差的数据，再采用平均滤波的方法去除随机误差。如果变量个数太多，需要对系统进行降维，降低测量噪声的干扰和软测量模型的复杂性。降维的方法可以根据机理模型，用几个辅助变量计算得到不可测量的辅助变量；也可采用主成分分析(PCA)、偏最小二乘(PLS)等统计方法进行数据相关性分析，剔除冗余的变量。

3) 建立软测量模型

将经过第二步预处理后的比较可靠的过程数据分为建模数据和校验数据两部分，对于建模数据可以采用回归分析和人工神经网络分别进行拟合，再用校验数据检验模型。根据交叉检验结果以及装置的计算能力确定模型结构和模型参数。当然也可以根据机理建模直接确定建模的方法。

4) 设计模型校正模块

实践证明，如果不具有模型校正模块，软测量的适用范围可能很窄。校正又分为短期校正和长期校正，以适应不同的需求。为了避免突变数据对模型校正的不利影响，短期校正还将附加一些限制条件。

5) 在实际工业装置上实现软测量

将离线得到的软测量模型和数据采集及预处理模块、模型校正模块以软件的形式嵌入到装置的分布式控制系统(DCS)上。设计安全报警模块，当软测量输出值与分析仪测量值的偏差超过限幅值时，报警提示操作员密切注视生产过程。此外还需设计工艺员修改参数界面，使工艺员可以根据生产需要很方便地修改如理想成分含量等参数；设计操作员界面，将软仪表的输出值直观地展现在操作员面前，并能及时输入软测量目标的化验值。

6) 软测量的评价

在软测量运行期间，采集测量对象的实测值和模型估计值，根据比较结果评价该软测量模型是否满足工艺要求。如果不满足，分析原因，判断是模型选择不当、参数选择不当，还是该时间段内的工况远离模型的预测范围，找到失败的原因后重复以上步骤，重新设计软测量。

4. 基于人工神经网络软测量建模的实例

有研究人员采用 BP 网络改进的 LM 算法对粗汽油干点设置了软测量仪表，取得了良好的效果；有研究人员采用 RBF 网络和 Fuzzy ARTMAP 网络对加氢裂化分馏塔一类 MIMO 系统进行建模，应用实例表明，所研究的软测量建模为多变量的工业应用提供了一种有效实用的方法；此外，采用基于模糊神经网络的软测量方法对丙烯丙烷精馏塔产品成分进行了软测量建模研究，并实现了基于软测量模型的推断控制方案，实际运行效果良好；陆宁应用人工神经元网络的软测量技术，通过 DCS 的上位计算机获得各辅助变量的实时数据为训练样本，分别用 BP 神经网络和 RBF 模糊神经网络对丙烯精制塔这一对象进行了模型辨识，将预测值和化验值进行比较，证明所辨识出的对象模型能够较好地表现出对象的动态行为，且具有较好的泛化性能；魏晖将模糊系统与人工神经网络结合起来，建立了丙烯精馏过程塔顶产品浓度软测量模型，并应用该模型实施了丙烯精馏塔塔顶丙烷浓度的推断控制。

在 DCS 等计算机控制系统日益普及的今天，打破过去仅仅用传统的简单 PID 调节，采用软测量技术，在气体分馏装置精馏塔系中应用以神经网络模型预测控制为代表的控制技术，结合流程模拟技术进一步实现过程优化，将有助于解决过去难以实施的现场测量与控制的难题，达到整个生产过程自动化的目的。

【案例：丙烯精馏塔丙烯纯度软测量建模】

炼油厂气体分馏装置的主要任务是分离出液化石油气中的各种组分，为后续气体深加工装置提供原料。液化气主要由 C3、C4 烷烃和烯烃组成，另外，还含少量二烯烃和 C5 等重组分。气体分馏装置是由多个精馏塔组成的精馏塔系，利用液化气中各组分的沸点和饱和蒸汽压不同，采用多元精馏方法实现各组分的分离。图 4-7 为某炼油厂气体分馏装置五塔流程示意图。

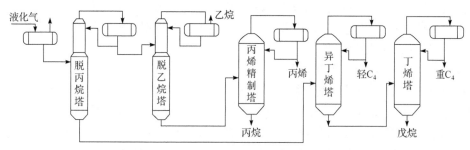

图 4-7　气体分馏装置五塔流程示意图

下面介绍气体分馏装置中的丙烯精制单元。

来自脱乙烷塔塔底重组分丙烯、丙烷靠自压进入丙烯精制塔。丙烯精制塔(T302)分为 A、B 两个塔，T302A 塔底用两台加沸器同时供热，热源均为 100℃热水。塔底丙烷馏分经丙烷冷却器冷却至 39℃后用泵送出装置至罐区。塔顶气相进入 T302B 底部作为 T302B 塔内上升气相。T302B 塔顶气相经丙烯精馏塔塔顶冷凝冷却器冷凝冷却后进入丙烯精馏塔回流罐，用丙烯精馏塔回流泵抽出，一部分返回至 T302B 顶部作为回流，另一部分经丙烯精馏塔冷却器冷却至 39℃后进入丙烯中间罐。T302B 底部物料用丙烯精馏塔中间泵返回 T302A 作为顶部回流。在塔顶压力为 1.7 MPa，塔顶温度为 39℃的条件下，丙烯、丙烷得到分离，塔顶得到的丙烯纯度大于 99.5%，塔底得到纯度大于 95.0%的丙烷馏分。

下面对丙烯精馏塔丙烯纯度软测量建模。

1) 数据预处理

现场采集的操作数据往往含有随机误差和过失误差，随机误差指的是噪声，过失误差指的是失效数据(也称离群值)。在实际过程中, 失效数据出现的概率是很小的, 但是它的存在会使数据品质严重恶化, 因此在建模之前第一步是将失效数据剔除, 如果样本量较少, 还应该用合理的替代值来代替失效的数据。最常用的剔除离群值的方法是设置一个上下限, 超出这个限制的数据应当予以删除。如果建模样本较少, 可以选用插值法作为替代值。如果过程变量含有噪声, 有两种方式可以解决, 其一可以选择用 FIR 滤波器, 其二采用一阶滤波器来消除高频噪声。辅助变量的采集数据可通过 DCS 上传到上位计算机的各辅助变量的实时数据实时获得。

2) 辅助变量的选择

要实现对主导变量的软测量, 首先就要建立相应的软测量模型。辅助变量的选择是建立软测量的第一步, 对于软测量的成功与否相当重要。但是在多辅助变量的情况下, 如何选择合适数目的主辅助变量是一个很重要的问题。在实际应用中, 主辅助变量选择受到经济性、可靠性、可行性以及维护性等额外因素的制约。通过对该炼油厂 DCS 控制设备内的相关数据采集后, 得到了相关的大量数据, 包括进料成分的质量分数、进料流量、塔顶的压力和温度、回流量、釜液的流量、塔顶的出料量、塔釜的温度和压力、循环热溶剂的温度等 17 个变量。用如此庞大的采集数据去进行神经网络的训练是不切合实际的, 对网络的训练速度有极大的影响。因而, 这部分需要更多的是工程师的经验及对过程流程的机理特性的了解。当先验知识缺乏时, 应该采用数学方法, 对该精馏塔进行机理建模分析。通过分别改变机理模型的输入变量值来观察精馏塔各产品纯度的相应变化。对机理模型的试验多次分析后, 综合主元分析、机理建模和现场实际经验, 将 B 塔顶温度(第 71 板): T1317-l、回流: FIC-231、塔顶压力: PIC-322、A 塔釜温度: T1312-7、进料塔板层温度(A 塔第 55 板): T1312-4 等 7 个变量作为神经网络的输入变量, 输出变量为: 塔顶出料丙烯浓度。根据对数据进行的相关性分析, 列出的相关辅助变量见表 4-2, 可作为软测量模型的辅助变量参考。

表 4-2　辅助变量

项目	位号	含义
变量 1	T1312-1. PV	塔顶温度
变量 2	PIC-328. PV	塔压
变量 3	FIC-321. PV	回流量
变量 4	LIC-325. PV	液位
变量 5	FIC-324. PV	产品流量
变量 6	T1317-1. PV	塔顶温度
变量 7	T1317-2. PV	回流温度

3) 确定网络结构

(1) BP 神经网络确定结构。

对于 BP, 当确定了输入和输出变量后, 网络结构的设计就成了隐层的设计, 一般应采用一个隐层数以免网络规模过大而增加训练、运行的复杂性，或陷入局部极小。只有当网络性能因增加隐层数而得较大改善时，才有增加的必要，隐层节点数的确定是一个复杂的问题。一般认为，隐层单元数过少，网络的推广能力和容错性能较差；而隐层单元数过多，则会出现过拟合，训练时间变长。这里有用简化的交叉检验法，依次增加神经网络的隐层节点数，并计算当前规模神经网络对测试集的预测误差，选择预测误差最小的隐层节点数作为最优值。本例的 BP 神经网络模型采用一层隐层结构，隐层节点数由交叉检验法确定为 12 个。不同隐层节点数对应的检验误差表见表 4-3。

表 4-3   不同隐层节点数对应的检验误差

隐层节点数	检验误差
9	0.8764
10	0.7590
11	0.7107
12	0.6751
13	0.7523

(2) 模糊神经网络确定结构。

神经网络具有并行计算、分布式信息存储、容错能力强以及具备自适应学习功能等一系列的优点。由于这些优点，神经网络的研究受到广泛的关注并引起了许多研究工作者的兴趣。但一般来说，神经网络不适合表达基于规则的知识，因此在对神经网络进行训练时，由于不能很好地应用已有的经验知识，常常只能将初始权重取为零和随机数，从而增加了网络训练的时间或者陷入非要求的局部极值。这应该是神经网络的一个不足之处。

另一方面，模糊逻辑也是一种处理不确定性、非线性等问题的有力工具。它比较适用于表达那些模糊或定性知识，其推理方式比较类似于人的思维模式，这些都是模糊逻辑的显著优点。但是，一般来说模糊逻辑系统缺乏学习和自适应能力。虽然模糊自适应控制可以一定程度实现这种功能，但要求设计和实现模糊系统的自适应控制是比较困难的。模糊控制和神经网络控制都是以一种不精确的方式处理不确定的信息。虽然它们处理不确定信息的方式不同，但仍然可以将二者结合起来，取长补短，这样就得到了一类新的自适应模糊系统模糊神经网络。它集模糊逻辑推理的强大结构性知识表达能力与神经网络的自学习能力于一体，既可以从训练数据中自学习，并生成、修改和优化高度概括的输入输出模糊规则，又赋予神经网络的权重以明确的物理意义。很明显它具有模糊系统和神经网络的主要优点，又抑制了彼此的缺点，是一种优于模糊系统和神经网络的可单独使用的可技术。

4) 软测量神经网络模型训练和验证

辅助变量的数据采集可通过 DCS 上传到上位计算机的各辅助变量的实时数据实时获得，而主导变量通过化验分析获得。正常生产时，每 2 h 取样分析一次。通过对辅助变量和主导变量的数据预处理和时间同步，可以构成一组对应的样本，通过一段时间的筛选和累积，共获得 541 组样本。将其中的 272 组用于训练神经网络，其余的 269 组用于检验网络的泛化能力。

(1) BP 神经网络模型预测结果。

训练样本数：272；预测样本数：269；隐含层数：1；学习进度：0.7；动量进度：0.9；各网络层单元个数：12。

BP 神经网络模型预测曲线如图 4-8 所示。

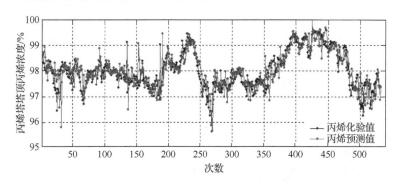

图 4-8　BP 神经网络模型预测曲线

误差曲线如图 4-9 所示。

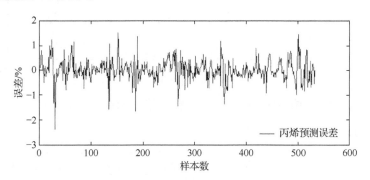

图 4-9　BP 神经网络模型误差曲线

预测误差在 ±2.5%。从趋势上看，有比较好的预测效果。

(2) 模糊神经网络软测量模型预测结果。

模型设计参数：

训练样本数：272；预测样本数：269；训练步长：0.005；模糊规则数：3；网络训练次数：50；训练终止误差：0.001；部分最小二乘算法的主元个数：3；模糊 C 聚类算法最大迭代次数：100。

模糊神经网络模型预测曲线如图 4-10 所示。

模糊神经网络模型预测相对误差曲线如图 4-11 所示。

预测误差在 ±2%。从趋势上看，有比较好的预测效果。

5) 丙烯浓度软测量技术在先进控制中的应用

根据工艺流程需求及调研确定丙烯精制塔丙烯浓度软测量仪表以及先进控制系统，

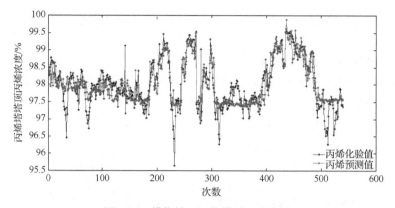

图 4-10　模糊神经网络模型预测曲线

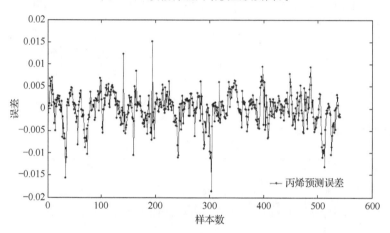

图 4-11　模糊神经网络模型预测相对误差曲线

其流程图如图 4-12 所示。

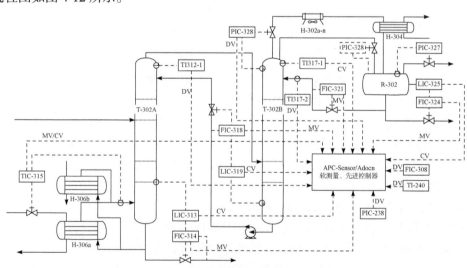

图 4-12　丙烯精制塔先控流程图

FIC-308: T-301 塔塔底采出量; PIC-238: 蒸汽压力; TI-240 蒸汽温度

其中，丙烯精制塔先进控制器主要的操纵变量、干扰变量和被控变量的清单列表见表 4-4。

表 4-4　操纵变量、干扰变量和被控变量的清单列表

操纵变量(MVs)	干扰变量(DVs)	被控变量(CVs)
回流流量	进料流量	丙烯软测量仪表输出
重沸器返塔温度	加热蒸汽总管蒸汽压力	精馏段温度
塔底出料流量	回流温度	提馏段温度
		塔釜液位
		A/B 塔顶压差

4.4　机器学习在精馏过程应用的局限性

机器学习方法最大的局限性来源于数据本身，数据上出现缺陷会严重影响机器学习的效果。本章第 3 节中讨论过化工精馏过程机器学习的数据来源。首先，对于来自大型数据库的数据，其获取途径与数据种类往往较为有限，多数容易取得的数据库以基本物性参数为主，鲜有基于精馏过程流程数据的大型数据库。对于来自文献、实验数据、专利等途径的数据，一方面，发表出的数据可能经过筛选，仅有符合预期的数据得到发表，这样的数据积累可能导致机器学习模型的过拟合；另一方面，对于同类型的数据，不同研究人员提供的数据输入/输出标签不尽相同，对于不同的研究内容而言往往导致需要用于机器学习的关键参数缺失[23]。最后，来自实验、工业生产和严格模拟计算的数据虽然可以一定程度上避免上述问题，但也存在风险。实验、生产和模拟往往基于单一设备或模型进行，如果设备和模型存在系统误差，将系统误差引入所取得的数据将影响机器学习预测的准确性。这种系统误差可能来自设备仪表的不准确、模拟建模与实际的差距等。

机器学习的另一个局限性在于其模型的可解释性差。这会影响人们对机器学习结果的信赖程度，尤其是当机器学习预测结果与直觉相悖时。另一方面，较差的可解释性也为搭建机器学习模型带来一定困难，如影响研究人员对输入变量的取舍，以及当机器学习模型预测效果达不到预期时难以从数据层面找出原因。

习　题

4-1　以归纳图的形式整理归纳机器学习方法在化工精馏领域的研究和应用场景。

4-2　机器学习方法的主要优点和缺点分别有哪些？应用于化工精馏过程中时又具体分别有哪些优势和局限性？

4-3　简述 BP 神经网络的结构。简述 BP 神经网络是如何实现"训练"的。与 BP 神经网络相比，RBF神经网络的特点是什么？

4-4　将机器学习方法用以解决化工精馏过程问题时，所涉及的原始数据包含哪些类型？如何获取这些原始数据？在这些数据中，哪些应作为固定条件，哪些应作为输入/输出的变量的特征值进行机器学习网络训练? 试给出两种不同类型的拟解决问题案例, 请分别阐述。

4-5　软测量是什么? 有哪些种类? 分别绘制传统的软测量开发流程和基于人工智能网络的软测量建模的流程图。

4-6　结合实例简述可以采用什么方法或原则确定神经网络结构。

4-7　拟设计一反应精馏合成乙酸异戊酯过程, 分别使用乙酸和异戊醇两股进料作为原料, 通过塔内搭载催化剂的反应板反应生成乙酸异戊酯和水。采用单一反应精馏塔进行反应与分离, 塔顶通过液液分相器分离水, 塔底得到乙酸异戊酯产品。该设计对乙酸异戊酯的纯度、产品中乙酸含量、过程回收率进行限制, 醇酸原料进料比、设备结构参数以及其他操作参数等可适当调整。

(1) 现拟使用人工神经网络预测过程的操作费用与设备费用, 以实现年总费用最优, 试给出所搭建神经网络输入层与输出层的神经元数目以及各个神经元分别代表的输入/输出变量; 绘制整个建模优化操作流程图, 并指出每一步使用的软件/工具。流程应体现如何同时满足过程限制条件和达成优化目标。

(2) 现已确定反应精馏塔的稳态操作参数与塔结构参数, 请查阅相关资料或依据传统控制系统设置原则, 指出该过程中可能需要通过软测量测定并进行控制的关键变量, 并分别阐述基于工艺机理和人工神经网络的软测量开发流程(包含可能的输入/输出变量、原理、使用的方法等)。

参 考 文 献

[1] Kiss A. Distillation technology-still young and full of breakthrough opportunities. Journal of Chemical Technology & Biotechnology, 2014, 89: 479-498.

[2] Luo H, Bildea C, Kiss A. Novel heat-pump-assisted extractive distillation for bioethanol purification. Industrial & Engineering Chemistry Research, 2015, 54: 2208-2213.

[3] 李鑫钢, 杜英生, 余国琮. 多组分精馏计算的新方法. 化工学报, 1988, (2): 243-248.

[4] Luyben W. Distillation design and control using Aspen simulation. Hoboken: John Wiley & Sons, 2013.

[5] Haydary J. Chemical Process Design and Simulation: Aspen Plus and Aspen Hysys applications. New York: John Wiley & Sons, 2019.

[6] Meidanshahi V, Adams T. Integrated design and control of semicontinuous distillation systems utilizing mixed integer dynamic optimization. Computers & Chemical Engineering, 2016, 89: 172-183.

[7] Sigue S. Design and steady-state simulation of a CSP-ORC power plant using an open-source co-simulation framework combining SAM and DWSIM. Thermal Science and Engineering Progress, 2023, 37: 112-128.

[8] Nayak P, Dalve P, Sai R, et al. Chemical process simulation using open modelica. Industrial & Engineering Chemistry Research, 2019, 58: 11164-11174.

[9] 余国琮, 宋海华. 精馏过程数学模拟的新方法——三维非平衡混合池模型. 化工学报, 1991, 42: 7.

[10] Douglas J. The conceptual design of chemical processes. New York: McGraw-Hill, 1988.

[11] Turton R, Bailie R, Whiting W, et al. Analysis, synthesis and design of chemical processes. New York: Pearson Education, 2008.

[12] Li L, Sun L, Wang J, et al. Design and control of different pressure thermally coupled reactive distillation for methyl acetate hydrolysis. Industrial & Engineering Chemistry Research, 2015, 54: 12342-12353.

[13] An Y, Li W, Li Y, et al. Design/optimization of energy-saving extractive distillation process by combining preconcentration column and extractive distillation column. Chemical Engineering Science, 2015, 135: 166-178.

[14] Mignard D. Correlating the chemical engineering plant cost index with macro-economic indicators.

Chemical Engineering Research & Design, 2014, 92: 285-294.

[15] Inamdar S, Gupta S, Saraf D. Multi-objective optimization of an industrial crude distillation unit using the elitist non-dominated sorting genetic algorithm. Chemical Engineering Research & Design, 2004, 82: 611-623.

[16] Cartwright H. Machine Learning in Chemistry. Cambridge: Royal Society of Chemistry, 2020.

[17] Reddy P, Rani K, Patwardhan S. Multi-objective optimization of a reactive batch distillation process using reduced order model. Computers & Chemical Engineering, 2017, 106: 40-56.

[18] Li J, Li R, Zhou H, et al. Energy-saving ionic liquid-based extractive distillation configurations for separating ternary azeotropic system of tetrahydrofuran/ethanol/water. Industrial & Engineering Chemistry Research, 2019, 58: 16858-16868.

[19] Zhang Z, Wang C, Guang C, et al. Cost-saving and control investigation for isopentyl acetate ionic liquid catalyzed synthesis through conventional and dividing-wall reactive distillation. Process Safety and Environmental Protection, 2019, 129: 89-102.

[20] Crawley F, Tyler B. HAZOP: Guide to best practice. Amsterdam: Elsevier, 2015.

[21] Smith E, Siefert W, Drain D. Risk matrix input data biases. Systems Engineering, 2009, 12: 344-360.

[22] Lawrence D. Quantifying inherent safety of chemical process routes. Loughborough: Loughborough University, 1996.

[23] Dobbelaere M, Plehiers P, van de Vijver R, et al. Machine learning in chemical engineering: Strengths, weaknesses, opportunities, and threats. Engineering, 2021, 7: 1201-1211.

[24] Weininger D. SMILES, a chemical language and information system. 1. Introduction to methodology and encoding rules. Journal of Chemical Information and Computer Sciences, 1988, 28: 31-36.

[25] Heller S, McNaught A, Stein S, et al. InChI-the worldwide chemical structure identifier standard. Journal of Cheminformatics, 2013, 5: 1-9.

[26] Krenn M, Häse F, Nigam A, et al. Self-referencing embedded strings (SELFIES): A 100% robust molecular string representation. Machine Learning: Science and Technology, 2020, 1: 045024.

[27] Mahesh B. Machine learning algorithms-a review. International Journal of Science and Research, 2020, 9: 381-386.

[28] Battisti R, Claumann C A, Manenti F, et al. Machine learning modeling and genetic algorithm-based optimization of a novel pilot-scale thermosyphon-assisted falling film distillation unit. Separation and Purification Technology, 2021, 259: 118122.

[29] Liau L, Yang T, Tsai M. Expert system of a crude oil distillation unit for process optimization using neural networks. Expert Systems with Applications, 2004, 26: 247-255.

[30] Motlaghi S, Jalali F, Ahmadabadi M. An expert system design for a crude oil distillation column with the neural networks model and the process optimization using genetic algorithm framework. Expert Systems with Applications, 2008, 35: 1540-1545.

[31] Hanna B, Dinh N, Youngblood R, et al. Machine-learning based error prediction approach for coarse-grid computational fluid dynamics (CG-CFD). Progress in Nuclear Energy, 2020, 118: 103140.

[32] Ma K, Sahinidis N, Bindlish R, et al. Data-driven strategies for extractive distillation unit optimization. Computers & Chemical Engineering, 2022: 107970.

[33] Ochoa-Estopier L, Jobson M, Smith R. Operational optimization of crude oil distillation systems using artificial neural networks. Computers & Chemical Engineering, 2013, 59: 178-185.

[34] Qiu P, Huang B, Dai Z, et al. Data-driven analysis and optimization of externally heat-integrated distillation columns (EHIDiC). Energy, 2019, 189: 116177.

[35] Lu J, Wang Q, Zhang Z, et al. Surrogate modeling-based multi-objective optimization for the integrated

distillation processes. Chemical Engineering and Processing-Process Intensification, 2021, 159: 108224.

[36] Safdarnejad S, Tuttle J, Powell K. Development of a roadmap for dynamic process intensification by using a dynamic, data-driven optimization approach. Chemical Engineering and Processing-Process Intensification, 2019, 140: 100-113.

[37] Zhang Z, Wu Z, Rincon D, et al. Real-time optimization and control of nonlinear processes using machine learning. Mathematics, 2019, 7: 890.

第5章

气液传质设备的模拟设计

气液传质设备最常使用的是填料塔，其结构如图 5-1 所示。气体和液体物料分别从塔体下端和上端进入，在塔内进行充分传质，而后离开塔体并被收集。为保证气液传质效率，填料塔内部填装大量塔内件，包括填料、塔板、气体和液体分布器、液体收集器、进料管以及床层压紧栅板、填料支撑架、催化剂装填盒等辅助内构件。

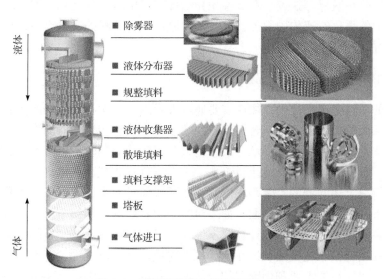

图 5-1　填料塔及其内件的结构示意图

随着研究的不断深入，新型高效填料与塔内件不断更新。对于这类复杂的传质和传热过程，传统的研究方法通常是先建立简单的数学模型，然后依靠实验手段获取有关模型参数，或根据实验测量数据与特征数进行关联，得到经验或半经验模型指导工业设计。这种方法缺乏通用性，只适用于特定相似情景。当条件发生变化时会有较严重的误差，尤其是根据实验室数据设计大型工业设备时，常产生"放大效应"，造成实际结果与预期值有较大偏差。过去的工业设计中，通常需要将中间实验逐级放大来实现从实验室走向实际产业，而这是一个十分漫长的过程。另外，为弥补经验公式和中试带来的偏差，需要引入较大的安全系数，以保证设备正常运行，而这会加大设备投资成本和过程能耗。随着计算机技术的快速发展，研究者可通过计算机模拟软件对填料塔内气液两相的流动状况进行计算模拟，进而对填料结构进行优化。自 20 世纪 60 年代初期人们将计算机运算引入化工过程的模拟与计算以来，化工理论以及设备操作控制水平得以快速发展。

5.1　填　　料

填料是填料塔的核心部件，为气液传热和传质过程提供较大的表面积。在填料塔中，液相在填料表面形成液膜，气相通过填料层间空隙形成的流道不断向上流动，在交错流动过程中与不断更新的液膜相互作用，这种流动和分布方式使填料塔相较于板式塔具有效率高、压降低、持液量小等优点。另外，填料塔构造简单，安装和维护方便。在使用时，可以根据分离物系和操作条件对填料塔内部构件进行更换，使得填料塔更适用于腐蚀性物料、热敏性物料和发泡性物料的分离纯化。填料塔在石油、化工以及轻工、制药和原子能等领域中应用广泛。近几十年来，随着填料塔理论和应用研究的深入，尤其是新型规整填料和散堆填料的开发，填料塔的分离效率得到很大提高，但填料塔仍存在放大效应及对初始分布敏感等缺点。本节首先介绍现有塔填料的种类和结构，随后介绍填料塔设计过程中的强化气液传质原理，并基于此原理提出填料的改进方向，最后阐述填料几何结构改进的最新研究思路。

5.1.1　计算机辅助填料结构优化概述

在常规的填料生产设计中，往往需要通过大量的水力学和精馏分离实验测定填料的传质性能，从而分析填料结构或者操作条件的改变对填料传质性能的影响，进而对填料结构进行优化改进。但是传统的水力学和精馏分离实验周期较长，且填料测试与制作过程花费巨大，延长了填料生产设计周期[1]。利用 CFD 模拟代替实验来研究填料内部流体传递现象是解决上述问题的有效手段。但在实际操作过程中，填料复杂的几何形状给建模与计算带来了诸多不便。一方面，如果对整个填料塔的全部细节都进行数值模拟，会耗费大量计算资源和时间，导致计算成本偏高。另一方面，一些填料的微小结构如泡沫碳化硅的微孔结构很难完整准确地在计算机中建模表示。对这种含有泡沫或微孔结构的填料进行建模时，往往需要利用断层扫描技术来获取填料的细微结构以进行三维建模，这又会增加计算成本。另外，散堆填料的不规则排布也给建模带来巨大的困难。因此，针对填料的 CFD 分析，根据所研究的几何模型尺寸可以分为微观尺度研究、介观尺度研究和宏观尺度研究[2-3]。微观尺度研究的是具有毫米级特征尺度几何结构的填料，最普遍的填料是简化后的倾斜波纹板、表面存在孔洞结构的波纹板或用立方结构与十四面体简化处理的多孔泡沫填料单元[4-6]。如图 5-2 所示，Gu 等[6]在分析波纹板填料上的液体流动状态时，将整个波纹板填料切割成具有所有几何特征的最小单元格，通过分析最小单元格上的流体的流动状态以推测不同操作条件与填料结构对于整块填料板传质情况的影响。

Wang 等[7]在对填料的 CFD 计算中将整块规整填料划分为具有重复几何单元结构的组合，如图 5-3 所示，通过对重复几何单元结构上液体的流动状态进行分析，估算整块规整填料上气液两相的传质状态。这样通过对较为简单的重复几何单元结构的数值模拟，便可以在减少计算量的情况下得到反映整块规整填料传质状态的数据。

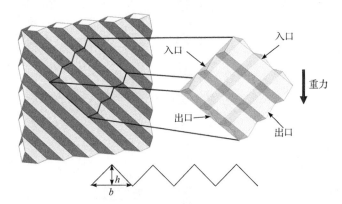

图 5-2　波纹板填料及最小单元格的几何结构示意图[6]

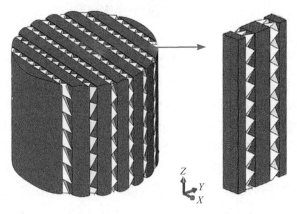

图 5-3　整块规整填料及其重复几何单元结构示意图[7]

　　宏观尺度研究是以整个填料塔或者多个填料层作为研究对象。建模时，忽略填料的细微结构，采用多孔介质模型以孔隙率和表面积等模型特征参数对填料区域进行定义。例如，Uwitonze 等[8]利用 CFD 研究振荡运动对使用 Mellapak 500Y 规整填充的隔壁塔内的液体流动分布的影响，采用多孔介质模型将整个填料塔化简为中间带有填料段的圆柱形筒体进行分析，如图 5-4 所示，研究了气速、液速等条件对于填料整体气液分布的影响。

　　上述三种研究方法中，微观尺度研究的模型最为简单，计算量也最小，模拟结果可以反映主要流道上的传质情况，但是由于其模型过于简化，无法对整个填料表面上的传质情况进行全面描述。介观尺度研究的计算量相对于微观尺度有所增加，随着计算机处理能力的提升，研究人员更偏向于选择此类研究。重复性几何单元的模拟结果可以视为填料表面的流体达到主体稳定发展后的传质状态，但是介观尺度研究仍然无法获得进出口以及壁面处的传质信息。直接对填料间的流体域进行求解的宏观尺度研究方法，可以对填料间的几何模型进行建模，所得到的模拟结果为具体位置处所关注变量的详细信息，能够覆盖规整填料各个区域[9]。但是直接模拟法需要消耗大量的计算资源，目前也只能对含有几块填料层的组合进行计算。Raynal 和 Royon-lebeaud[10]为了综合各种尺度研究计算

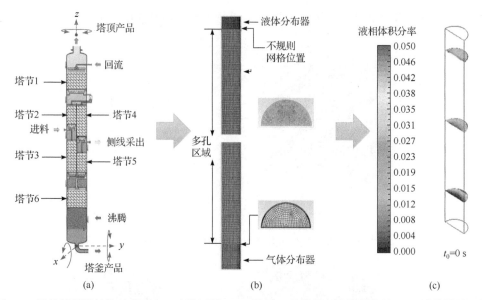

图 5-4   规整填料塔结构示意图(a)、多孔区域 CFD 模型(b)和塔节上液体分布的 CFD 计算结果(c)[8]

方法的优势，创新性地提出了多尺度研究方法，如图 5-5 所示，在多尺度研究方法中首先对计算量较小的毫米级别的微观尺度进行模拟，获得波纹板上的液膜平均厚度与持液量。通过液体流率和液膜厚度比值可以求得液膜的平均速度，进而计算出气液界面处液体有效真实速度。将第一步获得的持液量以及气液界面处的有效速率用于第二步的计算。在第二步厘米级别的介观尺度的模拟中，对两块或者多层波纹板片中的气液两相流进行模拟。通过第二步计算得到的压降和气相表观速度，可以计算出压降系数 K_Z 和气液流动特

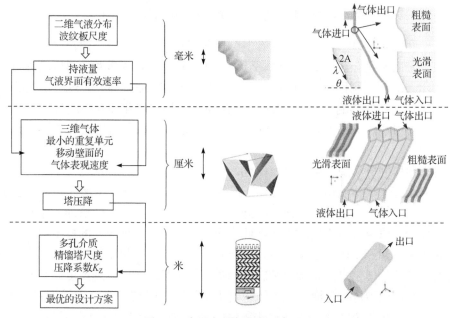

图 5-5   多尺度研究方法示意图[3]

性之间的有效关系，进而用于第三步宏观尺度的模拟。在宏观尺度模拟中采用多孔介质模型，将规整填料处理成各向异性的多孔介质。通过第二步计算得到的压降系数 K_z 和气液流动特性之间的有效关系即可实现对全塔尺寸的模拟，进而求得规整填料的湿压降。

目前针对规整填料的模拟主要集中在微观和介观尺度上，研究目的和重点是分析不同拓扑结构、操作条件以及物性参数等因素对填料传质性能的影响，计算规整填料不同位置的浓度分布规律，从而对填料结构和精馏塔操作条件进行优化。

5.1.2　填料传质性能影响因素分析

1. 物料的物理化学性质

对填料传质性能产生影响的物料物理化学性质主要包括液相黏度、液相接触角和液相浓度。谷芳[11]在对规整填料片上的降膜流动进行 CFD 计算时发现，当提高液相组分的黏度后，波纹填料片上的液膜厚度有所增加，但是液膜自由表面上的相位几乎没有变化，说明增大流体的黏度可以使液膜厚度增加，但是不影响其他流动结构。另外，液膜在波纹板上流动时，受到波纹结构的影响，接触角的大小会发生变化。随着接触角变化，液体受到的黏附力产生振荡[11]。这种不稳定振荡会改变液膜自由表面形状、相位角、局部液相厚度和局部壁面剪应力等，甚至造成液膜的破碎。通常，液体的表面张力影响固液间的接触角。通过 CFD 模拟计算发现，当忽略液体的表面张力时，液膜会紧紧地贴附在波纹板表面，而当液体的表面张力增大时，波纹板表面的液膜会产生剧烈波动，液膜自由表面还会产生许多毛细波纹。同样针对液相黏度，Sebastia-Saez 和 Gu[12]认为液相的黏度会对扩散系数造成影响，从而对填料板上的传质效率造成影响。当液相扩散系数增大时，传质速率会随着增大。而对于液相接触角，Sebastia-Saez 等[13]随后通过 CFD 模拟发现，当接触角小于 90°时，不同接触角下的传质速率相差不大，但是一旦当接触角大于 90°，气液两相的接触面积会变小，导致传质速率降低。而针对液相浓度对于填料传质效率的影响，谷芳[11]认为当液相进口浓度增大时，气液两相的浓度差会增大，使得传质推动力增大，所以整块填料平均传质系数会随之提高。虽然物料的物理化学性质很难改变，但是可以通过对填料的结构或者填料表面进行改进来提高填料的传质性能。例如，闫鹏[14]对金属丝网填料的表面进行了亲水性改性，通过改变液固接触角，优化了填料对不同黏度和表面张力的进料液体的气液传质分离性能。

2. 填料塔操作参数

对于填料塔操作参数对填料传质性能的影响，目前的研究主要集中在气速、液速、操作压力、气相因子等方面。张慧[15]利用拟单相法对填料的湿压降进行模拟时发现，当气体的 F 因子固定时，增大液体的喷淋密度可以有效提高气体的压降。Mccabe 等[16]对此现象的解释是，增大的液体流量使得气体流动的自由截面积变小。Sebastia-Saez 等[17]对倾斜平板上的两相流传质模型进行了细致研究，认为气相压力主要是通过改变气相在液相中的溶解度来影响传质。他们在研究水-氧气的案例时发现，增加气相压力会使得氧气在水中的溶解度增大，进而提高传质速率。因此，他们认为在较高的气相压力下填料的传质性能可能会有所提升。对于气相因子 F 对填料传质能力的影响，Dong 等[18]认为当所选物系发生的传质过程主要是由液相传质过程控制时，气相速度的大小对于液相传质系数无任何影响。但也有研究者[11,19]认为，增大填料中的气体流速，可以加速填料上液相的湍流流动，提高传质效率。例如，谷芳[11]在对二维平板上的液膜流动进行 CFD 模拟时发现，增加气相流量可以促进填料板上的解析过程，原因是气速的提高加速了液膜内流动相的湍动程度。但是 Haelssig 等[20]对此持反对意见，他们认为提高气相速度会阻碍液膜的形成，缩短气液相接触时间，从而降低传质速率。另外，很多学者也对液相进料速率对填料传质性能的影响进行了探究。如图 5-6 所示，陈欣元[21]利用十四面体对泡沫铝填料进行简化处理，使用 VOF 两相流方法研究了液相进料速度对于填料传质性能的影响。他发现对于泡沫填料：液速增大时，液体占据了大部分填料通道，此时液相分布均匀，填料骨架表面液膜覆盖率高；液速减小时，气体逐渐占据流场空间，使得液相体积分数减小，此时泡沫铝填料表面的液膜随着气速增大而逐渐破碎，填料表面的流体由液膜流动变为液滴状态流动。

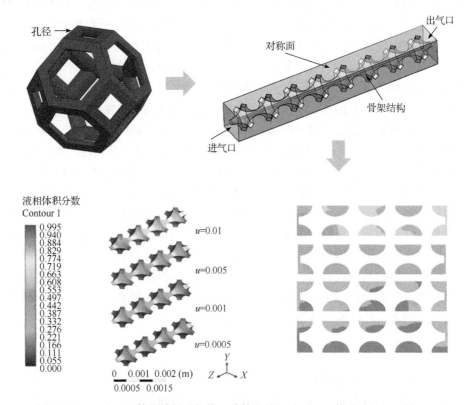

图 5-6   基于十四面体的填料骨架模型计算出的液速对于流体流动的影响结果[21]

Haroun 等[22]对二维波纹板上的传质过程进行模拟时发现，液相传质系数随液相载荷的变化趋势与渗透理论十分接近。但是也有部分学者认为，液相载荷的提高会造成液膜厚度变大，从而导致液相传质阻力增大，因此传质效率大小与液相载荷之间应该呈现负相关的关系[23]。而 Sebastia-Saez 和 Gu[12]在对倾斜的平板填料上的液体流动进行计算时发现，随着液体流量的增加，液相传质系数有一个最高值，此时液相流量较小，液体在填料板上分布不均的情况有所改善，但是当液体流量增大后，液体流速变大，气液两相接触时间缩短，相间传质系数变小。关于液体流速和持液量对于传质的影响，Daniel 团队[24]认为在对流传质占据主导时，传质效率与雷诺数符合渗透理论，液相流量越大则接触时间越短，因而会有较大的传质速率；而当填料上的液体发展到稳定的流动状态时，传质主要由扩散传质主导，此时增大流量反而会降低传质速率。

3. 填料几何结构参数

对于几何结构参数对传质性能的影响，主要体现在改变填料板的倾斜角度、边缘弧形状以及表面开孔数量和大小上。如图 5-7 所示是对填料常见的几何结构调整策略。

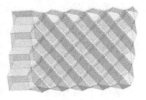

图 5-7　增加波纹结构、开孔结构与填料间填充隔板的几何结构调整策略示意图[2]

谷芳[11]在研究波纹板填料表面液相流动的影响时发现，波纹板填料上填料表面波纹的存在，使液体在波纹板上不能形成连续光滑的液膜。在流动过程中，液膜发生随机断裂的频率增加，断裂点不仅出现在液膜最前方，还会出现在从波纹凸面向凹面转变的位置。如图 5-8 所示，当波纹板倾角固定时，调整波纹板表面的波纹结构会对表面流体的形态产生很大的影响。

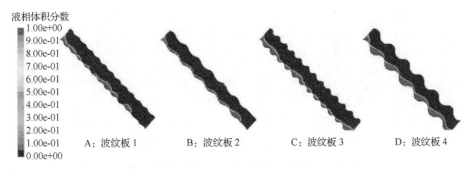

图 5-8　不同波纹板上液膜的流动状态[11]

谷芳[11]发现液膜在波纹尺寸较小的板面上更容易发生断裂，而在波纹尺寸较大的板面上更容易形成连续的液膜。此外，对有较大的尺寸的波纹板来说，液体在其表面上流动时更容易在波纹板的下方形成积液并伴随产生旋涡。而改变波纹板的倾斜角度不会改变液膜的基本流动结构，只是随着倾斜角度增大，液膜厚度略有增加。而汪蓉梅[9]对垂直角度的波纹板上的气液流动进行模拟时发现，改变波纹板上波纹的角度和半径会显著影响填料的压降。她发现随着波纹板上过渡边缘的圆弧尺寸增大，气液两相界面上的压降减小，但是当圆弧尺寸增大到一定值时，继续增大圆弧尺寸不会有效提高填料的传质性能，所以通过改变波纹填料上波纹的尺寸对于填料的传质性能增强作用效果是有限的。Sebastia-Saez 等[24]对有突起的三维倾斜平板上的物理吸收过程进行模拟时发现，波纹板排列组合方式对于传质速率有显著影响。当波纹排列与液体流动方向垂直时不利于传质，波纹排列与液体流动方向一致时可以促进液膜的分散，提高传质效率。但是 Yu 等[3]对此提出相反的观点。他们发现与流体流动方向垂直的小波纹可以产生更多的旋涡来增强气液两相的混合，涡流的存在可能是增强传质的重要原因。同时波纹倾斜角度对于传质也有影响。Yu 等[3]对普通填料的波纹倾角进行改进，得到波纹倾角为 30°-35°-30°规律变化的独特折线式新型 WPA 填料。他们发现对于折线式结构的规整填料，液膜在倾角变化处的速度方向会发生改变、速度大小会得到重新分布，从而提高了传质效率。

另外，在波纹板上增设开孔也是常用的性能优化措施。Hu 等[25]和朱明[26]对填料的开孔进行研究发现，在平板表面开孔会产生两个影响：一方面，当流体流经过开孔区域时，流速会突然增加并达到峰值，同时流速的增加会导致流体厚度的减小，从而减少液相传质阻力，导致此处增强因子增大；另一方面，流体会在开孔两侧来回穿流，而加强的流动也会促进传质。如图 5-9 所示，刘宁馨[2]研究了开孔对于平板表面液体的流动影响。他们发现开孔结构对波纹板上的浓度分布有极大的影响，在开孔结构处会产生波纹两侧流体相互传质的现象，使得波纹板两侧流体浓度分布更加均匀。在开孔结构附近的流动长度上会产生往复的 U_y 速度分布，从而导致在开孔结构后方的辐射区内的流体拥有较高的浓度。当开孔率达到 10%时，随着孔径增大，自由表面浓度值在流过开孔结构后的增大效果越来越明显，其中开孔直径 8 mm 波纹板上的自由表面浓度增强效应最为突出。开孔波纹板上的整场平均传质系数均大于未开孔波纹板。相同开孔率不同直径下整场平均传质系数略有区别，开孔直径越大，整场平均传质系数极值也越大。

 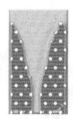  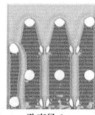 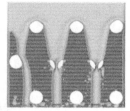

未开孔   孔直径 2 mm   孔直径 4 mm   孔直径 6 mm   孔直径 8 mm

图 5-9   雷诺数为 10 时不同孔径波纹板上液膜铺展情况[2]

除了对填料进行开孔外，如图 5-10 所示，王辰晨[27]在填料段中间增设了脉冲结构。模拟结果发现，在倾斜角为 45°的波纹板的上下端或者波纹板中间主体区域加入垂直的脉冲结构，能够有效地降低填料塔的干塔压降。两端的脉冲结构能够实现整个填料内的连续流动，有效地避免了接触面处气体明显的流向转折，减小了两相相邻填料间的界面阻力。

另外在波纹板单元高度相同且脉冲总高度相等时，增加脉冲区域个数 N 可以有效降低规整填料的压降值。类似地，张西雷等[28]在交错的两层规整填料之间加入了隔板，使得压力降低了 20%～50%，传质系数提高约 20%。

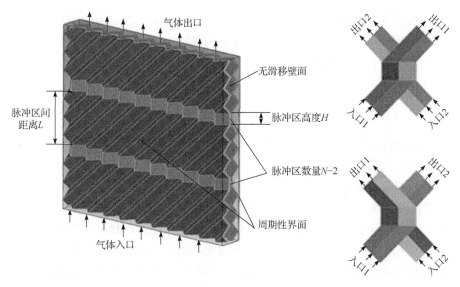

图 5-10　增设脉冲结构的填料模型[27]

5.1.3　填料未来发展方向

计算机模拟技术应用于填料领域方兴未艾，无论是整体平均模型还是单元综合模型，大多经过了相当多的简化假设，如将具有一定结构形状的规整填料视为多孔介质；假定液相为连续相；假定填料孔道内为单相流或拟单相流等。随着计算机运算速度和计算算法的发展，今后的研究方向应是在考虑规整填料具体结构形状的基础上建立规整填料实体物理模型，以填料内的局部气液两相流场为基础探究填料塔中的相间传热、传质机理，或以 CFD 模拟得到的填料塔局部流场信息为基础，估算整塔的压降、持液量、有效润湿面积、传热或传质系数等填料塔设计参数，或结合拓扑学优化方法对填料结构进行优化，从而使 CFD 技术真正地成为填料塔设计的辅助工具。

1. 散堆填料发展方向

虽然规整填料在精馏、吸收和蒸发降温中已经被广泛应用，但是传统的散堆填料相对悠久的发展历史使其在空气分离、气体净化、萃取精馏和精密精馏等方面仍具有不可或缺的地位。总体而言，相较于规整填料，散装填料在填料塔内散乱堆砌，其装填方式杂乱无章，没有固定的气液流道。因此，散堆填料未来的发展方向是利用 CFD 模拟，减轻放大效应，开发功能复合型散堆填料，不断优化散堆填料结构，解决壁流、沟流等不良分布现象。对于散堆填料，目前的改进趋势主要有：

(1) 提高孔隙率、增大填料比表面积、降低填料压降、改善填料表面润湿性、功能多样化。

(2) 通过环壁开孔、侧面添加锥形翻边等手段改善填料结构，使填料内部流动更加合理化，进而提高相间传质效率，并提高填料的结构强度。

(3) 通过降低环体高度以减小散堆填料的高径比，以尽量提高填料在填装时排列的有序性，从而提高处理能力和传质效率。

(4) 通过对填料表面进行特殊的物理或化学处理,增加填料表面与液体的亲和性,改善液体在填料表面流动性能,从成股流动过渡为膜状流动,既减小了液层厚度,有利于充分传质,又有利于扩大液体的流动面积,增大气液两相之间有效的接触面积,提高传质分离效率。

2. 规整填料发展方向

虽然规整填料具有诸多优点,但是目前的发展仍面临一些问题,根据前文的总结,未来填料的发展方向主要有以下四点。

1) 减少对传质无效的高压降

气相流体流过填料床层后会产生流动阻力,引起出口处气体压力的降低,称为填料压降。只有气相通过填料的压降称为干压降,气液两相通过填料的压降称为湿压降。波纹规整填料的压降主要由三部分组成[27]:逆向流动的气液在界面处产生的摩擦;气体流动过程中在交叉通道内相互之间融合碰撞产生的摩擦;气体在流经上下两层填料的交界处、填料壁面处、填料的波纹片的入口和出口时产生的阻力损失。其中后两种阻力损失占据总体压降值的 80%左右。但是这部分压降对填料上的气液传质过程来说没有任何推动作用。而过高的压降也会进一步限制精馏塔的操作范围,降低传质效率。而新型的泡沫波纹板或者 SCI 填料更是因为过于密集的网孔和复杂的骨架排布对气相造成极大的阻碍,使得多孔泡沫填料的压降居高不下。所以未来的填料优化应该减少这部分无效的压降,通过改善波纹倾角以及通道的形状、液体的喷淋密度、气体的流速或孔径的结构和开孔数量来降低规整填料的压降[2]。

2) 改善润湿性能

在填料的实际应用中发现对于水系液体,陶瓷波纹填料的润湿性能最好,其次是波纹丝网填料。但是对于不锈钢材质或者是未进行处理的塑料波纹板填料或者塑料网孔填料,液体的润湿性能较差,在填料表面不容易形成液膜,致使填料的表面无法得到充分的利用。另外在一些特殊体系中,对于填料的材质有诸多要求,所以填料表面的润湿性能不一定是对所应用的体系呈现最优状态。为此 Li 等和郝志强[29-30]通过对填料进行亲疏水性的改性来适用不同的液相体系。针对规整填料的表面改性或许是未来提高填料传质性能的一个方向,相应的改性技术也应该予以重视。

3) 提高液体分布均匀性

规整填料内液体沿着填料的表面或者孔道结构进行流动,流动速度可以分解成为径向速度与纵向速度两个分量。液体在进入填料后,两段的液体会向波纹片或者多孔材料的边缘流动,导致壁流效应。同时,在大流量的情况下,自上而下的液体也会出现径向的分布不均,造成液体的沟流和溪流现象,进而造成精馏塔传质效率的降低。所以在未来的改进中应该对液体分布进行优化,在规整填料块周围增加液体重分布器或者围堰,使聚集到塔壁上的液体重新回收到填料内,或者利用 CFD 优化以改善填料的堆叠摆放状态使得液体分布更加合理。

4) 提高填料表面的利用面积

填料表面的润湿面积指的是被液体所覆盖的波纹板或者骨架表面积,而参与到气液传质过程的面积才能称为有效面积。由于填料的不合理堆放或者泡沫填料的无效孔径以及孔径之间没有连通，液体不能完全浸湿填料的表面，或是因为填料结构设计不合理使得液体无法在填料表面形成液膜，或是操作条件导致气速过大使得液膜破裂成雾滴或者溪流。上述情况都会使得填料的表面积不能得到充分的利用，而这些现象往往需要经过专业的设备和细致的实验观测才能发现。随着 CFD 技术的不断发展，在填料的设计或者安装过程中可以利用 CFD 对实际情况进行仿真模拟，来优化填料内部的结构或者填料塔的操作条件，进一步提高填料的表面利用面积。

5.2　塔　　盘

5.2.1　计算机辅助塔盘结构优化概述

由于板式塔具有高通量、高操作弹性等诸多优点，在工业生产中逐渐成为大直径塔应用的主导。传统板式塔最早采用的是泡罩塔板，由于其具有操作弹性大、生产能力大等特点，在 20 世纪 50 年代的工业生产中显示出了诸多优势。然而，随着工业生产不断发展，对更低成本和更高传质效率的气液接触设备的需求增加，泡罩塔板逐渐淡出历史舞台，被新型筛板和浮阀塔板所取代。随着工业的发展，还开发了许多不同结构类型的新型塔板，极大促进了化工工业的进步和发展。基于化工过程强化原理，未来利用计算机技术模拟设计并优化塔盘结构是工业生产中非常必要的技术改进。

筛板塔塔盘上流体的流动主要是气相垂直穿过液层引起的气液两相流动，筛板塔塔盘最早使用计算机模拟技术优化设计，用于模拟和改进塔盘的气液传质过程。1998 年，Mehta 等[31]通过求解液相质量和动量的时均控制方程，对筛板上的液相流动形态进行了分析，使用经验关联的相间动量传递系数表达气液两相间的相互影响。该计算结果仅适用于小雷诺数(Re 20～1000)的层流情况，同时该模型并未考虑气相对液相流速分布的影响。为了解决这一问题，李建隆[32]建立了筛板液相流场计算模型——零方程单流体塔板流场计算模型，该模型中包含两个主要参数：De 和涡流黏性系数，需要通过实验数据回归得到。该模型比较方便，但在推导过程中作了较多的假设，导致模型计算的结果有时与实际情况相差较大，此外，该模型的计算结果未能显示出常见的回流区。张敏卿[33]借鉴了李建隆工作中处理气体作用项的方法，提出了考虑垂直气相流阻力作用的 $k\text{-}\varepsilon$ 湍流模型，即在标准 $k\text{-}\varepsilon$ 湍流模型的动量输运方程中引入气体阻力项，而其他方程及方程中的系数保持不变。采用此模型计算筛板上的液相流速分布，在某些工况下可以模拟出部分回流区。袁希钢等[34]假设气液两相均为连续相，在考虑气相对液相阻力的情况下，建立了筛板上气液两相流的双流体模型。该模型认为气相在塔板液层中均匀分布，并以均匀气泡的形式存在。尽管计算结果较拟单相模型更为准确，但由于只考虑气相在水平方向的作用力，忽略了气相在竖直方向上对液相的作用力，使得计算结果和实际情况仍有较大偏差。

因此，研究人员开始不仅关注气体对液相各方向动量的影响，还关注气体对液层的扰动和湍动动能的影响。为此，刘春江等[35]保留了原有模型中的上升气泡阻力项，提出

了改进的湍动能 k 和湍流动能耗散率 ε 的输运方程。由于增加了描述湍动能 k 和湍流动能耗散率 ε 的输运方程，在两相错流时，增加了气相穿过液相而造成的液体湍动能生成项。运用该模型对塔板流场进行二维模拟计算，成功得到回流区，且回流区的大小随气、液负荷的变化趋势与实验结果相符合。刘伯潭[36]省略湍动方程和动能耗散方程中的源项，提出新的动量源项，用于研究塔板上气泡和液体的相互作用。通过假定气泡在液层内沿一曲线上升，运用流体计算软件 PHOENICS 进行了单溢流和双溢流的模拟计算，计算的回流区流型与实验结果相吻合。

5.2.2 塔盘的三维气液传质模型构建

2003 年，Gesit 等[37]建立了一个三维的气液两相流模型。在模型中，每一相被假设为具有独立迁移方程的可相互贯穿的连续体，两相之间的相互作用通过相间的动量传递来表示。刘伯潭[38]计算模拟了塔板上流场的三维流动，很好地反映了塔板的真实流动情况。由于在模拟气液两相相互作用时只考虑了曳力作用，计算出的流场与实际有一定偏差。张平[39]选用双相流中的欧拉-欧拉模型对倾斜塔板上液相的三维流场分布进行了模拟，得到了倾斜塔板漏液、正常、雾沫夹带三种操作状态下塔板气相分布。模拟结果表明，回流区中心会向塔板倾斜方向偏移，若塔板向液流方向倾斜会增大回流区面积，相反地，向液流的反方向倾斜会导致回流区域的减小。

王晓玲等[40]考虑气液相间的相互作用力，建立了精馏塔板上气液两相流场的三维数学模型。利用两相流模型中液相处于稳态时的连续性方程和动量方程，对塔板上液相的三维速度场进行计算，并与实测三维速度场进行对比，吻合度较高。之后，Wang 等[41]采用改进的拟单相流的三维模型，考虑液相中的气含率和相间作用力(曳力、升力、虚拟作用力)等影响。该模型具有足够的精确度并能减少计算机内存，模拟了单块塔板以及 10 块塔板全回流条件下的浓度分布和速度分布。赵培等[42]利用双欧拉两相流的三维模型模拟了波纹导向浮阀塔板上的两相流场。结果表明，波纹导向浮阀塔板具有良好的流体力学性能，板上气液分布较均匀，弓形区返混区域小。

由于圆塔的几何结构，主流区和弓形区存在速度梯度；另外由于降液管的集液作用，也会导致塔板上液体流动的均匀。在不同的液流强度和堰径比下，塔板上均存在回流区，进而影响塔板效率。刘德新[43]提出了一个预测全开状态下浮阀塔板的瞬态流体力学模型，用于研究塔板上的三维气液两相流。通过模拟计算，研究了堰径比和液流强度对板式塔上液相流动情况的影响。结果表明，堰径比的增大可以减小板式塔上弓形区的面积，从而获得更好的液相分布；当液流强度增加时，回流区和直流区的液流速度差增加，回流区面积增大。因此增大堰径比和液流强度都有利于塔板上的气液传质。研究还表明，在塔板上设置梯形入口堰可以消除弧形区域的回流现象，使整个塔板的液体达到均匀流动。塔板上的主流区近似于平推流，弓形区近似于全混流，而平推流的传质效率高于全混流。在塔板上设置导流板，使整块塔板的液体变成平推流，塔板的液相流量分布更加均匀，提高了弓形区液体流量，减少了主流区液体流量；进而降低了弓形区内液体克服逆向流动方向的压力和流动阻力，避免了回流的产生。

5.2.3　计算机辅助设计新型塔盘

1. 立体传质塔板

河北工业大学开发的立体传质塔板(CTST)具有低塔板压降、高处理量、高操作弹性和高传质效率的优势。李春利和马晓冬[44]利用加和模型和直接关联模型,对立体喷嘴型塔板的湿板压降进行了关联。贺亮[45]通过理论计算,结合数学模型,对立体传质塔板的罩外空间气相速度和液滴粒度分布进行了数值模拟。模拟结果发现,影响液滴粒度分布的因素主要有气相速度、板上清液层高度、罩型以及液体的物性;在喷射工况下,液滴粒度分布更符合上限对数正态分布函数。立体传质塔板的气液传质主要发生在帽罩内,液体能否进入帽罩以及进入帽罩的次数对于塔板传质效率至关重要。牛小威[46]提出了罩内循环次数的概念和计算公式,并计算了液体在帽罩内的循环次数,进而提出改善板上液相流场的方法。在设计塔板时,将前后两排帽孔交错排列,前排帽罩之间的通道正对后排帽罩端板,从而改善第一排帽罩端板后的回流区;并将两端板孔适当旋转,以避免绕流现象;同时缩小帽罩与塔壁之间通道的宽度,增强此区域的罩内循环次数。

2. 多孔泡沫塔盘

多孔介质泡沫材料(陶瓷基、金属基、树脂基等)是一种新型功能材料,在最近几十年得到了长足的发展。由于其具有独特的网状空间结构、较低的密度、较好的热学性能以及机械强度等众多优良特性,被广泛地应用于化工、能源、环保等诸多领域。天津大学精馏技术国家工程研究中心与中国科学院金属研究所联合开发了一系列用于蒸馏过程的多孔介质泡沫传质元件,包括 SiC 泡沫阀塔盘、SiC 泡沫塔盘、SiC 泡沫规整填料以及树脂泡沫规整填料等[47]。通过一系列气液传质实验及计算机模拟,优化了塔盘结构,开发了整体泡沫碳化硅塔板,增大了塔板的开孔率,从而降低湿板压降,并获得更大的传质区域[48]。

3. 浮阀塔板

浮阀塔板因其操作弹性大、传质效率高等优点被广泛应用于工业生产中,是目前应用最为普遍的塔板之一。华东理工大学的路秀林和赵培[49]开发了导向浮阀塔板,包含矩形导向浮阀和梯形导向浮阀。其具有以下优点:在阀盖上方设有相应大小的导向孔,其开口方向与液流方向一致,可减少和消除液面梯度;浮阀外形为矩形或梯形,两端有阀腿,塔设备运转时,气体从垂直于液流方向的浮阀两侧流出,可以减少液相返混;通过矩形导向浮阀和梯形导向浮阀的适当排布,可以减少和消除液体滞留区;阀腿固定,不易磨损。相比于矩形导向阀,梯形导向浮阀具有更强的导向作用,在此基础上提出了组合导向浮阀塔板。通过梯形浮阀和矩形浮阀的适当排列,相较于单一的矩形导向浮阀,组合导向浮阀表现出更优的流体力学性能,对减少塔板上液体滞留区和回流区、降低板上液位差更为有效。张朦等[50]模拟了组合导向浮阀塔板的气液两相三维流场,得出适用于组合导向浮阀塔板的清液层高度关系式。模拟结果印证了实验结果,组合导向浮阀塔板的液面梯度和弓形区域回流面积更小,具有良好的流体力学性能。马玉凤[51]将实验数据拟合得到的动量源相关联式添加到模型中，对组合导向浮阀塔板进行了计算流体力学模拟，详细分析了板上气液两相流的流动特点，研究结果有望用于指导工业塔板的设计。Zhao 等[52]在固阀的基础上设计并开发了一种筛孔固阀塔板(SFV)，并通过计算模拟了塔板压降、雾沫夹带和清液层高度等流体力学性能。结果表明，导向筛孔不仅对流体的流动起到了导流的作用，同时使气液两相的接触更加充分；这种带导向筛孔的新型塔板能够促进液体的流动，并显著增加液体的分布效果。此外，Tang 等[53]提出了一种内部拥有圆柱结构的三维旋转流筛板(TRST)，结合计算机模拟和实验研究了该塔板的干板压降和气体的流场分布，结果表明该种塔板的压降较小。

5.3 塔 内 件

除了填料和塔盘这些主要器件外，气液传质设备的内件对于气液传质过程的顺利进行也具有至关重要的作用。填料塔的大型化与新型塔填料的开发、各种塔内件的发展分不开，填料塔放大的关键问题是液体和气体在塔内的均匀分布。因此，塔内件的设计特别是液体分布器和气体分布装置的设计，成为开发大型填料塔的核心问题，而流体均匀分布理论和技术又是发展塔填料和塔内件的先导。性能优良的气体/液体分布器可有效提升塔板效率，利用计算机辅助模拟气体/液体分布器及相关的支撑设备，有助于优化响应结构，提升气液传质效率，降低体系的运行能耗。

5.3.1 液体分布器

1. 液体分布器设计优化原理

液体分布器是塔内件的重要组成部分，其作用是使液体均匀地初始分布于填料层顶部。Albright 研究表明：每种填料无论初始分布好坏，只要填料层达到足够高度，初始分布终会转化为填料的自然流分布，从而实现相间的密集传质。初始分布不佳只能通过更高的填料层予以弥补[54]。因此，液体分布器的设计影响液体初始分布，从而影响填料层的总效率。实践证明，没有良好的液体分布器，填料塔甚至不可能正常工作，高效填料也难以发挥效用[55]。液体分布器的设计所需满足的基本要求包括分布均匀、合适的操作弹性、足够的气流通道面积和分布器操作的可行性，下面将从这四个角度进行具体阐述。

1) 分布均匀

液体分布均匀的 3 条标准为：足够的液体喷淋点密度；液体喷淋点分布呈几何均匀；各喷淋点流量均匀。

填料所需的液体喷淋点密度无固定数值，一般来说，填料的比表面积越大，所需的喷淋点密度越大；规整填料的喷淋点密度大于散堆填料；液体喷淋密度低时所需喷淋点密度大于液体喷淋密度高时的喷淋点密度。表 5-1 为各填料公司推荐的喷淋点密度(DPD)(点/m² 塔截面)值[56]。

表 5-1　喷淋点密度推荐值

推荐厂商	Koch 公司		Glitsch 公司	Sulzer 公司		
DPD	≤65	>65	161～215	>100	≥200	≥300
条件	喷淋密度> 50 m³/(m²·h)	喷淋密度≈ 2.5 m³/(m²·h)	根据流量大小和 堵塞可能性选定	Mellapak 250Y	BX(500) 丝网填料	CY(700) 丝网填料

液体分布点的数目 n 也可由式(5-1)进行估算

$$n = \left(\frac{D}{t}\right)^2 \tag{5-1}$$

式中，D 为塔径，t 为缺省值，D≤900 mm 时，取 t=75～150mm；D>900 mm 时，取 t=150 mm[57]。

喷淋点在塔截面上一般以正三角形或正方形分布。塔壁附近应该有足够的喷淋点密度，因为尽管距离塔壁数厘米范围的宽度不大，但占塔截面面积的比例较大。一般喷淋点位置可距塔壁 40～50 mm，需防止液体斜射到塔壁上[56]。

Moore[58]提出了一种描述液体分布均匀性的方法。每个喷淋点用小圆表示(以喷淋点为圆心)，小圆面积与通过该喷淋点的液体流量成正比。所有小圆的面积之和等于塔内径的横截面积。液体分布均匀性的评估图如图 5-11 所示。图中 A、B、C 三个特征值的计算如式(5-2)、式(5-3)所示：

$$A = \frac{\text{未被小圆覆盖的面积}}{\text{塔横截面积}} \times 100\% \tag{5-2}$$

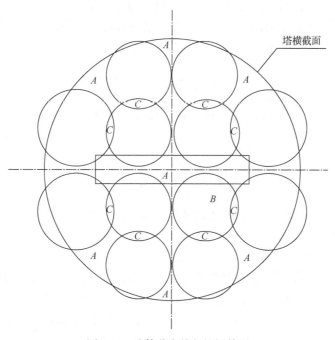

图 5-11　液体分布均匀性评估图

B 为一块连续的 1/12 塔横截面积，此处与塔的平均流量的偏差最大。

$$B = \frac{1/12塔横截面积上最小的小圆面积之和}{1/12塔横截面积} \times 100\% \tag{5-3}$$

C 为重叠的小圆面积之和占塔横截面积的百分数。

分布质量指标 D_q 表示为式(5-4)：

$$D_q = 0.4(100\% - A) + 0.6B + 0.33(C - 7.5\%) \tag{5-4}$$

D_q 值不同，表示分布器的性能不同。一般 $D_q > 90\%$，为高性能分布器；$D_q = 75\% \sim 90\%$ 时，为中性能分布器；$D_q = 10\% \sim 70\%$ 时，为低性能分布器。

不少学者也提出了一些更为简易的分析液体分布均匀性的指标参数。例如，Hoek 等[59]提出了如下液体分布均匀性系数，如式(5-5)所示：

$$M_{f2} = \frac{1}{n} \sum_{i=1}^{n} \left(1 - \frac{L_i}{L_{av}}\right)^2 \tag{5-5}$$

式中，L_i 为第 i 个收集池(共设置 n 个收集池，用于接收出口液体)的液体流量；L_{av} 为平均液体流量。Kouri 和 Sohlo[60]考虑到收集池的面积，重新定义了液体分布均匀性系数，如式(5-6)所示：

$$M_{f3} = \sqrt{\sum_{i=1}^{n} \frac{A_i}{A} \left(1 - \frac{L_i}{L_{av}}\right)^2} \tag{5-6}$$

式中，A_i 为第 i 个收集池的截面积；A 为塔截面积；L_{av} 为平均液体流量。上述两种液体分布均匀性系数仅代表测量值与平均值的偏差。理想情况下，只有当每个收集池的液体流量与每个收集池截面积的比值相同，且等于总液体流量与塔截面积的比值时，在给定的填料高度下，液体分布才会均匀，如式(5-7)所示：

$$\frac{L_1}{A_1} = \frac{L_2}{A_2} = \cdots = \frac{L_n}{A_n} = \frac{L}{A} \tag{5-7}$$

因此，Dang-Vu 等[61]提出了一种更科学地描述液体分布均匀性的系数，如式(5-8)所示：

$$D_L = \frac{1}{n} \sqrt{\sum_{i=1}^{n} \left(1 - \frac{L_i / A_i}{L / A}\right)^2} \tag{5-8}$$

D_L 值始终为正，为零则表示理想的液体分布，即液体分布完全均匀。D_L 值越大，液体分布越不均匀。

2) 操作弹性合理

液体分布器的操作弹性定义为能满足各项基本要求条件下，液体的最大和最小负荷之比。通用型液体分布器的操作弹性在 1.5～4 范围内，可满足连续生产要求。对于间歇精馏等非稳态操作，回流比变化范围大，有时要求操作弹性达到 10 或更大，分布器需要特别设计。

3) 气流通道足够

气流通道面积应足够大以维持合适的气速，若气流通道小、气速大，则分布器压降增大，当压降超过液体压头时，会造成液泛。另外，气速过高也会造成严重的液沫夹带，这些都会影响分布器的效果。因此，液体分布器的气流通道应占塔截面积的 50%～70%。

4) 操作可行性

保持分布器各流道畅通，防止因结垢、结晶、结焦、聚合、沉淀等现象产生堵塞。防止发泡、腐蚀、雾化等影响正常操作，更不能发生变形、倒塌等事故。

2. 液体分布器的结构

液体分布器的主要分类如图 5-12 所示，主要分为压力式和重力式。

图 5-12　液体分布器分类

几种典型液体分布器的结构如图 5-13 所示。

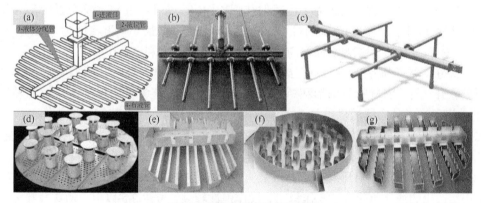

图 5-13　典型液体分布器结构

(a) 重力式管式液体分布器；(b) 压力式管式液体分布器；(c) 喷嘴型液体分布器；
(d) 盘式孔流液体分布器；(e) 槽式孔流液体分布器；(f) 盘式溢流；(g) 槽式溢流

上述几种典型液体分布器的性能比较见表 5-2[56]。

表 5-2　典型液体分布器性能比较

项目	管式		喷嘴型	盘式孔流	槽式孔流	盘式溢流	槽式溢流
图号	(a)	(b)	(c)	(d)	(e)	(f)	(g)
推动力	压力	重力	压力	重力	重力	重力	重力

续表

项目	管式	喷嘴型	盘式孔流	槽式孔流	盘式溢流	槽式溢流
分布质量	中	高	低～中	高	高	低～中	低～中
适用喷淋密度/ [m³/(m²·h)]	2～25	2.5～75	—	2.5～75	3.5～170	2.5～25	2.5～120
适用塔径/m	>0.45	任意	任意	常<1.2	常>1.2	<1.2	>0.6
操作弹性	低	中	低	中	中	低	低
气流阻力	小	小	小	大	小	大	小
易堵程度	高	高	中～高	高	中	低	低
对水平度要求	低	中	无	液位低时大	液量低时大	高	高
腐蚀的影响	高	高	高	高	高	低	低
受液面波动的影响	无	小	无	中	中	高	高
液沫夹带	高	低	高	低	低	低	低
重量	低	中	低	大	中	大	中

　　管式分布器可分为重力式和压力式两种,流出方式均为孔流。这类分布器的优点是:气阻小、结构简单、造价低、对水平度的要求较低,在设计流量范围内分布质量好。其缺点是:允许的喷淋密度较小,为2～25m³/(m²·h),操作弹性较小,孔口流速不得高于1.2～1.8 m/s,对物料的要求高[不允许含固体杂质、不能夹带气(汽)体]。

　　喷嘴型分布器是液体在压力下由喷射孔喷射而出。为了防止液滴雾化及喷溅,使用压差(液相入塔前后的压差)不要超过100 kPa。这种分布器的最小喷淋密度为15 m³/(m²·h),操作弹性较小,为2。喷嘴型分布器的关键部件喷嘴大多为专利产品。

　　盘式分布器可分为盘式孔流(孔盘式)和盘式溢流(堰盘式)两种,其主要构件均为液体分布盘和升气管。升气管有圆形和矩形两种,其中矩形升气管常用于直径>1.2 m(特殊情况)的大塔。这类分布器的优点是:操作弹性较大,可达4,喷淋密度可至75 m³/(m²·h),盘式孔流分布器均布性能较好,而盘式溢流分布器抗堵性好。缺点是气阻大,结构较复杂,孔口易堵,受分布盘水平度影响较大(尤其是盘式溢流)。

　　槽式分布器是体系对压降要求高或大直径填料塔中较常用的一种液体分布器。它的气阻小、适用的液体负荷大,操作稳定,操作弹性较大,可达2.5以上。槽式孔流分布器分布质量较高,而槽式溢流分布器抗堵性好。槽式分布器又可分为一级槽式和二级槽式,通常对于大直径或液相负荷大的塔,常设二级槽式。

　　盘式溢流分布器和槽式溢流分布器随着液面的升高,液体流出的面积增大,因而操作弹性较大。但由于每个堰的液体流量较大,淋液点数较少,所以分布质量较差。一般用于对传质要求不高的填料塔。

　　除上述所列液体分布器外,还有一种常用分布器结构,即槽盘式液体分布器。槽盘式液体分布器是由矩形升气管、角钢或槽钢形导液管、燕尾式或槽钢形挡液风帽、铺板、支撑圈和支撑梁组成,其结构图如图5-14所示。槽盘式液体分布器综合了盘式溢流和盘式孔流液体分布器的特点，其抗堵性大为改善，避免了液体夹带的危险，升气管呈矩形，尽可能提供气流通过的自由空间(开孔率在 30%以上，操作弹性可达 10)，压力降低于 500 Pa，制作不受直径大小及材质的限制。

图 5-14　槽盘式液体分布器

3. 典型液体分布器的设计指标

1) 管式喷淋器

如图 5-15 所示，管式喷淋器常分为弯管式[图 5-15(a)]和缺口管式[图 5-15(b)]两种，是最简单的液体分布器，液体直接向下流出，为了避免水力冲击填料以及适当改善分布均匀性，可在出口下方加一圆形挡板。这种分布器常用于塔径在 300 mm 以下的小塔(分布均匀性要求不高)[62]。

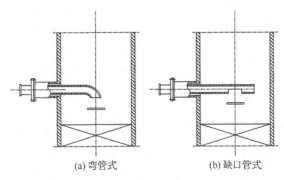

(a) 弯管式　　　　　　　(b) 缺口管式

图 5-15　管式喷淋器

2) 多孔管式喷淋器

多孔管式喷淋器的结构如图 5-16 所示，可分为多孔直管式(可设分支)[图 5-16(a)]和多孔环管式[图 5-16(b)]两种。一般在管底部钻 2～4 排 $\Phi 3\sim 6$ mm 的小孔，孔的总截面积大致与进料管面积相等。(a)型较为简单，多用于直径小于 600 mm 的小塔；(b)型加工较为复杂，多用于直径在 1.2 m 以下的塔中，环管中心线的直径可设为塔径的 0.6～0.8 倍[57]。

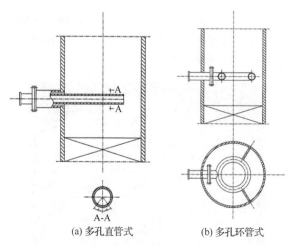

(a) 多孔直管式   (b) 多孔环管式

图 5-16   多孔管式喷淋器

液相流量和喷淋孔直径、数量以及液相入塔前后的压差有如下关系：

$$n = \frac{L}{C\left(0.785 d^2\right)\sqrt{\dfrac{2\left(p_2 - p_1\right)}{\rho_{\mathrm{L}}}}}$$ (5-9)

式中，n 为喷淋孔数目；L 为液体的流量，m³/s；C 为流量系数，取 0.6～0.8；d 为喷淋孔直径，m；p_2、p_1 分别为液相入塔前压力及塔内压力，kPa，一般 $p_2 - p_1$=10～100 kPa；ρ_{L} 为液体的密度，kg/m³。

3) 莲蓬式喷淋器

莲蓬式喷淋器如图 5-17 所示。喷淋器具有半圆球形外壳，在壳上开有很多可供喷洒液体的小孔，液体由泵或高位槽以一定压头流入，然后经小孔分股流出，一般用于直径 600 mm 以下的塔中。常用的参数：莲蓬头直径 d 为塔径 D 的 1/3～1/5；球面半径为(0.5～1.0)D；喷洒角 α≤80°；喷洒外圈距离塔壁 x=70～100 mm；莲蓬高度 y=(0.5～1.0)D；小孔直径 d=3～10 mm[57]。

4) 盘式分布器

盘式分布器分为盘式孔流(孔盘式)和盘式溢流(堰盘式)两种。二者均由液体分布盘和升气管构成，相关设计要点描述如下。

1) 升气管

圆形升气管最适合直径小于 1.2 m 的小塔，矩形常用在 1.2 m 以上的大塔，实际上其结构已逐步演变为槽式。圆形升气管的直径通常取 50～200 mm，采用大尺寸升气管，必须设法在其下方引入淋液点以改善液体分布。升气管截面积一般占塔截面积的 15%～45%，其

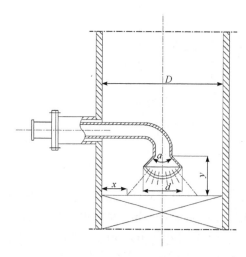

图 5-17   莲蓬式喷淋器

压降控制在 6.5 mm 液柱以下，当超过此值时，建议选用其他型式的液体分布器或矩形升气管。升气管的高度要足够，太低则液体会溢入升气管，降低分布质量。升气管高度常根据最大液体流量确定，一般升气管高度应大过最高液位高度 25～50 mm 或更大，正常液位通常为升气管高度的 50%～70%。通用设计的盘式分布器，升气管高度取 150 mm，当负荷变化范围大时，增大到 200～250 mm[63]。

升气管的压降可按式(5-10)和式(5-11)计算[56]：

$$\Delta p = \delta \frac{1}{2} \rho_V u^2 \tag{5-10}$$

当升气管上部有挡液板时，$\delta \approx 2.5$，否则 $\delta \approx 1.5$；u 为升气管内气速，m/s；Δp 为气流阻力，Pa；ρ_V 为气体的密度，kg/m³。

$$h = 0.1258(\rho_V / \rho_L)u^2 \Delta p = \delta \frac{1}{2} \rho_V u^2 \tag{5-11}$$

式中，ρ_L 为液体的密度，kg/m³；h 为升气管压降，m 液柱。

2) 孔盘式分布器液体分布盘上淋液孔设计

孔数、孔径、液相流量与液位高度之间的关系可用式(5-12)计算[56]：

$$Q = NC_d \frac{\pi}{4} d^2 \sqrt{2g\left[H - \Delta p / (\rho_L g)\right]} \tag{5-12}$$

式中，Q 为液相流量，m³/s；C_d 为孔流系数，与孔口雷诺数 Re 有关，如图 5-18 所示；N 为孔数；d 为孔径，m；H 为液位高度，m；$\Delta p/(\rho_L g)$ 为分布器压降，m。

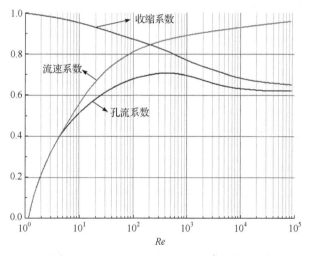

图 5-18　孔流系数、流速系数等与孔口雷诺数之间关系曲线

孔径大小的取值没有特别的限制，由式(5-12)可知，喷淋孔密度越大则孔径越小，从防止堵塞考虑，孔径宜大于 6 mm，最好选 12 mm，若物料很清净，则可小到 3 mm。另外，孔数和孔径的组合也应满足在最小液量下，孔盘上仍可维持 25～38 mm 的液体，这是因为液头高度太低，则由于安装水平度低等因素，易造成液面波动，进而引起喷淋液

点干枯、气流短路等不良现象[63]。

3) 堰盘式分布器液体分布盘上溢流设计

堰盘式分布器多在升气管上开 V 形切口，如图 5-19 所示，这样气液均通过升气管，易造成雾沫夹带，因此只适用于低气速的场合。更合理的设计是在液体分布盘上设置许多溢流管，气液分走不同通道，操作弹性更大，不易雾沫夹带，且不易堵塞，性能更好。常用设计参数如下：溢流管直径 20 mm，上端 60℃倾斜，下端距离填料表面 10～30 mm，在分布盘上方 20～30 mm 处开直径>3 mm 的小孔。

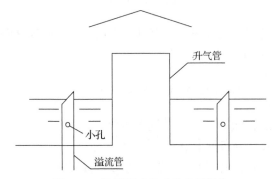

图 5-19　溢流管式盘式分布器结构

其中，溢流堰通常可设置为矩形、三角形或梯形，如图 5-20 所示。

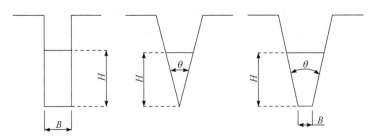

图 5-20　溢流堰的不同形式

各种溢流堰的流量计算公式如下。

矩形堰：

$$Q = \frac{2}{3} C_d B \sqrt{2g} \left[H - \Delta p / (\rho_L g) \right]^{1.5} \tag{5-13}$$

三角形堰：

$$Q = \frac{8}{15} C_d \sqrt{2g} \tan \frac{\theta}{2} \left[H - \Delta p / (\rho_L g) \right]^{2.5} \tag{5-14}$$

梯形堰：

$$Q = \frac{2}{3} C_d \sqrt{2g} \left(H - \frac{\Delta p}{\rho_L g} \right)^{1.5} \left(B + \frac{4}{5} \left(H - \frac{\Delta p}{\rho_L g} \right) \tan \frac{\theta}{2} \right) \tag{5-15}$$

式中，Q 为流量，m^3/s；C_d 为流量系数；B 为宽度，m；θ 为 V 形夹角，°；H 为液位高度，m；$\Delta p/(\rho_L g)$ 为分布器压降，m。

4. 计算机辅助新型液体分布器设计

Bao 等[64]设计制造了一种新型槽盘式液体分布器，在塔高度固定情况下，针对槽式分布器和遮板收集器占塔空间大、布液不均等缺点，设计了一种集收集和再分布功能于一体的结构型槽盘式液体分布器，如图 5-21 所示。与传统结构相比，该分布器的挡液板采用高低错位结构，增大气体流通面积，减小了气体阻力，在高真空精馏中具有一定优势，结果使单套液体收集再分布装置总高降低了 18.8%，为降低全塔阻力及塔高提供保障，尤其适用于旧塔改造。

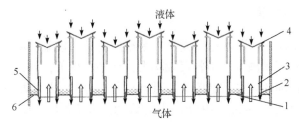

图 5-21　结构型槽盘式液体分布器
1. 集液板；2. 升气槽；3. 导液角钢；4. 挡液板；5. 布液孔；6. 泪孔

Xue 等[65]设计了一种窄槽液体分布器，通过设置阶梯式挡板对高速液体进行阶梯式分流以达到均匀稳定的浸出，并通过 CFD 模拟研究了挡板的影响。新型液体分配器结构及 CFD 模拟效果图如图 5-22 所示。研究表明，在不同的喷雾密度[$5\sim120\,m^3/(m^2\cdot h)$]下，新型液体分配器实现了每个孔的流量与平均流量之间的最大偏差从 12%降低到 5%，与传统的槽式液体分配器相比，新型液体分配器可以提供更多的液体滴点、更多的气相通道、更高的操作灵活性及占用更少的空间。

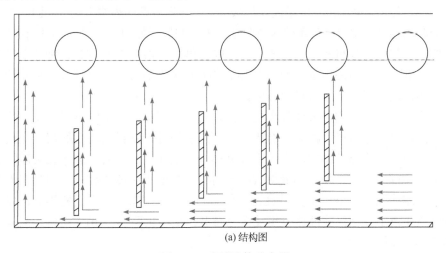

(a) 结构图

图 5-22　窄槽液体分布器

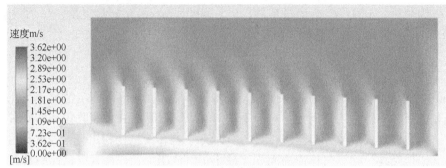

(b) CFD速度分布模拟图

图 5-22(续)

5.3.2　液体收集及再分布器

液体沿填料往下流动时，往往会发生往塔壁处流动的现象，从而造成填料中心位置润湿不足、气液接触面积减小、填料段效率大打折扣的现象，因此应当在一定高度填料段之后，将沿塔壁流动的液体重新收集并进行再分布。对于散堆填料和规整填料，分段高度 h 与塔径 D 之比见表 5-3，表中 h_{max} 是允许的最大填料层高度。

表 5-3　散堆填料和规整填料的分段高度推荐值[57]

散堆填料	h/D	h_{max}/m	填料类型	h/m
拉西环	2.5	≤4	250Y 板波纹填料	6.0
矩鞍	5～8	≤6	500Y 板波纹填料	5.0
鲍尔环	5～10	≤6	500(BX)丝网波纹填料	3.0
阶梯环	8～15	≤6	700(CY)丝网波纹填料	1.5

对于小直径塔，壁流占总液量的比例较大，对传质效率的影响也较大，因此应收集壁流使其回归填料中心位置，常用的液体收集及再分布装置如图 5-23 所示。其中图 5-23(a)是一种锥形收集及再分布装置，锥体与塔壁的夹角 α 一般为 35°～45°，锥体下口直径为 0.7～0.8 倍塔径；图 5-23(b)是一种环槽型收集及再分布装置，其上带有几根管子，将流入环形槽内的液体引至下层填料中心位置。

对于大直径塔，常用的液体收集器为斜板式，以斜板接受从填料层中流下的液体，导入塔周边的环形集液槽，由此引至再分布器或者塔外。斜板在塔上的投影应覆盖整个塔截面。液体再分布器的结构原则同上述液体分布器相同，但需与液体收集器配套。为了节省塔内空间，大塔常使用集液体收集与再分布功能于一体的装置，如盘式收集及再分布装置，结构同图 5-24(a)：盘式孔流液体分布器，升气管上方需设置挡板，以防止液体从升气管中落下；槽盘式液体收集及再分布器，结构见图 5-24(b)，将槽式液体分布器与液体收集器相结合为一体。

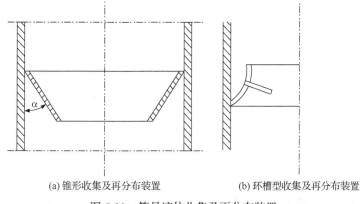

(a) 锥形收集及再分布装置　　　　　　(b) 环槽型收集及再分布装置

图 5-23　简易液体收集及再分布装置

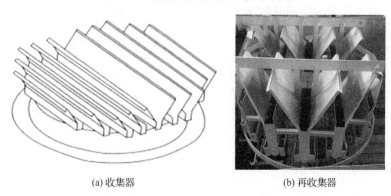

(a) 收集器　　　　　　　　　　(b) 再收集器

图 5-24　斜板式收集器

5.3.3　气体分布器

为了获得填料塔的最佳性能，必须设计合理的气相入塔装置及分布装置，特别对于低阻力的填料，气相进入与分布显得更为重要。

1. 小塔进气及分布装置

当塔径小于 2.5 m 时，可采用简单进气及分布装置，包括气相直接进塔装置[图 5-25(a)]、具有缓冲挡板的简单进气装置[图 5-25 (b)]及孔管式进气装置[图 5-25(c)][66]，下面将对这三种进气方式进行详细阐述。

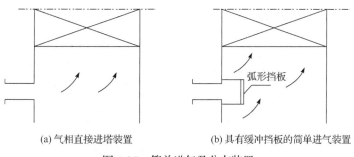

(a) 气相直接进塔装置　　　　　　(b) 具有缓冲挡板的简单进气装置

图 5-25　简单进气及分布装置

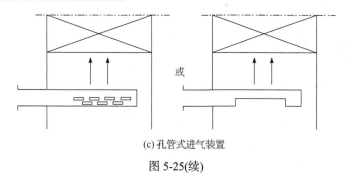

(c)孔管式进气装置

图 5-25(续)

(1) 气相直接进塔装置。直径 1 m 以下的塔最常采用这种进料方式，是最简单的气相进入方式，进口气速不宜太高，一般可按 10～18 m/s 计算进口直径。进口至填料底部的距离要大些，对于低阻力的高效填料则应更大些，小塔一般等于塔径。若为塔底进气，进口管下缘距离塔底液面应不小于 300 mm[66]。

(2) 具有缓冲挡板的简单进气装置。在气体进口处设置一个简单的弧形挡板，可使气体从侧面环流向上。若气量较大时，可采用相对的两个进口。

(3) 孔管式进气装置。在深入塔内的气体进口管上设置两排侧孔，将气流分成多股细流上升至填料段中，当进料有一定压力时用它比较合适；或者在进口管上设置向下的切口，使气流折转向上。

2. 大塔进气及分布装置

大直径塔的进气均匀分布问题已引起研究者的重视，尤其是随着高孔隙率、低阻力的新型填料逐渐用于大直径、浅填料层的精馏塔。常见的 7 种气体分布器结构如图 5-26 所示。

潘国昌[67]在直径为 600 mm 的有机玻璃塔中，以空气、水为介质，研究了图 5-26 所示的 7 种气体分布器的性能，测定了气体分布均匀性、液沫夹带率与压降等参数，结果详见表 5-4，其中双切向流线式分布器表现较好。

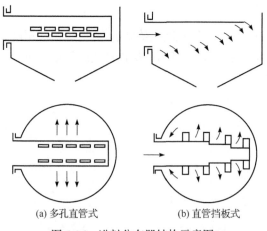

(a) 多孔直管式　　　　(b) 直管挡板式

图 5-26　进料分布器结构示意图

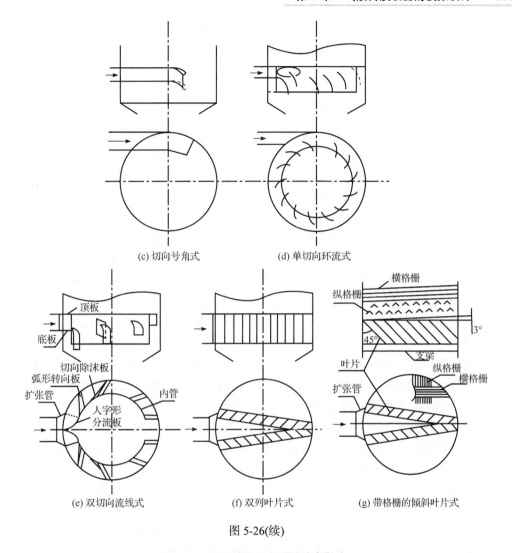

(c) 切向号角式　　　　(d) 单切向环流式

(e) 双切向流线式　　　(f) 双列叶片式　　　(g) 带格栅的倾斜叶片式

图 5-26(续)

表 5-4　各种气体分布器性能参数表

型式	(a)	(b)	(c)	(d)	(e)	(f)	(g)
不均匀度 M_f	2.00	2.00	1.97	0.52	0.37	1.80	0.33
压降 Δp/Pa	2740	843	10	49	15	30	216
液沫夹带率 e_v/%	5.3	1.3	0	0	0.1	0.6	约 0

　　总之，目前气体分布器、液体分布器以及液体收集和再分布器的相关研究报道较少，但这些内件的准确合理设计对于实际工业生产的顺利进行具有不可或缺的意义，因此这也是未来计算机辅助塔内件设计的重要方向。

5.3.4　催化精馏内构件

　　在催化精馏塔内，催化剂采用何种方式装填应根据实际生产要求和气液相流动形式进行选择。所选催化剂装填方式既要保证催化反应具有充足的催化活性，同时还要为传质过程提供充足的气、液接触表面积。为了实现反应与气液传质过程耦合，需要在填料塔内填装催化剂，相应地开发催化精馏内件。

1. 催化精馏内构件的结构与形式

反应段催化剂的填装方式是催化精馏的关键技术。催化剂填装技术是将非均相的固体催化剂颗粒合理有效地分布于催化精馏塔内，要同时满足催化反应与精馏分离两种操作的应用条件，因而要求催化剂填装结构既有较高的催化效率，又要有较好的分离效率。近年来越来越多的新型内构件被研发出来，提高了反应精馏塔的分离及传质效果。

将催化剂直接堆积在塔板上是常见的排列方式。为得到较大的比表面积，工业上常用细的催化剂颗粒，细小颗粒堆积在塔上必将导致孔隙率降低，阻力增大，塔压降增大。为解决这个问题，Chevron 公司[68]开发了一种精馏塔，塔内催化剂床层内由两层壁构成环形空间，环形空间的内壁构成另一环形空间，这两层壁至少有一部分是由能够通过气体的细金属网或其他多孔物质构成，减小了气体阻力。在内筒和外部环形空间交替设置多个气体挡板支撑物。塔内液体自上而下通过环形催化剂床层并进行化学反应。金涌等[69]提出了一种有两种同心圆筒结构的催化精馏塔。催化反应段设有同心的内筒和外筒。外筒内设有多个催化剂床，各床底部设有多孔支撑板，支撑板上设有拦网。拦网上装有催化剂，各催化剂床底部下方设有隔板。内筒内设有多级塔板，各塔板两侧连有分别用于液相进、出塔板区的降液管，所述降液管分别与由各隔板和内外筒隔成的环形空间相连通。

催化剂还能以填料的方式填装在催化精馏塔，王志亮等[70]提出一种催化精馏塔，该塔是利用具有催化活性的材料加工制成，可以制成波纹规整填料等塔内件，但是由于催化剂强度低，很难应用。刘文飞等[71]研究的一种新的催化精馏组件如图 5-27 所示，采用两片相同的径向呈水平的波纹丝网片，并以波峰对应的底边为镜像面进行镜像扣合焊接，将形成的排管作为催化剂包并以直板条夹在两个波纹丝网包之间，使两个波纹丝网包之间形成的固定的波纹状间隙作为气相通道。这种波纹状气相通道由于气体流和液体流方向不断改变，显著改善了气液在催化剂中的扩散，增加了气液相与催化剂之间的横向传质传热效率。

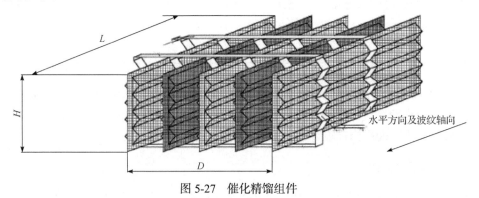

图 5-27　催化精馏组件

　　李鑫钢等[72]设计了一种催化剂网盒结构，催化剂网盒是在丝网和平板制成的带有防溢流挡板的封闭式网盒内设置有催化剂颗粒，如图 5-28 所示网盒的四周由平板围成，并且高于网盒的上截面网盒的上下截面由丝网或带孔的平板制成。相邻层的催化剂网盒在塔内呈上下交错排列，同层的催化剂网盒呈平行交错排列，上下两层的催化剂网盒不在同一轴线上重合。

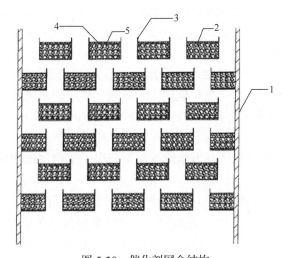

图 5-28　催化剂网盒结构

1. 催化精馏塔；2. 催化剂网盒；3. 防溢流挡板；4. 催化剂网盒上下表面；5. 催化剂颗粒

　　Li 等[73]为催化蒸馏塔开发了一种内部渗漏催化填料(SCPI)，该填料由带有防溢流挡板和波纹金属板的催化剂容器组成，如图 5-29 所示。SCPI 的特殊结构保证了催化剂颗粒在催化蒸馏(CD)塔内的合理、有效、均匀分布。在给定的液体流速下，催化剂床层上方适当高度的防溢流挡板可确保液体渗流成功地流过催化剂床层而不会溢出。

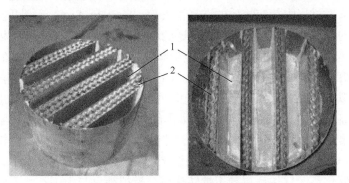

图 5-29　SCPI 的实验室规模

1. 催化剂区(催化剂容器)；2. 波纹金属板

2. 催化精馏内构件耦合模型

　　对于催化精馏中反应和分离耦合的过程，其复杂程度大大增加，随着进料位置、催化剂及副产品的微小变化，可能带来难以预测的影响，这给这项技术的应用带来困难，同时促进了数学模拟的不断发展，不断有新的模拟方法提出。

Li 等[73]开发了一种催化蒸馏塔内渗流催化填料内部(SCPI)的建模方法，并应用于催化精馏的过程模拟中。SCPI 由天津大学精馏技术国家工程研究中心制造，装在催化反应区。基于内部结构，开发了由微分代数方程组成的严谨数学模型，以预测 CD 塔中的温度和成分分布。催化精馏的模拟还经常用于控制和设计催化精馏塔。Bernal 等[74]通过同时考虑相关现象，如通过塔的压降、塔板容量限制、液体和蒸汽的非理想行为以及塔的流体动力学，解决了催化蒸馏塔的严谨建模问题。所开发的模型适用于催化蒸馏装置的同步优化设计和控制，同时考虑到通过所提出的加权参数估计方法平衡经济和设定点跟踪目标函数。与以前的研究相比，用于生产乙基叔丁基醚塔的结果显示了在设计和控制决策方面更全面的模型优势：在整个时间范围内都满足了设计规范，而不会牺牲经济盈利能力。Keller 和 Gorak[75]在研究中使用实验数据，将它们与使用不同建模深度的均相反应蒸馏过程的模拟结果进行比较。研究了使用 Maxwell-Stefan 方程的非平衡阶段模型、使用有效扩散系数的非平衡阶段模型、包括反应动力学的平衡阶段模型和假设化学平衡的平衡阶段模型。通过使用非平衡阶段模型获得了实验数据和模拟数据之间的最佳一致性。

Ding 等[76]提出了一种用于模拟催化捆包填料的流体动力学行为的多尺度模型。该模型结合了 CFD 和宏观计算。在小规模计算中，CFD 模型包括非稳态条件下代表性基本单元(REU)内的 3-D 流体体积(VOF)模拟。REU 由纱网和催化剂域构成，采用多孔介质模型。在大规模计算中，采用了从单位网络模型推导出的新的力学模型。基于小规模计算的液体分流比例，可以预测整个捆包填料的液体分布。Hong 等[77]开发了一种混合多相模型来模拟结构化催化多孔材料中的同时动量、传热和传质以及多相催化反应。该方法依赖于 VOF 和 Eulerian-Eulerian 模型的组合，以及几个插入的场函数。VOF 用于捕捉气液界面运动，Eulerian-Eulerian 框架求解各相的温度和化学物质浓度方程。当将混合多相应用于多域问题时，自定义场函数利用单域方法来克服收敛困难。然后将该方法应用于研究多组分反应蒸发过程中特定物质的选择性去除。Sebastia-Saez 等[78]开发了一种用于规整填料元件中的流体动力学和物理质量传递的小规模三维 CFD 模型。该模型的结果通过理论和报告的实验数据进行了验证。对于流体动力学，计算液膜厚度和润湿面积，而对于传质，预测溶解物质的舍伍德数和浓度。CFD 结果与实验和理论数据合理匹配。

计算机模拟可以用来验证生产工艺的可行性。Gheorghe 和 Ionut[79]提出了一种工业规模工艺流程的概念设计，该工艺流程基于以丙酮为汽提剂的催化蒸馏分隔壁塔(CDDWC)的改进结构，集成反应分离规整填料系统，并使用 Aspen Hysys 中的建模和模拟验证了技术的可行性。Chen 等[80]利用过程仿真系统平台开发了甲基叔丁基醚催化精馏过程的软件，通过使用催化蒸馏软件计算异丁烯转化率。模拟结果与中国石油天然气股份有限公司呼和浩特石化分公司设计数据的异丁烯转化率相对误差小于 5%，满足工业设计要求。

3. 催化精馏内构件结构优化

在催化精馏过程中，由气液传质层和催化剂层规则组成的催化填料是塔内的关键。由于它为传质和反应提供了空间，对催化精馏过程影响很大，因此催化填料的结构优化是提高催化精馏性能的必要条件。在文献中，CFD 经常被用于研究规整填料的流体流动特性和传质性能。CFD 是一种具有广泛前景的应用。学术界和工业界都在努力将 CFD 用于各种化学工艺设备的设计、放大和优化操作。然而,由于不同尺度的叠加,大型塔的模拟仍然显得过于困难。

Wang 等[81]提出了一种新颖的双向耦合多尺度模型来研究催化蒸馏过程。在该模型中,使用一个关注结构催化填料反应性能的微观模型来计算催化蒸馏过程的实际速率,这是过程模拟的基本参数。为了验证多尺度模型,采用乙酸甲酯的非均相催化水解作为测试系统。乙酸甲酯的模拟最终转化率和催化剂层效率因子与实验结果非常吻合。结果表明,随着催化剂层当量直径从 25.4 mm 减小到 8.1 mm,催化剂层效率因子大约上升到200%。该研究可为催化填料结构的优化提供理论指导。三年后他们建立了一个可用于研究结构参数对气液传质层局部传质过程影响的微观模型[82]。利用微尺度模型,得到了包含传质层结构参数影响的通用汽液传质关系式。然后将这些相关性和之前的双向耦合模型计算的催化剂层效率因子应用于宏观非平衡模型,利用多尺度模型研究了底长、倾斜角、波高、传质层与催化剂层面积比 4 个结构参数对 MA 转化率的影响。结果表明,波浪高度和传质层与催化剂层的面积比对倾斜角和底长的影响更为显著。

Egorov 等[83]提出了一种新的建模方法,该方法结合了现代 CFD 设施和基于速率的过程模拟方法。CFD 的任务是获得过程描述所需的流体动力学和传质相关性,然后在基于速率的模拟器中使用这些相关性来确定过程变量所需的塔剖面。CFD 和过程模拟都通过工业相关示例进行了描述和说明。敏感性研究提供了有关重要硬件参数影响的信息并显示了优化趋势。CFD 模拟可以被视为在没有真正存在的塔单元的情况下进行的虚拟实验,这有助于通过改变其几何和结构特性来预测内部构件的性能。

Cong 等[84]开发了一种用 CFD 预测新开发的泡沫 SiC 陶瓷规整填料内的压力损失方法。目前的工作是模拟宏观结构模型中的流动模式和典型的 REU 机制。垂直脉冲结构区域被添加到一种波纹填料中,以帮助优化规整填料设计,同时最大限度地减少压降。研究者进行模拟并验证了结果,以获得具有良好压降性能的优化规整填料。

习　　题

5-1　从填料压降、泛点气速、持液量和有效相界面四个角度,对比 Mellapak-500Y 和螺旋液桥降膜规整填料各自的优势。

5-2　根据压降计算公式或建立计算流体力学模型,探究在直径 100 mm 的塔设备中,开孔大小和开孔率对筛板式塔板压降的影响规律。

5-3　在计算流体力学软件中建立可应用于直径 100 mm 塔设备的喷嘴式液体分布器,并对喷嘴数量和分布进行结构优化。

5-4　基于气液传质设备塔体设计原理,设计针对甲醇(50 wt%)-乙醇精馏分离的塔设备,选择合适的精馏塔内件,并对全塔进行水力学校核。

参 考 文 献

[1] 周建军. 基于 CFD 的规整填料塔流场分析. 南昌: 南昌大学, 2010.

[2] 刘宁馨. 开孔波纹填料表面薄膜流动与传质特性研究. 杭州: 浙江大学, 2020.

[3] Yu D, Cao D, Li Z, et al. Experimental and CFD studies on the effects of surface texture on liquid thickness, wetted area and mass transfer in wave-like structured packings. Chemical Engineering Research and Design, 2018, 129: 170-181.

[4] Beugre D, Calvo S, Crine M, et al. Gas flow simulations in a structured packing by lattice Boltzmann method. Chemical Engineering Science, 2011, 66(17): 3742-3752.

[5] Macfarlan L, Phan M, Eldridge R. Structured packing geometry study for liquid-phase mass transfer and hydrodynamic performance using CFD. Chemical Engineering Science , 2022, 249: 117353.

[6] Gu C, Zhang R, Zhi X, et al. Numerical investigation on the flow characteristics of liquid oxygen and water in the structured packing. Cryogenics, 2020, 110: 103140.

[7] Wang Q, Liu X, Wu X, et al. A multi-scale approach to optimize vapor-liquid mass transfer layer in structured catalytic packing. Chemical Engineering Science, 2020, 214: 115434.

[8] Uwitonze H, Lee I, Suh S, et al. CFD study of oscillatory motion effect on liquid flow distribution into structured packed divided wall column. Chemical Engineering and Processing-Process Intensification, 2021, 165: 1084290.

[9] 汪蓉梅. 精馏塔规整填料内气液两相流体动力学特性及相关因素影响研究. 浙江: 浙江工业大学, 2013.

[10] Raynal L, Royon-lebeaud A. A multi-scale approach for CFD calculations of gas-liquid flow within large size column equipped with structured packing. Chemical Engineering Science, 2007, 62(24): 7196-7204.

[11] 谷芳. 规整填料局部流动与传质的计算流体力学研究. 天津: 天津大学, 2004.

[12] Sebastia-Saez D, Gu S. CFD Modeling of structured packings at small- and meso-scale. Energy Procedia, 2017, 114: 1601-1614.

[13] Sebastia-Saez D, Gu S, Ranganathan P, et al. 3D modeling of hydrodynamics and physical mass transfer characteristics of liquid film flows in structured packing elements. International Journal of Greenhouse Gas Control, 2013, 19: 492-502.

[14] 闫鹏. 基于界面润湿性的多孔介质塔板研究. 天津: 天津大学, 2019.

[15] 张慧. 基于渗流型催化剂填装内构件的催化精馏过程研究. 天津: 天津大学, 2013.

[16] Mccabe W, Smith J, Harriott P. Unit operations of chemical engineering. New York: McGraw-hill, 1993.

[17] Sebastia-Saez D, Gu S, Ranganathan P, et al. Micro-scale CFD study about the influence of operative parameters on physical mass transfer within structured packing elements. International Journal of Greenhouse Gas Control, 2014, 28: 180-188.

[18] Dong B, Yuan X, Yu K. Determination of liquid mass-transfer coefficients for the absorption of CO_2 in alkaline aqueous solutions in structured packing using numerical simulations. Chemical Engineering Research and Design, 2017, 124: 238-251.

[19] 陈江波. 高压下规整填料塔的计算传递和传质性能. 天津: 天津大学, 2006.

[20] Haelssig J, Tremblay A, Thibault J, et al. Direct numerical simulation of interphase heat and mass transfer in multicomponent vapour–liquid flows. International Journal of Heat and Mass Transfer , 2010, 53(19): 3947-3960.

[21] 陈欣元. 新型复合规整填料的实验和 CFD 模拟研究. 天津: 河北工业大学, 2018.

[22] Haroun Y, Legendre D, Raynal L. Direct numerical simulation of reactive absorption in gas–liquid flow on structured packing using interface capturing method. Chemical Engineering Science, 2010, 65(1): 351-356.

[23] Zhu M, Liu C, Zhang W, et al. Transport phenomena of falling liquid film flow on a plate with rectangular holes. Industrial & Engineering Chemistry Research, 2010, 49(22): 11724-11731.

[24] Sebastia-Saez D, Gu S, Ranganathan P, et al. Micro-scale CFD modeling of reactive mass transfer in falling liquid films within structured packing materials. International Journal of Greenhouse Gas Control, 2015,

33: 40-50.

[25] Hu J, Yang X, Yu J, et al. Numerical simulation of carbon dioxide (CO_2) absorption and interfacial mass transfer across vertically wavy falling film. Chemical Engineering Science, 2014, 116: 243-253.

[26] 朱明. 降膜流动的强化与气液传质的研究. 天津: 天津大学, 2011.

[27] 王辰晨. 泡沫碳化硅填料内的流场模拟及结构优化. 天津: 天津大学, 2014.

[28] 张西雷, 梁宝臣, 张燕来. 规整波纹填料内气体流动和传质的 CFD 模拟. 化学反应工程与工艺, 2013, 29(1): 65-74.

[29] Li H, Wu C, Hao Z, et al. Process intensification in vapor–liquid mass transfer: The state-of-the-art. Chinese Journal of Chemical Engineering, 2019, 27(6): 1236-1246.

[30] 郝志强. 波纹碳化硅泡沫填料片上宏/微观液体流动特性研究. 天津: 天津大学, 2018.

[31] Mehta B, Chuang K, Nandakumar K. Model for liquid phase flow on sieve trays. Chemical Engineering Research and Design, 1998, 76(7): 843-848.

[32] 李建隆. 大型精馏塔板上液体流动特性的研究. 天津: 天津大学, 1985.

[33] 张敏卿. 精馏塔板上液相流速及温度场的研究. 天津: 天津大学, 1990.

[34] 袁希钢, 尤学一, 余国琮. 筛孔塔板气液两相流动的速度场模拟. 化工学报, 1995, 46(4): 511-515.

[35] 刘春江, 袁希钢, 余国琮, 等. 考虑气相影响的塔板流速场模拟. 化工学报, 1998, 49(4): 483-488.

[36] 刘伯潭. 单溢流蒸馏塔板液相流场三维模拟. 天津: 天津大学, 2001.

[37] Gesit G, Nandakumar K, Chuang K. CFD modeling of flow patterns and hydraulics of commercial-scale sieve trays. Aiche Journal, 2003, 49(4): 910-924.

[38] 刘伯潭. 流体力学传质计算新模型的研究和在塔板上的应用. 天津: 天津大学, 2004.

[39] 张平. 板式塔挠度及塔板倾斜后板上液体流动状况的研究. 天津: 天津大学, 2014.

[40] 王晓玲, 刘春江, 余国琮. 应用计算流体力学对筛板上液相三维流场的模拟. 天津: 中国化工学会, 2002.

[41] Wang X L, Liu C, Yuan X, et al. Computational fluid dynamics simulation of three-dimensional liquid flow and mass transfer on distillation column trays. Industrial & Engineering Chemistry Research, 2004, 43(10): 2556-2567.

[42] 赵培, 汪敏, 张秋香. 波纹导向浮阀塔板二相流场的数值模拟. 化学工程, 2016, 44(2): 68-73.

[43] 刘德新. 精馏塔板气液两相流体力学和传质 CFD 模拟与新塔板的开发. 天津: 天津大学, 2008.

[44] 李春利, 马晓冬. 大通量高效传质技术——立体传质塔板 CTST 的研究进展. 河北工业大学学报, 2013, 42(1): 19-28.

[45] 贺亮. 立体传质塔板罩外空间气液相流场的研究. 天津: 河北工业大学, 2015.

[46] 牛小威. 大型立体传质塔板板上液相流场的实验研究与数值模拟. 天津: 河北工业大学, 2017.

[47] 高鑫, 李鑫钢, 魏娜, 等. 多孔介质泡沫材料在蒸馏过程中的应用. 化工进展, 2013, 32(6): 1313-1319.

[48] 李鑫钢, 刘霞, 高鑫, 等. 新型泡沫碳化硅塔板的流体力学及传质性能. 天津大学学报(自然科学与工程技术版), 2014, 47(2): 155-162.

[49] 路秀林, 赵培. 导向浮阀塔板. 化工装备技术, 1992, 13(1): 1-5.

[50] 张朦, 张海涛, 张杰旭, 等. 组合导向浮阀塔板多相流的数值模拟. 化学反应工程与工艺, 2015, 31(2): 106-114.

[51] 马玉凤. 组合导向浮阀塔板两相流 CFD 模拟. 上海: 华东理工大学, 2015.

[52] Zhao H, Li L, Jin J, et al. CFD simulation of sieve-fixed valve tray hydrodynamics. Chemical Engineering Research and Design, 2018, 129: 55-63.

[53] Tang M, Zhang S, Wang D, et al. CFD simulation and experimental study of dry pressure drop and gas flow distribution of the tridimensional rotational flow sieve tray. Chemical Engineering Research and Design ,

2017, 126: 241-254.

[54] Albright M. Packed tower distributors tested. Hydrocarbon Process (United States), 1984, 62(9): 173-177.

[55] 李鑫钢. 蒸馏过程节能与强化技术. 北京: 化学工业出版社, 2012.

[56] 王子宗. 石油化工设计手册. 第三卷, 化工单元过程. 北京: 化学工业出版社, 2015.

[57] 陈英南, 刘玉兰. 常用化工单元设备的设计. 上海: 华东理工大学出版社, 2017.

[58] Moore F. Liquid and gas distribution in commercial packed towers. Calgary: Proceedings of the 36th Canadian Chemical Engineering Conference, 1986.

[59] Hoek P, Wesselingh J, Zuiderweg F. Small scale and large scale liquid maldistribution in packed columns. Chemical Engineering Research & Design, 1986, 64(6): 431-439.

[60] Kouri R, Sohlo J. Liquid and gas flow patterns in random packings. The Chemical Engineering Journal and the Biochemical Engineering Journal, 1996, 61(2): 95-105.

[61] Dang-Vu T, Doanh D, Lohi A, et al. A new liquid distribution factor and local mass transfer coefficient in a random packed bed. Chemical Engineering Joural, 2006, 123(3): 81-91.

[62] 梁文锦. 化工工艺设计手册. 广州化工, 1987, 4: 70.

[63] 董谊仁, 张剑慈. 填料塔液体分布器的设计(续二)第三讲——孔盘式液体分布器的设计. 化工生产与技术, 1998, 3: 1-7.

[64] Bao C F, Xu B, Ai B, et al. Performance of structural trough-pan liquid distributor. Chemical Engineering (China), 2016, 44(4): 54-58.

[65] Xue J, Wu Q, Zhao H, et al. A computational fluid dynamics-based method to investigate and optimize novel liquid distributor. Aiche Journal, 2022, 68(10): 17806.

[66] 王树楹. 现代填料塔技术指南. 北京: 中国石化出版社, 1998.

[67] 潘国昌. 填料塔进料气体分布研究. 化学工程, 1998, 26(1): 7.

[68] Haunschild W.Catalyst system for use in a distillation column reactor: US4624748A. 2024-02-25.

[69] 金涌, 汪展文, 盖旭东. 一种新型的催化精馏塔: CN2314840 Y. 2024-02-25.

[70] 王志亮, 叶明汤, 杨宗仁, 等. 催化反应精馏塔及其用途: CN1060228. 2024-02-25.

[71] 刘文飞, 张贞伟, 张勇, 等. 一种新型催化蒸馏组件: CN201610537448. 6. 2024-02-25.

[72] 李鑫钢, 高鑫, 李永红, 等. 催化剂网盒及催化剂填装结构: CN101219400. 2008-07-16.

[73] Li X, Zhang H, Gao X. Hydrodynamic simulations of seepage catalytic packing internal for catalytic distillation column. Industrial & Engineering Chemistry Research, 2012, 51(43): 14236-14246.

[74] Bernal D, Carrillo-Diaz C, Gomez J, et al. Simultaneous design and control of catalytic distillation columns using comprehensive rigorous dynamic models. Industrial & Engineering Chemistry Research, 2018, 57(7): 2587-2608.

[75] Keller T, Gorak A. Modelling of homogeneously catalysed reactive distillation processes in packed columns: Experimental model validation. Computers and Chemical Engineering, 2013, 48: 74-88.

[76] Ding H, Xiang W, Liu C. A multiscale methodology for CFD simulation of catalytic distillation bale packings. Polish Journal of Chemical Technology, 2016, 18(1): 24-32.

[77] Hong A, Zhang Z, Li X, et al. A generalized CFD model for evaluating catalytic separation process in structured porous materials. Chinese Journal of Chemical Engineering, 2022, 51: 168-177.

[78] Sebastia-Saez D, Gu S, Ranganathan P, et al. 3D modeling of hydrodynamics and physical mass transfer characteristics of liquid film flows in structured packing elements. International Journal of Greenhouse Gas Control, 2013, 19492-19502.

[79] Gheorghe B, Ionut B. Modeling and simulation process for solketal synthesis from glycerol and acetone by catalytic distillation in a modified structure of a divided wall column. Renewable Energy, 2022, 183662-183675.

[80] Chen J, Zhang Y, Sun X. Simulation of methyl tertiary butyl ether production in catalytic distillation. Information Technology Applications in Industry, 2013, 263-266(1-4): 444.

[81] Wang Q, Yang C, Wang H, et al. Optimization of process-specific catalytic packing in catalytic distillation process: A multi-scale strategy. Chemical Engineering Science, 2017, 174472-174484.

[82] Wang Q, Liu X, Wu X, et al. A multi-scale approach to optimize vapor-liquid mass transfer layer in structured catalytic packing. Chemical Engineering Science, 2020, 214(C): 115434.

[83] Egorov Y, Menter F, Kloker M, et al. On the combination of CFD and rate-based modelling in the simulation of reactive separation processes. Chemical Engineering & Processing: Process Intensification, 2003, 44(6): 631-644.

[84] Cong H, Wang C, Li H, et al. Erratum to: "Structure optimization of structured corrugation foam packing by computational fluid dynamics method". Journal of Engineering Thermophysics, 2016, 25(4): 601.

第6章

炼油分离过程经典案例分析

6.1 原油常减压蒸馏装置

6.1.1 背景简介

原油是一种由极其复杂的多种不同沸点烃类组成的混合物。炼油厂的主要目标是将原油分割成不同沸程的馏分，同时依据石油产品的质量要求，去除这些馏分中非理想的组分，或者经过化学反应转化得到所需要的组成，从而获得合格的燃料、润滑油、化工原料和其他石油产品(如石油焦、沥青等)[1]。图 6-1 是国内某炼油厂的总工艺流程示意图。常减压装置是常压蒸馏和减压蒸馏两个装置的总称。常减压蒸馏是炼油厂加工原油的第一道工序，也是一个重要工序，在炼油厂加工工艺总流程中起重要作用，常被称为"龙头"装置。由于原油进入炼油厂后必须首先进入常减压装置进行一次加工，因此炼油厂的加工能力一般都用原油常减压蒸馏装置的加工能力来表示，常减压蒸馏装置的处理量常作为衡量企业发展的标志[2]。

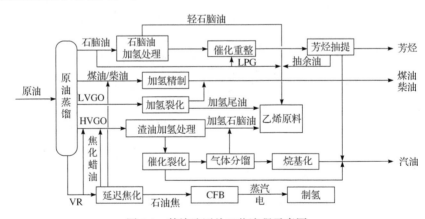

图 6-1 某炼油厂总工艺流程示意图

6.1.2 工艺简介与设计要求

1. 工艺简介

原油蒸馏采用常压蒸馏和减压蒸馏的方法，通过多次部分汽化和部分冷凝，从原油中分离出纯度较高的轻、重组分。根据原油性质和产品要求的不同，不同的工厂有不同的原油蒸馏加工流程，大致可分为燃料型、燃料-润滑油型、燃料-化工型和"拔头型"四类。燃料型加工方案既生产催化重整原料、汽油、柴油和燃料油，也生产催化裂化或加氢裂化原料；燃料-润滑油型加工方案除生产汽油、柴油、燃料油与催化重整、催化裂化或加氢裂化原料外，还生产润滑油组分原料；燃料-化工型加工方案除生产燃料油与催化重整、催化裂化或加氢裂化原料外，其余轻油部分全部作为裂解原料，不生产润滑油原料，但提供石油化工原料，一般以常压 60~140℃馏分作为重整原料制取芳烃，轻质油的一部分作轻质燃料，一部分制烯烃，重质馏分油作催化裂化原料以提高轻质燃料收率，而裂化气又可作为有机合成的原料；"拔头型"加工方案生产催化重整原料、汽油、柴油、燃料油或重油催化裂化原料，不生产润滑油和加氢裂化原料[3-4]。

2. 设计要求

脱盐后的原油经过换热器换热至 180~260℃，气液混合物一同进入初馏塔。初馏塔塔顶石脑油组分部分回流到塔内，部分作为产品输出。塔底的初底油进入常压炉，加热到 350~370℃后进入常压塔。

常压塔主要是分离原油 350℃前的馏分，塔底通入蒸汽，利用原油中各馏分的沸点的不同，使常压塔自上而下建立温度梯度，实现不同产品的分离。自上而下的产品有常顶气、常顶油、常轻油、煤油、轻柴油、重柴油、常压重油。常压塔通常设置取热回流装置和侧线汽提塔。

常压重油经减压炉加热至 380~420℃进入减压塔，减压蒸馏原理与常压蒸馏相同，关键采用了抽真空设施，使塔内压降降到常压以下。减压塔塔底通入蒸汽，侧线采出减一到减六线油，塔底采出减压渣油进入下一工序。

6.1.3　物性方法与模型建立

根据已有的数据：大庆原油一般性质(表 6-1)、大庆原油 TBP 蒸馏和窄馏分数据(表 6-2)，在 Assay/Blend Basic Data 中输入窄馏分数据。

表 6-1　大庆原油一般性质

序号	项目	数值	序号	项目	数值
1	API 度	32.7	8	铁/(mg/L)	4.0
2	密度/(kg/m³)	857.5	9	镁/(mg/L)	0.7
3	运动黏度/(mm²/s)	22.55(50℃)	10	钒/(mg/L)	<0.1
		9.660(80℃)	11	钠/(mg/L)	3.7
4	凝点/℃	32	12	钙/(mg/L)	3.2
5	含水量/wt%	0.08	13	铜/(mg/L)	1.8
6	酸值/(mg KOH/g)	0.13	14	铅/(mg/L)	<0.1
7	镍/(mg/L)	3.2	15	硫/wt%	0.10

续表

序号	项目	数值	序号	项目	数值
16	氮/wt%	0.16	19	蜡/wt%	30.1
17	康氏残炭/wt%	3.11	20	胶质/wt%	6.75
18	沥青/wt%	0.38			

表 6-2　大庆原油 TBP 蒸馏和窄馏分数据

馏程/℃	产率				运动黏度/(mm²/s)				密度/(kg/m³)	凝点/℃	折射率
	基于原油/wt%		基于原油/V%								
	窄馏分	累计	窄馏分	累计	20℃	50℃	80℃	100℃			
1	2	3	4	5	6	7	8	9	10	11	12
IBP～60	1.6	1.6	2.14	2.14					641.0		1.3891
60～80	0.9	2.5	1.12	2.26					689.0		1.3930
80～100	1.4	3.9	1.67	4.93					718.0		1.4007
100～120	1.0	4.9	1.17	6.10					733.0		1.4090
120～140	1.3	6.2	1.49	7.59					747.0		1.4160
140～160	1.5	7.7	1.70	9.29					757.0		1.4222
160～180	1.7	0.4	1.90	11.19					768.0	<−60	1.4286
180～200	1.7	11.1	1.87	13.08					780.0	−48	1.4380
200～220	2.0	13.1	2.15	15.21					799.4	−40	1.4423
220～240	1.9	15.0	2.02	17.23					804.6	−28	1.4486
240～260	2.2	17.2	2.32	19.55	3.2				812.1	−20	1.4528
260～280	2.3	10.5	2.42	21.97	4.09				816.0	−13	1.4556
280～300	2.4	21.9	2.52	24.49	5.17				817.1	−7	1.4561
300～320	3.0	24.9	3.13	27.62	6.88	3.88			820.6	1	1.4580
320～340	3.0	27.9	3.11	30.73	9.22	4.2			828.0	7	1.4622
340～350	1.6	29.9	1.86	32.59		4.98			831.1	13	1.4643
350～360	1.6	31.3	1.66	34.24		5.59			832.3	17	1.4654
360～370	1.7	33.0	1.75	35.99		6.24			833.8	20	1.4681
370～380	1.9	34.9	1.95	37.94		7.02			835.0	24	1.4620
380～400	2.6	38.5	3.88	41.62		8.43		3.03	838.8	30	1.4693
400～450	7.27	45.77	7.27	49.89			7.00	4.72	858.0	41	1.4783
450～475	4.3	50.07	4.26	53.15			9.26	5.96	865.0	47	1.4812
475～500	4.12	54.19	4.06	57.21			11.56	7.36	870.2	50	1.4864
500～525	4.66	58.74	4.45	61.66			16.58	9.55	876.3	55	1.4920
525～550	2.0	60.74	1.94	63.60			20.18	12.05	884.5	58	1.4959
550～575	4.67	65.41	4.52	68.12			26.25	15.19	886.1		1.4990
575～583	2.79	68.2	2.69	70.81			31.39	17.94	889.9		1.4996
>583	30.54	98.74	28.10	98.91			572.62	261.61	930.6		
损失		1.26									

注：IBP(initial boiling point)为初沸点。

　　由于提供的原油数据中存在硫、氮、芳烃、胶质、石蜡等含量，为使模拟过程更加贴近实际，通过在网上搜集数据并结合《石油炼制工程》(第四版)、《中石化原油分析报告》等资料，将各物质各温度下的质量含量输入。

　　Aspen Plus 会以上述输入的油品数据为数据，将油品生成一系列虚拟组分来表征油品的性质。缺省时，Aspen Plus 用一套标准切割点集来生成虚拟组分，最终得到 TBP 曲线。

　　接下来是物性方法的选择。润滑油常减压装置是含有重馏分的石油体系，温度范围为 $10 \sim 871℃$，压力范围为 $3.33 \sim 180 kPa$，用 BK10 的物性方法最合适。选择好物性方法之后，模拟体系就基本完成了，运行无误后就可以进行模拟过程了。首先，进行模拟流程图的搭建，模型搭建的核心是设备模块的选用，设备模块的选用主要依据计算要求和设备结构特点。常减压装置中有三个核心设备：初馏塔(T01)、常压塔(T02)以及减压塔(T03)，详情见表 6-3。

表 6-3　常减压装置核心设备模型选用结果

设备	结构特点	功能	精馏塔模型 (PetroFrac)
初馏塔 T01	塔顶全凝，塔底无再沸；无侧线采出，无中部取热	蒸出已汽化的汽油组分	PREFL1
常压塔 T02	塔顶分凝，塔底汽提无再沸；四侧线(后三汽提)两中部取热	采出石脑油、煤油、柴油等低沸点产品	CDU10F
减压塔 T03	塔顶无冷凝，塔底汽提无再沸；六侧线(中四汽提)一顶两中部取热	采出高沸点产品 (一般 350～500℃)	CDU12F

　　在进料流股中输入进入常减压模拟体系的原油温度、压力、流量等数据，温度 140℃，压力 $1.6 \times 10^5 Pa$，流量 952380 kg/h，组成(0.9992OIL+0.0008WATER)。

6.1.4　模拟结果与分析

1. 初馏塔流程

　　初馏塔的作用在于及时蒸出原油在换热升温过程中已经汽化的汽油，使其不进入常压加热炉，以降低炉的热负荷和原油换热系统的操作压力，从而降低装置能耗和操作费用。初馏塔部分主要由初馏塔、换热器组成，初馏塔由混合原油进料，塔底的初底油去往常压塔加热炉。

　　初馏塔设有塔板数 10，塔顶采用全凝器，塔顶压力设为 $1.56 \times 10^5 Pa$，全塔压降为 $0.04 \times 10^5 Pa$，从第 10 块塔板上进料，模拟出的冷凝器负荷为 -15.995 Gcal/h，塔顶产品流量为 453.441 kmol/h。原油进料条件中，温度为 140℃，压力为 $1.6 \times 10^5 Pa$，总流率为 952380 kg/h，除此之外，在这部分体现出了含水量 0.08%的要求。初底油的流量与参考流量相符。

2. 常压塔

　　初馏塔部分主要由常压塔、常压炉、测线汽提塔、换热器和泵组成，常压塔配有常一线、常二线、常三线采出，塔底的常底油去往减压塔加热炉。

1) 常压塔参数设置

(1) 操作压力。

常压塔塔顶产品通常是汽油馏分或重整原料，塔顶的压力应稍高于常压，国内多数常压塔顶操作压力在 0.13～0.16 MPa 之间。这里选用设计给定值 1.6×10^5 Pa。

(2) 操作温度。

从理论上说，在稳态操作的情况下，可以将精馏塔内离开任一块塔板或汽化段的气液两相都看成处于平衡的状态。因此，气相温度是该处油气分压下的露点温度，而液相温度则是其泡点温度。虽然实际上并不能保证完全达到相平衡状态，但是设计计算中都是按照上述的理论假设来计算各点的温度。

(3) 汽提水蒸气用量。

石油精馏塔的汽提蒸汽一般是用温度为 400～450℃的过热水蒸气(0.3 MPa)，用过热水蒸气的原因主要是防止冷凝水进入塔内。侧线产品汽提的目的主要是驱除其中的低沸点组分，从而提高产品的闪点和改善蒸馏精确度；常压塔汽提主要是为了降低塔底重油中 350℃以前馏分的含量，以提高直馏轻质油品的收率，同时减轻减压塔的负荷。汽提水蒸气的用量与需要提馏出来的轻组分含量有关，在设计计算中可以参考经验数据选择汽提水蒸气的用量。

常压塔设有塔板 30 块，塔顶采用分凝器，塔顶压力设为 1.6×10^5 Pa，全塔压降为 0.1×10^5 Pa，从第 30 块塔板上进料，常压炉温度设为 363℃，常压炉压降设为 1.8×10^5 Pa。常压塔侧线采出流量见表 6-4。此外，常压塔的产品指标可以通过创建恩氏蒸馏数据设计规定来控制。

表 6-4　常压塔侧线采出流量

采出	常一线油	常二线油	常三线油
流量/(kg/h)	23660	115050	40420

2) 常压塔模拟运算结果

将常压塔操作条件模拟结果与正常操作条件进行对比，除了塔顶温度稍有偏差，结果吻合。经过模拟计算的常压塔物料平衡表见表 6-5，质量流量数据也基本吻合。

表 6-5　常压塔物料平衡表

项目	汽提气	初底油	气体	常顶油	常轻油	常一线油	常二线油	常三线油	常底油
温度/℃	361	310	93.4	93.4	154.4	170.9	228.6	302.8	354.7
压力/10^5Pa	1.6	1.6	1.6	1.6	1.6	1.6	1.6	1.7	1.7
质量流量/(kg/h)	20000	912299	800	26800	36800	23660	115050	40420	669048
平均分子量	18	376.4	54.3	113.1	141.6	163.6	225.7	310	585.5
气相分率	1	0.287	1	0	0	0	0	0	0

3. 减压塔

将温度为 354℃的常底油送入减压炉，在压力为 1.8×10^5 Pa 的条件下使其温度升高至 400℃后进入减压塔，又从塔底吹入过热水蒸气，使油中的轻馏分汽化后返回精馏段，以达到提高减压塔拔出率目的，过热水蒸气的质量分数一般为减底油的 2%～4%。减顶气从塔顶抽出，从侧线采出重柴油、蜡油、催化原料及焦化原料等。其中减一和减六分别从第 3 和第 26 块塔板直接采出，无汽提。

1) 减压塔参数设置

减压塔设有塔板 28 块，过热蒸汽和减压炉出来的油气从塔底进料，减一和减六分别从第 3 和第 26 块塔板采出，塔顶压力为 25 mmHg，全塔压降 15 mmHg，减压炉炉温设为 400℃。

减二、减三、减四、减五分别按照表 6-6 要求，侧线采出后液相产品出装置，而轻馏分用 400℃过热蒸汽汽提返回到塔内。

表 6-6　减压塔侧线采出流量表

采出	减二线油	减三线油	减四线油	减五线油
流量/(kg/h)	61110	49860	73620	46710

同时，为了使全塔气液相负荷分布更加均匀，更合理地利用高温位热源，提高能量利用效率，可分为三段取热。而后，根据采出产品的技术规格，可以对其中四处产物规格添加设计规定。

2) 减压塔模拟运算结果

将减压塔的塔顶和塔底温度的模拟结果与正常操作条件下的塔顶和塔底相比较(见图 6-2)，发现基本一致。此外，进出口物料流量和正常操作条件下的物料衡算表相比较也基本吻合(表 6-7、表 6-8)。

Condenser/Top stage performance				Reboiler/Bottom stage performance		
Name	Value	Units		Name	Value	Units
Temperature	69.2657	C		Tempetature	378.615	C
Pressure	25	mmHg		Pressure	40	mmHg

图 6-2　减压塔的塔顶和塔底温度的模拟结果

表 6-7　减压塔正常操作条件表

操作条件	数值	操作条件	数值
塔顶压力/mmHg(A)	25	塔顶温度/℃	70
汽化段温度/℃	381	全塔压降/mmHg	15(正常)，≥18(需保证值)
塔底温度/℃	376		

表 6-8　减压塔正常操作物料衡算表

进料				常底油					合计
收率/%				100.00					100.00
流量/(kg/h)				667620					667620

产品	减顶气	减顶油	减一	减二	减三	减四	减五	减六	减渣	合计
收率/%	0.07	0.18	5.51	9.15	7.47	11.03	7.00	6.10	53.49	100.00
流量/(kg/h)	450	1210	36810	61110	49860	73620	46710	40710	357140	667620

最终，润滑油常减压蒸馏装置工艺模拟全流程运行收敛无错误。

6.2　吸收稳定装置

6.2.1　背景简介

1. 石油加工

石油是现代工业发展必不可少的重要能源，是有机化工产品和交通运输燃料所必不可少的根本来源。有数据统计表明，石油产品占全世界总能源需求的约 40%，占交通运输燃料的约 100%，世界石油总产量的 1/10 用于有机化工产品原料的生产，因此石油被称为现代工业的血液[1]。

然而，石油的组成成分极其复杂，只有经过加工和分离才可以最大限度地利用资源。按工序分，石油的加工处理过程可以分为一次加工和二次加工。其中，一次加工为原油常减压蒸馏，主要产品为石脑油、粗柴油、渣油和沥青等；二次加工是指以原油常减压蒸馏产品为原料，通过裂解、聚合等手段获得航空油、液化气、汽油和柴油等各类石油制品，主要有催化裂化、加氢裂化、烃类热裂解和催化重整等。

随着国内外原油的重质化和劣质化趋势日益加剧，其中利用催化裂化将渣油、蜡油、脱沥青油、抽余油等重油转化为干气、液化、稳定汽油、轻柴油等高价值产品，因其原料适应性较强、轻油收率高，已成为国内炼化企业的核心炼油工艺，是炼油企业主要的利润来源。在当今社会经济发展和节能减排的迫切需求下，催化裂化装置收率亟须提高，能耗亟需降低。而催化裂化分离系统操作的优劣会在很大程度上影响催化裂化装置的产品收率和能耗，在催化裂化装置中占据着重要的地位。因此，催化裂化分离系统的模拟与优化研究具有极其重要的现实意义。

2. 催化裂化

催化裂化装置[4]一般由以下几个系统组成：反应-再生系统、分馏系统、吸收稳定系统、产品精制系统和烟气能量回收系统。其中，吸收稳定系统是催化裂化的后续分离部分，有的炼厂还配有气分装置，因为吸收稳定又是气分的前续工艺系统，其位置和作用非常重要。

3. 吸收稳定系统概述

吸收稳定系统工艺流程[5]为: 压缩机的压缩富气经冷却后, 与解吸单元解吸气和吸收单元富吸收油混合, 冷却到一定温度后进入闪蒸罐进行平衡闪蒸分离。闪蒸罐顶部气体流股进入吸收塔。闪蒸罐凝缩油用泵抽送往解吸塔。闪蒸罐底酸性污水送往酸性污水汽提装置净化处理。吸收塔中段有两个循环回流, 每一循环回流取热后送回吸收塔。补充吸收剂稳定汽油和吸收剂粗汽油分别送入吸收塔的顶部和上部。主分馏塔的贫吸收油进入再吸收塔吸收贫气, 塔顶干气送到产品精制干气脱硫塔, 塔底富吸收油换热后送回分馏系统。解吸塔底物流进入稳定塔, 稳定塔塔顶液化气部分冷凝后送回稳定塔塔顶控制塔顶温度, 另外一部分送到液化气脱硫塔系统。稳定塔通常有多个进料口, 适宜的进料位置由脱乙烷汽油性质以及对液化气和稳定汽油的质量指标约束控制。稳定塔底汽油换热后分为两股物流, 一股作为补充吸收剂送入吸收塔, 另外一股物流送往汽油脱硫醇精制单元。

6.2.2 工艺简介与设计要求

1. 工艺介绍

传统的吸收稳定系统工艺含有 4 个塔器: 吸收塔、再吸收塔、解吸塔、稳定塔。根据吸收原理, 以来自分馏塔的粗汽油作为吸收剂而回流稳定汽油作为补充吸收剂, 将富气中 C3 以下和 C3 以上组分分离。解吸塔则根据温度升高轻组分上升重组分下降的原理, 脱除液相在吸收过程中夹带的 C2 组分, 塔顶解吸气经过冷却后回流作为液相进料, 塔底为脱乙烷汽油。稳定塔利用精馏原理实现 C4 和汽油组分的切割, 塔顶生产液化气, 塔底生产汽油产品。再吸收塔以分馏塔产品轻柴油作为吸收剂, 进一步吸收半贫气中的 C4 组分, 得到富柴油返回主分馏塔, 同时获得干气。

吸收稳定系统需要改进的问题主要有以下几个方面:

(1) 干气质量指标不达标, 其中含有过多 C3 和 C4 组分;

(2) LPG 和稳定汽油的质量达不到要求;

(3) 吸收稳定系统能耗偏高。

影响吸收稳定系统产品收率、质量、能耗的工艺操作参数有吸收塔操作温度、吸收塔操作压力、补充吸收剂流量和温度、稳定塔回流比和进料位置等, 因此可以通过对吸收稳定系统进行模拟与优化获得最优条件, 实现工艺条件最优化。

2. 设计要求

产品的指标以及系统设计要求见表 6-9。

表 6-9 产品指标

项目	标准	项目	标准
干气中 C3 组分含量	≤2%	稳定汽油中饱和蒸气压	夏季, ≤65 kPa; 冬季, ≤90 kPa
液化气中 C2 的含量	≤0.5%	总回收率(C3)	>96%

项目	标准	项目	标准
液化气中 C5 的含量	≤0.5%	总回收率(C4)	>99%
稳定汽油中 C3、C4 含量	≤3%		

6.2.3　物性方法与模型建立

1. 物性方法

本教材流程模拟计算采用 Aspen Plus 流程模拟软件包,热力学方法选用软件中的 RK-Soave 方程物性包,RK-Soave 方程适用的体系为非极性或弱极性的组分混合物,尤其适用于高温、高压条件,如烃类加工、超临界萃取等,多用于气体加工、炼油等工艺过程的计算,因此可较为准确地计算所处理石油物料的热力学参数[6-7]。所建立的吸收稳定系统数学模型(非线性方程组)采用序贯模块法进行求解。

2. 模型建立

1) 原料参数

产品的进料为 FCC 主分馏塔塔顶富气,并使用 FCC 侧线的轻柴油作为再吸收剂。其中,塔顶富气进料使用工况一的现场数据,其各组分的进料质量流量见表 6-10。

表 6-10　组分的进料质量流量　　　　(单位：kg/h)

组成	工况一	组成	工况一
H_2	445.87	C_3H_8	5135.71
H_2S	511.19	$I\text{-}C_4H_{10}$	15515.32
CO_2	1465.76	$I\text{-}C_4H_8$	8494.61
N_2	4619.94	C_4H_8	4641.15
O_2	150.59	NC_4H_{10}	3517.87
CO	201.11	$T\text{-}C_4H_8$	5619.74
CH_4	5020.20	$C\text{-}C_4H_8$	7382.53
C_2H_4	5115.04	H_2O	47541.45
C_2H_6	5053.43	D86FBP(汽油)	170838.13
C_3H_6	26872.73		

2) 操作参数

操作参数来自于装置的设计条件,见表 6-11。

表 6-11　装置操作条件设计参数

项目	工况一	项目	工况一
装置处理量	3×10^6 t/a	脱吸塔顶温度/压力	40℃/1.58 MPa

续表

项目	工况一	项目	工况一
分馏塔顶油气分离器温度/压力	40℃/0.28 MPa	脱吸塔底温度/压力	155℃/1.63 MPa
气压机出口压力	1.6 MPa	脱吸塔中段重沸器热负荷	600 kW
气压机出口分离器温度/压力	40℃/1.558 MPa	稳定塔进料温度	140℃
吸收塔顶温度/压力	45℃/1.518 MPa	稳定塔顶温度/压力	40℃/1.2 MPa
吸收塔底温度/压力	145℃/1.558 MPa	稳定塔底温度/压力	185℃/1.25 MPa
补充吸收剂温度	40℃	稳定汽油蒸汽压	0.065 MPa
补充吸收剂量	5230 kg/h	再吸收塔顶温度/压力	40℃/1.445 MPa
吸收塔中段回流返塔温度	40℃	再吸收塔底温度/压力	40℃/1.475 MPa
脱吸塔进料温度	52℃	贫吸收油	125000 kg/h

3) 模块参数

Aspen Plus 的单元操作模型库极其丰富，有混合器、分离器、换热器、闪蒸器、组分分离器、反应器、塔器以及泵、压缩机等各种单元操作模块，能够模拟气液固体系组分石油、化工、医药、聚合物、特殊化学品等各种稳态和动态生产操作过程。在本案例的模拟中，模块选择见表 6-12。

表 6-12　模块选择

名称	模块	名称	模块
混合器	Mixer	加热/冷却器	Heater
分离器	FSplit	吸收塔	RadFrac
压缩机	Compr	解吸塔	RadFrac
泵	Pump	稳定塔	RadFrac
闪蒸罐	Flash2	再吸收塔	RadFrac

4) 模拟流程

具体模拟工艺流程为：

油气混合物经过分流塔顶油气分离器在 0.28 MPa 得出粗汽油，进入到吸收塔的第三块塔板，排出部分多余的水，蒸出的富气在经过气压机压缩到 1.6 MPa 后，与来自解吸塔 T-302 塔顶的解析气和来自吸收塔 T-301 塔底的富吸收油相混合，共同经过进料闪蒸罐冷凝器冷却到 40℃后，进入气压机出口的油气分离器进行气液分离。

气体部分进入吸收塔 T-301 的底部，液体部分送入到脱吸塔的脱吸塔进料预热器，经过加热到 52℃，随后进入到脱吸塔 T-302 的顶部。脱吸塔 T-302 底部设有热虹吸式再沸器，塔底的脱乙烷汽油送往稳定塔进料预热器，与稳定汽油换热至 140℃后，进入稳定塔 T-304 第 16 块塔板，稳定塔 T-304 塔顶部分气体冷凝冷却进入稳定塔塔顶回流罐，回流罐内的液态烃一部分循环回流、一部分去往液态烃精制设施，回流罐塔顶的干气出装置后进入全厂高压瓦斯管网。稳定塔 T-304 塔底设有再沸器，提供稳定塔分流所需的热量，塔底的稳定汽油经过稳定塔进料预热器和稳定汽油冷却器到 40℃后，作为补充吸收剂由泵加压至 1.60 MPa，送入到吸收塔的塔顶，多余的稳定汽油出装置去汽油精制系统。

吸收塔塔顶用粗汽油和稳定汽油作为吸收剂，为降低吸收温度和提高吸收效率，采用了四个中段回流取热，以取出吸收单元操作时产生的热量，吸收塔 T-301 底部回流与压缩富气混合，而顶部贫气进入了再吸收塔 T-303，同样来自催化裂化装置主分馏塔的测线产品轻柴油则作为再吸收塔 T-303 的再吸收剂，再吸收塔顶部的干气出装置进入到高压瓦斯管网，塔底得到饱和柴油(富吸收油)。模拟工艺流程图如图 6-3 所示。

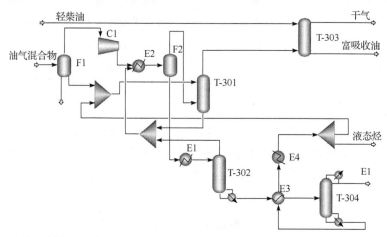

图 6-3　模拟工艺流程

　　C1. 气体压缩机；E1. 脱吸塔进料预热器；E2. 气压机出口冷却器；E3. 稳定塔进料预热器；E4. 稳定汽油冷却器；
F1. 分馏塔顶油气分离器；F2. 气压机出口油气分离器；T-301. 吸收塔；T-302. 脱吸塔；T-303. 再吸收塔；T-304. 稳定塔

6.2.4　模拟结果与分析

1. 模拟结果

工艺流程模拟的主要产品组成(含富吸收油)见表 6-13。由模拟结果可知，产品各指标均可达到要求。

表 6-13　主要产品质量流量

气体	质量流量/(kg/h)			
	干气	吸收柴油	汽油	液化石油气
H_2	443.28	2.60	0.00	0.00
H_2S	83.13	32.31	0.00	394.95
CO_2	1341.09	124.58	0.00	0.00
N_2	4567.14	52.82	0.00	0.00
O_2	146.69	3.90	0.00	0.00
CO	198.08	3.03	0.00	0.00
CH_4	4815.14	205.07	0.00	0.00
C_2H_4	4437.44	677.10	0.00	0.42

续表

气体	质量流量/(kg/h)			
	干气	吸收柴油	汽油	液化石油气
C_2H_6	3937.72	906.66	0.00	209.02
C_3H_6	734.20	728.78	0.68	25408.29
C_3H_8	119.65	153.77	0.42	4879.86
I-C_4H_{10}	27.50	752.56	735.77	13999.48
I-C_4H_8	6.08	435.73	733.85	7318.67
C_4H_8	2.92	241.55	449.97	3946.56
N-C_4H_{10}	0.86	197.26	600.76	2718.97
T-C_4H_8	0.94	308.97	985.06	4324.54
C-C_4H_8	0.70	422.19	1706.14	5253.18
C5+	11.43	128514.22	166997.28	313.13
H_2O	0.00	116.68	1079.98	595.02

2. 模拟分析

流程模拟结果表明，吸收稳定系统中的 3 股物料循环，即吸收塔塔釜、解吸气和补充吸收剂，导致系统内的各操作参数相互关联，因此系统中影响吸收效果、稳定塔产品质量、系统能耗的因素较多。影响系统吸收效果的主要因素有系统温度、系统压力、补充吸收剂流量、补充吸收剂中 C4+含量、吸收塔理论板数和解吸塔理论板数等。在保证产品质量的前提下，通过单因子变化，调整关键操作参数，对相关影响因素(补充吸收剂的流量、吸收塔和解吸塔的压力、稳定塔进料温度和进料位置、解吸塔的冷热进料比例)进行综合分析。对吸收稳定系统参数进行优化，调整某些决策变量(操作参数)，使目标函数达到最优。

6.3　乙烯急冷

6.3.1　背景简介

乙烯(ethylene)化学式为 C_2H_4，是最简单的烯烃。在常温状态下，乙烯是一种有香甜味道的无色气体，密度为 0.5678 g/cm³(−104℃)，难溶于水，微溶于丙酮和苯，溶于乙醇和乙醚。易燃易爆，能与空气形成爆炸性混合物，爆炸极限为 2.7%～36%(体积分数)，对人有麻醉作用[8-10]。乙烯的物性参数见表 6-14。

表 6-14　乙烯的物理性质

名称	分子式	相对分子质量	常压沸点/℃	凝固点/℃	临界温度/℃	临界压力/Pa
乙烯	C_2H_4	28.05	−103.7	−169	9.5	744

乙烯装置以石油为原料，通过高温短停留时间热裂解获得裂解气，然后裂解气经冷

却、洗涤、压缩、净化和分离等工序处理后得到乙烯，同时可得到丙烯、丁二烯、苯、甲苯、二甲苯及乙炔等重要的副产品。乙烯工艺成为石油化学工业基础原料的主要来源。除生产乙烯外，约70%的丙烯、90%的丁二烯、30%的芳烃均来自乙烯副产。以"三烯"(乙烯、丙烯、丁二烯)和"三苯"总量计，约65%来自乙烯生产装置。

乙烯装置的关键性问题是能耗。乙烯工厂是高能耗生产企业，降低乙烯工厂能耗是降低乙烯生产成本的重要途径之一。

乙烷裂解制乙烯(含混合烷烃裂解)：与传统石脑油裂解路线相比，乙烷裂解具有工艺流程短、装置投资少、乙烯收率高等优势。

急冷和压缩系统是乙烯工厂的两大重要组成部分，其运行好坏对乙烯装置性能有着重要影响。裂解炉出口的高温裂解气经废热锅炉冷却，再经急冷器进一步冷却后，裂解气的温度降到200～300℃之间，使经过急冷器后的裂解气依次进入汽油分馏塔和急冷水塔冷却至室温，并在冷却过程中分馏出裂解气中的重组分，如裂解汽油、裂解柴油和裂解燃料油，这个环节称为裂解气的急冷过程。经过急冷处理的裂解气再送至裂解气压缩装置并进一步进行深冷分离。

6.3.2　工艺简介与设计要求

裂解炉出口的高温裂解气经废热锅炉冷却，再经急冷器进一步冷却后，裂解气的温度可以降到200～300℃之间。裂解气的急冷过程在乙烯装置中主要作用如下：

(1) 经急冷过程处理，尽可能降低裂解气的温度，从而保证裂解气压缩机的正常运转，并降低裂解气压缩机的功耗。

(2) 裂解气经急冷过程处理，尽可能分馏出裂解气中的重组分，减少进入压缩分离系统的进料负荷。

(3) 在裂解气急冷过程中将裂解气中的稀释蒸汽以冷凝水的形式分离回收，用于再发生稀释蒸汽，从而大大减少污水排放量。

(4) 在裂解气急冷过程中继续回收裂解气低能位热量。通常，可由急冷油回收的热量发生稀释蒸汽，并可由急冷水回收的热量进行分离系统的工艺加热。

1. 轻烃裂解装置裂解气急冷过程

轻烃裂解装置所得裂解气的重质馏分甚少，尤其乙烷和丙烷裂解时，裂解气中燃料油含量甚微。此时，裂解气急冷过程主要是在裂解气进一步冷却过程中分馏裂解气的水分和裂解汽油馏分[11]。

轻烃裂解装置中裂解炉出口高温裂解气，经第一废热锅炉回收热量副产高温裂解气后，尚可经第二(和第三)废热锅炉进一步冷却至200～300℃之间，然后进入水洗塔。在水洗塔中，塔顶用急冷水喷淋冷却裂解气。塔顶裂解气冷却至40℃左右送至裂解气压缩机。塔釜分馏出裂解气中的大部分水分和裂解汽油。塔釜的油水混合物经油水分离器分出裂解汽油和水，裂解汽油经水汽提塔汽提后送出装置。而分离出的水(约80℃)，一部分经冷却送至水洗塔塔顶作为喷淋(称为急冷水)，另一部分则送至稀释蒸汽发生器发生稀释蒸汽。

2. 馏分油裂解装置裂解气急冷过程

馏分油裂解装置所得裂解气中含相当量的重质馏分，这些重质燃料油馏分与水混合会因乳化而难于进行油水分离。因此，在馏分油裂解装置中，必须在冷却裂解气的过程中先将裂解气中的重质燃料油馏分分馏出来，分馏重质燃料油馏分后的裂解气再进一步送至水洗塔冷却，并分馏其中的水和裂解汽油。

馏分油裂解装置中裂解炉出口高温裂解气，经废热锅炉回收热量后，再经急冷器用急冷油喷淋降温至 220～230℃。冷却后的裂解气进入汽油分馏塔(又称油洗塔，以下统称为汽油分馏塔)，塔顶用裂解汽油喷淋，塔顶温度控制在 100～110℃之间，保证裂解气中的水分从塔顶带出汽油分馏塔。塔釜温度则随裂解原料的不同而控制在不同水平。石脑油裂解时，塔釜温度为 180～190℃，轻柴油裂解时则可控制在 190～200℃。

汽油分馏塔塔顶裂解气进入水洗塔，塔顶用急冷水喷淋，塔顶裂解气降至 40℃左右送入裂解气压缩机。塔釜温度约 80℃，在水洗塔中分馏出裂解气中大部分水分和裂解汽油。

3. 轻烃裂解装置

轻烃裂解装置急冷过程主要是通过水解塔对裂解气进行冷却，并从中分馏裂解气中的大部分水分和裂解汽油。图 6-4 是 Keelogg 在某轻烃裂解厂(68 万 t/a 乙烯)采用的工艺流程。在该工艺中，裂解炉(毫秒炉)出口高温裂解气经三级废热锅炉冷却至 243℃左右后直接进入水洗塔，水洗塔为两段填料塔，被冷却至 40℃的塔顶裂解气送入裂解气压缩机。塔釜控制在约 82℃，塔釜油水混合物在油水分离器中分离。分离出的裂解汽油送至汽油

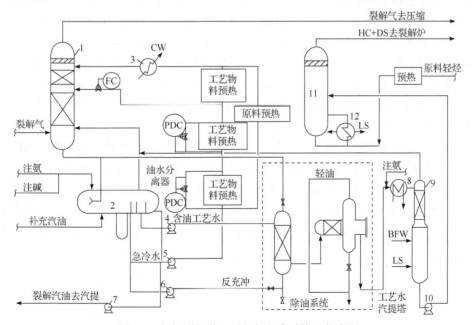

图 6-4 轻烃裂解装置裂解气急冷系统工艺流程

1. 水洗塔；2. 油水分离器；3. 冷却器；4. 工艺水泵；5. 急冷水泵；6. 冲洗油泵；
7. 裂解汽油泵；8. 加热器；9. 工艺水汽提塔；10. 工艺水泵；11. 裂解炉进料罐；12. 换热器

汽提塔，分离出的水一部分经冷却后作为水洗塔喷淋的急冷水，另一部分则作为工艺水发生稀释蒸汽。

4. 馏分油裂解装置

馏分油裂解装置裂解气急冷系统的典型工艺流程如图6-5所示。

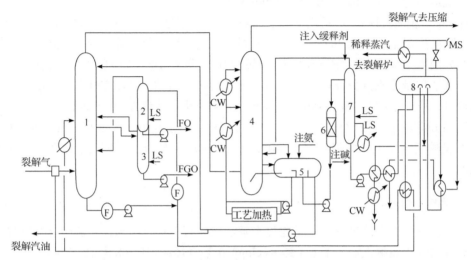

图6-5　馏分油裂解装置裂解气急冷系统工艺流程

1. 汽油分馏塔；2. 重质燃料油汽提塔；3. 轻质燃料油汽提塔；4. 汽提塔；
5. 油水分离器；6. 工艺水过滤器；7. 工艺水洗塔；8. 稀释蒸汽发生器汽包

　　馏分油裂解装置中裂解炉出口高温裂解气，经废热锅炉回收热量后，再经急冷器用急冷油喷淋降温至220～230℃。冷却后的裂解气进入汽油分馏塔，塔顶用裂解汽油喷淋，塔顶温度控制在100～110℃之间，保证裂解气中的水分从汽油分馏塔塔顶带出。塔底温度则随裂解原料的不同而控制在不同水平。石脑油裂解时，塔底温度为180～190℃，轻柴油裂解时则可控制在190～200℃。塔底所得燃料油产品，一部分经汽提并冷却后作为裂解燃料油产品输出，另一部分(称为急冷油)送至稀释蒸汽系统作为发生稀释蒸汽的热源，由此回收裂解气的热量。

　　汽油分馏塔塔顶裂解气进入水洗塔，塔顶用急冷水喷淋，塔顶裂解气降至40℃左右送入裂解气压缩机。塔底温度约80℃，可分馏出裂解气中大部分水分和裂解汽油。塔底油水混合物经油水分离后，一部分水(称为急冷水)经冷却后送入水洗塔作为塔顶喷淋，另一部分水则送至稀释蒸汽发生器发生稀释蒸汽，以供裂解炉使用。油水分离所得裂解汽油馏分，一部分送至汽油分馏塔作为塔顶喷淋，另一部分则经汽提并冷却后作为产品采出。

6.3.3　物性方法与模型建立

1. 组分与物性方法

1) 组分

在裂解炉内，常压柴油(AGO)、石脑油(NAP)、轻石脑油(LNAP)或加氢尾油(HGO)/加氢裂化尾油(HVGO)混合料及分离部分返回的循环乙烷,通过高温裂解,转化为含有氢气、甲烷、乙烯、丙烯、丁二烯、裂解汽油、裂解燃料油等组分的裂解气。

裂解气包括从氢气、一氧化碳在内的轻组分到沸点在 400℃ 以上的重组分,组成十分复杂。在裂解气组分中,有很多不明重油组分,它们的密度比较大,沸点比较高,它们在汽油分馏塔内分离时一般只作为循环急冷油或产品燃料油的重组分从塔底流出。因此,在下面的模拟中用正十烷(NBP=174℃)、正十四烷(NBP=254℃)和正廿一烷(NBP=355℃)来分别描述重裂解汽油、裂解柴油、裂解燃料油等馏分代替裂解气中的重油组分进行模拟[12]。

2) 物性方法

急冷系统的难点是汽油分馏塔,该塔是传热过程控制,并带有一定分馏作用。对于这类重组分体系,此处选用 SRK 作为热力学计算方法。

2. 模型建立

急冷系统的静态模拟。

1) 物料衡算(M 方程)

$$G_j^{\mathrm{M}} = L_{j-1} - [L_j + (SL)_j] - [V_j + (SV)_j] + V_{j+1} + F_j + R_j = 0 \tag{6-1}$$

组分物料衡算式,每块板上有 c 个方程式,c 为组分数:

$$G_{j,i}^{\mathrm{M}} = L_{j-1}x_{j-1} - [L_j + (SL)_j]x_{j,i} - [V_j + (SV)_j]y_{j,i} + V_{j+1,i} + F_j z_{j,i} + R_{j,i} = 0 \tag{6-2}$$

2) 相平衡方程(E 方程)

每块板上有 c 个方程式

$$G_{j,i}^{\mathrm{Sx}} = y_{j,i} - K_{j,i}x_{j,i} = 0 \tag{6-3}$$

3) 组分摩尔分数总和(S 方程)

$$G_{j,i}^{\mathrm{Sx}} = \sum x_{j,i} - 1 = 0 \tag{6-4}$$

$$G_{j,i}^{\mathrm{Sy}} = \sum y_{j,i} - 1 = 0 \tag{6-5}$$

4) 焓衡算方程(H 方程)

每块板上有一个方程式:

$$G_j^{\mathrm{H}} = L_{j-1}h_{j-1} - [L_j + (SL)_j]h_j - [V_j + (SV)_j]H_j + V_{j+1}H_{j+1} + F_j H_{fj} + R_j H_{rj} + Q_j = 0 \tag{6-6}$$

式中,下标 j 为塔板号;下标 i 为组分号;R_j 为第 j 塔块板上由化学反应所引起的摩尔数增率;$R_{j,i}$ 为第 j 块塔板上由化学反应引起的组分 i 的增率;G_j^{M} 为总物料衡算式;$G_{j,i}^{\mathrm{M}}$ 为组分物料衡算式;$G_{j,i}^{\mathrm{Sx}}$ 和 $G_{j,i}^{\mathrm{Sy}}$ 为加和关系式;G_j^{H} 为热量衡算式;F_j 为进料流率;L_j 和 V_j 为液相和气相流率;$(SL)_j$ 和 $(SV)_j$ 为液相和气相侧线流率;Q_j 为各级热负荷;H_{fj} 为进料热焓;H_{rj} 为反应热焓;$z_{j,i}$ 为进料组成;$x_{j,i}$ 和 $y_{j,i}$ 分别为各级液相和气相组成。

急冷系统包括急冷油和急冷水系统,急冷油系统如图 6-6 所示,其中 114 是裂解加氢尾油、AGO、石脑油和 HVGO 的产物。塔顶裂解气由温度调节器控制汽油回流量,然后进入水急冷塔。塔釜采出急冷油,从汽油分馏塔的第一、第二层填料床下部,在液位调节阀控制下采出裂解柴油到裂解柴油汽提塔(EDA103)。从汽油分馏塔第二填料床下部引出的热油到热油回流罐,经热油循环泵加压后分别去工艺水汽提塔再沸器(E-EA134)和一级脱盐水加热器(E-EA135)。急冷油循环泵出口的急冷油(流股 149),随着裂解气一起进入到减黏塔(DA-1102)。减黏塔由上下两段构成,上段是一个旋风分离器,下段是一个自由下落区。混合物料进入到 DA-1102 塔后,首先在旋风器进行气液相的分离,乙烷裂解气以及急冷油中汽化的轻组分从塔顶进入到 DA-101 塔釜。未汽化的重质液相组分通过下段,进入到塔釜,裂解燃料油作为装置的副产品输出到罐区。

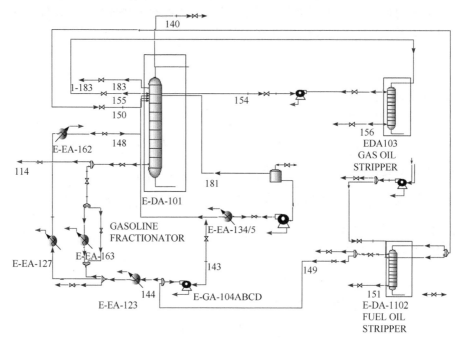

图 6-6　汽油分馏塔系统稳态模拟流程图

6.3.4　模拟结果与分析

静态模拟结果见表 6-15。

表 6-15　静态模拟结果

流股名	140		143	
	模拟值	设计值	模拟值	设计值
气相/液相分数	1.0000	1.0000	0.0000	0.0000
温度/℃	100.4322	105.1000	201.5400	205.5000
压力/MPa	0.0520	0.0520	0.0600	0.0600
摩尔质量	9439.9303	9553.8000	7025.0800	6984.6000
质量流量/(kg/h)	298814.7364	307263.0000	170000.0000	1580000.0000

续表

流股名	140		143	
	模拟值	设计值	模拟值	设计值
焓	0.0653	0.0646	0.0001	0.0000
CO	0.0007	0.0007	0.0000	0.0000
CO_2	0.0002	0.0002	0.0000	0.0000
H_2S	0.0001	0.0001	0.0000	0.0000
CH_4	0.1020	0.1010	0.0007	0.0003
C_2H_2	0.0018	0.0017	0.0000	0.0000
C_2H_4	0.1257	0.1242	0.0012	0.0008
C_2H_6	0.0272	0.0268	0.0002	0.0001
C_3H_4-1	0.0009	0.0008	0.0000	0.0000
C_3H_4-2	0.0009	0.0009	0.0000	0.0000
C_3H_6	0.0369	0.0361	0.0008	0.0005
C_3H_8	0.0008	0.0008	0.0000	0.0000
C_4H_6	0.0110	0.0103	0.0004	0.0003
C_4H_8	0.0086	0.0080	0.0003	0.0003
C_4H_{10}	0.0004	0.0004	0.0000	0.0000
C_5H_{10}-4	0.0060	0.0048	0.0003	0.0002
C_6H_{14}-1	0.0057	0.0038	0.0004	0.0004
C_6H_{12}-1	0.0213	0.0129	0.0014	0.0014
C_7H_{14}-6	0.0226	0.0106	0.0014	0.0014
C_8H_{10}-3	0.0165	0.0090	0.0008	0.0008
C_8H_{12}	0.0122	0.0089	0.0006	0.0006
$C_{10}H_{22}$-1	0.0437	0.0807	0.0080	0.0022
n-C_{14}	0.0000	0.0002	0.4005	0.4037
n-C_{21}	0.0000	0.0000	0.5773	0.5869
H_2O	0.4898	0.4925	0.0056	0.0000

6.4　原油脱硫系统

6.4.1　背景简介

一个多世纪以来,石油工业及汽车制造业的快速发展为人类的进步与社会的发展做出了巨大贡献,但由此而产生的负面效应也日益显现[13]。其中,由汽车尾气所引发的一系列环境污染问题日益严重,已经引起了人们广泛的关注。为此,世界各国都采取了一系列相应的措施,但要从根本上解决此类问题,还需提高汽油的质量。从 20 世纪的 60 年代以来,汽油的质量变化分别经历了含铅、低铅、无铅、高辛烷值以及清洁汽油等几个发展阶段[14]。然而在 21 世纪的今天,生产出满足环保要求的清洁汽油已成为当务之急[15]。

清洁汽油对烯烃、芳烃和苯的含量都有所限制，因此在组成上更为合理，而低硫化则更是清洁汽油发展的一个主要方向。石油产品中所含的硫在加工、储运以及使用的过程中会造成以下危害[16]：

(1) 污染环境。在石油加工过程中所产生的硫化物，如各种石油馏分在脱硫过程中产生的大量酸性气体和含硫污水，如果不进行处理或者处理不当就会对生态环境造成污染。而在使用的过程中，石油产品经燃烧所产生的 SO_x 是导致酸雨形成的主要原因之一，因此，也会对环境产生一定不良影响。

(2) 损伤设备。在石油加工、储运以及石油产品使用的过程中，硫化物的存在会造成各种设备的腐蚀，同时给二次加工的装置带来了许多麻烦。例如，在加工的过程中，硫或硫化物会污染催化剂，从而使得催化剂的活性降低，致使催化剂中毒。

(3) 影响储存的相关指标。残留在石油产品中的含硫化合物会对油品储存的安定性产生较大影响，这是由于烃类之间、非烃类之间或者烃类与非烃类之间都有可能发生反应，而外部条件的影响，如温度、湿度和光照等，则进一步增加了这些反应的复杂性。另外，含硫化合物还参与生胶反应，所造成危害的程度则因硫化物的类型而异。

(4) 污染汽车尾气转化器中的催化剂，导致其中毒甚至失效。目前，大部分汽车所使用的尾气催化转化器对燃料的硫含量比较敏感，一旦超过限值，就会引发催化剂中毒。而这种催化剂中毒在一般情况下是不可逆转的，因此一旦催化剂中毒或失效，将会有大量的未燃烧的一氧化碳、氮氧化物和挥发性有机化合物进入汽车尾气中，并被排放到大气中。相关研究表明，汽油中的硫含量从 450 μg/g 增加到 501 μg/g 时，汽车尾气中的一氧化碳、氮氧化物以及挥发性有机化合物的排放量会分别增加 19%、9%、18%[17]。而通过太阳光的催化作用，氮氧化物和挥发性有机化合物还会形成臭氧，进一步造成对环境的危害。

6.4.2　工艺简介与设计要求

汽油烷基化脱硫技术在反应条件以及脱硫率等方面都具有十分明显的优势，是一项有效的新型脱硫技术。烷基化脱硫就是利用汽油自身所含烯烃与噻吩类硫化物进行烷基化反应，从而使硫化物的沸点得到提升以便分离脱除。烷基化脱硫工艺主要包括三个过程，即原料预处理、烷基化反应和分离以及产品后处理。该技术能在进行脱硫的同时降低汽油中烯烃的含量，提高汽油的产率，是非加氢脱硫技术中脱硫效果比较好的一种。

烷基化脱硫作为一种新型的脱硫方法，能够在降低汽油硫含量的同时保持其辛烷值，而且在反应条件以及脱硫率等方面都具有明显的优势。烷基化脱硫技术由 BP 公司首先提出[18-19]。该技术利用了 FCC 汽油自身所含烯烃选择性地与噻吩类硫化物发生反应，生成相对分子质量更大的一类烷基噻吩，从而使得汽油中含硫化合物的沸点增高并被浓缩进入高沸点馏分。然后通过精馏的方式将高硫组分分离出去，得到低硫汽油组分。采用这种脱硫方法不仅可以脱除汽油中的含硫化合物，还可以同时降低烯烃含量且辛烷值损失很小。BP 公司研究发现，FCC 汽油经 OATS(烯烃噻吩硫烷基化)工艺处理之后，硫的脱除率可以高达 99.5%，而辛烷值仅有 0~2 个单位的损失。

自 2019 年 1 月 1 日国内汽油全面实行国家第六阶段机动车污染物排放(简称国六)标准，国六汽柴油标准是目前世界上最严格的排放标准之一，已达到欧盟现阶段车用油品标准，个别指标超过欧盟标准。据测算，国六汽柴油升级后，汽油硫含量标准为 10 mg/L 以下，汽车尾气中颗粒物排放的降幅将达到 10%，一氧化碳排放量下降 50%，氮氧化物排放量下降 42%，对改善大气环境质量具有重大意义。

6.4.3　物性方法与模型建立

1. 物性方法

由于物性模型的类型主要取决于物系的非理想行为程度以及操作条件，因此，物性方法的选择需要根据不同的物性体系来进行。首先需要判断体系中是否含有极性物质以及该极性物质是否为电解质，除此之外，还需要考虑是否存在气体以及系统压力的大小等不同条件。目前已有的物性方法根据液相混合物逸度计算方法的不同基本可以分为两类：状态方程法和活度系数法。其中，状态方程法利用状态方程对气相及液相的逸度进行计算，活度系数法只利用状态方程对气相逸度进行计算，而液相的逸度则通过活度系数来计算。Peng-Ronbinson 状态方程是典型的立方型状态方程，目前已被广泛地应用于石油化工领域。考虑到汽油体系主要为烃类混合物，所以选择 Peng-Ronbinson 状态方程来对所选各组分的相平衡关系进行描述。

烷基化脱硫反应主要涉及硫化物和烯烃两类物质，汽油中的其他烃类可视为溶剂，而汽油烷基化脱硫催化精馏塔内进行的精馏过程则是将烷基化反应产物与烯烃等轻组分分离的过程，因此，本文选取噻吩(T)与碳六烯烃(DM2B)的反应产物 C6-T 代表硫化物，DM2B 代表烯烃，C_7H_{16} 作为溶剂进行概念设计，C6-T、DM2B 和 C_7H_{16} 之间的进料初始比例为 1 : 4 : 5，回流比为 0.5，操作压力为 101.325 kPa。为了使反应产物 C6-T 近乎全部从塔釜采出，所设定的分离目标为塔顶馏分中 C6-T 的含量为 0.000001 mol%，而塔底馏分中 DM2B 的含量为 0.1 mol%，而 C_7H_{16} 的含量为 1 mol%，此三元物系不存在精馏边界，即不存在共沸，对汽油烷基化脱硫的催化精馏过程而言，这是比较理想的。因此，此过程仅需 10 块理论塔板，而进料位置在第 7 块塔板为宜。这一结论可为之后的汽油烷基化脱硫催化精馏塔的设计提供指导。

2. 模型建立

ASPEN-PLUS 提供了多个单元操作模型，包括塔、换热器、分离器以及反应器等，用于模拟各种操作条件。其中，塔模型可以分为简捷蒸馏模型和严格的多级分离模型两类。RadFrac(精馏的核算与设计)作为一个严格模型，可以应用于所有类型多级气液分馏操作的模拟。该模型不仅能应用于蒸馏、吸收、萃取、汽提、再沸吸收、再沸萃取和共沸精馏的模拟，而且还可以应用于正在进行化学反应的塔的模拟，即反应(催化)精馏塔的模拟，可以进行平衡级或非平衡级的计算。因此，本文采用 RadFrac 模型对催化精馏过程进行平衡级计算。综合汽油烷基化脱硫工艺及催化精馏技术特点，本文建立汽油烷基化脱硫催化精馏塔的初始构型如图 6-7 所示。该塔包括精馏段(3 块塔板)、反应段(4 块塔板)、

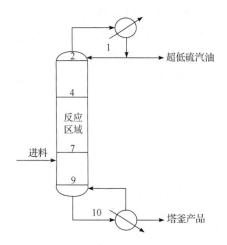

图 6-7　FCC 汽油烷基化脱硫催化精馏塔

提馏段(3 块塔板)，以及塔顶全凝器和塔底再沸器。反应段装填的催化剂为 Amberlyst 35 树脂，且每块塔板所装载的量相等。进料方式采用单股进料，进料位置在第 8 块板，位于反应区以下。FCC 原料汽油在进入催化精馏塔之后，其中的烯烃和噻吩类含硫化合物就会在反应段催化剂的作用下发生烷基化反应，所生成的烷基化噻吩类产物经由提馏段的浓缩后从塔釜采出，而未反应的汽油组分则经过精馏段的提纯后被冷凝，其中一部分直接从塔顶采出，即超低硫汽油产品，而另一部分则回流至催化精馏塔内。

　　根据真实 FCC 汽油中的硫含量将本文中的模拟 FCC 汽油原料的硫含量设定为 300 ppmw，其具体组分及含量见表 6-16。

表 6-16　FCC 模拟汽油进料组成

化合物	摩尔分数
T	0.00035
2MT	0.00019
3MT	0.00028
DMT	0.00008
DM2B	0.46710
C_5H_{12}	0.08070
C_7H_{16}	0.23240
C_9H_{20}	0.18170
$C_{11}H_{24}$	0.03720

　　各组分纯物质挥发度排列如下：C_5H_{12} >DM2B > T > C_7H_{16} > 2MT > 3MT > DMT > C_9H_{20} > $C_{11}H_{24}$ > DDM2B > C_6-T > C_6-2MT(C_6-3MT)> C_6-DMT。采用 Peng-Robinson 状态方程来描述催化精馏塔内的汽液平衡关系。其中，烷基化反应所采用的动力学见表 6-17。更多催化精馏塔的初始配置及设计目标见表 6-18。

表 6-17　各噻吩类硫化物烷基化反应的活化能及指前因子[20]

项目	T	2MT	3MT	DMT
E_a/(kJ/mol)	44.13	28.17	38.54	31.75
K_0/(1/h)	4.26×10^6	2.72×10^4	7.52×10^5	6.86×10^4

表 6-18　催化精馏塔初始配置及设计目标

项目	催化精馏塔初始配置及设计目标
反应段塔板	4～7
精馏段塔板	1～3
提馏段塔板	8～10
进料板	8
进料流率/(mol/s)	27.78(100 kmol/h)
进料压力/kPa	121.59
塔底流率/(mol/s)	6.94(25 kmol/h)
操作回流比	0.5
操作压力/kPa	101.325
每板催化剂装填量/kg	0.5
塔顶馏分中硫的目标含量/(μg/g)	1

6.4.4　模拟结果与分析

初始设计的模拟结果如图 6-8 所示[21]。由于催化精馏塔的提馏作用，上升蒸汽中的重组分被逐步冷凝下来，转移到液相，因此，在提馏段重组分的浓度沿塔向上，逐板降低，而塔内温度也随之从塔底的最高温迅速下降。从图 6-8(c)中还可以看出，在反应区，C_7H_{16} 和 C_9H_{20} 的浓度占主导地位，由于 C_7H_{16} 的浓度在反应区沿塔向上增加而 C_9H_{20} 的浓度则减小，这种相反的趋势致使塔内温度在反应区沿塔向上缓慢降低，但由于反应区温度相对变化较小，因而可以认为其基本处于恒温状态。继续沿塔向上，C_7H_{16} 的浓度继续增加至第 2 块板的最高点，而从第 2 块板到第 1 块板 C_7H_{16} 的液相摩尔分数突然下降，是因为更轻的组分如 C_5H_{20} 等被冷凝下来。相应地，精馏段的温度也随着更轻的组分被提浓到液相而逐步降低。

另外，如图 6-8(a)所示，反应区的最高温度为 374.37 K，包含在催化剂大孔磺酸树脂 Amberlyst 35 的温度范围 80～110℃之内，因此不会出现由于磺酸基团流失所造成的催化剂失活，可以保证反应顺利进行。

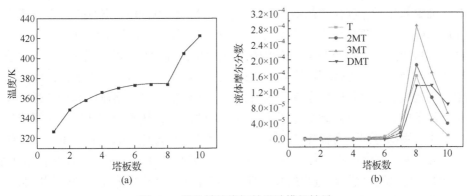

图 6-8　催化精馏塔初始设计模拟结果

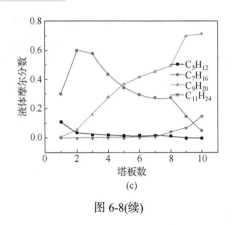

图 6-8(续)

从图 6-8(b)中可以看出，各噻吩反应物的液相摩尔分数在进料板(第 8 块板)处都会呈现一个最大值，其中以 3-甲基噻吩的值为最大，造成这种现象并不仅仅只有进料因素，还有精馏作用。因此，虽然 3-甲基噻吩的进料摩尔分数没有噻吩的大，但由于其沸点较高，较噻吩难挥发，因此在进料板(第 8 块板)处的液相摩尔分数比噻吩等含硫反应物高。而 2,4-二甲基噻吩虽然沸点更高，更难挥发，但由于其进料摩尔分数较低，因此，与其他噻吩类反应物相比，其在进料板(第 8 块板)处的液相摩尔分数最低。另外，由于进料板(第 8 块板)紧靠反应区，而除了 2,4-二甲基噻吩外，其他噻吩反应物都属于较轻组分，因此，噻吩类反应物都在反应段基本被转化成烷基噻吩反应产物。

主要是利用 ASPEN-PLUS 软件对汽油烷基化脱硫催化精馏过程进行了初始设计和稳态模拟，所得主要结论如下。

噻吩类反应物在反应区可以基本被转化为烷基噻吩反应产物并从塔底馏出，从而可以将塔顶馏分中所含硫降至目标含量(1 μg/g)以下。

由于催化精馏塔的分离作用，烯烃类物质作为轻组分被提浓到塔顶，降低了其在反应区的液相摩尔分数，有助于减小由烯烃聚合所产生的高聚物所带来的不利影响。另一方面，在反应区中适量的烯烃二聚反应可以减少塔顶产品中烯烃的含量，达到在降硫的同时降烯烃的目的。

反应区最高温度为 374.37 K，没有超过催化剂大孔磺酸树脂 Amberlyst 35 所能承受的最高温度(383 K)，可以保证反应的顺利进行。

对汽油烷基化脱硫催化精馏塔所进行的初步设计较为合理，各项设计以及操作参数的设置可以应用于后续对汽油烷基化脱硫催化精馏过程的分析与优化中。

将催化精馏技术应用于 FCC 汽油的烷基化脱硫过程，不仅可以提高噻吩类含硫反应物的转化率，减少高聚烯烃等副产物的生成，还可以避免反应过程中所出现的局部过热的现象，有效改善催化剂的稳定性。同时，由于催化精馏技术将反应和分离过程集成到一个单元设备中进行，有效地简化了反应和分离的流程，从而使汽油烷基化脱硫过程的设备与操作费用都得到了大幅降低。尽管 FCC 汽油的烷基化脱硫催化精馏过程具备以上优点，但由于催化精馏过程中催化反应与精馏分离同时发生，二者相互影响，相互作用，增加了 FCC 汽油烷基化脱硫过程的复杂性，而各个设计及操作变量对该过程的影响也随之变得复杂，因此，需要对 FCC 汽油的烷基化脱硫催化精馏过程进行灵敏性分析。

　　FCC 汽油的烷基化脱硫催化精馏过程的设计和操作参数不仅对其脱硫效果起着决定性作用，对其投资成本以及操作费用也有一定的影响。而投资成本和操作费用作为经济性指标，又是对工艺流程进行评价的重要参考依据。因此，为了寻求一个经济合理的方案，各个设计及操作变量对 FCC 汽油的烷基化脱硫催化精馏过程经济性的影响也需要进行分析。

6.5　丙烯/丙烷深冷分离

6.5.1　背景简介

1. 丙烯/丙烷介绍

　　丙烯是最重要的石油化工产品之一，也是三大合成材料的基本原料。从物理性质来看，丙烯是一种有机化合物，分子式为 C_3H_6，为无色、无臭、稍带有甜味的气体，易燃，燃烧时会产生明亮的火焰，在空气中的爆炸极限是 2.4%～10.3%；不溶于水，易溶于乙醇、乙醚。近年来，作为重要的化工原料之一，丙烯产业发展非常迅速，随着丙烯下游产品产量不断上升，对丙烯的需求量逐年增加。丙烯用途极其广泛，可通过聚合、氨氧化、次氯酸化、水合、共聚、高温氧化等化学反应生成各种衍生物，相关化工产品应用范围广泛、用途多样[22-24]。

　　丙烷，化学式为 $CH_3CH_2CH_3$，为无色无味气体，微溶于水，溶于乙醇、乙醚，化学性质稳定，不易发生化学反应，常用作冷冻剂、内燃机燃料或有机合成原料。

2. 丙烯/丙烷深冷分离技术

　　丙烷和丙烯两种物质具有相似的分子结构，同时其相对分子质量相差不大，因此两种气体具有相近的理化性质。例如，常压下，丙烯沸点为–47.7℃，而丙烷沸点为–42.1℃。由此可知，丙烯/丙烷混合气体具有很大的分离难度，丙烯/丙烷分离技术一直是工业生产中的难点和节能降耗的重点。

　　目前，世界各国的研究学者和专家都对丙烯/丙烷分离工艺技术的研究和开发进行了大量的科学尝试与探索。其中，在生产中应用最广泛、最成熟的工艺技术是深冷分离工艺，又称为低温精馏工艺

　　深冷分离技术通常先采用机械方法将混合气体压缩至高压状态，然后利用丙烯和丙烷沸点上的差异进行精馏，得到高纯度的丙烯产品。深冷分离技术的实质是冷凝精馏过程。深冷分离的技术特点是产品气体纯度高，但压缩、冷却的能耗很大，因此该分离方法适用于大规模气体分离过程。

6.5.2　工艺简介与设计要求

1. 工艺简介

　　从丙烯精馏塔的发展历程来看，丙烯精馏过程可以由单个精馏塔来完成，也可以通

过两个精馏塔来达成目的。考虑到丙烯单塔精馏流程中精馏塔的高度过高，工业上目前普遍采用丙烯双塔精馏系统分离丙烯/丙烷混合物，从而可以降低丙烯精馏塔的高度。

2. 设计要求

本节通过查阅文献[25-27]利用化工流程模拟软件对丙烯/丙烷双塔精馏进行流程模拟以及优化分析，具体设计要求见表 6-19。

表 6-19   设计要求

精馏工艺	塔顶丙烯浓度	丙烯回收率
双塔精馏	0.995(c)	0.97

6.5.3   物性方法与模型建立

1. 物性方法

据文献报道，分离含有丙烯、丙烷等低极性或非极性物系的物性方法常采用 RK 或者 SRK 状态方程计算[28]。考虑到 SRK 状态方程的计算精度通常要高于 RK 状态方程，因而本教材分离丙烯-丙烷工艺流程的模拟选用的物性方法均为 SRK 状态方程。其详细的计算过程如式(6-6)～式(6-9)所示：

$$p = \frac{RT}{V-b} - \frac{\alpha(T)}{V(V+b)} \tag{6-6}$$

$$\alpha(T) = 0.42748 \frac{\alpha(T_r,\omega)R^2 T_c^2}{p_c} \tag{6-7}$$

$$b = 0.08664 \frac{RT_c}{p_c} \tag{6-8}$$

$$\alpha(T_r,\omega) = \left[1 + \left(0.480 + 1.574\omega - 0.176\omega^2\right)\left(1 - T_r^{0.5}\right)\right]^2 \tag{6-9}$$

2. 模型建立

为获得纯度为 99.50%(c)以上的丙烯产品和节省工艺能耗，采用丙烯单塔精馏工艺需要的塔板数要达到 200～220 块，导致精馏塔的高度过高，另外分离精度也受限，因而考虑采用精馏塔双塔串联形成多效精馏模式，从而高效地实现丙烯和丙烷混合物的分离提纯。

1) 原料参数

本节以某装置的裂解气主要组成数据为模拟进料的条件，从而完成本文的工艺流程的模拟和分析优化工作，具体的进料组成和流量见表 6-20。

表 6-20　进料组成及流量

名称	丙烯	丙烷	总计
组成/mol%	87.6	12.4	100.0
进料流量/(kmol/h)	103.4	14.7	118.1

2) 模块选择

丙烯双塔精馏工艺流程系统中,精馏塔1(T101)和精馏塔(T102)选用严格计算RadFrac模块,输送泵选用 PUMP 模块。

3) 操作参数

丙烯双塔精馏工艺流程系统中,各个设备对应的单元操作模块的主要操作参数的初始值设置见表 6-21。

表 6-21　操作参数

项目	操作参数	数值
T101	塔板数	120
	进料位置	90
	塔顶压力/MPa	1.97
	全塔压降/MPa	0.05
T102	塔板数	120
	塔顶压力/MPa	1.97
	全塔压降/MPa	0.05
PUMP	压力/MPa	2.5

4) 模拟流程

详细的工艺流程如图 6-9 所示。从图 6-9 中可以看出,丙烯和丙烷气态混合物从精馏塔 T101 塔的第 90 块板进入塔内, T101 塔的塔釜设有再沸器,而塔顶没有设有冷凝器,

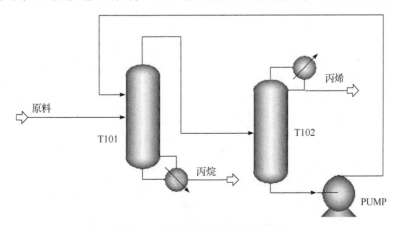

图 6-9　丙烯双塔精馏工艺流程图

T101 塔的塔顶出来的气相直接送入到 T102 塔的塔釜，T102 塔的塔釜不再设再沸器，但塔顶设有一个冷凝器，高纯度的丙烯从 T102 塔的塔顶采出，而 T102 塔的塔釜出来的循环丙烷液相则通过输送泵(PUMP)从 T101 塔的塔顶进入塔内，丙烷从 T101 塔的塔釜采出。因此，T101 塔为提馏段，T102 塔为精馏段。

6.5.4　模拟结果与分析

1. 模拟结果

本节用 Aspen Plus 流程模拟软件对丙烯/丙烷双塔精馏工艺流程中的工艺参数进行优化，其中需要考察优化的工艺参数包含：塔板效率(0.4～1)、回流比(12～18)、塔釜采出量(600～750 kg/h)。

2. 模拟优化

1) 塔板效率对分离系统的影响

精馏单元操作过程的严格计算法应用理论板的概念，即认定任何一块塔板上均处于理想的相平衡状态，离开塔板的上升气体和下降的液体都能满足相平衡关系，并且认为所有的塔板均在 100%效率下进行操作。然而在实际工业生产中，离开任一塔板的气相和离开同一塔板的液相未必处于气液平衡状态，大多数的情况下精馏塔的塔板效率都低于100%。塔板效率影响因素比较多，包括分离物系、塔板的类型、塔内气体液体流量等。实际上丙烯精馏塔的塔板效率一般在 0.6～0.7。下面介绍精馏塔的塔板效率对丙烯产品摩尔分数影响。

以混合气体进料中丙烯和丙烷的摩尔分数分别为 87.6%和 12.4%，进料流量为5000 kg/h，塔釜采出量为 725 kg/h，质量回流比为 14 为输入初值，对塔板效率在 0.4～1范围内进行模拟计算，从而获得塔板效率对塔顶丙烯摩尔分数的影响，模拟计算获得的结果如图 6-10 所示。从图 6-10 中可以看出，在塔釜采出量为 725 kg/h 时，随着塔板效率的增加，塔顶产品丙烯摩尔分数先迅速增加，随后趋于平缓。在塔板效率从 0.4 上升到 1

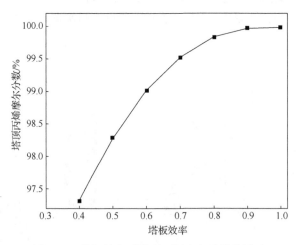

图 6-10　塔板效率对塔顶丙烯摩尔分数的影响

的过程中，T102 塔塔顶产品丙烯摩尔分数从 97.31%上升到 99.98%，当塔板效率设置为 0.7，此时获得的丙烯摩尔分数即可达到 99.51%。

为了进一步分析当塔顶产品丙烯摩尔分数一定时，不同精馏塔的塔板效率对精馏塔质量回流比的影响，通过设置 T102 塔塔顶丙烯摩尔分数为 99.50%，研究不同塔板效率时生产符合纯度要求的丙烯所需要的回流比，具体模拟计算结果如图 6-11 所示。

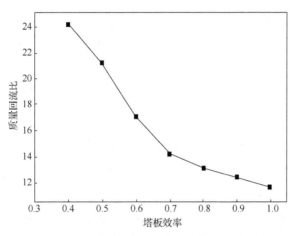

图 6-11　塔板效率对质量回流比的影响

从图 6-11 中可以看出，随着塔板效率的增加，精馏塔的质量回流比降低，在塔板效率从 0.4 上升到 1 的过程中，T102 塔的质量回流比从 24.15 下降到 11.7。因此，目前在工业生产丙烯的精馏过程中，仍然存在很大的改进空间，可以通过加快设计研究精馏塔的塔盘结构形状来提高塔板效率，从而极大降低丙烯精馏塔的回流比。

2) 质量回流比对分离系统的影响

此外，质量回流比也是一个至关重要的因素。在工业生产丙烯指定的丙烯精馏塔装置中，忽略不同工况不同运行负荷下塔板效率的变化，则质量回流比将成为决定分离提纯过程获得的产品纯度高低的关键因素。以丙烯和丙烷摩尔分数分别为 87.6%和 12.4%，进料量为 5000 kg/h，塔釜采出量为 725 kg/h，塔板效率为 0.7 为输入初值，用 Aspen Plus 流程模拟软件计算分析不同质量回流比对塔顶产品摩尔分数和塔顶冷凝器冷负荷的影响，模拟计算结果如图 6-12 所示。

从图 6-12 中可以看出，在进料量和进料组成以及塔釜采出量一定时，质量回流比的微小波动将会导致塔顶产品丙烯摩尔分数和塔顶冷凝器的冷负荷发生显著的变化。图 6-12 结果表明，当质量回流比从 12 增加到 15 时，塔顶产品丙烯摩尔分数上升明显，质量回流比每增加 1 个单位，产品丙烯摩尔分数上升 0.32%，即从 98.75%提高到 99.72%，其中在质量回流比为 14 时，塔顶产品丙烯摩尔分数即可达到 99.51%，而塔顶冷凝器的冷负荷为 18.79 GJ/h。而当质量回流比达到 15 时，继续增加质量回流比虽然可以提高丙烯产品的纯度，但是变化的幅度明显变慢，质量回流比每增加 1 个单位，产品丙烯摩尔分数上升仅有 0.07%。回流比从 12 升高到 18 的过程中，塔顶冷凝器的冷负荷从 16.27 GJ/h 变到 23.81 GJ/h。为保证丙烯纯度为 99.50%以上，同时尽可能减少工艺能耗，应当控制质

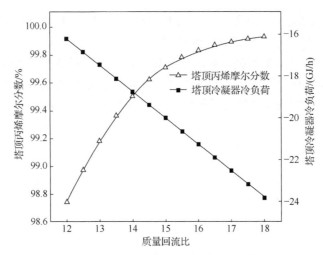

图 6-12　质量回流比对塔顶丙烯摩尔分数和塔顶冷凝器冷负荷的影响

量回流比为 14~15。

　　3) 塔釜采出量对分离系统的影响

　　混合气体的进料量和进料组成一定的情况下，丙烯精馏塔的塔釜采出量同样会影响产品丙烯的纯度以及丙烯产品的产量。以丙烯和丙烷质量分数分别为 87.6%和 12.4%，进料量为 5000 kg/h，质量回流比为 14，塔板效率为 0.7 为输入初值，用 Aspen Plus 流程模拟软件计算分析不同塔釜采出量对塔顶丙烯产品摩尔分数和塔顶丙烯流量的影响，模拟计算结果如图 6-13 所示。

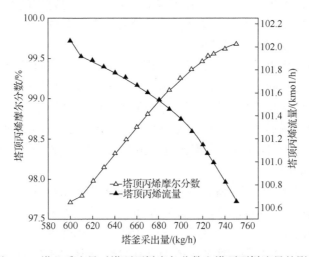

图 6-13　塔釜采出量对塔顶丙烯摩尔分数和塔顶丙烯流量的影响

　　从图 6-13 中可以看出，在进料量和进料组成、质量回流比以及塔板效率一定时，随着塔釜采出量的增加，塔顶丙烯摩尔分数呈现出上升的趋势，但是塔顶丙烯的流量却逐渐地降低。当塔釜采出量从 600 kg/h 上升到 750 kg/h 时，塔顶丙烯的丙烯摩尔分数可以从 97.71%提高到 99.68%，但是塔顶丙烯的产量却从 102.05 kmol/h 下降到 100.66 kmol/h。

因此，为了获得更多的丙烯产品，在满足产品丙烯的纯度时，应该尽可能减少塔釜采出量。优化分析中发现，当塔釜采出量达到 725 kg/h 以上时，塔顶产品中丙烯的摩尔分数即可达到 99.51%以上。因此，考虑到塔釜采出量严重影响着丙烯产品的纯度和产量，为了生产符合要求的丙烯纯度和获得更多的丙烯产品，应该将塔釜采出量控制在 725 kg/h 左右。

在丙烯/丙烷双塔精馏分离工艺流程中，借助于 Aspen Plus 流程模拟软件计算得知，丙烯双塔精馏工艺系统在最佳工艺操作参数下运行时，获得的丙烯纯度可以达到 99.51%(c)，并且丙烯的产量为 4.25 t/h，丙烯回收率为 97.8%，满足设计规定要求。

6.6　低温甲醇洗

6.6.1　背景介绍及基本原理

1. 背景介绍

低温甲醇洗(rectisol)净化法是由德国 Linde 公司和 Lurgi 公司在 20 世纪 50 年代共同开发的一种气体净化方法，它具有以下优点：

(1) 具有较高的选择性，在低温(−50℃)和较高压力(3.8 MPa)下对 CO_2、H_2S 具有较强的吸收能力，而对 CO、H_2 溶解度很低。

(2) 洗涤净化度高，经一次甲醇洗涤后，出口段净化气杂质含量达到 $CO_2<10^{-5}$、$H_2S<10^{-7}$ 的要求。

(3) 在低温下，黏度低而流动性好，可降低流动过程中的压力降，提高吸收塔的塔板效率。

(4) 原料甲醇来源充足，价格低廉。

(5) 再生时热量消耗低，生产中动力消耗低，因而操作费用低。

2. 基本原理

低温甲醇洗技术是采用冷的甲醇溶液作为吸收剂，由于酸性气体在低温条件下在甲醇中溶解度比较大，对原料气中酸性气体(主要是 H_2S 和 CO_2)进行脱除。

6.6.2　工艺简介与设计要求

1. 工艺流程

目前一步法和两步法是低温甲醇洗的两个不同流程：在一步法中，脱碳脱硫过程在一个塔中进行，其中塔下端脱硫，上端脱碳；而两步法是先脱硫，然后变换，接着脱碳过程。一步法和两步法的原理基本相同，在技术方面已经非常成熟，并能进步产业化[29-31]。

如图 6-14 所示是一步法的低温甲醇洗的流程简图，原料气进入主洗塔的下段，下段进行脱硫，上段进行脱碳，在主洗塔塔顶出来的是脱硫脱碳后的净化气，主洗塔塔底出来和中下段出来的富甲醇进行中压闪蒸。中压闪蒸后出来的气体打回和原料气混合，闪蒸罐下面出来的含硫的富甲醇进入浓缩塔中段，另一股富甲醇进入二氧化碳解吸塔的上段，二氧化碳闪蒸塔塔顶出来的是二氧化碳含量大于98.5%的二氧化碳混合气，中段引出进入浓缩塔的上段，进行对硫化氢吸收作用。塔底出来的富甲醇液进入浓缩塔中段，浓缩塔下段进行汽提，塔顶出来的气体进入尾气洗涤塔中进行甲醇的回收。

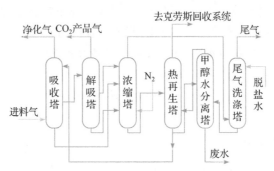

图 6-14　一步法低温甲醇洗工艺流程简图

两步法和一步法基本类似，只是将脱硫和脱碳过程分开进行(图 6-15)。在脱硫和脱碳中间有一个一氧化碳的变换，这里不再详细描述。在两步法中和一步法中整体低温甲醇洗工艺流程的塔数目发生了改变，主要的不同在于脱硫脱碳时，两步法将脱硫和脱碳不在塔内进行，一步法是在主洗塔一个塔内完成，而在两步法中脱碳在脱碳塔内进行，脱硫在脱硫塔内完成。在现在工业化的流程中，一步法和两步法相比，一步法更多地在实际工厂选用。

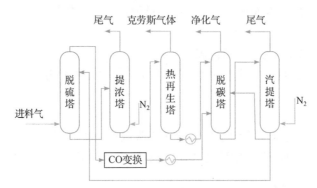

图 6-15　两步法低温甲醇洗工艺流程简图

2. 工艺流程特点

1) 氢总回收率≥99%

合同装置总压降≤0.25 MPa。

2) 出低温甲醇洗装置的净化合成气

组成：总硫≤10^{-7}(mol)、CO_2：1%左右(mol)、CH_3OH≤10^{-5}(mol)。

3) CO_2 产品气

组成：CO_2≥97.5%(mol)、H_2S+COS≤5 mg/Nm^3、压力≥0.20 MPa(a)。

4) 副产品富集 H_2S 的酸性气

组成：$H_2S \geqslant 25\%(mol)$、压力 $>0.2\ MPa(a)$

6.6.3　物性方法与模型建立

1. 物性方法

PSRK：

$$p = \frac{RT}{V_m - b} - \frac{a}{V_m(V_m + b)} \tag{6-10}$$

其中：

$$a = \sum_i \sum_j x_i x_j (a_i a_j)^{0.5}(1 - k_{ij})$$

$$b = \sum_i x_i b_i$$

$$a_i = fcn(T, T_{ci}, p_{ci}, \omega_i)$$

$$b_i = fcn(T_{ci}, p_{ci})$$

$$k_{ij} = k_{ji}$$

2. 模型建立

1) 主洗塔的模拟和热力学研究

原料气经过前期的一系列处理之后进入主洗塔(图 6-16)塔底，主洗塔分为四段，最下面 C1 为脱硫段，C2、C3、C4 这三段为脱碳段，分别为粗脱碳段、主脱碳段和精脱碳段。在脱硫段 C1，原料气 1 号流股进入之后用富含二氧化碳的富甲醇溶液进行洗涤，脱除掉硫化氢、羰基硫及部分二氧化碳等组分后，进入粗脱碳段 C2。进入脱碳段的气体不再有含硫物质，在塔顶 C4 段通入贫甲醇 14 号流股进行洗涤，净化气 5 号流股在主洗塔的塔顶引出。

2) 二氧化碳解吸塔的模拟和热力学研究

从闪蒸罐出来的含硫甲醇 50 号流股进入二氧化碳解吸塔(图 6-17 和图 6-18)塔顶，从中压闪蒸罐出来的不含硫的 111 号流股进

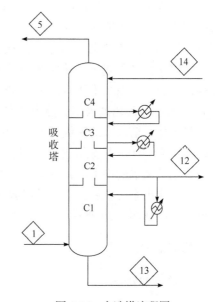

图 6-16　主洗塔流程图

入二氧化碳解吸塔的塔底，通过降压，二氧化碳产品气 80 号流股在二氧化碳解吸塔的塔顶出来，对于产品气，二氧化碳的纯度是有要求的，需要大于 98.5%。塔底出来的 88 号流股，含硫并且有一小部分的二氧化碳进入硫化氢浓缩塔中。

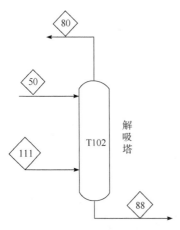

图 6-17 二氧化碳解吸塔流程图

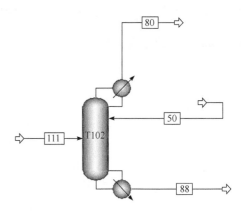

图 6-18 二氧化碳解吸塔模拟流程图

3) 硫化氢浓缩塔的模拟和热力学研究

如图 6-19 所示，硫化氢浓缩塔分成二段：上段和下段。来自中压闪蒸罐不含硫的一部分 52 号流股进入硫化氢浓缩塔的上段，不含硫的甲醇液洗涤，来吸收气体中的硫化物，来自中压闪蒸罐含硫部分 62 号流股进入上段的中部和来自二氧化碳解吸塔塔底的 89 号流股进入上段的下部，进一步闪蒸出部分溶解的二氧化碳，同时溶解在甲醇溶液中的一部分硫化氢也闪蒸出来。塔顶得到不含硫的尾气，从硫化氢浓缩塔上段下部出来的含硫的甲醇液作为整个系统最低的冷源，用来进行冷量的回收。来自闪蒸罐的液体经过泵 119 号流股进入浓缩塔下段的上部，汽提氮 252 号流股进入硫化氢浓缩下段的底部，来自小汽提塔塔顶的气体 127 号流股进入硫化氢浓缩塔下段的上部，来自热再生塔塔顶闪蒸罐底部的液体 191 流股进入硫化氢浓缩塔下段的底部，浓缩塔塔顶 120 流股含有少量的二氧化碳以及原料气中几乎所有的硫化物，进入热再生塔中。

4) 甲醇水分离塔的模拟和热力学研究

从热再生塔塔底来的流量不大的 168 号流股进入甲醇水分离塔的第一块塔板，从原料气闪蒸罐来的 198 号流股进入甲醇水分离塔的中段，从回收塔塔底流出的 204 号流股进入甲醇水分离塔的中下段，甲醇水分离塔的塔底 211 号流股得到甲醇含量达到排放标准的废水，排出系统，塔顶得到的甲醇溶液 220 号流股进入热再生塔的中部。甲醇水分离塔塔流程图如图 6-20 所示。

6.6.4 模拟结果与分析

1. 主洗塔的模拟

通过通用模拟软件，选择 PSRK 方程作为计算的物性方法，将低温甲醇洗工艺流程中的主洗塔分为脱硫、粗脱碳、主脱碳以及精脱碳，在模拟过程中将主洗塔分成四段模拟，四段模拟中都没有冷凝器和再沸器，换热器 H1 和 H2 将主洗塔中二氧化碳溶解产生的热量采出，降低主洗塔中甲醇的温度，提高甲醇吸收二氧化碳的能力。同时由于二氧化碳较大的溶解热，给低温甲醇洗的模拟带来很大的计算误差。经过模拟得到如表 6-22 所示的主洗塔中重要流股的流股数据。

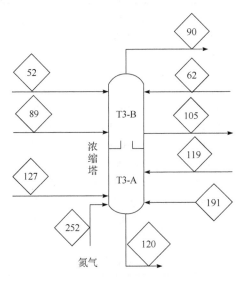

图 6-19 硫化氢浓缩塔流程图

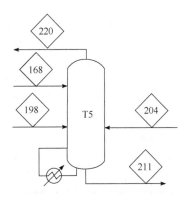

图 6-20 甲醇水分离塔塔流程图

表 6-22 主洗塔重要流程模拟数据(PSRK)

物流号		1	5	12	13
	H_2	8167.41	8052.87	57.19	57.35
	N_2	41.19	40.43	0.38	0.37
	CO	3892.67	3784.40	54.71	53.57
	Ar	18.06	17.14	0.46	0.45
摩尔流量/	CH_4	14.66	13.42	0.64	0.60
(kmol/h)	CO_2	5869.98	90.64	2856.17	2923.19
	H_2S	43.10	0.00	0.01	43.09
	COS	0.10	0.00	0.00	0.10
	CH_3OH	7.69	0.48	7473.35	7471.79
	H_2O	1.14	0.00	37.54	38.67
总流量/(kmol/h)		18056.00	11999.39	10480.45	10589.18
压力/bar		55.55	54.75	55.36	55.55
温度/℃		−12.1	−48.4	−17.7	−13.9

如表 6-22 所示，1 号流股为主洗塔塔底进料流股，5 号流股为塔顶净化气流股，12 号流股为去中压闪蒸不含硫的富甲醇溶液，13 号流股为主洗塔塔底脱硫段塔底出料，是去中压闪蒸含硫的富甲醇溶液。

为了进行对比试验，对某低温甲醇工厂的相对应的流股数据进行采集，如表 6-23 所示。

表 6-23 某厂流股数据

物流号		1	5	12	13
组分流量 /(kmol/h)	H$_2$	8167.41	8078.66	46.12	42.94
	N$_2$	41.19	40.13	0.55	0.50
	CO	3892.67	3750.05	74.83	67.95
	Ar	18.06	17.32	0.39	0.35
	CH$_4$	14.66	13.44	0.65	0.58
	CO$_2$	5869.98	305.15	2885.91	2678.81
	H$_2$S	43.10	0.00	0.01	43.09
	COS	0.10	0.00	0.00	0.10
	CH$_3$OH	7.69	1.22	7785.46	7158.51
	H$_2$O	1.14	0.00	39.12	37.11
总流量/(kmol/h)		18056	12206	10833	10030
压力/bar		55.55	57.75	55.36	55.55
温度/℃		−12.1	−39.38	−15.99	−13.20

通过数据对比发现，PSRK 模拟出来的流股数据和某厂实际流股数据进行对比，除 CO$_2$ 外，其他数据基本吻合，误差相差不大。

2. 二氧化碳解吸塔的模拟

首先采用 PSRK 对二氧化碳解吸塔进行模拟，二氧化碳解吸塔的进料分别为：111 号流股在塔底进料、50 流股在塔顶进料，选用 PSRK 状态方程法，得到模拟数据。同样为了验证模拟计算出来的结果，先需要将模拟出来的结果和工厂实际的工业生产数据进行对比。在二氧化碳解吸塔的模拟中，其中 80 号流股中二氧化碳的含量是最关键的参数，并且在工业化的低温甲醇洗工艺包中，该流股中二氧化碳的含量要达到 98.5%以上，所以在二氧化碳解吸塔的模拟中，80 号流股中二氧化碳的含量理所当然地成为此次数据对比中的关键参数。对比结果如表 6-24 所示，可以发现模拟数据相对比较准确，模拟计算数据较贴近低温甲醇洗实际工厂数据值，能为低温甲醇洗工艺的工业化提供较为可靠的数据参考。

表 6-24 二氧化碳解析塔重要流股模拟数据对比

物流号		50		80		88		111	
		真实值	模拟值	真实值	模拟值	真实值	模拟值	真实值	模拟值
组分流量/(kmol/h)	H$_2$	1.23	1.24	1.23	1.24	0	0	0	0
	N$_2$	0.03	0.04	3.55	3.55	0.01	0.01	3.52	3.52
	CO	6.74	6.74	6.75	6.74	0	0	0	0
	Ar	0.04	0.04	0.04	0.04	0	0	0	0
	CH$_4$	0.11	0.11	0.11	0.11	0	0	0	0
	CO$_2$	858.93	858.93	1535.04	1486.36	607.3	655.97	1283.4	1283.4

续表

物流号		50		80		88		111	
		真实值	模拟值	真实值	模拟值	真实值	模拟值	真实值	模拟值
组分流量/(kmol/h)	H_2S	0	0	0	0	11.87	11.87	11.87	11.87
	COS	0	0	0	0	0.06	0.06	0.05	0.06
	CH_3OH	2413.6	2413.6	0.32	0.27	2415.18	2451.26	1.93	1.93
	H_2O	12.12	12.12	0	0	12.13	12.13	0	0
总流量/(kmol/h)		3292.81	3292.81	1547.03	1498.31	3046.55	3095.28	1300.78	1300.78
压力/bar		3	3	3	3	3.4	3.4	3.4	3.4
温度/℃		−51.741	−51.7	−51.28	−51.2	−47.58	−48.2	−29.2	−29.2

习 题

6-1 某常减压装置，加工能力 180 万 t/a。初馏塔前换热终温为 220℃。原油含水 0.021%(质量)，原油评价数据见表 6-25，原油实沸点蒸馏数据见表 6-26。

表 6-25 原油评价数据

项目		数据	项目		数据
密度(20℃)/(kg/m³)		856.2	残炭/%		2.38
运动黏度(20℃)/(mm²/s)		55.08	金属含量/(μg/g)	铁	6.20
运动黏度(50℃)/(mm²/s)		11.73		镍	2.30
运动黏度(100℃)/(mm²/s)		—		钙	9.10
动力黏度(50℃)/(mPa·s)		—		铜	<0.25
动力黏度(100℃)/(mPa·s)		—		镁	0.415
盐含量/(μg/g)		38.9		钒	<0.25
凝点/℃		14.0	组成/%	蜡含量	5.19
硫含量/%		0.0762		胶质	10.83
酸值/(mgKOH/g)		0.40		沥青质	0.11

表 6-26 原油实沸点蒸馏数据

温度	单收率	总收率	温度	单收率	总收率
HK~60	0.6	0.6	180~200	2.2	12.8
60~80	0.6	1.2	200~220	3.1	15.9
80~100	1.1	2.3	220~240	3.4	19.3
100~120	1.6	3.9	240~260	3.6	22.9
120~140	1.9	5.8	260~280	3.7	26.6
140~160	2.4	8.2	280~300	4.4	31.0

续表

温度	单收率	总收率	温度	单收率	总收率
300~320	4.7	35.7	470~500	6.5	66.4
320~340	4.0	39.7	500~520	5.0	71.4
340~360	4.2	43.9	520~540	3.3	74.7
360~380	4.1	48.0	540~560	2.2	76.9
380~400	4.2	52.2	>560	21.9	98.8
400~450	1.2	53.4			

计算要求:

(1) 初馏塔进料压力为 2 kg/cm²、5 kg/cm²、10 kg/cm² 时,进料前汽化率。

(2) 汽油干点为 160℃、170℃和180℃时的塔工艺条件,分析汽油干点对塔工艺条件的影响。

6-2 某催化裂化装置吸收稳定系统工艺流程图如图 6-21 所示,现已知原料参数与各主要设备的操作参数(表 6-27、表 6-28),求解各类产品(干气、富吸收油、液化气和稳定汽油)的流量和组成,系统总能耗。(物性方法选择 RK-SOAVE 状态方程)

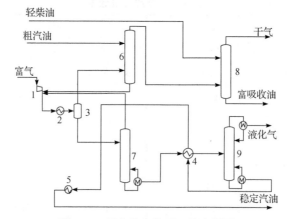

图 6-21   吸收稳定装置工艺流程图

1. 压缩机;2. 气液平衡罐前冷却器;3. 气液平衡罐;4. 稳定塔进热交换器;
5. 稳定汽油冷却器;6. 吸收塔;7. 解吸塔;8. 再吸收;9. 稳定塔

表 6-27   原料组成

项目	富气	粗汽油	轻柴油
温度/℃	40	40	40
压力/MPa	0.17	16	13
流量/(kmol/h)	188.0000	136.2094	88.5453
组分流量/(kmol/h)			
H_2O	0.0000	0.0000	1.1948
H_2S	0.0000	0.0000	0.0000
H_2	13.4270	0.0000	0.0000

续表

项目	富气	粗汽油	轻柴油
O_2	3.1883	0.0000	0.0000
N_2	17.3092	0.0000	0.0000
CO	0.2388	0.0000	0.0000
CO_2	1.3386	0.0000	0.0000
CH_4	12.3685	0.0000	0.0000
C_2H_4-1	4.5684	0.0000	0.0000
C_2H_4-2	10.4002	0.0000	0.0000
C_3H_8	5.4727	2.9758	0.0000
C_3H_6-1	42.3301	0.0000	0.0000
C_4H_{10}-2	22.2592	0.0000	0.0000
C_4H_{10}-1	5.7002	12.1236	0.0000
C_4H_8-1	20.5766	22.4267	0.0000
C_4H_8-5	0.0000	0.0000	0.0000
C_4H_8-2	8.8698	0.0000	0.0000
C_4H_8-3	5.5629	0.0000	0.0000
C_5H_{10}-1	14.3895	12.8229	0.0170
C_5H_{10}-2	0.0000	0.0000	0.0000
C_5H_8-1	0.0000	1.7527	0.0000
C_5H_8-2	0.0000	26.4957	0.0224
C_6H_{12}-3	0.0000	11.7876	0.0867
C_6H_{12}-1	0.0000	1.4814	0.0344
C_6H_{12}-2	0.0000	7.2702	0.0658
C_6H_6	0.0000	1.3187	0.0270
C_4H_6-3	0.0000	0.0000	0.0000
C_7H_{14}-1	0.0000	1.5548	0.4670
C_7H_{16}-1	0.0000	2.6156	0.1137
C_7H_8	0.0000	4.9640	0.5907
C_8H_{18}-1	0.0000	2.1175	0.8472
C_8H_{16}-1	0.0000	1.2215	3.5312
C_8H_{16}-2	0.0000	0.6011	0.1381
C_8H_{10}-4	0.0000	7.8734	19.1160
C_9H_{20}-1	0.0000	0.8658	1.5930
C_9H_{12}-3	0.0000	0.4806	5.1950
$C_{10}H_{22}$-1	0.0000	0.5264	0.7714
$C_{10}H_{14}$-1	0.0000	6.6099	13.7441
$C_{11}H_{24}$-1	0.0000	0.2212	1.0974
$C_{11}H_{16}$-1	0.0000	3.5549	2.2568
C_7H_{14}-2	0.0000	2.5474	0.0779
C_9H_{12}-4	0.0000	0.0000	37.5577

表 6-28　主要设备操作参数

序号	设备	操作参数
1	富气压缩机	机后压力 1.5 MPa，等熵效率 80%
2	气液平衡罐前冷却器	热流体出口温度 40℃
3	气液平衡罐	压力 1.47 MPa，温度 40℃
4	稳定塔进热交换器	进料冷热流体出口温差 5℃
5	稳定汽油冷却器	热流体出口温度 35℃
6	吸收塔	塔顶压力 1.43 MPa，全塔压降 0.03 MPa；全塔理论级数 28；粗汽油进第 1 块理论板，气液平衡罐气相进第 28 块理论板
7	解吸塔	塔顶压力 1.46 MPa，全塔压降 0.02 MPa；全塔理论级数 28；气液平衡罐液相进第 1 块理论板；塔底采出与进料比为 0.85
8	再吸收塔	塔顶压力 1.37 MPa，全塔压降 0.03 MPa；全塔理论级数 16；贫气进第 16 块理论板，轻柴油进第 1 块理论板
9	稳定塔	塔顶压力 1.37 MPa，全塔压降 0.03 MPa；全塔理论级数 35；稳定汽油进第 16 块理论板；回流比为 2.8，塔顶采出与进料比为 0.55

6-3　某区原油为轻质原油，平均密度为 0.705 mg/cm³。油气高含 H_2S，其中原油中 H_2S 的平均质量分数为 18361.45 mg/kg，CO_2 的平均质量分数为 2.66%。原油产量为 12×10^4 t/a，进站压力为 2.2 MPa，进站温度为 15℃，要求处理完成后 H_2S 的质量分数小于 20 mg/kg，饱和蒸气压为 66.5 kPa。通过改变原油加热温度(40～90℃)和二级闪蒸压力(50～100kPa)，试分析温度和压力对脱硫率、处理后原油中 H_2S 含量、原油饱和蒸气压、工艺总能耗的影响。

6-4　利用化工流程模拟软件对丙烯/丙烷精馏塔进行流程模拟，得出最优条件(进料位置、回流比、总板数和塔顶回流量)。具体进料见表 6-29，分离要求为塔顶丙烯浓度大于等于 0.996(ω)，塔釜丙烯浓度小于等于 0.10(ω)，物性方法选择 RK-SOAVE 状态方程。(提示：首先利用 DSTWS 模块获得精馏塔的初始参数，再利用 RadFrac 模块对精馏塔进行详细核算达到分离要求，最后利用灵敏度分析工具获得最优操作参数)

表 6-29　进料参数及组成

进料参数		数值
温度/℃		52
压力/MPa		1.98
流量/(kg/h)		8133
组成/wt%	C_3H_6	92.75
	C_3H_8	7.25

参 考 文 献

[1] 徐春明, 杨朝合. 石油炼制工程. 北京: 石油工业出版社, 2009.

[2] 李志强. 原油蒸馏工艺与工程. 北京: 中国石化出版社, 2010.

[3] 曹湘洪. 石油化工流程模拟技术进展及应用. 北京: 中国石化出版社, 2010.

[4] 代红进. 催化裂化分离系统的模拟与优化研究. 武汉: 武汉理工大学, 2016.

[5] 周文娟. 催化裂化主分馏塔和吸收稳定系统工艺模拟与改进研究. 天津: 天津大学, 2005.

[6] 张建文, 林晓辉, 黄继红, 等. 一种吸收稳定改进流程的模拟分析. 中外能源, 2011, 16(7): 85-90.

[7] 陈建娟, 杨祖杰, 李斌, 等. 催化裂化吸收稳定系统模拟优化研究. 天津化工, 2019, 33(3): 42-47.

[8] 周公度. 化学辞典. 2 版. 北京: 化学工业出版社, 2011.

[9] 卢焕章. 石油化工基础数据手册. 北京: 化学工业出版社, 1982.

[10] 王松汉, 何细藕. 乙烯工艺与技术. 北京: 中国石化出版社, 2000.

[11] 许斌. 乙烯装置急冷系统工艺模拟与研究. 天津: 天津大学. 2005.

[12] 周苗. 乙烯装置急冷和压缩系统的模拟与优化. 上海: 华东理工大学, 2013.

[13] 张广林. 燃料油品的低硫化. 炼油设计, 1999, 29(8): 3-8, 22.

[14] 廖健, 张兵, 刘伯华. 国外清洁燃料生产技术. 当代石油石化, 2001, 9(3): 28-33.

[15] 杨宝康, 张继军, 傅军, 等. 汽油中含硫化合物脱除新技术. 石油炼制与化工, 2000, 31(7): 36-39.

[16] 别东生. 含硫原油加工技术问答. 北京: 中国石化出版社, 2008.

[17] 关明华, 方向晨, 廖士纲. 加氢精制. 北京: 中国石化出版社, 2006.

[18] Alexander B D, Huff G A, Pradnan V R, et al. Multiple stage sulfur removal process: US6059962A. 2000-05-09[2024-10-15].

[19] Alexander B D, Cayton R H, Huff G A, et al. Sulfur removal process: AU6026299A. 2000-03-27[2024-10-15].

[20] 赵玉芝, 李永红, 李兰芳, 等. USY 分子筛催化 FCC 汽油的烷基化脱硫反应研究. 分子催化, 2008, 22(1): 17-21.

[21] 哈莹. 催化裂化汽油烷基化脱硫催化精馏过程的模拟分析与优化. 天津: 天津大学, 2015.

[22] 张健. 我国丙烯下游产业发展现状及趋势分析. 石化技术与应用, 2022, 40(1): 66-71.

[23] 李振宇, 王红秋, 黄格省, 等. 我国乙烯生产工艺现状与发展趋势分析. 化工进展, 2017, 36(3): 767-773.

[24] 刘志盛. 烯烃分离脱丙烷塔的模拟与优化. 北京: 北京化工大学, 2018.

[25] 范更新. 基于离子液体的丙烯丙烷分离新技术的实验与模拟研究. 北京: 北京化工大学, 2019.

[26] 唐雄得. 离子液体用于丙烯-丙烷分离过程的模拟研究. 北京: 北京化工大学, 2018.

[27] 李克明, 叶贞成. 丙烯精馏过程模型及模拟优化. 化工进展, 2010, 29(4): 611-615.

[28] 韩晓红, 陈光明, 王勤, 等. 状态方程研究进展. 天然气化工, 2005, 30(5): 55-64.

[29] 孟庆军. 低温甲醇洗全流程模拟与优化研究. 杭州: 浙江大学, 2006.

[30] 赵鹏飞, 李水弟, 王立志. 低温甲醇洗技术及其在煤化工中的应用. 化工进展, 2012, 31(11): 2442-2448.

[31] 杨声. 低温甲醇洗的模拟与热力学优化. 大连: 大连理工大学, 2014.

第7章

特殊精馏过程经典案例分析

7.1 轻汽油醚化反应精馏过程

7.1.1 背景简介

目前，我国成品汽油中催化裂化(FCC)汽油约占 75%，其中含有的大量不饱和烯烃燃烧后易形成积碳，造成汽车尾气污染环境。随着我国对绿色环保要求提高，传统汽油已不能达到相关标准，因此需要进一步开发和利用清洁汽油，整体趋势是向低硫、低芳烃、低烯烃、低饱和蒸气压和较高辛烷值的方向发展[1]。汽油中的烯烃主要来自 FCC 汽油，烯烃体积分数达 55%。我国汽油中 FCC 汽油占比达 75%，因此要提高我国汽油质量必须先寻求经济合理的 FCC 汽油改质技术[1]。轻汽油中的烯烃主要是 C5、C6 烯烃，其辛烷值较低。为降低烯烃含量[2]、提高辛烷值，同时提高经济效益[3]，将轻汽油馏分中的 C5 叔烯烃 2-甲基-1-丁烯(2M1B)、2-甲基-2-丁烯(2M2B)及部分 C6 叔烯烃与甲醇(MeOH) 反应生成甲基叔戊基醚(TAME)、甲基叔己基醚(THME)等醚类化合物是较好的选择。FCC 汽油醚化工艺反应条件温和，过程环保，已被证明是提高车用汽油质量的有效手段之一。

1. 轻汽油醚化技术研究进展

目前国外工业化的轻汽油醚化技术主要有：美国 CDTECH 公司的 CDEthers 工艺[4]、芬兰 Neste 公司的 NExTAME 工艺[5]、意大利 Snamprogetti 公司的 DET 工艺[6-8]、美国 UOP 公司的 Ethermax 工艺[9]和法国石油研究院(IFP)的 TAME 工艺等[10-11]。国内主流工艺有中国石油化工股份有限公司齐鲁分公司研究院轻汽油醚化工艺[12]、中国石油化工股份有限公司抚顺石油化工研究院轻汽油醚化工艺[13]和中国石油天然气股份有限公司兰州化工研究中心的 LNE 工艺等[14]。

以上各工艺均由原料预处理部分、醚化反应部分和醚化产物分离部分组成，主要区别在于针对不同轻汽油原料油品特性，使用不同醚化反应器和不同催化剂。此外，根据醚化反应转化率差异，部分工艺选用先进的醚化精馏技术或异构化技术来增加 C5 和 C6 烯烃转化率。选取四种主要工艺对其特性做简要对比，见表 7-1。

表 7-1　四种工艺方法对比

项目	CDEthers	NExTAME	DET	LNE
C5 活性烯烃转化率(摩尔分数)	94%~95%	89%~90%	91%~92%	93%~96%
C6 活性烯烃转化率(摩尔分数)	33%~37%	40%~60%	45%~55%	55%~65%
辛烷值提高的单位数	1~3	2~3	3~4	2~4
烯烃含量降低(质量分数)	9%~12%	20%~23%	27%~29%	19%~23%
有无催化精馏技术	有	无	无	有

2. 轻汽油醚化反应精馏技术及模拟研究

催化精馏塔中目前使用最多的催化剂为强酸性阳离子交换树脂，即国外的 A-35[15-16]、国内的凯瑞环保 KC-116 型树脂催化剂[17]以及丹东明珠的 D005-IIS 催化剂[18]。随着模拟技术的进步，关于轻汽油醚化技术的模拟近年来研究较多，天津大学[19-21]、北京化工大学大学[22]、中国石油大学[23]均有研究。催化精馏可以打破 TAME 和 THxME 的热力学平衡，提高 C5 和 C6 烯烃转化率和装置经济性。路士庆等[24]、袁清等[25]对轻汽油预醚化与醚化精馏组合工艺进行了模拟研究，并对该工艺操作条件优化，得到了最优的反应条件，验证了此组合工艺模型的适用性较高。李鑫钢等[26]利用 Aspen Plus 对醚化精馏过程进行了模拟，并对反应精馏塔各操作条件进行了优化，研究了进料醇烯比、进料位置和回流比等因素对醚化反应转化率影响，总 C5 活性烯烃转化率达 84.51%。

7.1.2　工艺简介与设计要求

1. 工艺简介

轻汽油醚化反应精馏流程如图 7-1 所示。该流程由轻汽油水洗段、醚化反应及催化精馏段、甲醇萃取及甲醇回收段组成。

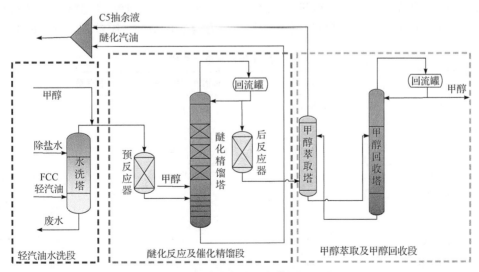

图 7-1　轻汽油醚化反应精馏流程图

1) 轻汽油水洗段

自汽油加氢装置来的轻汽油经泵进水洗塔，水洗后轻汽油与甲醇混合作为醚化反应进料。新鲜甲醇与从甲醇回收系统来的循环甲醇共同进入甲醇缓冲罐。水洗塔塔顶操作压力为 1.4 MPa，塔底操作压力为 1.5 MPa，操作温度为 40℃。

2) 醚化反应及催化精馏段

轻汽油/甲醇混合原料进前醚化反应器进行反应，C5 活性烯烃转化率为 90%，C6 活性烯烃转化率为 50%，反应产物进入醚化精馏塔。醚化精馏塔分为精馏段、反应段和提馏段，反应段装填有规整填料催化剂，提馏段作用是将 TAME 与 C5、甲醇分离。塔底部为含 TAME 产品与 C5 组分的混合物，分出的未反应的异戊烯与甲醇进入反应段进一步反应，异戊烯转化率达 93.0% 以上。剩余甲醇与未反应的 C5 形成的共沸物从塔顶馏出进入后醚化反应器反应。经两段醚化和催化精馏处理后，轻汽油中 C5 活性烯烃总转化率达 95.0%，C6 活性烯烃总转化率达 50%。后醚化反应器与前醚化反应器完全一样，产物进入甲醇萃取塔。

醚化精馏塔塔顶操作压力为 0.25 MPa，温度为 65.3℃；醚化精馏塔塔底操作压力为 0.3 MPa，温度为 123℃。

3) 甲醇萃取及甲醇回收段

后醚化反应产物进入甲醇萃取塔，与从甲醇回收塔底的水逆流接触。甲醇萃取塔顶部流出的剩余 C5 和醚化精馏塔底产品混合。水和甲醇混合物从萃取塔底部流出进入甲醇回收塔分离，萃取水自回收塔底流出进入甲醇萃取塔上部，塔顶甲醇去甲醇缓冲罐。

甲醇萃取塔塔顶操作压力为 0.7 MPa，塔底压力为 0.95 MPa，温度为 40℃。甲醇回收塔塔顶压力为 0.15 MPa，塔底压力为 0.2 MPa，塔顶温度为 90℃。

2. 进出料组成

醚化精馏塔进料组成见表 7-2，进料温度为 75℃，压力为 0.7 MPa，质量流量为 55388 kg/h；醚化精馏塔补充甲醇进料温度为 36℃，压力为 1.58 MPa，质量流量为 301 kg/h。水洗塔进料组成见表 7-3，进料温度为 40℃，压力为 1.85 MPa，质量流量为 47619 kg/h。

表 7-2　醚化精馏塔进料组成

组分	分子量	醚化精馏塔进料/wt%	醚化精馏塔补充甲醇/wt%
正丁烷	58.12	1.29	0.00
3-甲基-1-丁烯	70.13	0.09	0.00
异戊烷	72.15	23.04	0.00
1-戊烯	70.13	0.69	0.00
2-甲基-1-丁烯	70.13	0.45	0.00
正戊烷	70.13	4.38	0.00
反-2-戊烯	70.13	9.11	0.00
顺-2-戊烯	70.13	3.18	0.00

续表

组分	分子量	醚化精馏塔进料/wt%	醚化精馏塔补充甲醇/wt%
2-甲基-2-丁烯	70.13	5.43	0.00
2,2-二甲基丁烷	86.18	0.09	0.00
环戊烯	68.12	1.03	0.00
2,3-二甲基丁烷	86.18	2.84	0.00
2,3-二甲基-1-丁烯	84.16	0.17	0.00
2-甲基戊烷	86.18	7.82	0.00
3-甲基戊烷	86.18	3.35	0.00
2-甲基-1-戊烯	84.16	0.16	0.00
正己烷	86.18	1.12	0.00
反-3-己烯	84.16	0.60	0.00
反-2-己烯	84.16	1.12	0.00
2-甲基-2 戊烯	84.16	1.08	0.00
顺-2-己烯	84.16	0.43	0.00
反-3-甲基-2-戊烯	84.16	0.76	0.00
甲基环戊烷	84.16	1.29	0.00
1-甲基环戊烯	82.15	0.43	0.00
苯	78.11	0.34	0.00
萘	128.17	0.09	0.00
甲基叔戊基醚	102.18	19.24	0.00
甲基叔己基醚	116.20	3.28	0.00
水	18.02	0.00	0.002
甲醇	32.04	7.09	99.998
合计		100.00	100.00

表 7-3　水洗塔进料组成

组分	分子量	水洗塔进料/wt%
正丁烷	58.12	1.50
3-甲基-1-丁烯	70.13	0.10
异戊烷	72.15	26.80
1-戊烯	70.13	0.80
2-甲基-1-丁烯	70.13	3.50
正戊烷	70.13	5.10
反-2-戊烯	70.13	10.60

续表

组分	分子量	水洗塔进料/wt%
顺-2-戊烯	70.13	3.70
2-甲基-2-丁烯	70.13	18.70
2,2-二甲基丁烷	86.18	0.10
环戊烯	68.12	1.20
2,3-二甲基丁烷	86.18	3.30
2,3-二甲基-1-丁烯	84.16	0.20
2-甲基戊烷	86.18	9.10
3-甲基戊烷	86.18	3.90
2-甲基-1-戊烯	84.16	1.10
正己烷	86.18	1.30
反-3-己烯	84.16	0.70
反-2-己烯	84.16	1.30
2-甲基-2-戊烯	84.16	2.80
顺-2-己烯	84.16	0.50
反-3-甲基-2-戊烯	84.16	1.20
甲基环戊烷	84.16	1.50
1-甲基环戊烯	82.15	0.50
苯	78.11	0.40
萘	128.17	0.10
水	18.02	0.00
合计		100.00

3. 设计要求

轻汽油醚化反应精馏相关的流股信息以及设计要求如下：

醚化精馏塔：醚化精馏塔塔顶不含 TAME；醚化精馏塔塔底不含甲醇；醚化精馏塔塔底 2M1B 和 2M2B 含量<0.3(wt%)；醚化蒸馏塔上塔塔顶 2M1B 和 2M2B 含量<3.5(wt%)；甲醇萃取塔：塔顶甲醇含量<0.01(wt%)；甲醇回收：塔底甲醇含量≤0.05(wt%)；塔顶含水量≤0.01(wt%)；水洗塔：塔顶水含量<0.04(wt%)；塔底水含量≥99.79(wt%)。

7.1.3 物性方法与模型建立

1. 物性方法

本项目全局方法采用 UNIQUAC-RK 双模型法，其中甲醇萃取及轻汽油水洗采用 UNIQUAC 方法，缺少二元交互参数用 UNIFAC 方法估算。

2. 反应动力学

鉴于轻汽油组分复杂,本流程中只考虑 C5 烯烃反应。本流程中涉及的主反应为 2M1B 及 2M2B 与甲醇发生醚化反应生成 TAME。副反应则主要包括 2M1B 和 2M2B 互相转化,见式(7-1)~式(7-3):

$$2M1B + MeOH \rightleftharpoons TAME \tag{7-1}$$

$$2M2B + MeOH \rightleftharpoons TAME \tag{7-2}$$

$$2M1B \rightleftharpoons 2M2B \tag{7-3}$$

上述过程的反应速率可分别由式(7-4)~式(7-6)计算,式中各参数如表 7-4 所示:

$$R_1 = A_{f1}e^{-E_{f1}/RT} x_{2M1B}x_{MeOH} - A_{b1}e^{-E_{b1}/RT} x_{TAME} \tag{7-4}$$

$$R_2 = A_{f2}e^{-E_{f2}/RT} x_{2M2B}x_{MeOH} - A_{b2}e^{-E_{b2}/RT} x_{TAME} \tag{7-5}$$

$$R_3 = A_{f3}e^{-E_{f3}/RT} x_{2M1B} - A_{b3}e^{-E_{b3}/RT} x_{2M2B} \tag{7-6}$$

表 7-4 轻汽油醚化反应动力学参数

反应	A_{fi}/[kmol/(s·kg)]	E_{fi}/[kJ/(mol)]	A_{bi}/[kmol/(s·kg)]	E_{bi}/[kJ/mol]
R_1	$1.3263×10^8$	76.1037	$2.3535×10^{11}$	110.5409
R_2	$1.3718×10^{11}$	98.2302	$1.5414×10^{14}$	124.9940
R_3	$2.7187×10^{10}$	96.5226	$4.2933×10^{10}$	104.1960

注:A_{fi} 和 A_{bi} 分别为 i 反应中正向反应和逆向反应的指前因子;E_{fi} 和 E_{bi} 分别为 i 反应中正向反应和逆向反应的活化能。

3. 流程模拟

运用 Aspen Plus V10 流程模拟软件对此流程进行模拟。

1) 组分输入及物性方法选择

根据表 7-2 输入组分,使用基团贡献法对甲基叔戊基醚进行性质预测,如图 7-2 所示。

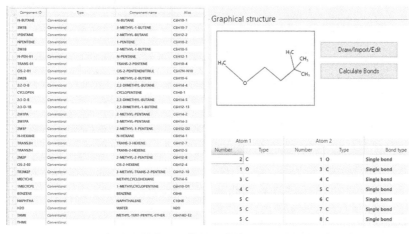

图 7-2 轻汽油醚化流程模拟组分输入及 THME 性质预测

查看二元交互参数，用UNIFAC方法估算缺少参数，图7-3为部分二元交互参数。

Parameter UNIQ　　Help　Data set 1　　Swap　Enter Dechema Format　☑ Estimate using UNIFAC　View Regression Information　Search　BIP Completeness

Temperature-dependent binary parameters

Component i	Component j	Temp. Units	AIJ	AJI	BIJ	BJI	CIJ	TLOWER	CJI	TUPPER	DIJ	EIJ	DJI	EJI
N-BUTANE	N-PEN-01	F	0	0	282.551	-426.38	0	77	0	77	0	0	0	0
N-BUTANE	N-HEXANE	F	0.3554	-0.4914	10.7363	4.74048	0	-4	0	301.64	0	0	0	0
N-BUTANE	BENZENE	F	0	0	-611.301	328.901	0	50	0	104	0	0	0	0
IPENTANE	2M2B	F	0	0	-146.586	114.606	0	84.884	0	96.17	0	0	0	0
IPENTANE	N-HEXANE	F	0	0	52.7236	-60.9322	0	81.986	0	155.48	0	0	0	0
IPENTANE	H2O	F	0	0	-2405.88	-1065.67	0	68	0	104	0	0	0	0
NPENTENE	N-PEN-01	F	0	0	-151.214	106.897	0	32	0	77	0	0	0	0
NPENTENE	H2O	F	0	0	-3340.06	-966.276	0	77	0	77	0	0	0	0
2M1B	N-PEN-01	F	0	0	-12.2551	-9.53386	0	41	0	77	0	0	0	0
2M1B	2M2B	F	0	0	-12.33	6.8463	0	68	0	101.174	0	0	0	0
N-PEN-01	2M2B	F	0	0	-12.1536	-6.99408	0	68	0	77	0	0	0	0
N-PEN-01	N-HEXANE	F	0	0	-242.473	204.589	0	77	0	154.76	0	0	0	0
N-PEN-01	MECYCHE	F	-0.0133	-0.0616	36.3508	9.90324	0	96.89	0	213.71	0	0	0	0
N-PEN-01	BENZENE	F	0	0	-150.031	48.8981	0	95	0	122	0	0	0	0
N-PEN-01	H2O	F	0	0	-2413.26	-1094.38	0	68	0	104	0	0	0	0
2M2B	H2O	F	0	0	-2113.84	-344.557	0	68	0	68	0	0	0	0
2-2-D-B	N-HEXANE	F	0	0	70.1408	-68.3383	0	77	0	77	0	0	0	0
2-2-D-B	BENZENE	F	0	0	-13.0653	-114.202	0	50	0	122	0	0	0	0
2-2-D-B	H2O	F	0	0	-2527.02	-948.272	0	68	0	104	0	0	0	0
CYCLOPEN	H2O	F	0	0	-2684.08	-944.129	0	77	0	77	0	0	0	0
2-3-D-B	N-HEXANE	F	0	0	63.4988	-65.4208	0	77	0	77	0	0	0	0
2-3-D-B	BENZENE	F	0	0	-224.351	91.807	0	50	0	122	0	0	0	0
2-3-D-B	H2O	F	0	0	-2347.92	-970.452	0	68	0	104	0	0	0	0
2-3-D-1B	H2O	F	0	0	-2244.34	-177.017	0	86	0	86	0	0	0	0
2M1PA	N-HEXANE	F	0	0	-202.245	166.7	0	77	0	77	0	0	0	0
2M1PA	BENZENE	F	0	0	-138.87	19.0283	0	50	0	122	0	0	0	0
2M1PA	H2O	F	0	0	-2465.46	-1018.75	0	68	0	104	0	0	0	0
3M1PA	N-HEXANE	F	0	0	-163.58	141.474	0	68	0	104	0	0	0	0
3M1PA	H2O	F	0	0	-2453.94	-988.146	0	68	0	104	0	0	0	0
2M1P	BENZENE	F	0	0	-96.5057	47.7679	0	50	0	122	0	0	0	0

图 7-3　轻汽油醚化流程部分二元交互参数

2) 反应动力学在 Aspen 中的设置

将反应动力学参数输入 Aspen 中，如图 7-4 所示。

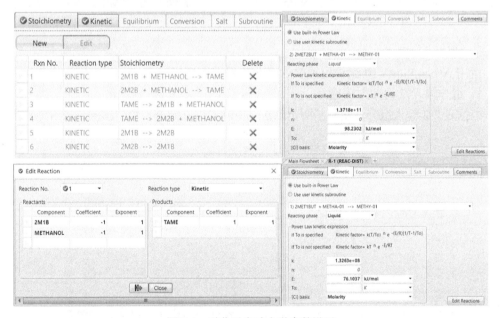

图 7-4　醚化反应动力学参数设置

3) 水洗塔模拟

按要求输入轻汽油组分与水洗塔参数，如图 7-5 所示。

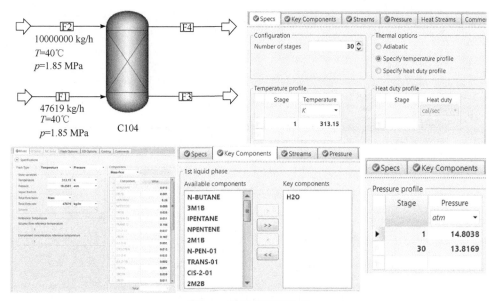

图 7-5　水洗塔模拟设置

4) 醚化反应及催化精馏段模拟

将醚化反应精馏塔上下两塔合并为一个精馏塔并建立醚化反应及反应精馏流程，前、后醚化反应器以及醚化反应精馏塔的模拟设置如图 7-6 所示。添加设计规定使塔顶塔底产品达标，如图 7-7 所示。

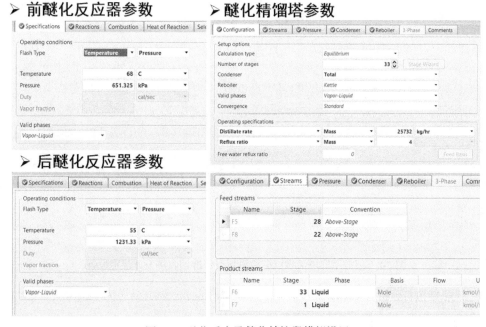

图 7-6　醚化反应及催化精馏段模拟设置

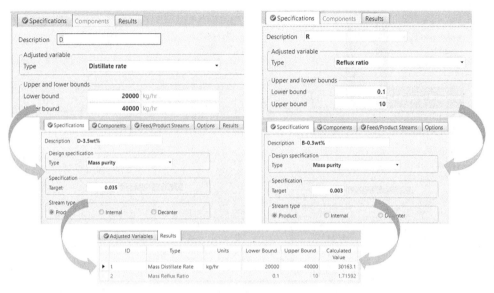

图 7-7　醚化反应精馏塔设计规定设置

5) 甲醇萃取、甲醇回收塔模拟

甲醇萃取塔的物性方法为 UNIQUAC，初始理论级数 6 块，灵敏度分析使塔顶产品达标，如图 7-8 所示，优化甲醇萃取塔理论级数和萃取剂用量。甲醇回收塔初始参数为理论板 35 块，回流比 1.55，塔顶馏出率 3462 kg/h，进料位置第 30 块塔板。设定两个设计规定使塔顶塔底产品达标，如图 7-8 所示。

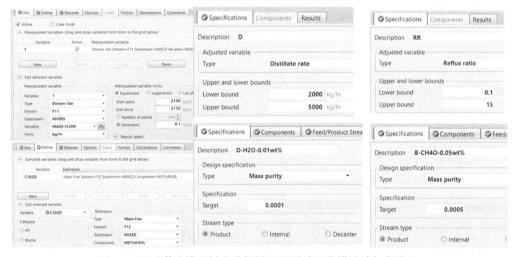

图 7-8　甲醇萃取塔灵敏度分析设置及甲醇回收塔设计规定设置

7.1.4　模拟结果与分析

1. 水洗塔模拟结果

水洗塔操作参数见表 7-5。水洗塔模拟结果：塔顶产品水含量 0.037(wt%)，塔底产品水含量 99.83(wt%)，满足设计要求。

表 7-5　水洗塔操作基本参数

项目	变量	参数
F1	进料温度/℃	40.00
	进料压力/MPa	1.85
	质量流量/(kg/h)	47619.00
F2	进料温度/℃	40.00
	进料压力/MPa	1.85
	质量流量/(kg/h)	1.00×10^7
C104	总理论板数	30
	操作温度/℃	40.00
	塔顶压力/MPa	1.48
	塔釜压力/MPa	1.38

2. 醚化反应及催化精馏段模拟结果

前、后醚化反应器和醚化反应精馏塔操作基本参数见表 7-6 和表 7-7。分别对醚化反应精馏塔反应段塔板数、提馏段塔板数、精馏段塔板数和主物料进料位置进行优化，如图 7-9 所示。反应段优化塔板数为 23，提馏段优化塔板数为 5，精馏段优化塔板数为 14，主物料优化进料位置为 28。

表 7-6　前、后醚化反应器操作基本参数

类别	变量	参数
F17	进料温度/℃	33.80
	进料压力/MPa	0.65
	质量流量/(kg/h)	55388.00
前醚化反应器	温度/℃	75.00
	压力/MPa	0.70
F7	进料温度/℃	53.90
	进料压力/MPa	0.25
	质量流量/(kg/h)	30017.50
后醚化反应器	温度/℃	55.00
	压力/MPa	1.23

表 7-7   醚化反应精馏塔操作基本参数

项目	变量	工程
F5	进料温度/℃	75.00
	进料压力/MPa	0.70
	质量流量/(kg/h)	55388.00
F8	进料温度/℃	36.00
	压力/MPa	1.58
	质量流量/(kg/h)	301.00
醚化反应精馏塔	总理论板数	41.00
	F5/F8 进料位置	28/22
	反应段塔板数	23.00
	塔顶采出流率/(kg/h)	30017.50
	塔底采出流率/(kg/h)	25671.50
	塔顶压力/MPa	0.25
	塔釜压力/MPa	0.30
	直径/m	2.00
	回流比	3.00

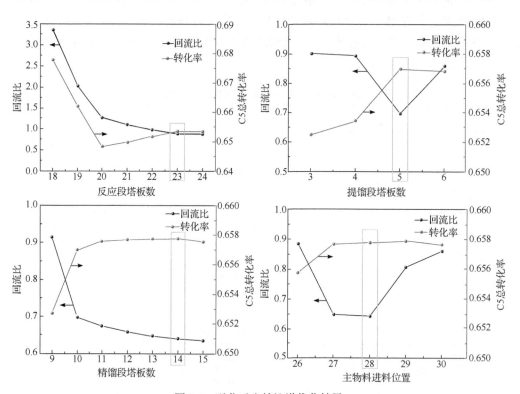

图 7-9   醚化反应精馏塔优化结果

3. 甲醇萃取、甲醇回收塔模拟结果

　　甲醇萃取塔操作基本参数见表 7-8。灵敏度分析使甲醇回收塔塔顶产品达标,甲醇萃取塔理论级数为 8;萃取剂量为 1566.96 kg/h。塔顶产品规格为水 0.097(wt%),甲醇 0.01(wt%);塔底产品规格为水 30.89(wt%),甲醇 64.08(wt%)。甲醇回收塔操作基本参数见表 7-9。对甲醇回收塔理论级数和进料位置进行优化,理论板数优化为 37,进料加入到组成最接近的塔板即第 30 块,如图 7-10 所示。塔顶产品规格甲醇 92.72(wt%),水 0.001(wt%);塔底产品规格水 99.95(wt%),甲醇 0.05(wt%),均满足设计要求。

表 7-8　甲醇萃取塔操作基本参数

项目	变量	参数
F10	进料温度/℃	54.90
	进料压力/MPa	0.95
	质量流量/(kg/h)	30017.50
F11	进料温度/℃	40.00
	进料压力/MPa	0.70
	质量流量/(kg/h)	1566.96
甲醇萃取塔	总理论板数	8
	操作温度/℃	40.00
	塔顶压力/MPa	0.70
	塔釜压力/MPa	0.95

表 7-9　甲醇回收塔操作基本参数

项目	变量	参数
F14	进料温度/℃	84.00
	进料压力/MPa	0.20
	质量流量/(kg/h)	5013.70
甲醇回收塔	总理论板数	37
	进料位置	30
	塔顶采出流率/(kg/h)	3462.00
	塔底采出流率/(kg/h)	1551.70
	塔顶压力/MPa	0.15
	塔釜压力/MPa	0.20
	直径/m	1.00
	回流比	1.44

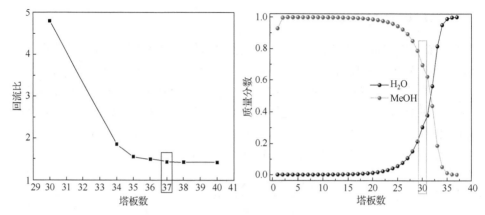

图 7-10　甲醇回收塔优化结果

7.2　FCC 汽油萃取精馏深度脱硫过程

7.2.1　背景简介

炼油厂通过升级现有技术和不断开发先进技术来满足社会对产品规格和质量不断变化的需求[27]。有关运输燃料质量和炼油厂本身排放的环境限制是目前最重要问题[28]。燃料中存在的硫会导致车辆发动机产生硫氧化物(SO_x)空气污染，为了最大限度地减少汽车尾气排放对健康和环境的负面影响，发动机燃料中硫含量应降至最低。从 2005年 1 月 1 日起，在欧盟和美国销售的汽油和柴油新的硫质量含量为 0.003%～0.005%[29-31]。随着我国加工高硫原油量的不断增加，不少炼油厂面临着汽油硫含量超标问题。由于原油性质及油品消费结构与国外不同，我国炼油企业催化重整、烷基化、醚化等装置的总加工量较低，FCC 汽油占成品汽油的 85%以上，FCC 汽油中的硫占成品汽油中总硫的95%以上，使成品汽油烯烃及硫含量超标，辛烷值低。因此降低成品油硫含量的关键是降低 FCC 汽油的硫含量。

1.FCC 汽油脱硫技术研究进展

1) FCC 汽油的加氢脱硫

降低 FCC 汽油硫含量的有效途径是汽油全馏分加氢脱硫，但这种方法的不足是在脱硫的同时使烯烃饱和，因而辛烷值下降较多。加氢脱硫主要分非选择性加氧脱硫和选择性加氢脱硫两种方法。非选择性加氢脱硫主要包括 UOP 公司的 ISAL 技术[32-33]和 ExxonMobil 公司的 Octgain 技术。选择性加氢脱硫主要包括 CDTech 公司的催化蒸馏加氢工艺[34]、Exxon Mobil 公司的 SCANFining 技术[35]、IFP 的 Prime-G 技术[36]和中国石油化工股份有限公司抚顺石油化工研究院的 OCT-MFCC 工艺[37]。

2) FCC 汽油的非加氢脱硫

吸附脱硫是指利用分子筛等多孔物质或负载在无机载体上的金属通过物理或化学吸附作用去除硫化合物的工艺过程。吸附脱硫技术成为一种解决 FCC 汽油深度脱硫问题非常有前景的技术。该技术具有脱硫率高、投资少、操作费用低等特点。现有的吸附脱硫工艺主要包括 S-Zorb 硫脱除技术[38]、IRVAD 技术[39]、SARS 工艺[40]和 LADS 工艺[41]。

烷基化脱硫技术是指汽油中噻吩硫化物在酸性催化剂作用下与烯烃进行烷基化反应，生成沸点较高的烷基噻吩化合物，然后利用沸点差别进行分馏脱除，这样既可脱除汽油中的硫化物，又可降低烯烃含量，代表工艺为 BP 公司的 OATS 工艺[38]。

渗透汽化作为新型的膜分离技术，具有高效、节能、工艺简单、环境友好等特点。相比传统分离过程，渗透汽化膜法具有相变量小、效率高、能耗低等优点，在汽油深度脱硫方面具有优势。以渗透汽化膜法进行汽油脱硫，就是利用高聚物膜对汽油中硫化物和烃类的溶解扩散性能不同，实现组分分离的过程。首先被分离物质即硫化物在膜表面上有选择性地吸附并被溶解；然后溶解后的硫化物以扩散的形式在膜内渗透；最后在膜的另一侧变成气相脱附从而与膜分离开来[42]。

2. FCC 汽油萃取/萃取精馏深度脱硫技术

在诸多生产低硫汽油技术中，FCC 汽油萃取/萃取精馏深度脱硫技术具有过程条件温和、产品辛烷值损失小、能耗低、环境友好等优势。萃取脱硫工艺原理为有机硫化合物在适当溶剂中比碳氢化合物更易溶解。萃取脱硫工艺特点是低温低压适用性，因此可以很容易地集成到炼油厂中。与萃取脱硫相比，萃取精馏技术更具优势。在处理 FCC 汽油时，萃取精馏技术采用了一种可以改变进料中非芳烃组分和噻吩化合物相对挥发度的溶剂，根据 FCC 汽油中硫和烯烃含量分布特性，萃取过程相当于将 FCC 汽油切割成轻/重两个馏分，溶剂在萃取含硫化合物的同时，也萃取其他芳烃硫化物，萃余相为脱除含硫化合物产品；萃取相脱除萃取剂后进入萃取剂回收系统，萃取剂循环使用。为使工艺高效，需仔细选择溶剂，如有机硫化合物必须易溶于溶剂、溶剂沸点不同于含硫化合物沸点、价格低廉以确保工艺经济可行性等。脱硫中使用的溶剂通常包括环丁砜[43]、乙二醇和离子液体等[44-45]。环丁砜具有高热稳定性[46]，但是环丁砜对硫化物的分离效率较低，它对噻吩表现出较低亲和力[47]。研究表明 N-甲基-2-吡咯烷酮和碳酸丙烯酯[48]是提高脱硫效率亲和力的最佳溶剂。本案例选择碳酸丙烯酯作为萃取精馏脱硫工艺的萃取剂。

7.2.2　工艺简介与设计要求

1. 工艺简介

萃取精馏脱硫技术全流程如图 7-11 所示。FCC 汽油和碳酸丙烯酯进入萃取精馏塔，塔顶得到低硫轻馏分，塔釜得到高硫重馏分和溶剂。塔釜馏分泵入溶剂回收塔，在溶剂回收塔塔釜回收碳酸丙烯酯，回收后的溶剂重新与新鲜的溶剂混合后作为萃取精馏塔萃取溶剂。

2. 设计要求

FCC 汽油中主要组分是烷烃、烯烃、芳香烃和环烷烃。烷烃主要是 C4～C10 烷烃，烯烃为 C5～C9 烯烃，环烷烃为 C6～C8 环烷烃，芳烃为 C6～C10 芳烃。在模拟计算前，

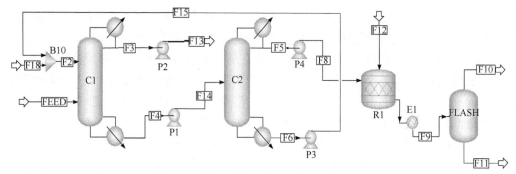

图 7-11 萃取精馏脱硫技术全流程模拟示意图

需对汽油组成进行简化,确定几种代表性组分,从而确定输入的进料性质。根据实际汽油中含硫化合物类型和比例,模型主要包括噻吩、2-甲基噻吩、3-甲基噻吩和苯并噻吩几种含硫化合物。模拟原料组成见表 7-10。

表 7-10 模拟的 FCC 汽油原料组成

组分	分子式	含量/wt%
正丁烷	C_4H_{10}-1	0.38
正戊烷	C_5H_{12}-1	1.53
正己烷	C_6H_{14}-1	1.25
正庚烷	C_7H_{16}-1	0.76
正辛烷	C_8H_{18}-1	0.38
正壬烷	C_9H_{20}-1	0.22
正癸烷	$C_{10}H_{22}$-1	0.20
异戊烷	C_5H_{12}-2	13.47
2-甲基戊烷	C_6H_{14}-2	9.63
2,3-二甲基戊烷	C_7H_{16}-5	3.79
2-甲基庚烷	C_8H_{18}-2	3.31
4-甲基辛烷	C_9H_{20}-D3	2.99
正丁烯	C_4H_8-1	1.62
2-甲基-2-丁烯	C_5H_{10}-6	16.51
2-甲基-2-戊烯	C_6H_{12}-8	11.18
甲基环戊烷	C_6H_{12}-2	4.53
正辛烯	C_8H_{16}-16	2.37
正壬烯	C_9H_{18}-3	1.60
环己烷	C_6H_{12}-1	2.09
甲基环己烷	C_7H_{14}-6	2.73
1,1-二甲基环己烷	C_8H_{16}-1	1.29

续表

组分	分子式	含量/wt%
苯	C_6H_6	0.84
甲苯	C_7H_8	3.64
对二甲苯	C_8H_{10}-3	6.33
1,3,5-三甲基苯	C_9H_{12}-8	4.76
1,3-二乙基苯	$C_{10}H_{14}$-D1	2.54
噻吩	C_4H_4S	0.02
2-甲基噻吩	C_5H_6S-E1	0.01
3-甲基噻吩	C_5H_6S-E2	0.01
苯并噻吩	C_8H_6S	0.02
合计		100.00

7.2.3 物性方法与模型建立

采用 Aspen Plus 软件，对 FCC 汽油萃取精馏脱硫过程进行模拟和分析。

1. 物性方法选择

以 Aspen Plus 模拟汽油分馏过程通常可采用的物性包括 BK10，可以用 SRK、Peng-Robison 和 Redich-Kwong-SeaVe 等状态方程来描述，前期研究表明 BK10 在汽油分馏过程模拟的结果和实验与工业装置相近，因此本案例采用 BK10 对萃取精馏脱硫过程和溶剂回收过程进行模拟。

2. Aspen 流程模拟

模拟流程中设定物料参数如下：汽油采用模拟汽油进料，汽油组成按表 7-11 输入，设定汽油进料温度为 25℃，压力为 400 kPa，汽油总流量为 55000.00 kg/h，年处理量 50 万 t。溶剂采用碳酸丙烯酯进料，设定溶剂进料温度为 25℃，压力为 125 kPa，新鲜溶剂流量为 200 kg/h，循环溶剂流股 RC 流量为 58447.39 kg/h，质量纯度为 99.7%，剂油比为 1.06。

萃取精馏脱硫塔共 32 块塔板，FCC 汽油进料位置为第 20 块板，碳酸丙烯酯进料位置为第 6 块板，萃取精馏脱硫塔冷凝器和再沸器设定默弗里板效率为 0.9，其他塔板效率为 0.65，萃取精馏脱硫塔塔顶设定压力为 125 kPa，塔板压降为 689 Pa/块。溶剂回收塔共 22 块塔板，进料位置为第 10 块塔板，溶剂回收塔冷凝器和再沸器设定默弗里板效率为 0.9，其他塔板效率为 0.65，塔顶压力为常压，塔板压降为 689 Pa/块。

7.2.4 模拟结果与分析

从表 7-11 中可以看出，原料 F1 流股进料设定的含硫化合物噻吩、2-甲基噻吩、3-甲基噻吩和苯并噻吩质量分数分别为 2×10^{-4}、1×10^{-4}、1×10^{-4} 和 2×10^{-4}，计算后的总含硫量为 1.89×10^{-4}，萃取精馏塔塔顶 D1 流股仅含噻吩 6.5×10^{-5}，其他含硫化合物含量很小，折算后的含硫量为 2.47×10^{-5}，脱硫率为 86.9%。塔顶轻油流量为 33666.28 kg/h，质量收率为 61.2%，体积收率为 60%。

表 7-11　萃取精馏脱硫工艺全流程模拟计算结果

项目	F1	D1	B1	D2	B2
温度/K	298.10	319.20	466.60	400.10	520.6
压力/kPa	200.00	125.00	144.98	101.33	114.416
质量流量/(kg/h)	55000.00	33666.28	79981.12	21533.72	58447.39
质量分数					
正丁烷	0.00	0.01	0.00	0.00	0.00
正戊烷	0.02	0.03	0.00	0.00	0.00
正己烷	0.01	0.02	0.00	0.00	0.00
正庚烷	0.01	0.00	0.01	0.02	0.00
正辛烷	0.00	0.00	0.00	0.01	0.00
正壬烷	0.00	0.00	0.00	0.00	0.00
正癸烷	0.00	0.00	0.00	0.01	0.00
异戊烷	0.14	0.22	0.00	0.00	0.00
2-甲基戊烷	0.10	0.16	0.00	0.00	0.00
2,3-二甲基戊烷	0.04	0.00	0.03	0.09	0.00
2-甲基庚烷	0.03	0.00	0.02	0.09	0.00
4-甲基辛烷	0.03	0.00	0.02	0.08	0.00
正丁烯	0.02	0.03	0.00	0.00	0.00
2-甲基-2-丁烯	0.12	0.27	0.00	0.00	0.00
2-甲基-2-戊烯	0.11	0.18	0.00	0.01	0.00
甲基环戊烷	0.05	0.07	0.00	0.01	0.00
正辛烯	0.02	0.00	0.02	0.06	0.00
正壬烯	0.02	0.00	0.01	0.04	0.00
环己烷	0.02	0.02	0.01	0.03	0.00
甲基环己烷	0.03	0.00	0.02	0.07	0.00
1,1-二甲基环己烷	0.01	0.00	0.01	0.03	0.00
苯	0.01	0.01	0.00	0.01	0.00
甲苯	0.04	0.00	0.03	0.09	0.00
对二甲苯	0.06	0.00	0.04	0.16	0.00
1,3,5-三甲基苯	0.05	0.00	0.03	0.12	0.00
1,3-二乙基苯	0.03	0.00	0.02	0.07	0.00

续表

项目	F1	D1	B1	D2	B2
噻吩	2.00×10^{-4}	6.50×10^{-5}	1.10×10^{-4}	4.09×10^{-4}	0.00
2-甲基噻吩	1.00×10^{-4}	2.00×10^{-9}	6.90×10^{-5}	2.55×10^{-4}	0.00
3-甲基噻吩	1.00×10^{-4}	2.00×10^{-9}	6.90×10^{-5}	2.55×10^{-4}	0.00
苯并噻吩	2.00×10^{-4}	1.87×10^{-7}	0.00	5.10×10^{-4}	0.00
碳酸丙烯酯	0.00	0.00	0.73	0.01	1

溶剂回收塔塔釜回收碳酸丙烯酯，回流比为 3，塔釜采出量为 58447.4 kg/h，回收溶剂纯度达 99.7%，其中还含有少量苯并噻吩。

7.3　共沸精馏分离乙二醇-1,2-丁二醇过程

7.3.1　背景简介

乙二醇(EG)与水、醇类、乙二醇醚类和酮类等极性溶剂互溶，微溶于苯、甲苯、二氯乙烷和氯仿等非极性溶剂[49]。EG 及其合成产品涉及日常生活的方方面面，受到了多个学科领域的广泛关注[50]。我国已成为世界上最大的乙二醇消费国，且目前仍有 52%左右的乙二醇依赖进口，国内市场供不应求[51]。我国石油资源相对较少，煤化工路线成为我国制备 EG 的主要研究方向。目前进入工业化应用的方法是草酸酯法，该方法加氢单元中生产 EG，同时副产共沸物 1,2-丁二醇(1,2-BDO)[52]。在目前共沸二醇的分离工艺中，共沸精馏[53]是工业生产较为成熟的分离方式，共沸剂的加入可有效增大体系内组分的相对挥发度，从而实现共沸物的分离。

Berg 研究确定酮[54]、烯[55]等溶剂能显著提升二醇相对挥发度。宋高鹏[56]利用同伦-牛顿联合算法确定乙苯作为最佳共沸剂，能从塔底得到纯度为 93%的丁二醇产品。王昭然[57]选出乙苯为溶剂，通过 Pro/II 软件对分离流程进行模拟，回收得到二醇纯度均大于 99%。肖剑和郭艳姿[58]选用双氧五环类化合物的衍生物作为共沸剂，实现 EG 的有效分离。李强[59]对 EG 和 1,2-BDO 溶液进行共沸分离及溶剂回收工艺研究，分离得到纯度大于 99.5%的 EG。杨为民[60]等采用共沸精馏技术分离乙二醇和 1,2-丁二醇混合液，共沸剂为乙苯、对二甲苯、邻二甲苯或异丙苯。牛玉峰等[61]对 EG 和 1,2-丙二醇物系采用非均相共沸的方式进行分离，通过实验确定最佳共沸剂为二甲苯。

7.3.2　工艺简介与设计要求

以粗乙二醇为原料，以 1-辛醇(CPO)为共沸剂建立共沸精馏工艺流程，该工艺可分为两部分：EG 精制部分和共沸剂回收部分，EG 精制部分为共沸精馏塔，通过共沸精馏脱除杂质，得到聚酯级乙二醇产品；而共沸剂回收部分包括萃取塔和两台精馏塔，回收共沸剂同时副产 1,2-BDO。

EG 精制部分包括预分离蒸馏塔 T1 和共沸蒸馏塔 T2。EG 和 1,2-BDO 的混合物在预蒸馏塔 T1 进料，大部分高纯度的 EG 是从 T1 塔底获得，T1 塔顶采出 EG 和 1,2-BDO 的共沸混合物，随后流入共沸蒸馏塔 T2，并加入共沸剂 CPO 进行分离。在 T2 塔底部获得高纯度 1,2-BDO，在 T2 塔顶采出 EG 和 CPO 共沸物，从而实现了高纯度 1,2-BDO 的分离。设计工艺产能为 200000 t/a，分离规格设置为 EG 质量纯度为 99.9%，1,2-BDO 质量纯度为 99.0%，符合工业纯度要求[62]，工艺流程如图 7-12 所示。

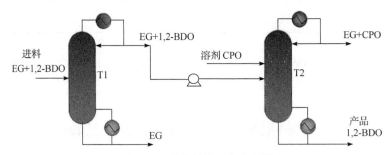

图 7-12　共沸精馏工艺流程图

7.3.3　物性方法与模型建立

EG 和 1,2-BDO 与共沸剂 CPO 模拟选用的物系方法为 NRTL、EG 和 1,2-BDO[63]、EG 和 CPO 及 1,2-BDO 和 CPO 的 NRTL 方程二元交互系数列于表 7-12。

表 7-12　各组分间二元交互系数

a_{ij}	EG	1,2-BDO	CPO
EG		−0.51	3.74
1,2-BDO	−6.81		5.51
CPO	−20.12	−2.93	

利用 Aspen 软件对工艺流程建立模拟，精馏塔模型均选用 RADFRAC 模型，混合物的进料负荷为 2200 kg/h，其中 85wt%为 EG、15wt%为 1,2-BDO。

7.3.4　模拟结果与分析

1. EG 精制工艺流程分析

图 7-13 给出了共沸精馏塔理论级数对共沸精馏塔回流比的影响关系。由图可知，随着理论级数的增加，回流比减小，当理论级数接近 50 时趋于稳定。由于理论级数和回流比分别决定了精馏塔的设备成本和运行能耗，综合考虑共沸精馏塔 T2 的理论级数设定为 50。

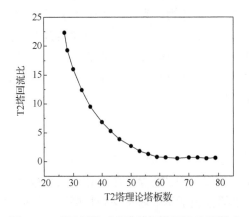

图 7-13　理论级数对共沸精馏塔回流比的影响

当固定理论级数时，混合物进料板位置将显著影响精馏塔的能耗，精馏塔存在最佳的混合物进料塔板位置。图 7-14 给出了 EG 和 1,2-BDO 混合物的进料板位置对共沸精馏塔再沸器负荷的影响。当混合物进料盘位置为第 42 级时，精馏塔再沸器的热负荷最低，因此，EG 和 1,2-BDO 混合物在 T2 塔的最佳进料塔板位置确定为第 42 级塔板。

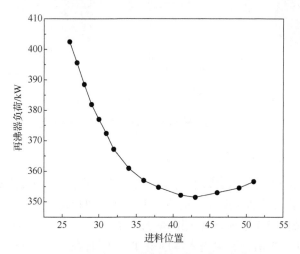

图 7-14　进料板位置对共沸精馏塔再沸器负荷的影响

对于共沸精馏塔，共沸剂的进料塔板位置对分离效率同样有重大影响。图 7-15 给出了共沸剂 CPO 进料塔板位置与塔底产品中 1,2-BDO 的质量分数之间的关系，塔底产物中 1,2-BDO 的质量分数随着进料塔板位置的上升而增加。当 CPO 的进料位置高于第 15 个塔板时，1,2-BDO 的质量分数增加速度减慢，当进料塔板位置处于第 2 级塔板时，1,2-BDO 的质量分数最大，设置共沸精馏塔的第 2 级塔板为共沸剂进料塔板位置。

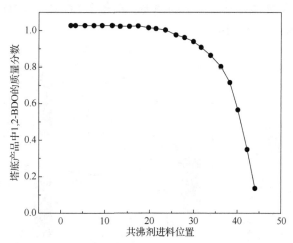

图 7-15　CPO 进料塔板位置对底部产品中 1,2-BDO 质量分数的影响

图 7-16 给出了优化后的 EG 和 1,2-BDO 的共沸蒸馏工艺流程图。

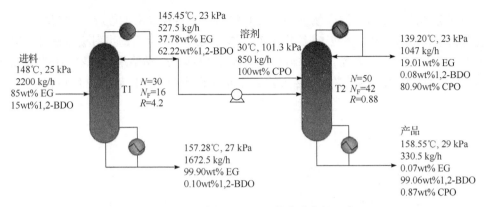

图 7-16   乙二醇和 1,2-BDO 的共沸蒸馏工艺

2. 共沸剂回收工艺流程分析

图 7-17 给出了通过耦合萃取回收共沸剂的工艺过程。EG 和 1,2-BDO 的混合物经预分离蒸馏塔 T1，从塔底得到大部分质量纯度为 99.90%的 EG，将 T1 塔顶 EG 和 1,2-BDO 共沸物与回收共沸剂 CPO 送入共沸蒸馏塔 T2，在 T2 塔底部可得到质量纯度为 99.30% 的 1,2-BDO。随后将 T2 塔顶流股送入萃取塔 T3，同时在 T3 塔顶萃取剂 H_2O。从 T3 塔顶采出的萃取残余相主要含有 CPO 和少量的 EG 和 H_2O，从 T3 塔底采出的萃取相中主要含有 EG 和 H_2O。将 T3 塔顶的残余相送入精馏塔 T5 进行共沸剂 CPO 的回收，在塔底获得质量纯度为 99.74%的 CPO，可作为共沸剂循环回共沸精馏塔 T2。萃取塔 T3 塔底的萃取相流入精馏塔 T4，用于回收萃取剂 H_2O。在 T4 塔底获得质量纯度为 99.90wt%的 EG，塔顶流股(含 95.63wt% H_2O 和少量 EG 和 CPO)和 T5 塔顶采出(含 23.34wt% H_2O, 73.75wt% CPO，以及少量 EG 和 1,2-BDO)合并循环到萃取塔 T3 作萃取剂。此外，考虑到共沸剂 CPO 和萃取剂 H_2O 都有一定的损失，在整个 EG 和 1,2-BDO 分离工艺流程中，需要补充少量新鲜的 CPO 和 H_2O。

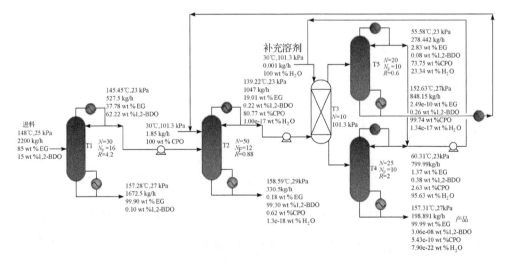

图 7-17   乙二醇和 1,2-BDO 分离过程的共沸蒸馏与共沸剂回收流程图
T1. 预分离精馏塔；T2. 共沸蒸馏塔；T3. 萃取柱；T4. 萃取剂回收精馏塔；T5. 共沸剂回收蒸馏塔

　　萃取剂的用量可显著影响萃取物质的回收率，因此借助 Aspen Plus 软件探究萃取剂 H_2O 流量对萃取塔塔顶采出中 EG 含量的影响。结果如图 7-18 所示，当萃取剂 H_2O 量达到 830.00 kg/h 时，T3 塔底流股中的 EG 流量最低，这表明几乎所有的 EG 都是通过 H_2O 从 CPO 中提取的，从而实现了 EG 和 CPO 之间的分离。因此，确定 T3 中的水的最佳流量为 830.00 kg/h。

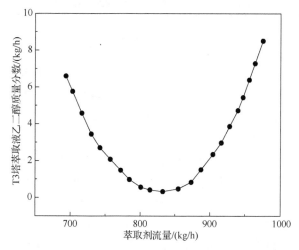

图 7-18　萃取剂(水)量对萃取塔萃取液中乙二醇(EG)流量的影响

　　此外，用于萃取剂回收的蒸馏塔 T4 和用于共沸剂回收的精馏塔 T5 均采用 Aspen Plus 模拟进行设计和优化。使用 Aspen Plus 模拟共沸剂循环和萃取剂循环的整个过程。模拟结果表明，T4 塔顶流股质量含水量为 95.63 ％，可返回萃取塔循环利用，T4 塔底采出液中 EG 的质量纯度可达到 99.99％，满足聚酯生产要求。

3. 优化结果分析

　　通过对精馏塔分析不仅考察了产品纯度和能耗对操作参数的敏感程度，而且以产品纯度为目标对操作参数进行优化。根据上述分析，对工艺流程进行模拟，优化后共沸精馏整个工艺装置优化结果和物流模拟结果如表 7-13～表 7-15 所示。

表 7-13　共沸精馏工艺流程各装置优化结果

变量	T1	T2	T3	T4	T5
操作压力/kPa	23.00	23.00	101.30	23.00	23.00
塔顶温度/℃	145.45	139.20	60.65	60.31	55.58
塔底温度/℃	157.28	158.55	123.10	157.31	152.63
塔板数	30	50	10	25	20
回流比	4.20	0.88		2.00	0.60
原料进料位置	16	42	10	10	10
共沸剂进料位置		2	1		

续表

变量	T1	T2	T3	T4	T5
冷凝器负荷/kW	−519.23	−281.07		−1538.04	−134.94
再沸器负荷/kW	525.40	351.45		1483.45	198.15

表 7-14　共沸精馏工艺主要物流模拟结果

变量		FEED	D1	W1	S1	D2	W2
温度/℃		148.00	145.45	157.28	30.00	139.20	158.3
压力/kPa		25.00	23.00	27.00	101.30	23.00	29.00
总摩尔流量/(kmol/h)		33.79	6.85	26.94	6.52	9.71	3.66
摩尔分数	EG	0.89	0.47	1.00	0.00	0.33	0.00
	1,2-BDO	0.11	0.53	0.00	0.00	0.00	0.99
	CPO	0.00	0.00	0.00	1.00	0.67	0.01
总质量流量/(kg/h)		2200.00	527.50	1672.50	850.00	1047.00	330.50
质量分数	EG	0.85	0.38	1.00		0.19	0.00
	1,2-BDO	0.15	0.62	0.00		0.00	0.99
	CPO				1.00	0.81	0.01

表 7-15　共沸精馏工艺共沸剂循环单元物流模拟结果

变量		FEED	MAKEUP1	D3	W3	MAKEUP2	D4	W4	D5	W5
温度/℃		148.00	30.00	60.10	122.60	30.00	59.66	157.42	54.06	152.62
压力/kPa		25.00	101.30	101.30	104.00	101.30	23.00	27.00	23.00	27.00
摩尔流量/(kmol/h)		33.79	0.01	11.83	46.04	0.00	43.84	3.20	5.31	6.52
摩尔分数	EG	0.89	0.00	0.01	0.07	0.00	0.00	1.00	0.02	0.00
	1,2-BDO	0.11	0.00	0.00	0.00	0.00	0.00	0.00	0.00	0.00
	CPO	0.00	1.00	0.68	0.00	0.00	0.00	0.00	0.68	1.00
	H_2O	0.00	0.00	0.30	0.92	1.00	0.99	0.00	0.30	0.00
质量流量/(kg/h)		2200.00	1.85	1126.59	998.88	0.00	799.99	198.89	278.44	848.15
质量分数	EG	0.85	0.00	0.01	0.20	0.00	0.01	1.00	0.03	0.00
	1,2-BDO	0.15	0.00	0.00	0.00	0.00	0.00	0.00	0.00	0.00
	CPO	0.00	1.00	0.93	0.02	0.00	0.03	0.00	0.74	1.00
	H_2O	0.00	0.00	0.06	0.77	1.00	0.96	0.00	0.23	0.00

　　以 CPO 为夹带剂,通过共沸蒸馏工艺分离 EG 和 1,2-BDO 的混合物,EG 和 1,2-BDO 的回收率分别为 99.98%和 99.45%。同时,CPO 的回收率达到 99.78%,结合使用 H_2O 作为萃取剂的精馏回收率达到 99.97%。结果表明,所提出的具有两个循环回路的 EG 和 1,2-BDO 混合物的分离工艺满足物料平衡,可以实现 EG 和 1,2-BDO 的完全分离。

7.4　变压精馏分离甲醇-碳酸二甲酯过程

7.4.1　背景简介

化学工业的出路在于大力开发和应用基于绿色化学原理产生和发展起来的绿色化学化工技术[64]。化工原料的选择和使用在绿色化学的研究和实践中极为重要。碳酸二甲酯(DMC)是一种重要的有机化工中间体,可进行羰基化、甲基化、甲氧基化、甲氧羰基化等多种有机化学反应,因此其作为一种绿色原料在有机合成中有着广泛的应用[65]。

DMC 工业生产过程中主要应用的是酯交换法和甲醇氧化羰基化法。在常压下,DMC 与 MEOH 形成二元恒沸物,恒沸温度为 64℃,共沸质量组成为:70%MEOH,30%DMC[66]。因此 DMC 与 MEOH 的混合物不能通过常规的方法实现分离。目前研究较多的分离常压下 DMC 与 MEOH 共沸物的方法有变压精馏法、萃取精馏法、共沸精馏法和冷冻结晶分离法。贾彦雷[67]对变压精馏、萃取精馏和共沸精馏进行比较,表明变压精馏更有优势。通过变压的方法分离 DMC 避免了外加溶剂的回收过程,还具有工艺流程短、设备投资少、操作方便、易控等优点。目前对于合成气制乙二醇流程中低 DMC 含量的 DMC-MEOH 混合物的分离研究不多见,专利指出[68]通过减压-加压精馏的方法可以将低浓度 DMC 的从 MEOH 中分离出来。本文以流程模拟软件 Aspen Plus 对常压-加压精馏分离 DMC-MEOH 的工艺进行模拟研究。

7.4.2　工艺简介与设计要求

物流条件如下：61.4℃，0.1 MPa，其中 DMC 6.81 kmol/h，MEOH 120.62 kmol /h。采用一个常压塔和一个加压塔串联的方式分离 DMC 与 MEOH 的混合物,在常压塔中塔釜得到 99.9wt% MEOH；常压塔塔顶的混合物进入加压塔进一步分离,在加压塔的塔釜得到 99.9wt% DMC,加压塔塔顶的混合物通过循环继续进入常压塔分离。图 7-19 给出了 DMC-MEOH 变压精馏分离流程。

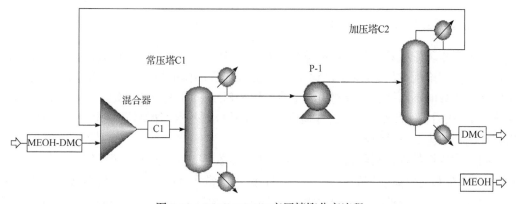

图 7-19　DMC-MEOH 变压精馏分离流程

7.4.3 物性方法与模型建立

对于 DMC-MEOH 共沸体系，热力学模型选择 Wilson 模型[69-70]，通过常压[71]和高压[72-73]下的汽液平衡数据回归得到的 DMC 与甲醇二元体系的交互作用参数见表 7-16。所得模型参数范围为：0.1～1.5 MPa，328～337 K。

表 7-16 回归所得 DMC 与甲醇的 Wilson 模型参数

组分 i	组分 j	a_{ij}	a_{ji}	b_{ij}	b_{ji}
DMC	MEOH	−2.725	2.4747	516.9068	−932.2068

运用 Aspen Plus 软件对工艺流程进行初步模拟，精馏塔模型均选用 RADFRAC 模块。模拟条件如下：常压塔 COLUM-1 的操作压力为 0.1 MPa，其理论板数为 20 块，第 8 块板为进料板，回流比为 3.2，塔底采出流量为 3868.314 kg/h；加压塔的 COLUM-2 的操作压力为 1 MPa，其理论板数为 16 块，第 9 块板为进料板，回流比为 1.1，塔底采出流量为 610.447 kg/h。表 7-17 给出了工艺流程的初步模拟结果，其中常压塔的再沸器热负荷为 6320.249 kW，加压塔的再沸器热负荷为 3086.140 kW。

表 7-17 优化前常压-加压分离流程的流股信息

变量	常压塔			加压塔	
	MEOH-DMC	流股 C1	MEOH	循环流股	DMC
温度/℃	61.40	62.90	63.80	133.2	171.5
压力/MPa	0.10	0.10	0.10	1	1
质量流量/(kg/h)	4478.76	6427.12	3 868.31	5816.67	610.45
MEOH/wt%	0.86	0.73	1	0.80	0.01
DMC/wt%	0.14	0.27	0.00	0.20	0.99

7.4.4 模拟结果与分析

1. 常压塔工艺参数的模拟优化

首先考察理论板数对常压塔的分离过程的影响并进行优化，保持其他参数不变，设置常压塔的理论板数从 20 块变化到 30 块，分离流程的模拟结果如图 7-20 所示。随着常压塔理论板数的不断增加，分离所得 DMC 与 MEOH 的质量分数开始不断增大，当理论板增至 25 块后，分离所得 DMC 与 MEOH 的质量分数基本不再明显增大，所以设置常压塔的理论板数为 25 块塔板。

固定常压塔的理论板数为 25 块，保持其他参数不变，设置进料板从第 6 块板变化到 12 块，考察其对分离效果的影响，图 7-21 给出了常压塔的进料板位置对分离过程的影响。随着进料塔板数的增大，分离得到的 DMC 和 MEOH 的质量分数先增大后减小，当进料板为第 8 块板时，二者质量分数均接近最大，并且此时两塔再沸器总能耗最小，所以最适宜的进料板位置为第 8 块板。

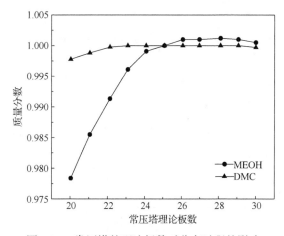

图 7-20　常压塔的理论板数对分离过程的影响

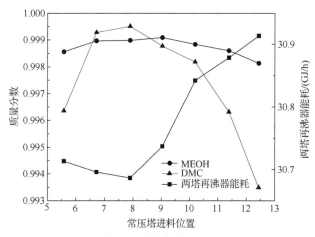

图 7-21　常压塔的进料板位置对分离过程的影响

　　对常压塔的回流比进行分析优化，考察常压塔的回流比对分离过程的影响，设置回流比从 2.8 变化到 3.6，模拟结果如图 7-22 所示。随着回流比的增大，分离所得 DMC 与 MEOH 的质量分数均开始增大，当回流比到达 3.0 以后，增幅不再明显，此时二者的质量分数均在 99.9% 以上，达到工艺分离要求。另外，随着常压塔回流比的增大，两塔再沸器的总能耗不断增大。综合考虑，设置常压塔优选的操作回流比为 3.0。

　　对常压塔模拟优化的结果如下：理论板数为 25 块，进料板为第 8 块，回流比为 3.0。

2. 加压塔工艺参数的模拟优化

　　同样先考察加压塔的理论板数对分离过程的影响，根据模拟结果优化理论板数。模拟结果如图 7-23 所示。分离效果随着理论板数的增大而越好，当理论板数达到 15 块后，分离所得 DMC 与 MEOH 的质量分数基本不再增加。因此，综合设备成本及设备操作弹性考虑，加压塔的理论板数设置为 17 块。

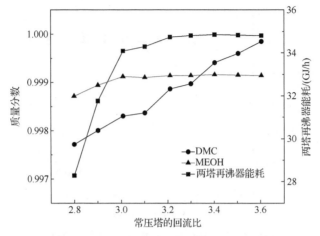

图 7-22   常压塔的回流比对分离过程的影响

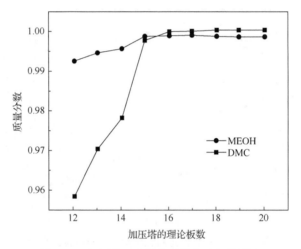

图 7-23   加压塔理论板数对分离过程的影响

由图 7-24 可知，随着进料板位置的下移，分离所得 DMC 与 MEOH 的质量分数均先增大后减小，在进料板为第 5 块时二者的纯度达到最大。然而两塔再沸器的总能耗却随着进料板位置的下移开始增大，当下移至第 5 块板时，再沸器的总能耗基本维持不变。从分离要求的角度考虑，第 5 块板为适宜的进料位置。

图 7-25 给出了加压塔的回流比对分离过程的影响，随着加压塔回流比的增大，分离所得 DMC 与 MEOH 的质量分数均开始增大，当回流比增至 0.7 后，二者的纯度不再明显增大。然而随着回流比的增大，两塔再沸器的总能耗一直增大。综合考虑，当回流比为0.9 时，DMC 与 MEOH 质量分数达 99.9%以上，满足分离要求，所以设置加压塔的回流比为 0.9。

对加压塔模拟优化的结果如下：理论板数为 17 块，进料板为第 5 块，回流比为 0.9。在优化后的条件下对整个流程进行模拟，模拟结果见表 7-18。

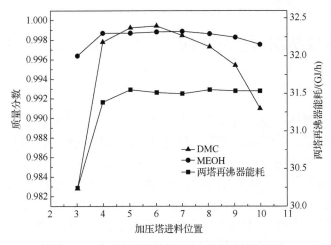

图 7-24　加压塔的进料位置对分离过程的影响

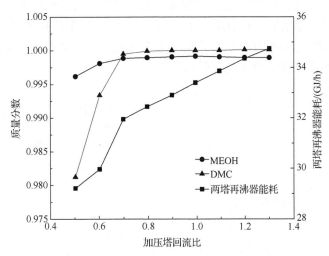

图 7-25　加压塔的回流比对分离过程的影响

表 7-18　优化后常压-加压分离流程的流股信息

变量	常压塔			加压塔	
	MEOH-DMC	流股 C1	MEOH	循环流股	DMC
温度/℃	61.40	62.90	63.90	133.20	175.80
压力/MPa	0.10	0.10	0.10	1.00	1.00
质量流量/(kg/h)	4478.76	6362.49	3868.34	5752.04	610.45
MEOH/wt%	0.86	0.72	1.00	0.80	0.00
DMC/wt%	0.14	0.28	0.00	0.20	1.00

7.5   反应-萃取精馏耦合分离四氢呋喃-乙醇-水三元共沸体系过程

7.5.1   背景简介

在一些化学和制药行业的废水中存在着各种各样的混合物，并且体系中存在多种二元及三元共沸物系，此时不能采用一般精馏方法进行分离[74]，因此开发节能有效的特殊精馏方法对共沸物的分离具有重要的意义。目前分离共沸物常用的特殊精馏方法有吸附[75]、萃取精馏[76-78]、共沸精馏[79]、变压精馏[80]、反应精馏[81-83]、膜分离[84-85]等。当共沸点对压力变化敏感时，可以通过改变操作压力使共沸点的组成发生变化从而实现共沸物的分离[86-88]，而萃取、共沸和反应精馏则是通过引入第三种组分分离共沸混合物。

四氢呋喃(THF)和乙醇(EtOH)是重要的有机合成助剂和有机溶剂，是生物燃料以及内燃机的可持续生物质来源[89-90]，在很多领域使用。其废水溶液常产生于十八甲基炔诺酮工业生产过程[91-93]，常压下，在 THF/EtOH/H$_2$O 体系中存在多种共沸物(H$_2$O-EtOH、H$_2$O-THF、EtOH-THF)和蒸馏边界(图 7-26)[94]，导致分离此类共沸体系相比于二元共沸混合物更为困难且设备投资和操作费用相比较高[95-96]。

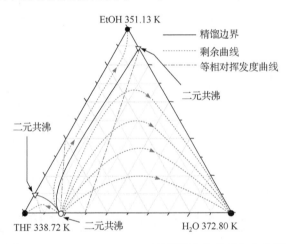

图 7-26   THF/EtOH/H$_2$O 三元共沸混合物的剩余曲线[94]

本节以 THF/EtOH/H$_2$O 三元共沸混合物系统为例，详细介绍一套系统的方法论用于反应-萃取精馏(RD-ED)过程分离三元共沸混合物，包含概念设计、全局优化和可持续评估等[94]。首先，通过文献确定出脱水的最佳反应剂为环氧乙烷(EO)，从而完成反应精馏-萃取精馏分离三元共沸混合物的概念设计；确定待优化变量，如离散变量塔板数和连续变量回流比等，采用改进的遗传算法对上述反应分离过程进行优化，得到最佳的操作参数；引入年度总成本(TAC)和 CO$_2$ 排放来评估所提出工艺的经济、环境效益。

7.5.2   工艺简介与设计要求

利用 EO 和 H$_2$O 的反应来脱除 THF/EtOH /H$_2$O 三元共沸混合物内的水组分，再利用萃取剂二甲基亚砜(DMSO)对于 THF 和 H₂O 的不同分子作用力,加入一定量的 DMSO 可以打破共沸的这一特点,采用反应精馏联合萃取精馏来实现复杂三元共沸体系的分离提纯[97]。RD-ED 分离三元共沸物工艺流程图如图 7-27 所示[94]。首先通过加入的 EO 和 H₂O 在反应精馏塔 C1 内进行反应脱除水,反应后生成的副产品乙二醇在反应精馏塔 C1 的底部采出,塔顶的 THF 和 EtOH 蒸汽进入 THF 和 EtOH 冷凝器冷凝后一部分回流至反应精馏塔 C1 内的上部,另一部分直接采出进入到萃取精馏塔 C2 的中下部,与从上部萃取剂 DMSO 进口进入的萃取剂逆流接触发生萃取作用;THF 从萃取精馏塔 C2 的顶部采出,经 THF 冷凝器冷凝后,一部分 THF 从萃取精馏塔 C2 的顶部回流到萃取精馏塔 C2 内进行汽液传质和传热,另一部分采出进入溶剂回收塔 C3;从萃取精馏塔 C2 的底部采出的 EtOH 和 DMSO 混合液进入溶剂回收塔 C3 的中部,EtOH 和 DMSO 在溶剂回收塔 C3 进行分离提纯,EtOH 蒸汽进入乙醇冷凝器冷凝后,一部分回流至溶剂回收塔 C3,另一部分采出。分离后四氢呋喃的产品纯度大于 99.5wt%,乙醇的纯度大于 99.5wt%,副产品乙二醇的纯度大于 99.9wt%,循环萃取剂 DMSO 的纯度大于 99.99wt%。

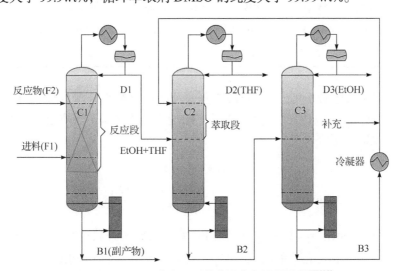

图 7-27　RD-ED 分离三元共沸混合物工艺流程图[98]

7.5.3　物性方法与模型建立

过程模型的可靠性是保证模拟结果准确性的关键,模型的选择至关重要。在 RD-ED 分离三元共沸混合物中,热力学模型、反应动力学模型是必不可少的。Yang 等[98]提出采用 NRTL 模型可以很好地预测研究系统的汽液平衡,RD-ED 过程相对应的二元交互参数如表 7-19 所示[94]。

表 7-19　THF/EtOH/H₂O 体系 NRTL 模型的二元交互参数

i	THF	THF	EtOH	THF	EtOH	H₂O	H₂O	THF
j	EtOH	H₂O	H₂O	EG	EG	EG	EO	EO
A_{ij}	2.32	1.21	−0.81	−1.75	14.84	0.35	0	0

续表

i	THF	THF	EtOH	THF	EtOH	H_2O	H_2O	THF
j	EtOH	H_2O	H_2O	EG	EG	EG	EO	EO
A_{ji}	−2.78	4.76	3.46	0.68	−0.11	−0.06	0	0
B_{ij}	−524.91	157.78	246.18	1083.20	−4664.41	34.82	188.69	−99.31
B_{ji}	905.74	−733.40	−586.08	32.86	157.59	−147.14	868.97	272.46
C_{ij}	0.3	0.47	0.3	0.4	0.47	0.3	0.3	0.3

i	EtOH	EO	THF	EtOH	H_2O	EG	EO
j	EO	EG	DMSO	DMSO	DMSO	DMSO	DMSO
A_{ij}	0	0	0	0	−1.25	0	0
A_{ji}	0	0	0	0	1.75	0	0
B_{ij}	−275.36	157.55	347.55	116.54	586.80	−407.99	−332.40
B_{ji}	380.62	−142.37	74.94	−393.32	−1130.22	125.28	426.42
C_{ij}	0.3	0.3	0.3	0.3	0.3	0.3	0.3

　　EO 与水的主反应是不可逆的，反应方程式及动力学参数见式(7-7)和式(7-8)[99]。对于 EO 与水反应生产二甘醇(EG)等一系列副反应的转化率相比于主反应很小，因此在 RD 设计过程中不考虑副反应。

$$EO + H_2O \longrightarrow EG \tag{7-7}$$

$$r[\text{kmol}/(\text{m}^3 \cdot \text{s})] = 3.15 \times 10^{12} \exp\left(-\frac{9547}{T}\right) x_{EO} x_{H_2O} \tag{7-8}$$

活化能单位为 kJ/kmol，x_{EO} 和 x_{H_2O} 分别为 EO 和水的摩尔分数；T 为反应温度。

　　根据 Tavan 和 Hosseini[99]的研究表明，在 RD 过程中，EO 与水的反应过程转化率接近于 100%，因此在进料过程中设定两组分的摩尔分数与化学计量数相同即 1∶1。剩余的 THF 和 EtOH 组分可以通过萃取精馏进行分离，从而减小分离过程的复杂性[96]。

7.5.4　模拟结果与分析

1. 概念设计

　　萃取剂的分离能力可以进一步通过非等/等相对挥发度曲线与萃取剂/目标产品之间的交点(x_p)来进行评价。交点越靠近目标产品(即 x_p 数值越小)，表明完成分离所需的萃取剂用量越小，操作和投资成本也相应地降低。如图 7-28 所示[94]，通过对比 THF/EtOH/DMSO 和 THF/EtOH/EG 三元相图内的挥发度曲线来确定分离 THF/EtOH 二元共沸混合物的最佳萃取剂。从图中可以看出，采用 DMSO 萃取剂的 x_p 点为 0.04，远小于采用 EG 萃取剂的 x_p 点 0.16。

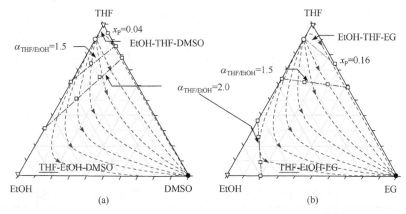

图 7-28   THF/EtOH/DMSO(a)和 THF/EtOH/EG(b)的非等/等相对挥发度曲线[94]

2. 优化结果

在优化过程中采用改进的遗传算法，使工艺的设备费用和操作费用最低。对 10 个离散变量和 8 个决策连续变量进行优化，从而筛选出最优的 RD-ED 过程。离散决策变量包括 C1～C3 塔的总塔板数、进料位置，以及反应段的上部和下部。馏出速率、回流比、夹带剂流量、持液量为连续决策变量。

优化的节能 RE-ED 分离 THF/EtOH/H₂O 的工艺如图 7-29 所示[98]。在此过程中，EO 与 H₂O 的反应发生在反应精馏塔 C1 中，共 27 个理论级(包括凝汽器和再沸器)。C1 塔回流比为 0.821，可从塔釜得到 99.94 mol%的 EG。反应物 EO 和 THF/EtOH/H₂O 共沸混合物分别从第 5 块和第 10 块板进料，反应段位于第 2 块和第 15 块之间，在反应段每个塔板的持液量为 0.089 m³。ED 塔 C2 和萃取剂回收塔 C3 分别有 28 和 25 个理论级，回流

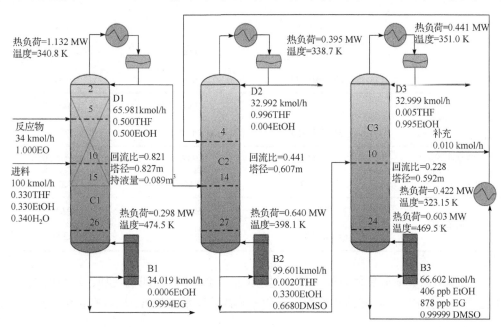

图 7-29   最优 RD-ED 过程分离 THF/EtOH/H₂O 三元共沸物[98]

比分别为 0.441 和 0.228。萃取剂 B3 物流和 THF/EtOH 混合物被送入第 4 和第 14 塔板，而塔 C3 的进料位置位于第 10 块板。另外，需要 0.010 kmol/h 的 DMSO 来补充 D2 和 D3 流中的损失量，在 C2 和 C3 塔顶得到 99.6 mol%的 THF 和 99.5 mol%的 EtOH。

3. 过程对比

表 7-20 列出了现有的三塔变压精馏(TCPSD)和建议的 RD-ED 工艺的 TAC 和 CO$_2$ 排放，结果显示 RE-ED 工艺的 TAC 和 CO$_2$ 排放量分别减少 63.22%和 83.84%[94]。总体而言，所建议的 RE-ED 工艺在经济效益和环境效益方面具有很大优势。

表 7-20　现有的 TCPSD 和建议的 RD-ED 工艺的 TAC 和 CO$_2$ 排放的比较

项目	变量	TCPSD 流程	RE-ED 流程
C1	塔板数	29	27
	塔径	1.23	0.83
	再沸器热负荷	2.79	1.13
	冷凝器热负荷	2.40	0.30
C2	塔板数	72	28
	塔径	1.18	0.61
	再沸器热负荷	3.38	0.40
	冷凝器热负荷	3.83	0.64
C3	塔板数	70	25
	塔径	1.23	0.59
	再沸器热负荷	3.08	0.44
	冷凝器热负荷	3.31	0.60
目标函数	总设备费用/$	3342000.00	1135445.80
	总操作费用/$	1067000.00	423777.60
经济指标	TAC/$	2181000.00	802259.50
	TAC 节省	0.00	63.22%
环境指标	CO$_2$ 排放/(kg/h)	3696.28	597.19
	CO$_2$ 排放节省	0.00	83.84%

除了本节研究的分离体系外，此工艺还可推广到甲醇/水/四氢呋喃、乙腈/甲醇/水、乙酸乙酯/乙醇/水等具有多种共沸物的复杂三元共沸体系的分离，回收有价值的产品，实现清洁生产工艺。

7.6　萃取-共沸精馏回收乙酸的过程

7.6.1　背景简介

乙酸又称醋酸,是一种重要的基础有机化工原料,广泛应用于多个行业和领域,如医药、有机合成、香料等。近几年来,乙酸的消费量逐年增加,尤其是以乙酸为原料生产PTA 大大拉动了乙酸的需求量。

乙酸是良好的溶剂,是有机合成工业的重要原料,可用于制造如阿司匹林等药物,用于生产乙酸盐,如钴、锰、铅、锌等金属盐。《排污许可证申请与核发技术规范制药工业—原料药制造》(HJ858.1—2017)中规定废水排放中乙酸的质量浓度要低于 2%,尽管浓度很低但排放的废水总量很大[100],因此也造成了乙酸的大量浪费,应该引起人们的注意。

7.6.2　工艺简介与设计要求

工业上乙酸-水溶液的主要分离方法有:精馏法、吸附法、萃取法等。其中,萃取-共沸精馏法具有耗能低、流程简单且引入杂质少的优点。

白鹏等[101]以乙酸乙酯和苯的混合溶剂作为萃取剂,将乙酸从水层萃取到有机层进行浓缩,再对有机层进行精馏,塔底得到含有大量乙酸的混合物,向混合物中加入夹带剂乙酸丁酯并进行共沸精馏,塔顶蒸出水和夹带剂乙酸丁酯的共沸物,再对乙酸丁酯进行回收重复利用。塔釜采出乙酸,达到分离提纯的目的。李玲[100]在萃取共沸精馏联合回收乙酸中,通过比较乙酸酯类的各种参数特性和三相平衡数据,得出乙酸仲丁酯是分离乙酸水溶液的优良萃取剂及共沸剂。

液液萃取-共沸精馏联合操作回收乙酸废水的流程如图 7-30 所示。

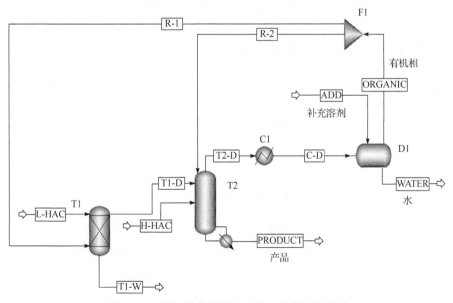

图 7-30　萃取-共沸精馏法处理乙酸废水流程图

乙酸仲丁酯是萃取塔的萃取剂和共沸精馏塔的共沸剂，稀乙酸送入填料萃取塔顶部，共沸精馏塔的塔顶回流液分一股作为萃取剂送至萃取塔的底部，与稀乙酸进行常温逆流接触萃取。萃取塔塔顶得到含乙酸仲丁酯、乙酸和少量水的萃取相，塔底得到萃余相为含微量乙酸的水，塔顶萃取相与另一浓度较高的乙酸废水共同送入共沸精馏塔的上半部进行进一步提纯，共沸精馏塔塔顶得到的乙酸仲丁酯与水、微量乙酸的混合物经过分层器分层后，油相乙酸仲丁酯的一部分作为萃取塔萃取剂，另一部分送入共沸精馏塔塔顶回流。分层器中的水相与萃取塔的萃余相一同进入溶剂回收塔回收乙酸仲丁酯。共沸精馏塔塔釜得到较纯的乙酸。该工艺可克服直接采用精馏法导致的回流比大、能耗高等缺点，增大稀乙酸回收的生产能力。

萃取塔实现乙酸和水的初分离，此时根据共沸体系，乙酸质量分数是 0.39，含量最多的是萃取剂；为使乙酸达到产品要求，进一步采用共沸精馏进行分离提纯，将乙酸的质量分数提高到 0.997，从而达到乙酸的产品纯度要求。

7.6.3 物性方法与模型建立

萃取精馏分离乙酸和水体系常用的萃取剂有三类：乙酸酯类、酮类、芳烃类。针对乙酸酯类萃取剂，Hu 等[102]实验测定了三元体系在不同温度下的液液平衡，运用 NRTL 物性方法和 UNIQUAC 物性方法对液液平衡数据进行拟合，结果表明 NRTL 和 UNIQUAC 计算的结果与实验数据吻合度高，且 NRTL 计算的吻合度比 UNIQUAC 更好。实际上，乙酸仲丁酯在乙酸存在下会自催化分解为仲丁醇和乙酸，李玲等[100]用 NRTL 模型对水-仲丁醇-乙酸仲丁酯-乙酸四元体系液液相平衡数据进行拟合，获得了描述四元体系的液液平衡关系的 NRTL 模型参数。

采用 Aspen Plus 流程模拟软件建立流程，萃取塔选择塔设备下的 Extract 下的 ICON2，共沸精馏塔选择塔设备下的 RadFrac 下的 ABSBR1 模型，如图 7-31 所示。然后通过换热器后改变温度，再通过液液分流器 Decanter，分为有机相和液相。有机相含有充当萃取剂和共沸剂的乙酸仲丁酯，将其循环使用。有机相再通过流股分离器 FSplit 分为两股，一股进入共沸精馏塔内，另一股返回萃取塔内。

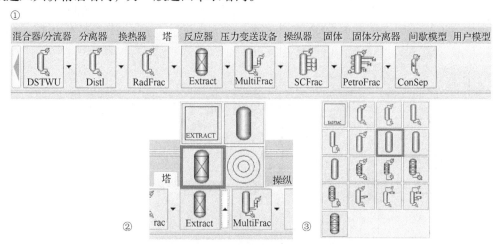

图 7-31 萃取-共沸精馏模块选择

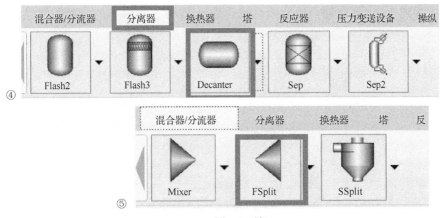

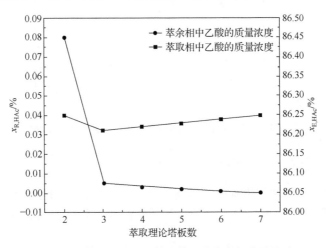

图 7-31(续)

为了得到尽可能纯的乙酸产品，同时降低系统的能耗，先分别对液液萃取塔和共沸精馏塔进行优化，再在优化基础上对液液萃取-共沸精馏联合操作进行模拟。在单塔优化过程中，将两股循环物流 R-1、R-2 依次断开，并在萃取塔塔盖和共沸精馏塔塔顶分别加入一股乙酸仲丁酯进料。由于在萃取塔及共沸精馏塔中乙酸仲丁酯的停留时间很短，乙酸仲丁酯的水解很慢，因此在萃取塔及共沸精馏塔模拟中不考虑乙酸仲丁酯的水解。在萃取-共沸精馏操作过程中也会有很多其他影响操作的因素。

1. 萃取理论塔板数对萃取结果的影响

调整理论塔板数 N，其他工艺参数保持不变，当理论塔板数由 2 变化到 3 时，萃余相中乙酸浓度急剧下降，随着理论塔板数的继续增加，其浓度基本不变，见图 7-32，所以当理论塔板数达到 3 时，原料中的乙酸就基本都被萃取。

图 7-32　萃取理论塔板数对萃取塔分离性能的影响

2. 萃取剂用量对萃取结果的影响

在理论塔板数为 3 的萃取塔中，调整萃取剂进料流量，萃取剂与废水质量比(W_{SBAC}：

W_{HAc-H_2O})从 0 到 1.4，萃取剂与废水质量比达到 0.76 时，萃取塔的分离性能优异，见图 7-33。

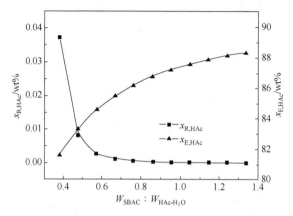

图 7-33 萃取塔萃取剂与废水质量比对萃取塔分离性能的影响

3. 理论塔板数对共沸精馏塔分离性能的影响

随着理论塔板数 N 从 15 到 35，当理论塔板数达到 25 后，塔釜中的乙酸浓度增加幅度变得不明显，如图 7-34 所示，所以选择理论塔板数为 25。

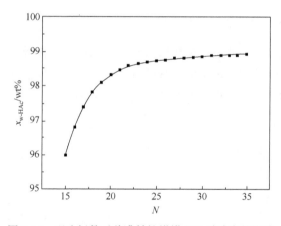

图 7-34 理论板数对共沸精馏塔塔釜乙酸浓度的影响

4. H-HAc 进料位置对共沸精馏塔分离性能的影响

当进料位置在第 16 块理论板时，塔釜乙酸浓度达到最大，随着进料位置下降，塔釜乙酸浓度急剧下降，如图 7-35 所示，所以选择高浓度乙酸废水(H-HAc)进料位置为第 16 块塔板。

5. T1-D 进料位置对共沸精馏塔分离性能的影响

改变萃取相 T1-D 进料位置，从 0 到第 25 块塔板，当进料位置为第 10 块理论塔板

时，乙酸和水能有效地分开来，如图 7-36 所示，因此萃取相 T1-D 的进料位置定为第 10
块理论板。

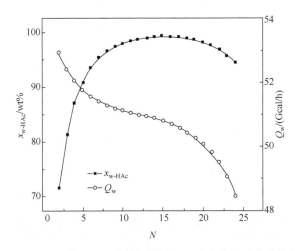

图 7-35　H-HAc 进料位置对共沸精馏塔塔釜乙酸浓度及再沸器热负荷的影响

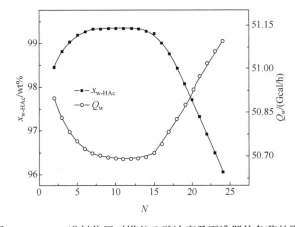

图 7 36　T1-D 进料位置对塔釜乙酸浓度及再沸器热负荷的影响

6. 共沸剂循环用量对共沸精馏塔分离性能的影响

保持其他工艺参数不变，改变共沸剂的用量，随着共沸剂与废水质量比(W_{SBAc}：
W_{HAc-H_2O})的增加，塔釜乙酸浓度先增加后减小，当共沸剂与废水的用量比达到 1.6 时，
乙酸浓度最高，如图 7-37 所示，因此共沸剂与废水质量比定为 1.6。

7.6.4　模拟结果与分析

对于上述四元体系，根据相应的模型，在已知初始浓度，并且由上述公式得到体系
平衡温度 T 及组成后，可以求出其他组分的汽液相组成。用微粒数群法结合单纯形法对
NRTL 模型进行回归得到相关模型参数，见表 7-21。

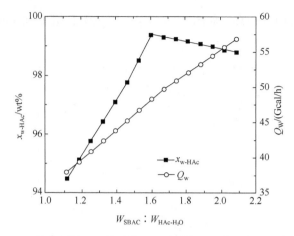

图 7-37　共沸剂循环用量对塔釜乙酸浓度及再沸器热负荷的影响

表 7-21　水-仲丁醇-乙酸仲丁酯-乙酸 NRTL 模型参数

	模型参数			
$\Delta g_{12} = 13165.47$	$\Delta g_{21} = 2563.25$	$\Delta g_{23} = 4920.28$	$\Delta g_{32} = 4920.28$	
$\Delta g_{13} = 12698.56$	$\Delta g_{31} = -2799.85$	$\Delta g_{24} = -4027.32$	$\Delta g_{42} = -4314.09$	$\alpha_{ij} = 0.3$
$\Delta g_{14} = 14228.26$	$\Delta g_{41} = -3745.32$	$\Delta g_{34} = -3303.36$	$\Delta g_{43} = 6841.04$	

　　由表 7-22 可知，运用 NRTL 模型对四元体系数据进行关联，计算值与实验值的平均绝对偏差很小，说明所建立的热力学模型和 NRTL 模型能够很好地描述该四元体系的相平衡数据。

表 7-22　水-仲丁醇-乙酸仲丁酯-乙酸四元反应体系 NRTL 模型计算值与实验值偏差

序号	$\Delta T / K$	Δx_2	Δx_4	Δy_1	Δy_2	Δy_3	Δy_4
1	3.13	0.0050	−0.0051	−0.0085	−0.0085	0.0105	0.0014
2	3.60	−0.0004	0.0003	−0.0168	−0.0168	0.0029	−0.0014
3	3.76	0.0088	−0.0088	0.0037	0.0037	−0.0033	0.0002
4	3.86	0.0085	−0.0085	0.0093	0.0093	−0.0174	−0.0021
5	2.83	0.0010	−0.0010	0.0077	0.0077	−0.0003	0.0012
6	1.40	−0.0050	0.0049	0.0421	0.0421	−0.0087	0.0004
7	2.42	−0.0051	0.0052	0.0230	0.0230	−0.0011	0.0004
8	3.85	−0.0040	0.0041	−0.0177	−0.0177	0.0091	0.0055
9	3.46	0.0031	−0.0032	−0.0094	−0.0094	0.0094	−0.0034
10	2.59	0.0112	−0.0112	−0.0143	−0.0143	−0.0033	−0.0067
11	3.07	0.0135	−0.0135	−0.0009	−0.0009	0.0083	−0.0051
平均绝对值	3.09	0.0060	0.0060	0.0115	0.0139	0.0067	0.0025
平均绝对相对偏差/%	0.84	6.43	3.09	1.60	14.53	6.10	5.42

李玲[100]对该模型进行了计算并且对萃取-共沸精馏回收乙酸废水流程进行了模拟，模拟结果见表 7-23、表 7-24。

表 7-23　各进料流股组成

流股		L-HAc	H-HAc	萃取剂 SBAC	共沸剂 SBAC
总质量流量/(kg/h)		10500.00	143317.00	8000.00	770000.00
各组分质量流量/(kg/h)	水	6097.00	27271.00	80.00	7700.00
	乙酸	4403.00	116046.00	0.00	0.00
	乙酸仲丁酯	0.00	0.00	7920.00	762300.00
各组分质量分数	水	0.58	0.19	0.01	0.01
	乙酸	0.42	0.81	0.00	0.00
	乙酸仲丁酯	0.00	0.00	0.99	0.99

表 7-24　液液萃取-共沸精馏操作模拟结果

		PRODUCT	WATER	T1-D	T1-W	R-1	R-2	ADD
质量流量/(kg/h)		120500.00	28062.06	14810.92	5263.29	275360.62	9574.21	13.00
各组分质量流/(kg/h)	水	272.73	27872.88	1043.14	5222.02	4836.66	168.16	0.13
	乙酸	120216.85	187.6	5832.1	40.91	42280.20	1470.01	0.00
	乙酸仲丁酯	10.42	1.57	7935.69	0.36	22843.76	7936.05	12.87
各组分质量分数	水	0.00	0.99	0.07	0.99	0.02	0.02	0.01
	乙酸	1.00	0.01	0.39	0.01	0.15	0.15	0.00
	乙酸仲丁酯	0.00	0.00	0.54	0.00	0.83	0.83	0.99

模拟流程达到稳态后，共沸精馏塔塔内的温度分布、气相组成分布和液相组成分布分别如图 7-38、图 7-39 和图 7-40 所示。

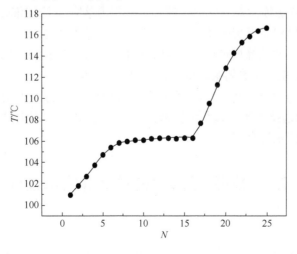

图 7-38　共沸精馏塔温度分布

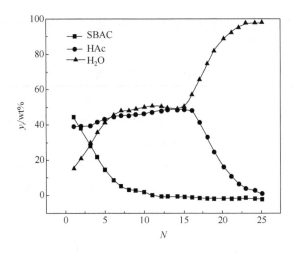

图 7-39　共沸精馏塔内气相组成分布

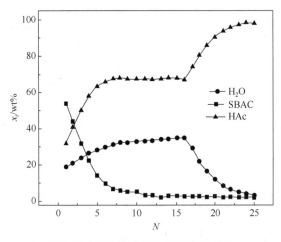

图 7-40　共沸精馏塔内液相组成分布

结论：用非平衡级模型对上文以乙酸仲丁酯作为萃取-共沸精馏技术回收乙酸废水的萃取剂进行了相关模拟。得到的适宜的工艺条件为：萃取塔 3 块理论板，萃取剂与废水量质量比为 0.76，共沸精馏塔理论板为 25，H-HAc 进料位置为第 16 块塔板，萃取相的进料位置为第 10 块板，共沸剂循环量与废水量比为 1.6。

乙酸仲丁酯作为回收乙酸废水的萃取剂和共沸剂，乙酸能很好地与水分离开来，并且运用萃取-共沸精馏技术比单独共沸精馏技术的能耗低很多。以上就是本节对萃取-共沸精馏技术回收乙酸废水的介绍。

7.7　精馏-蒸汽渗透膜耦合脱水过程

7.7.1　背景简介

精馏技术作为有机溶剂中脱水的主要单元操作，存在能耗大、效率低、成本高等缺点。常见的有机溶剂如乙醇、异丙醇、乙二醇醚等会与水形成共沸物，用普通精馏无法得到高纯度的产品，而精馏-膜耦合技术作为一种高效的分离工艺发展迅速，在经济或能耗上与传统工艺相比较均有优势[103-104]，具有很好的应用前景。其耦合形式根据分离需求主要分为三种，如图 7-41 所示。

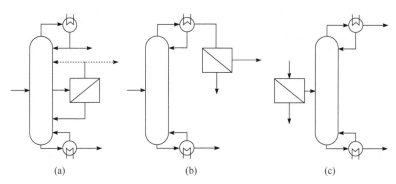

(a)　　　　　　　　　(b)　　　　　　　　　(c)

图 7-41　精馏-蒸汽渗透膜耦合结构

图 7-41(a)：蒸汽渗透膜组件用于精馏塔侧线采出的分离，截留侧与渗透侧的气体分别回到精馏塔，其主要目的是降低精馏塔所需塔板数或者回流比，从而减少年费用。图 7-41(b)：蒸汽渗透膜组件放置于精馏塔后，用于分离塔顶馏出气，形成精馏-蒸汽渗透(D-VP)结构，其主要作用有两方面，一是分离精馏塔无法处理的共沸体系，二是可作为馏出气的精加工过程。该结构充分发挥了膜分离技术的优势，且精馏塔的存在又弥补了膜处理大通量分离任务的不足。图 7-41(c)：蒸汽渗透膜组件安装于精馏塔前面，形成蒸汽渗透-精馏(VP-D)结构，而 VP-D 常置于初馏塔后构成精馏-蒸汽渗透-精馏(D-VP-D)，其主要目的是在膜组件打破共沸或者浓缩原料液后，利用精馏塔完成后续的分离工作，减少膜组件的费用。本节以 NaA 蒸汽渗透膜耦合精馏技术分离乙醇水体系，详述 D-VP 脱水过程的模型建立与工艺优化[105]。

7.7.2　工艺简介与设计要求

图 7-42 是乙醇/水体系的 D-VP 流程图，主要考虑串联的膜分离过程模拟。乙醇/水溶

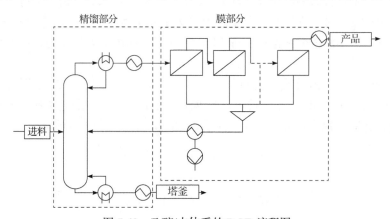

图 7-42　乙醇/水体系的 D-VP 流程图

液进入精馏塔后，乙醇在塔顶富集，塔底排出废水。分馏器出来的气体混合物经过热器加热后，在蒸汽渗透膜组件中再次脱水，截留侧为产品，渗透侧气体经冷凝后回到塔内。表 7-25 是 D-VP 过程的进料条件与设计规定。

表 7-25   D-VP 过程进料条件与设计规定

变量	数值
进料流率/(m³/a)	25000.00
进料乙醇浓度/wt%	37.00
进料温度/℃	30.00
塔底乙醇浓度/wt%	<0.05
产品乙醇浓度要求/wt%	99.60

7.7.3   物性方法与模型建立

蒸汽渗透膜分离模型的建立是精馏-膜耦合流程模拟的基础步骤，本节 NaA 分子筛膜采用了吸收-扩散理论的半经验模型，主要包括质量守恒方程、能量守恒方程、膜通量方程、归一化方程、压差方程以及各种物性的计算。建模的工具采用 Aspen Tech 公司的 Aspen Custom Modeler(ACM)。

1. 膜分离过程模型的建立

NaA 分子筛膜是典型的高选择性、高通量的亲水型膜材料。在 NaA 分子筛膜的蒸汽渗透模型研究中，主要以理论模型为主，半经验模型为辅。Sato 等[106]研究了在乙醇水体系下操作变量对于 NaA 分子筛膜分离效果的影响，并基于实验结果给出膜通量的半经验方程，其表达式为式(7-9)：

$$J_i = Q_{i,\text{ref}} \cdot \exp\left[\frac{E_i}{R}\left(\frac{1}{T_{\text{ref}}} - \frac{1}{T_{\text{F}}}\right)\right] \cdot (x_{\text{F}i} p_{\text{F}} - x_{\text{P}i} p_{\text{P}}) \tag{7-9}$$

式中，$Q_{i,\text{ref}}$ 为 i 组分在参照温度 T_{ref} 为 120℃下的摩尔渗透系数；E_i 为 i 组分在蒸汽渗透过程中所需要的活化能，它结合了分子在膜中吸附和扩散所需要的活化能；$x_{\text{F}i}$ 和 $x_{\text{P}i}$ 分别为组分 i 在截留侧和渗透侧的浓度；p_{F} 和 p_{P} 为截留侧和渗透侧的压力；R 为摩尔气体常量；T_{F} 为渗透温度。

蒸汽渗透管式膜并流传质过程的原理图如图 7-43 所示，F_{R} 和 F_{P} 分别为每个单元截留侧与渗透侧的进料流量，J 是渗透量。在建模过程中，蒸汽渗透模型被离散为 N_{disc} 个相同的单元进行计算。每个单元的质量守恒方程如式(7-10)、式(7-11)所示：

$$\Delta F_{\text{R}i} + \frac{\text{d}M_i}{\text{d}t} - J_i \cdot \Delta A_{\text{mem}} = 0 \tag{7-10}$$

$$\Delta F_{\text{P}i} + \frac{\text{d}M_i}{\text{d}t} - J_i \cdot \Delta A_{\text{mem}} = 0 \tag{7-11}$$

式中，ΔF_{Ri} 和 ΔF_{Pi} 分别为组分 i 的摩尔流量在截留侧与渗透侧的变化；单位膜面积 ΔA_{mem} 是由膜的总面积 A_{mem} 和单元数 N_{disc} 决定的，见式(7-12)：

$$\Delta A_{mem} = \frac{A_{mem}}{N_{disc}} \tag{7-12}$$

由于蒸汽渗透过程没有相变，则假设温度恒定，且气相主体的传质阻力低，浓度极化可以忽略[107]。管式膜组件管程压降可以由 Hagen-Poiseuille 方程[108][式(7-13)]计算：

$$\Delta p = -\frac{8\eta F_P RT}{\pi r^4 p} \cdot \Delta l \tag{7-13}$$

式中，η 为混合物的动力黏度；F_P 为物料流量；T 为温度；r 为管式膜的半径。管式膜组的壳程可以由式(7-14)计算：

$$\Delta p = -\frac{8\eta F_R RT}{\pi(D^2 - r^2) \cdot \left[\dfrac{D^2 - r^2}{\ln(D^2/r^2)} - (D^2 + r^2)\right] \cdot p} \cdot \Delta l \tag{7-14}$$

式中，D 为膜组的半径。

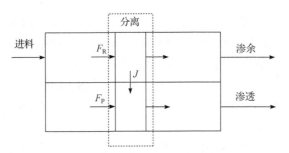

图 7-43　蒸汽渗透膜并流过程原理图

2. 实验与参数拟合

由于在建立蒸汽渗透膜分离模型中使用的是半经验模型，因此需要实验数据来拟合半经验模型的未知参数。VP 装置的示意图如图 7-44 所示，采用容量为 2 L 容量的带有蒸汽盘管的进料罐作为蒸发器，以维持饱和蒸汽的生产。在压力稳定的时候，能量输入由蒸汽盘管阀门的开度决定。然后水蒸气进入由江苏九天高科技股份有限公司提供的管状膜组件，该组件采用 NaA 沸石膜，有效膜面积为 0.03 m²，用于乙醇脱水。膜的截留侧紧接着一个蛇形冷凝管，将分离后的气体冷至 50℃ 左右成液体，并用泵将冷凝后的液体输送回进料罐。渗透侧可以被真空泵抽至真空，渗透出来的气体被充有液氮的冷阱冷凝。

在 ACM[109]中建立蒸汽渗透实验装置模型，采用非线性最小二乘法对实验数据回归，得到的水和乙醇的半经验方程分别是式(7-15)和式(7-16)：

$$J_W = 3.388 \times 10^{-1} \times \exp\left[\frac{-8.442}{R}\left(\frac{1}{T_{ref}} - \frac{1}{T_F}\right)\right] \cdot (x_{FW} p_F - x_{PW} p_P) \tag{7-15}$$

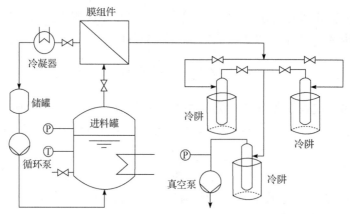

图 7-44   测量蒸汽渗透膜性能的实验装置

$$J_e = 1.048 \times 10^{-5} \times \exp\left[\frac{-89.349}{R}\left(\frac{1}{T_{ref}} - \frac{1}{T_F}\right)\right] \cdot (x_{Fe}p_F - x_{Pe}p_P) \tag{7-16}$$

3. D-VP 的严格模型

严格模型的优化过程在 Aspen Plus 里进行，因为 Aspen Plus 拥有大量的单元操作模型、热力学参数与功能模块。在单元操作模型选用方面，精馏塔选用 Radfrac 模块，蒸汽渗透膜选用上述介绍的蒸汽渗透模型，由 ACM 进行建模，然后输出到 Aspen Plus 中进行模拟，其余单元操作如换热器采用 Heater 模块，泵采用 Pump 模块。换热器的最小温度差设定为 10℃。在热力学模型方面，乙醇/水体系采用 WILSON-RK 模型，该模型适用性已经被 Mulia-Soto[110]验证。

本节将精馏塔塔顶与膜连接流股的浓度 X_d 和压力 p 作为优化过程的关键参数，为了这两个参数对 TAC 的影响，可以通过改变关键参数进行灵敏度分析。由于在 Aspen Plus 中，该方法计算量大，且不能对关键参数进行连续的灵敏度分析，因此研究的塔顶乙醇浓度选为 75wt%、80wt%、85wt%和 90wt%，塔顶压力选为 0.2 MPa、0.3 MPa、0.4 MPa、0.5 MPa、0.6 MPa 和 0.7 MPa。

7.7.4   模拟结果与分析

图 7-45 是灵敏度分析的计算结果，显示了在不同精馏塔塔顶浓度和压力下 D-VP 流程的 TAC。在低压以及浓度接近共沸点的情况下，TAC 大幅度升高；压力过高，以及浓度过低也会使 TAC 维持在一个较高的水平。由此看出，塔顶浓度与压力均是权衡精馏塔与蒸汽渗透过程费用的重要参数，可以通过确定合适的塔顶浓度与压力来找到 TAC 最小的流程。

为了更深入地理解关键参数与 D-VP 流程 TAC 的关系，图 7-46 考察塔顶乙醇浓度和压力对膜面积和蒸汽费用的影响。如图 7-46(a)所示，塔顶压力从 0.2 bar(bar=10^5 Pa)提升到 0.3 bar 的过程中，由于膜面积显著减少，因此 TAC 大幅度下降。然而再提升压力至 0.7 bar 的过程中，膜面积降低速率减缓。相反的如图 7-46(b)所示，塔压的提升使乙醇/水

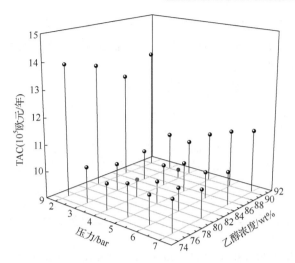

图 7-45 塔顶乙醇浓度和压力对 D-VP 流程 TAC 的影响

体系在共沸点前更难分离,则更高的回流比以及更贵的蒸汽费用导致 TAC 在 0.4～0.7 bar 呈升高的趋势。通过图 7-45 可以得知,该流程最佳的塔顶压力在 0.4 bar 左右,最佳塔顶浓度在 80%～85%。当塔顶浓度高于最佳浓度区间,浓度越接近共沸点,回流比增加速率越快,导致膜费用的减少不足以抵消蒸汽费用的增加。由图 7-46(a) 和图 7-46(b) 可知,膜面积对于浓度的敏感度较低,因为膜面积大部分用于痕量有机物的脱水;蒸汽费用在低塔顶浓度区变化也不大。所以当塔顶出料浓度低于最佳浓度区间时,塔顶乙醇浓度降低,TAC 呈缓慢增加的趋势。

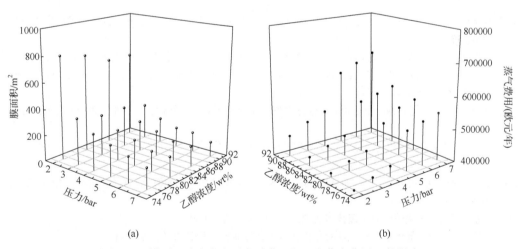

(a)   (b)

图 7-46 塔顶乙醇浓度和压力对膜面积(a)和蒸汽费用(b)的影响

习 题

7-1 在整个轻汽油醚化工艺中,哪些过程的能耗较高? 如何改善能耗高的问题?

7-2 轻汽油醚化工艺流程设计中为什么要设计前后两个醚化反应器? 它们的作用分别是什么? 醚化反应精馏塔中回流比的改变会造成哪些影响?

7-3 利用共沸精馏分离乙二醇和 1,2-丁二醇的关键是什么? 选取共沸剂的原则有几方面?

7-4 在相同的压力下通过变压精馏分离甲醇-碳酸二甲酯混合物, 处理什么样的组成总能耗最低?

7-5 怎样确定该四元体系的物性方法?

7-6 怎样选择适合该体系的热力学模型? 是怎样判断的?

参 考 文 献

[1] 王健, 万功远, 董大清, 等. 催化轻汽油醚化工艺综述. 齐鲁石油化工, 2017, 45(4): 328-334.

[2] 李吉春, 孙世林, 薛英芝, 等. 催化裂化轻汽油醚化技术开发及工业应用. 石油化工, 2019, 48(10): 1057-1062.

[3] 张士元, 王艳永, 田振兴, 等. 催化轻汽油醚化技术. 石化技术与应用, 2020, 38(3): 186-189.

[4] 孙守华, 孟祥东, 周洪涛, 等. 催化裂化轻汽油催化蒸馏醚化技术的工业应用. 现代化工, 2014, 3(12) : 128-130.

[5] Ouni T, Jakobsson K, Pyhälahti A, et al. Enhancing productivity of side reactor configuration through optimizing the reaction conditions. Chemical Engineering Research & Design, 2004, 82(2): 167-174.

[6] Pescarollo E, Trotta R, Sarathy P. Etherify light gasolines. Hydrocarbon Processing, 1993, 72(2): 53-60.

[7] 张阳, 王健. 催化裂化轻汽油醚化研究进展. 当代化工, 2016, 45(9): 2224-2225.

[8] 李亚军. 催化裂化轻汽油醚化技术. 石化技术与应用, 2002, 20(3): 6.

[9] 赵耘, 许倩倩. 催化裂化轻汽油醚化技术的工业应用. 石化技术, 2017, 24(4): 31.

[10] 唐艺桐. 催化轻汽油醚化装置反应精馏工艺过程研究与装置设计. 青岛:青岛大学, 2017.

[11] 李志仁, 何瑛. 催化轻汽油醚化技术能耗对比研究. 辽宁化工, 2015, 44(5): 589-590, 595.

[12] 吕文钧. 轻汽油醚化反应器单元的模拟和优化. 天津:天津大学, 2014.

[13] 王海彦, 陈文艺, 马骏, 等. 催化裂化 C5 轻汽油组分醚化新型催化剂的性能研究. 炼油设计, 2001, 31(2): 26-29.

[14] 张松显, 李长明, 赵著禄, 等. 催化轻汽油醚化 LNE-3 工艺技术的工业应用. 石化技术与应用, 2016, 34(4): 303-307.

[15] 满玉元, 王晋, 周洪涛. 轻汽油醚化装置催化剂的国产化工业应用. 炼油与化工, 2020, 31(2): 25-26.

[16] 张强, 孟祥东, 孙守华, 等. Amberlyst 35 树脂催化剂在催化裂化轻汽油醚化装置的工业应用. 石油炼制与化工, 2015, 46(1): 28-33.

[17] 刘成军, 张勇, 赵著禄, 等. 250 kt/a 催化轻汽油醚化装置的改造及优化. 中外能源, 2016, 21(12): 72-78.

[18] 吕晓东, 刘春江, 周洪涛, 等. CDM-系列开窗导流式催化精馏模块在 C4/C5 醚化等反应中的工业应用. 工业催化, 2018, 26(12): 69-72.

[19] 王瀛, 周洪涛, 张卓华, 等. CDM-系列国产催化精馏模块在轻汽油醚化装置的工业应用. 当代化工, 2018, 47(12): 2627-2675.

[20] 广翠. 轻汽油醚化的反应精馏技术研究. 天津:天津大学, 2009.

[21] 张锐. 基于渗流催化剂的轻汽油醚化催化精馏过程研究. 天津:天津大学, 2010.

[22] 史鹏涛. 轻汽油醚化装置全流程模拟. 北京:北京化工大学, 2019.

[23] 王美川. 轻汽油醚化工艺的对比分析及优化. 青岛:中国石油大学(华东), 2015.

[24] 路士庆, 杨伯伦, 雷震, 等. 流化催化裂化轻汽油组合式醚化工艺的模拟. 化学反应工程与工艺, 2008, 24(3): 246-251, 276.

[25] 袁清, 毛俊义, 黄涛, 等. 轻汽油醚化催化蒸馏过程模拟研究. 石油炼制与化工, 2011, 42(7): 67-72.

[26] 李鑫钢, 张锐, 高鑫, 等. 轻汽油反应精馏醚化过程模拟. 化工进展, 2009, 28(S2): 364-367.

[27] Katzer J, Ramage M, Sapre A. Petroleum refining: Poised for profound changes. Chemcal Engineering

Progress, 2000, 96(7): 41-51.

[28] Venner S. EU environmental laws impact fuels' requirements: Feedstocks products and terminals: A special report. Hydrocarbon Processing, 2000, 79(5): 51-60.

[29] Hattiangadi U, Spoor M, Pal S. Clean fuels: A strategy for today's refiners. Oil & Gas Journal, 2000, 12(5): 93-101.

[30] Miller R, Macris A, Gentry A. Treating options to meet clean fuel challenges. Fuel, 2001, 3(6): 69-74.

[31] 卜欣立, 闫永辉, 王玉环. FCC 汽油脱硫新技术. 石家庄职业技术学院学报, 2002, 14(4): 3.

[32] Antos G, Solari B, Monque R. Hydroprocessing to produce reformulated gasolines: The ISAL™ process. stud. Studies in Surface Science and Catalysis, 1997, 106(97): 27-40.

[33] Martínez N, Salazar J, Tejada J, et al. Gasoline pool sulfur and octane control with ISAL (R). Vision Tecnologica, 2000, 7(2): 77-82.

[34] Gardner R, Schwarz E, Rock K. Start-up of CDHydro/CDHDS unit at Irving oil's Saint John, New Brunswick refinery. US: NPRA Annual Meeting, 2001.

[35] Brignac G. The SCANfining hydrotreatment process. World Refining, 2000, 10(7): 14-18.

[36] Nocca J. The domino interaction of refinery processs for gasoline quality attainment. US: NPRA Annual meeting, 2000.

[37] 周庆水, 郝振岐, 王艳涛, 等. OCT-M FCC 汽油深度加氢脱硫技术的研究及工业应用. 石油炼制与化工, 2007, 38(9): 28-31.

[38] Gislason J. Phillips sulfur-removal process nears commercialization. Oil & Gas Journal, 2001, 99(47): 72.

[39] Irvine R, Benson B, Varraveto D. Irvad process-low cost breakthrough for low sulfur gasoline. NPRA, AM-99-42, San Antonio, 1999.

[40] Ma X, Sun L, Song C. A new approach to deep desulfurization of gasoline, diesel fuel and jet fuel by selective adsorption for ultra-clean fuels and for fuel cell applications. Catalysis Today, 2002, 77(12): 107-116.

[41] 张晓静, 秦如意, 刘金龙. FCC 汽油吸附脱硫工艺技术——LADS 工艺. 天然气与石油, 2003, 21(1): 39-42.

[42] Lin L, Zhang Y, Kong Y. Recent advances in sulfur removal from gasoline by pervaporation. Fuel, 2011, 88(10): 1799-1809.

[43] 田龙胜, 唐文成. FCC 汽油溶剂抽提脱硫的研究. 石油炼制与化工, 2011, 32(9): 7-9.

[44] Moghadam F, Azizian S, Bayat M, et al. Extractive desulfurization of liquid fuel by using a green, neutral and task specific phosphonium ionic liquid with glyceryl moiety: A joint experimental and computational study. Fuel, 2017, 208: 214-222.

[45] Zaid H, Kait C, Mutalib M. Extractive deep desulfurization of diesel using choline chloride-glycerol eutectic-based ionic liquid as a green solvent. Fuel, 2017, 192: 10-17.

[46] Wang Q, Chen J, Pan M, et al. A new sulfolane aromatic extractive distillation process and optimization for better energy utilization. Chemcal Engineering Process. 2018, 128: 80-95.

[47] Chen F, Zhang Y, Wang Y, et al. High efficiency separation of olefin from FCC naphtha: Influence of combined solvents and related extraction conditions. Fuel Technology, 2020, 208: 106497.

[48] Chen F, Zhang Y, Xu C, et al. Research on thermodynamic and simulation method of extractive distillation for desulfurization of FCC naphtha. Energy, 2022, 204: 124213.

[49] Yue H, Zhao Y, Ma X, et al. ChemInform abstract: Ethylene glycol: properties, synthesis, and applications. Chemical Society Reviews, 2012, 41(11): 4218-4244.

[50] 郑宁来. 新版工业用乙二醇国家标准发布. 聚酯工业, 2018, 31(5): 61.

[51] 陈清华. 基于全球供需格局的我国乙二醇产业发展对策分析. 能源与环保, 2020, 42(7): 134-137.

[52] 刘兴伟. 乙二醇与 1, 2-丁二醇的分离方法研究进展. 现代化工, 2016, (9): 16-19.

[53] 潘文群. 化工分离技术. 北京:化学工业出版社, 2009.

[54] Berg L. Recovery of ethylene glycol from butanediol isomers by azeotropic distillation. US: 4966658. 1990-10-30[2021-09-01].

[55] Berg L. Separation of 2,3-butanediol from propylene glycol by azeotropic distillation. US: 4935102. 1990-06-19[2021-09-01].

[56] 宋高鹏. 共沸精馏分离乙二醇-丙二醇-丁二醇物系的研究. 天津:天津大学, 2006.

[57] 王昭然. 合成气制乙二醇产物的分离工艺研究. 上海:华东理工大学, 2011.

[58] 肖剑, 钟禄平, 郭艳姿, 等. 乙二醇、丙二醇和丁二醇的分离方法: 102372600A. 2012-03-14 [2021-09-01].

[59] 李强. 从混合醇中分离乙二醇的工艺研究. 长春:吉林大学, 2014.

[60] 杨为民, 肖剑, 钟禄平, 等. 分离合成气制乙二醇产物的方法: 102372596A. 2012-03-14[2021-09-01].

[61] 牛玉锋, 刘振华, 乔凯. 非均相共沸精馏分离乙二醇及 1,2-丙二醇的研究. 当代化工, 2011, 40(6): 560-561, 564.

[62] 肖北辰. 共沸精馏分离乙二醇-1,2-丁二醇的研究. 天津:天津大学, 2019.

[63] 朱连天. 乙二醇-1,2-丁二醇汽液相平衡及分离的研究. 上海:上海交通大学, 2012.

[64] 朱冬梅, 廖桂蓉. 绿色原料碳酸二甲酯的合成与应用研究进展. 山东化工, 2022, 51(13) 73-75.

[65] 李德华. 绿色化学化工导论. 北京: 科学出版社, 2005.

[66] 梅支舵, 殷芳喜. 加压分离甲醇与碳酸二甲酯共沸物的新技术研究. 安徽化工, 2001, (1): 2-3.

[67] 贾彦雷. 碳酸二甲酯与甲醇分离的模拟研究. 青岛科技大学学报(自然科学版), 2011, 3(1): 5-11.

[68] 李伟, 吴志泉, 计扬. 草酸二甲酯合成过程中双塔流程分离低浓度碳酸二甲酯的方法: CN101381309B. 2012-10-24[2020-08-25].

[69] Luo H, Xiao W, Zhu K. Isobaric vapor–liquid equilibria of alkyl carbonates with alcohols. Fluid Phase Equilibria, 2000, 175(12): 91-105.

[70] Rodríguez A, Canosa J, Domínguez A, et al. Vapour–liquid equilibria of dimethyl carbonate with linear alcohols and estimation of interaction parameters for the UNIFAC and ASOG method. Fluid Phase Equilibria, 2002, 201(1): 187-201.

[71] 李群生, 朱炜, 付永泉, 等. 常压下甲醇-碳酸二甲酯汽液平衡测定及其萃取剂选择. 化学工程, 2011, 39(8): 44-47.

[72] 李春山, 张香平, 张锁江, 等. 加压-常压精馏分离甲醇-碳酸二甲酯的相平衡和流程模拟. 过程工程学报, 2003, 3(5): 453-458.

[73] 姚林祥, 刘振锋, 宋怀俊, 等. 变压精馏分离碳酸二甲酯与甲醇工艺流程的模拟. 河南化工, 2013, 30(7): 32-36.

[74] Kiva V, Hilmen E, Skogestad S. Azeotropic phase equilibrium diagrams: A survey. Chemcal Engineering Science, 2003, 58(10): 1903-1953.

[75] Garg J. Molecular-sieve dehydration cycle for high water-content streams. Chemcal Engineering Science, 1983, 79(4): 60-65.

[76] Lei Z, Li C, Chen B. Extractive distillation: A review. Separation Purification Tecnology, 2003, 32(2): 121-213.

[77] Biglari M, Langstaff A, Elkamel A. The application of response surface methodology for the optimization of an extractive distillation process. Petroleum Science And Technology, 2010, 28(17): 1788-1798.

[78] Zhao Y, Zhao T, Jia H, et al. Optimization of the composition of mixed entrainer to achieve economic extractive distillation process for separating tetrahydrofuran/ethanol/water ternary azeotrope. Journal of Chemical and Biotechnology, 2017, 92(9): 2433-2444.

[79] 赵永腾. 混合萃取剂分离 THF-乙醇-水三元共沸物系的协同效应及工艺集成与控制. 青岛:青岛科技大学, 2018.

[80] Timothy C. Break azeotropes with pressure-sensitive distillation. Chemcal Engineering Science, 1997, 93(4): 52-63.

[81] Doherty M, Buzad G. Reactive distillation by design. Chemical Enggineering Research Design, 1992, 70(A): 448-458.

[82] Maier R, Brennecke J, Stadtherr M. Reliable computation of reactive azeotropes. Computer Chemcal Engineering, 2000, 24(8): 1851-1858.

[83] Ding Q, Li H, Liang Z, et al. Reactive distillation for sustainable synthesis of bio-ethyl lactate: Kinetics, pilot-scale experiments and process analysis. Chemical Engineering Research Design, 2022, 179: 388-400.

[84] Fleming H. Consider membrane pervaporation. Chemcal Engineering Science, 1992, 88(7): 46-52.

[85] Li H, Guo C, Guo H, et al. Methodology for design of vapor permeation membrane-assisted distillation processes for aqueous azeotrope dehydration. Journal of Membrane Science, 2019, 579: 318-328.

[86] Zhu Z, Xu D, Jia H, et al. Heat integration and control of a triple-column pressure-swing distillation process. Industrial & Engineering Chemistry Research, 2017, 56 (8): 2150-2167.

[87] Zhu Z, Xu D, Wang Y, et al. Separation of acetonitrile/methanol/benzene ternary azeotrope via triple column pressure-swing distillation. Separation Purifocation Tecnology, 2016, 169: 66-77.

[88] Zhu Z, Xu D, Wang Y. Effect of multi-recycle streams on triple-column pressure-swing distillation optimization. Chemical Engineering Research Design, 2017, 127: 215-222.

[89] Farrell A, Plevin R, Turner B, et al. Ethanol can contribute to energy and environmental goals. Science, 2006, 311(5760): 506-508.

[90] Tran L, Verdicchio M, Monge F, et al. An experimental andmodeling study of the combustion of tetrahydrofuran. Combustion Flame, 2015, 162 (5): 1899-1918.

[91] 何志成, 张炳辉, 梁立新, 等. 从四氢呋喃、乙醇、水三元混合物系中分离四氢呋喃的研究. 沈阳化工, 1995, 4: 30-32.

[92] 关迪. 四氢呋喃-乙醇-水分离工艺设计研究. 大连:大连理工大学, 2019.

[93] 李小平, 赵永腾. 混合萃取剂萃取精馏分离四氢呋喃-乙醇-水二元共沸物. 山东化工, 2020, 49: 34-38, 41.

[94] Su Y, Yang A, Jin S, et al. Investigation on ternary system tetrahydrofuran/ethanol/water with three azeotropes separation via the combination of reactive and extractive distillation. Journal of Cleaner Production, 2020, 273: 123145.

[95] Zhao Y, Zhao T, Jia H, et al. Optimization of the composition of mixed entrainer for economic extractive distillation process in view of the separation of tetrahydrofuran/ethanol/water ternary azeotrope. Journal of Chemical and Biotechnology, 2017, 92 (9): 2433-2444.

[96] 杨傲. 多元多共沸体系精馏分离系统的设计、优化和控制研究. 重庆:重庆大学, 2021.

[97] 申威峰, 杨傲. 一种反应精馏联合萃取精馏分离四氢呋喃-乙醇-水三元共沸体系的方法: CN111620842A. 2019-10-28[2020-09-04].

[98] Yang A, Shen W, Wei S, et al. Design and control of pressure-swing distillation for separating ternary systems with three binary minimum azeotropes. Aiche Journal, 2019, 65 (4): 1281-1293.

[99] Tavan Y, Hosseini S. A novel integrated process to break the ethanol/water azeotrope using reactive distillation e Part I: parametric study. Separation Purification Tecnology, 2013, 118: 455-462.

[100] 李玲. 乙酸仲丁酯萃取——共沸精馏回收废水中乙酸过程基础研究. 福州:福州大学, 2014.

[101] 白鹏, 陆春宏, 田野, 等. 萃取、共沸精馏技术联用回收废液中的醋酸. 化学工业与工程, 2008, 25(5): 424-427.

[102] Hu S, Chen Q, Zhang B, et al. Liquid-liquid equilibrium of the ternary system water+acetic acid+sec-butyl acetate. Fluid Phase Equilibria, 2010, 293(1): 73-78.

[103] Harvianto G, Ahmad F, Nhien L, et al. Vapor permeation-distillation hybrid processes for cost-effective isopropanol dehydration: Modeling, simulation and optimization. Journal of Membrane Science, 2016, 497(3): 108-119.

[104] Roth T, Kreis P, Gorak A. Process analysis and optimisation of hybrid processes for the dehydration of ethanol. Chemical Engineering Research Design, 2013, 91(7): 1171-1185.

[105] Li H, Guo Ci, Guo H, et al. Methodology for design of vapor permeation membrane-assisted distillation processes for aqueous azeotrope dehydration. Journal of Membrane Science, 2019, 579(1): 318-328.

[106] Sato K, Sugimoto K, Nakane T. Preparation of higher flux NaA zeolite membrane on asymmetric porous support and permeation behavior at higher temperatures up to 145℃ in vapor permeation. Journal of Membrane Science, 2008, 307(2): 181-195.

[107] Rautenbach R, Helmus F. Some considerations on mass-transfer resistances in solution-diffusion-type membrane processes. Journal of Membrane Science, 1994, 87(12): 171-180.

[108] Berman A. Laminar flow in channels with porous walls. Journal of Applied Physics, 1953, 24(9): 1232-1235.

[109] Sander U, Janssen H. Industrial application of vapour permeation. Journal of Membrane Science, 1991, 61: 113-129.

[110] Mulia-soto J. Modeling, simulation and control of an internally heat integrated pressure-swing distillation process for bioethanol separation. Computer Chemcal Engineering, 2011, 35(8): 1532-1546.